本丛书系武汉大学"985工程"项目"中国特色社会主义理论创新基地"和"211工程"项目"马克思主义基本理论及其中国化研究"成果

武汉大学马克思主义理论系列学术丛书

科学价值论

吴　恺◎著

中国社会科学出版社

图书在版编目(CIP)数据

科学价值论／吴恺著.—北京：中国社会科学出版社，2015.3
ISBN 978 - 7 - 5161 - 5616 - 2

Ⅰ.①科…　Ⅱ.①吴…　Ⅲ.①马克思主义－科学哲学－价值论
（哲学）－理论研究　Ⅳ.①A811.693

中国版本图书馆 CIP 数据核字(2015)第 037453 号

出 版 人　赵剑英
责任编辑　田　文
责任校对　张爱华
责任印制　王　超

出　　版　中国社会科学出版社
社　　址　北京鼓楼西大街甲 158 号 （邮编 100720）
网　　址　http：//www. csspw. cn
发 行 部　010 - 84083685
门 市 部　010 - 84029450
经　　销　新华书店及其他书店

印　　刷　北京君升印刷有限公司
装　　订　廊坊市广阳区广增装订厂
版　　次　2015 年 3 月第 1 版
印　　次　2015 年 3 月第 1 次印刷

开　　本　710×1000　1/16
印　　张　22.5
插　　页　2
字　　数　381 千字
定　　价　69.00 元

总　序

顾海良

　　新世纪之初，马克思主义理论学科的设立，是马克思主义中国化的显著标志，也是中国化马克思主义发展的重要成果。设立马克思主义理论学科，不仅是由马克思主义理论本身的科学性决定的，也是由马克思主义作为我们党的指导思想和作为国家主流意识形态建设的需要决定的，而且还是由当代马克思主义发展的新的要求决定的。

　　在马克思主义理论学科建设中，武汉大学一直居于学科建设与发展的前列。武汉大学马克思主义学院作为学科建设和发展的主要承担者，学院的教师和研究人员为此付出了极大的辛劳，作出了极大的贡献。现在编纂出版的《武汉大学马克思主义理论系列学术丛书》就是其中的部分研究成果。

　　回顾马克思主义理论学科建设和发展的实际，给我们的重要启示之一就是，马克思主义理论学科的建设和发展，既要尊重学科建设和发展的普遍规律，又要遵循学科建设和发展的特殊要求，要切实提高马克思主义理论学科的影响力。希望《武汉大学马克思主义理论系列学术丛书》的出版，能为切实提升马克思主义理论学科的影响力增添新的光彩。

　　第一，要提高马克思主义理论学科建设的学术影响力。把提高学术影响力放在首位，是从学科建设视阈理解马克思主义理论学科建设的要求。学科建设以学术为基础。马克思主义理论作为一个整体的一级学科，在提升学科的学术性时，要按照学科建设内在的普遍的要求，使之具有明确的学科内涵、确定的学科规范和完善的学科体系。

　　学术影响力是学科建设的重要目标，也是学科建设水平的重要体现。马克思主义理论学科的学术影响力，不仅在于国内的学术影响力，还应该树立世界眼光，产生国际的学术影响力。在国际学术界，马克思主义理论是以学术研究为基本特征和主要导向的。注重马克思主义理论的学术研究，不仅有利于达到学科建设的基本要求，而且还有利于国际范围内的马克思主义理论研究的交流，产生国际的学术影响力。比如，一个时期以来，国际学术界对《德意志意识形态》、《共产党宣言》等文本、传播的研究，马克思经济学手稿的研究，科学考据版《马克思恩格斯全集》（MEGA2）的编辑与研究等，就是国际范围内马克思主义理论学术研究的重要课题。作为以马克思主义为指导的社会主义国家，在马克思主义理论学科建设和发展中，不但要高度关注和重视世界范围内马克思主义理论研究的重大课题，而且要参与国际范围内马克思主义理论重大课题的研究。在国际马克思主义学术论坛上，我们要有更广泛的话语权，要能够更深刻地了解别人在研究什么、研究的目的是什么、研究到什么程度、有哪些重要的理论成就、产生了哪些理论的和实践的成效等。如果一方面强调建设和发展马克思主义理论学科，另一方面却在国际马克思主义论坛上被边缘化，这肯定不是我们希望看到的学科建设的结局。

第二，要提高对中国特色社会主义理论与实践的影响力。任何学科都有其特定的应用价值。马克思主义理论学科对中国特色社会主义理论与实践的影响力，就是这一学科应用价值的重要体现，也是这一学科建设和发展的重要目标和根本使命。在实现这一影响力中，深化中国特色社会主义理论体系的研究是重点；运用中国特色社会主义理论体系于实践、以此推进和创新中国特色社会主义理论体系是根本。马克思主义理论学科对中国特色社会主义理论与实践的影响力，要体现在对什么是马克思主义、怎样对待马克思主义，什么是社会主义、怎样建设社会主义，建设什么样的党、怎样建设党，实现什么样的发展、怎样发展等重大问题的不断探索上，并对这些问题作出新的理论概括，不断增强理论的说服力和感召力，推进中国特色社会主义理论体系的发展。马克思主义理论学科的建设和发展，一定要对中国特色社会主义的经济、政治、文化、社会、生态文明建设以及党的建设的理论与实践产生重要的影响力，为中国特色社会主义道路发展中的重大理论和实践问题的解决提供基本的指导思想，充分体现学科建设的应用价值。

第三，要提高对国家主流意识形态发展和安全的影响力。马克思主义作为党和国家的指导思想，自然是中国特色社会主义的主流意识形态。要深刻理解马克思主义理论学科的特定研究对象。马克思主义是我们立党立国的根本指导思想，社会主义意识形态的旗帜，是社会主义核心价值体系的灵魂，是全党全国各族人民团结奋斗、夺取建设中国特色社会主义新胜利的共同思想基础。在学科建设中，我们要以高度的政治意识、大局意识和责任意识，进一步推进马克思主义中国化的发展和创新，进一步巩固马克思主义在思想政治理论领域的指导地位，进一步增强社会主义核心价值体系的建设成效，进一步维护和发展国家意识形态的安全。

建设马克思主义学习型政党作为新世纪党的建设重大而紧迫的战略任务，对马克思主义理论学科建设提出了新的更高的要求。建设马克思主义学习型政党的首要任务，就是要按照科学理论武装、具有世界眼光、善于把握规律、富有创新精神的要求，坚持马克思主义作为立党立国的根本指导思想，紧密结合我国国情和时代特征大力推进理论创新，在实践中检验真理、发展真理，用发展着的马克思主义指导新的实践。

第四，要提高全社会的思想理论素质，加强全社会的思想政治教育的影响力。全社会的思想理论素质是一定社会的软实力的具体体现，也是一定社会的国家综合实力的重要组成部分。特别是在青少年思想道德教育、大学生思想政治教育中，如何切实提高马克思主义理论学科的影响力，是当前马克思主义理论学科建设的最为重要和最为紧迫的任务和使命。在这一意义上，我们可以认为，马克思主义理论学科的影响力，首先就应该体现在大学生思想政治理论课程建设的全过程中。用马克思主义理论，特别是用当代发展的马克思主义理论，即中国特色社会主义理论体系教育人民、武装人民的头脑，内化为全体人民的思想观念与理论共识，是马克思主义理论学科建设的艰巨任务，特别是其中的思想政治教育学科建设和发展的重要目标。

以上提到的四个方面的影响力——学术的影响力、现实应用的影响力、意识形态的影响力和思想政治教育的影响力等，对马克思主义理论学科发展是具有战略意义的。在对四个方面影响力的理解中，既不能强调学科建设和发展的学术性而否认学科建设和发展的政治性与意识形态性；也不能只顾学科建设和发展的政治性与意识形态性而忽略学科建设和发展的学术性。要从学科建设的战略高度，全面地探索和提高马克思主义理论学科建设和发展的影响力。

我衷心地希望，《武汉大学马克思主义理论系列学术丛书》能在提高以上四个方面影响力上作出新的贡献！

目　录

导　言

一　问题的提出及选题意义

(一) 问题的提出

价值问题是与人类共始终的一个重要问题，也是任何时代人们在生活中必须面对的问题。不管人们的对象世界是简单还是复杂、贫乏还是丰富，也不论人们能力的高低、知识的多寡，他们总要面对生活中的一切事物，总要根据当时当地的主客观情况作出价值选择。大至民族和国家关于宣战还是议和、开放还是锁国的政策，小至个人升学还是工作的决定，无不贯穿着价值选择。能够进行自主的价值选择，这是人不同于自然界其他生物的显著特点。古希腊哲学家苏格拉底曾说："未经省察的人生是没有价值的。"[①] 在苏格拉底看来，人作为有主观能动性的存在，应该自觉审视自己的人生目标，经常反省自己的处世动机和生活方式，过有价值的生活。中国古代哲人曾子也强调："吾日三省吾身——为人谋而不忠乎？与朋友交而不信乎？传不习乎？"(《论语·学而》) 这种反思，即是对价值的抉择与内省。

生活里每件事物都有其价值所在，科学也是如此。科学伴随着人类的需要而产生，科学发展充实着人们的精神世界，也为人类改造客观世界提供了必要的知识依据。特别是在当今 21 世纪，科学创新和知识经济成为时代的主旋律，科学发展对经济的贡献率不断提高，成为经济增长的主要动力；科学为社会可持续发展提供了主要支撑，是推动社会发展强有力的杠杆；科学文化代表着先进文化的发展方向，是先进文化的基石；科学水平成为国家综合竞争力的核心要素，成为国与国之间政治实力较量的关键和基础。随着科学发展速度的日益加快，科学对人类社会的影响也越来

---

① ［美］梯利：《西方哲学史》，葛力译，商务印书馆 2000 年版，第 14 页。

大，科学在给人类带来福音的同时，也产生了一定的负效应。当我们谈论起"科学是一把双刃剑"、"科学与人文的价值冲突"、"科学异化"、"科学悲观主义"、"科学自主性"、"科学恐惧"、"科学决定论"等并不轻松的话题时，隐隐约约会感到迷茫和无奈。如果科学发现的初衷是为了人本身的自由全面发展，为了人类的幸福和社会的文明进步，那我们又该如何看待那些与科学应用相关的负面效应（如生态危机、军备竞赛、科学性失业、高科技犯罪等）？又该如何看待伴随科学文明而产生的人类精神家园失落和自然环境的破坏呢？有学者尖锐地指出："科学文明增加的是幸福和不幸的总量，有多少幸福就有多少痛苦。"① 这正如狄更斯在《双城记》中对英国第一次产业革命作出的描述："这是一个最坏的时代，这是一个最好的时代；这是一种令人绝望的冬天，这是一种充满希望的春天；我们面前什么也没有，我们面前什么都有。"② 在现代科学文明发展的同时，似乎产生了越来越多的不幸事件和道德悖论。正因为如此，当今社会对科学价值问题产生了激烈争论。"科学是天使还是魔鬼"、"科学发展是为了科学本身还是为了人类社会"、"如何评价科学的价值"、"如何利用科学的价值"等问题，引起了人们的广泛关注。这些问题的解决，有赖于对科学价值的深入研究。陈昌曙先生指出："只从因果性、客观规律性来思考科学是远远不够的，必须要充分考虑到目的性，人们的需求，人们对效能、效率和效益的追求。也就是说，要致力于探讨科学中更直接、更鲜明、更强烈的价值性。"③ 对当今社会来说，科学价值不仅是一个长远的普遍性课题，也是一个迫切的现实性课题；不仅是科学观和价值观领域的问题，更是社会观和历史观的问题。

　　科学所带来的问题必须通过科学本身的发展来解决，正如罗素所说："文明所带来的种种问题，决不能指望返回到前文明的状态去加以解决，解决这些问题的唯一出路，只能是发展出更好的文明。"④ 在大力推进科学发展的同时，还要再度审视科学理性与价值理性的关系。只有厘清二者的关系，才能帮助人们加深对科学的目的性和价值性之认识，进而形成正

① 肖峰：《科学精神与人文精神》，中国人民大学出版社 1994 年版，第 214 页。
② ［英］狄更斯：《双城记》，宋兆霖译，中国对外翻译出版公司 2012 年版，第 12 页。
③ 陈昌曙：《自然科学的发展与认识论》，人民出版社 1993 年版，第 152 页。
④ ［英］罗素：《我的信仰》，靳建国译，知识出版社 1982 年版，第 24 页。

确的科学价值观念，以合理运用科学知识，充分发挥科学的正面效应。

马克思主义认为，科学价值是科学客体满足主体（人类）需要的特性和功能。科学学创始人 J. D. 贝尔纳也认为："科学价值是指主体从自身需要出发，对主体与科学活动及其成果作为客体之间需要与满足关系的审视。"① 可见，科学价值体现在科学给人类带来的利益上，科学价值的基础是科学满足主体需要的特性和功能。从根本上讲，科学的价值尺度在于人。科学的发展与人的需要密切相关，科学带有满足人类自我需要的目的性，人的需要在客观上构成了科学的价值尺度，人的价值追求影响着科学的发展与应用。对科学价值问题进行全面、系统的研究，已成为当今时代的迫切需要。

（二）选题的理论意义

科学价值论的研究，是现代哲学"科学转向"、"价值转向"的时代产物，是马克思主义科学论、价值论和实践论研究的重要领域，是价值哲学研究的核心问题，也是当代科学实践发展的迫切要求。对科学价值进行研究，具有重大的理论意义，具体表现在：

1. 科学价值论是马克思主义科学观研究的核心问题

马克思主义科学观作为马克思主义关于科学的哲学理论，是对科学的深入反思，它不仅包括科学本体论、科学认识论和科学社会论，还包括科学价值论。科学活动本质上是一种价值活动，是认识、创造和实现科学价值的过程。因此，科学价值既是马克思主义科学观研究的重要内容，也是它的方向所指、重心所在，是其全部研究的出发点和落脚点。但这并不意味着每一位马克思主义者或科学哲学家都会去探究"科学价值"问题，而是说在他的思想深层，必须体现出对科学价值的关注与认知。否则，他的思想就是不深刻、不完备的。卡尔·米切姆指出，价值已经成为未来科学哲学研究的一个趋向，"未来的科学哲学研究，将更注重对科学应用过程的意义与价值的考察"②。可见，科学价值论不仅是马克思主义科学观的重要组成部分，还是其灵魂所在、旨意所归。开展科学价值论研究，可以丰富马克思主义科学观的基本理论，揭示科学发展的源泉和动力，阐明

---

① ［英］J. D. 贝尔纳：《历史上的科学》，伍况甫等译，科学出版社 1959 年版，第 231 页。

② Carl Mitcham：Notes towards A Philosophy of Meta – Scientific, Society for Philosophy & Scientific Volume 1, No. 1 – 2, Fall 1995.

科学实践的本质和规律，引领科学发展的方向和道路。

2. 科学价值论是价值哲学研究的重要内容

从价值论角度看，科学价值论也属于价值哲学的领域，是价值哲学不可或缺的分支学科。价值哲学自 20 世纪初正式形成至今，已取得了不少研究成果，在当代哲学中占有重要地位。价值哲学是从价值视角审视人类活动的学说体系，理应研究一切与价值有关的活动。科学活动作为人类最基本的实践活动，是包含价值认识、价值评价、价值选择、价值创造与价值实现的完整过程。尤其在当代社会，科学具有无与伦比的价值，科学对人、对社会、对自然的影响日益加强，这更需要将价值哲学的主要研究视域放在科学价值上。没有系统、完善的科学价值理论体系之构建，价值哲学的研究就会残缺不全。但在已有的价值哲学和价值论专著中，对科学价值进行专题研究的还不多。只有拓展对科学价值的研究，才能反映价值哲学的时代要求，扩大价值哲学的理论视野，优化价值哲学的体系结构，推动价值哲学的深入发展。

3. 科学价值论是理解科学实践中相关理论问题的"钥匙"

首先，对科学价值进行研究，有助于推动对"科学目的"问题的研究。科学价值与科学目的之间具有紧密的联系。正确认识科学价值是合理实现科学目的的手段，也是制定科学政策的依据。对科学价值问题认识不当，往往会导致所确立的科学目标高于或低于科学价值所能达到的阀限。如果科学目标高于科学价值所能达到的可能性，则这个目标必定是虚妄和不切实际的；如果科学目标低于科学价值所能达到的阀限，则科学应有的价值将得不到充分发挥。

其次，对科学价值进行研究，有助于推动对"科学评价"问题的研究。科学价值与科学评价是紧密联系的，正确的科学评价必须建立在合理的科学价值论基础之上。这种评价必须是基于"科学所能做"的层面，如果对科学期望过高而让其承受不可能完成的任务，必然得不到理想的结果。若由此得出"科学实效性太低"的结论，显然是不合理的。以此来衡量科学工作者的贡献，自然也是不公允的。

最后，对科学价值进行研究，有助于推动对"科学职能"问题的研究。科学工作者的科研职责必须限定在"科学应做且能做"的范围之内，而这个范围是由科学价值所决定的。正确认识科学价值，有助于合理界定科学的职能，使"科学职能"的研究建立在坚实的理论基础之上。

（三）选题的现实意义

对科学价值进行研究，还具有重大的现实意义，具体表现在：

1. 有助于澄清人们对"科学价值"认识的分歧

科学价值问题既是一个古老的话题，又是一个崭新的课题，古今中外很多学者都对此有过研究。但对科学价值进行全面、深入的研究，则是刚刚开辟出来的一个综合性研究领域。不可否认，部分学者的研究成果只停留在科学现象的表面，缺乏对科学价值进行深入分析和系统研究。理论认识的不成熟，不仅会导致学界对科学价值认识的分歧，也会引起社会大众在科学价值的认知、评价、选择和取向上的偏执和迷惘。当今社会流行的各种科学思潮（如科学乐观主义、科学悲观主义、科学恐惧主义、科学批判主义、科学虚无主义、反科学主义、科学决定论、科学统治论、科学意识形态论等）之间，往往相互争论，相互抵触，很难融通。人们对科学价值认识的多元化，导致在对待科学态度上的矛盾与冲突。只有深化对科学价值论的研究，从以往零散、不系统的研究局面中走出来，形成系统、自洽的科学价值理论体系，才能合理指导人们的科学实践。

2. 有助于推动科学实践的发展

我们的时代是一个科学起根本作用的时代，整个社会处于普遍的科学化过程中。科学作为人类的一种"根本性境遇"，已成为推动当今社会发展最活跃、最革命的因素。科学活动既为人类的生存与发展提供了物质和精神源泉，也造成了科学负效应在全球的扩张，给人类带来了种种危机和困惑。科学实践作为人类活动最基本的方式之一，其根本目的在于实现科学价值，保障和促进人类的生存与发展。正如乔瑞金教授所指出的，科学活动给人类带来了无限丰富的物质和精神源泉，因而它在本质上是价值关联的，体现着主体的价值追求和价值赋予。[①] 在科学实践的推动下，人类经历了从野蛮到文明、从农业社会到工业社会再到信息社会的变化。在科学实践中，应当促进和实现科学的正效应（正价值）、消除和防范科学的负效应（负价值），实现科学与人类社会的良性互动。科学无政府主义观念已不再适用，科学乐观主义和科学悲观主义也各有其局限性。在科学发展问题上盲目乐观、一味前进是有害的，对科学悲观绝望、因噎废食也是

---

① 乔瑞金：《技术哲学教程》，科学出版社 2006 年版，第 9 页。

不可取和行不通的。科学的健康发展，迫切需要新的科学价值论之指导。有了这种指导，才能合理设定科学目的，正确选择科研路线，理性地制定科学评价标准，优化科学系统的结构体系，促进科学伦理的进步。具体来说，这种指导作用包括以下两个方面：

第一，有利于增强科学活动的针对性和实效性。对科学价值问题进行研究，可以帮助科学工作者明确自己的职责范围，将有限的科学资源投入到自己"应该做且能做"的事情上。如果没有了解科学发挥效应的范围和阈限，没有把握科学发挥效应的方式和途径，把科学不该管、不该做的做了，应该做且能做的没有做，就会"荒了自己的田，种了别人的地"。面对当今科学研究中投入甚多而收效甚微的现状，只有对各门科学的价值进行正确的认识和定位，使其得到合理发展，才能增强科学活动的针对性和实效性。

第二，有利于形成良好的科学活动氛围。对科学价值进行研究，可以帮助人们形成正确、合理的科学评价标准，从而有助于在社会上形成良好的、有利于科学活动开展的氛围。当今社会，人们对科学寄予很高期望，赋予科学太多的价值可能性，如经济价值、政治价值、文化价值、生态价值、方法论价值等。一旦科学不能达成人们期望的效果，没有起到人们认为它应起的作用时，大家就开始埋怨科学的实效性太低或科学工作者没有尽心尽力，并把社会道德的滑坡、人文精神的缺失、自然环境的破坏归咎到科学上。但这些问题真是由科学所导致的吗？科学本身真的能独自主宰人类社会的发展吗？只有进行系统的科学价值论研究，才能建立正确的科学评价标准，进而对科学价值有合理的认识。只有合理定位科学的价值，了解科学发挥作用的范围、领域和程度，才能对科学活动有一个清醒的、合乎情理的认识，为科学活动的开展创造良好的社会氛围。

3. 有助于促进生态文明建设

科学的快速发展在为人类创造巨大物质财富的同时，也引起了一系列始料未及的后果，给人类带来了一系列严重问题。一是科学的不恰当运用使人类的生态资源与生存环境面临严重威胁，人类陷入生态危机、环境污染等全球化问题中；二是科学理性的片面发展和意识形态化，导致价值理性的丧失和人的严重异化；三是科学日益增长的力量被滥用后产生的巨大破坏作用，如原子弹的使用、高科技武器的发展和军备竞赛等，已成为威胁世界甚至毁灭人类的可怕力量。种种情况表明，科学发展到今天所遇到的真正问题，不是科学有没有能力继续发展的问题，而是科学应当怎样发展的问题；不是"凡科学能够做的就必须做"的问题，而是"凡科学不应做的就不能做"的问题；不是仅仅局限于科学自身的问题，而是科学与社会的互动问题，是以什么样的科学价值论指导并规约科学发展的问题。科学发展中负效应的解决，有赖于建立以科学发展观和可持续发展为指导的新科学价值论，有赖于科学的理性发展、绿色发展、生态发展和人文发展。科学价值论的研究，对于人们正确认识科学实践的双重效应，矫正科学理性的片面发展，化解科学发展的消极后果，推动科学实践的绿色和生态化转向，都有着重要的现实意义。

二　国内外研究现状综述

关于科学价值问题，系统的研究成果尚不多见，但已有不少国内外专家从各自学科角度对其提出了相应的观点和看法。对国内外学者关于科学价值不同观点的介绍和分析，有助于我们厘清思想，发现进一步研究的路径。

（一）国内研究现状

在国内，对科学价值问题进行系统研究始于20世纪70年代末。迄今为止，有两部直接以《科学价值论》命名的专著，即费多益的《科学价值论》（云南人民出版社2005年版）和汪信砚的《科学价值论》（广西师范大学出版社1995年版）。这两部著作详细探讨了科学价值的内涵、本质、结构、评价标准、实现途径等问题，系统分析了科学的经济价值、文化价值和审美价值等，为科学价值的研究提供了可资借鉴的思路和视角。除此之外，目前国内关于科学价值的研究主要散见于一些专业教材的部分章节和一些学术期刊中。由于当今"科学"一词一般都指"大科学"，它与技术有着千丝万缕的联系。因此，把对狭义"科学"价值的研究从各种文献中剥离出来，显得十分重要。

自20世纪70年代末"关于真理标准的大讨论"以来，科学价值问题逐渐成为马克思主义科学论和价值论中的一个热点问题，国内诸多学者从不同角度对此问题发表了独到的观点和看法。李醒民教授在这一领域的研究具有相当的权威性和代表性，他发表了关于科学价值研究的一系列文章，多角度地阐述了科学的价值问题。他认为，科学与价值的关系包括三个方面——科学的价值、科学与价值观念的互动、科学中的价值。他还对科学价值的三个维度（即知识体系中的价值、研究活动中的价值、社会建制中的价值）进行了深入分析，其智慧的火花对我们思考科学价值问题具有重要启发意义。他认为，在一个充满变革的时期，随着社会历史条件的变化，人们对科学价值的认识和观念也要发生相应转变。他指出，在科学的社会价值方面，除了我们过去强调的经济价值外，科学还具有政治价值、文化价值和道德价值；在科学的个体价值方面，除了对个体思维发展的推动外，还具有个体实用价值。李醒民教授的这些观点，在其著作《科学的精神与价值》中得到了系统阐述。李醒民教授对科学价值问题的研究，启发了学界对"科学价值论"更深层次的思考与探索，学者们的探讨极大地丰富了本课题的理论成果。

纵观目前学界对科学价值问题的研究，综合起来，主要集中在以下五个方面：

1. 关于价值的内涵以及科学价值的含义、特点、分类的研究

第一，关于价值内涵的研究。我国哲学界对价值内涵的研究，是随着对真理标准的讨论逐步展开的。价值论作为哲学体系中一个新的分支，引起了众多哲学研究者的兴趣。随着学界对价值问题关注的增加，2001年中国社会科学院哲学所成立了价值论研究室，为我国价值论研究的学者们搭建了一个思想碰撞的平台。在价值论研究成果方面，据不完全统计，改革开放30年多来，国内出版的价值论著作近百部，在核心期刊上发表的价值论研究论文1800余篇。其中价值通论方面的著作主要有李连科的《哲学价值论》、马志政的《哲学价值论纲要》、袁贵仁的《价值学引论》、王玉樑的《价值哲学新探》、王克千的《价值是什么——价值哲学引论》、门忠民的《价值学概论》、李德顺与马俊峰的《价值论原理》、李德顺的《价值新论》等。价值基础理论方面的著作主要有孙伟平的《事实与价值》、牟永生的《走向价值的深处》、刘永富的《价值哲学的新视野》、邬琨与李建群的《价值哲学问题研究》等。价值观方面的著作主要有冯景源《西方价值观透视》、李嗣水和刘森林的《现代价值观念的追求》、漆玲与赵兴的《价值观导论》、胡振平的《市场经济与价值观》、兰久富的《社会转型时期的价值观念》等。价值评价方面的著作主要有马俊峰的《评价活动论》、冯平的《评价论》、陈新汉的《评价论导论》和《社会评价论》、何萍的《生存与评价》、张理海的《社会评价论》等。价值思想史方面的著作主要有赵馥洁的《中国传统哲学价值论》、江畅的

《现代西方价值理论研究》、江畅和戴茂堂的《西方价值观念与当代中国》、张书琛的《西方价值哲学思想简史》等。邓小平价值思想方面的著作主要有王玉樑的《邓小平的价值观》、袁贵仁与方军的《邓小平价值观研究》、李德顺的《邓小平人民主体价值观思想研究》等。这些研究主要涉及价值的本质、价值的分类、价值与真理、价值与价值观、价值与社会历史、价值评价标准、中外价值论思想、西方价值观对我国的渗透、邓小平的价值哲学等。从不同学者的研究思路来看，主要有以下三种：从认识论角度研究，偏重于探讨价值的本体论、价值的认识论、价值与真理的辩证关系等；从文化哲学角度研究，偏重于探讨价值与文化、价值意识、价值观念、价值的作用等；从实践论角度研究，偏重于探讨价值的存在及本质、价值活动的过程、价值的创造、价值的实现等。尽管每个人所建立的理论体系侧重点不同，但他们对价值理论体系的构思都有闪光之处。

第二，关于科学价值内涵的研究。有学者从"主体论"角度阐释科学价值的内涵，如韩美兰认为："科学价值是指主体从自身需要出发，对主体与科学活动及其成果（作为客体）之间需要与满足关系的审视。"[1]也有学者从"结果论"角度阐释科学价值的内涵，认为科学价值是科学系统内部诸要素之间以及系统与环境之间相互作用时所产生的结果。[2] 还有学者从"职能论"角度进行研究，认为科学价值是指科学能够承担的职责和应当具有的职能。[3] 还有学者从"效用"角度进行研究，朱葆伟在《关于科学与价值关系的两个问题》一文中，把科学界定为"人类的一种以取效为目标的理性活动"，并认为效用是科学的内在核心价值。

第三，关于科学价值特点的研究。有学者从科学价值主体的角度来理解科学价值的特点，如孙伟平认为科学价值具有多维性、独特性、时效性的特点。[4] 还有学者从经济发展角度探析科学价值的特点，认为科学价值具有使用价值的不灭性、使用价值的再生性、使用价值的多层次性、使用价值的馈赠性、交换价值的补偿性五个特点。[5] 还有学者认为，科学价值

---

① 韩美兰：《论科学价值的基本蕴涵》，《科学技术与辩证法》2004 年第 3 期。

② 王文兵：《科技时代的人性自觉》，《自然辩证法研究》2005 年第 11 期。

③ 王志田：《科学界的社会分层效应》，《科学技术与辩证法》1991 年第 2 期。

④ 孙伟平：《科学的价值新论》，《自然辩证法研究》1995 年第 7 期。

⑤ 任广成：《科学的价值特点》，《成都信息工程学院学报》1990 年第 1 期。

具有整体性和差异性、间接性和直接性、服务性和超越性等特点。①

第四，关于科学价值分类的研究。有的学者从科学价值主体的角度来分类，把科学价值分为正价值和负价值。也有学者从科学系统结构的角度，把科学价值分为内部价值和外部价值。也有学者从人与自然的关系角度分类，将科学价值分为个体价值、社会价值和自然价值等。也有学者从科学价值的表现形式对其进行分类，将科学价值分为政治价值、经济价值、文化价值、教育价值、生态价值、认识价值等。还有学者将科学价值分为科学理论的价值、科学方法的价值、科学精神的价值等。

2. 关于科学社会价值的研究

向德平在《科学的社会价值》（1998）一书中探讨了科学的社会价值，并系统阐明了各种科学价值学说，如科学统治论、科学悲观论、科学乐观论以及法兰克福学派和海德格尔存在主义的科学价值论等。高惠珠在《科技革命与社会变迁》（1999）一书中，专门开辟了一章探讨 20 世纪的科学革命对社会运行的影响。作者指出，科学革命改变了社会阶层，出现了一个"新中间阶层"，而这正是科学革命所带来的知识经济的社会效果之一。赵万里在《科学的社会构建——科学知识社会学的理论与实践》（2002）一书中，分析了科学知识社会学的产生背景和理论来源，梳理了科学建构论学派主要代表人物的观点，并对该学派的理论倾向和方法论特征作了中肯的评价。杨德才在《科学技术的社会应用》一书中，详细探讨了科学的经济价值、科学与社会思潮的关系、科学对社会文化的影响、科学在社会管理中的作用等问题。吴必康在《权力与知识——英美科技政策史》（1997）一书中，围绕"英美两国科学与社会生产、经济运行的结合方式"以及"国家政权与科学发展如何走向融合"这两大主题，探讨了英美两国不同科技政策所产生的不同经济社会效果。作者在前言中鲜明地表达了他的观点："历史表明，没有掌握科学力量的国家权力和不善于开发利用科学力量的国家权力，都是虚弱的；反之，科学事业没有国家力量的大力支持也难以发展。国家权力和科学力量的良好结合，是现代国家盛衰的决定性因素之一。"除此之外，何立松的《双刃剑的困惑——科学价值的分析》一书，通过对科学本质特征的分析，反思了科学发展的

---

① 李祖超、梁春晓：《协同创新运行机制探析——基于高校创新主体的视角》，《中国高教研究》2012 年第 7 期。

价值取向，对科学的"双刃剑"特性进行了深入细致的论述；刘文海的《科学的政治价值》一书，详尽探讨了科学政治价值的表现形式；高亮华的《科学时代的哲学反思——第八届全国科学哲学研讨会述评》一文，对科学伦理，科学价值，科学与经济、社会、文化的互动进行了深入分析。

3. 关于科学价值实现的研究

科学价值的实现问题，是科学价值研究的关键问题，是从理论研究转入实践研究的重要环节。目前国内学者关于科学价值实现问题的研究，主要涉及以下几个方面：

第一，对制约科学价值实现的因素之研究。目前这方面的研究成果较少，只有少数学者偶尔提及。有的学者认为科学价值的实现受制于三个因素：科学期望、科学结构、科学效果。[①] 也有的学者从四个方面分析了影响科学价值实现的因素，包括来自社会的影响、来自体制的影响、来自思维模式的影响和来自文化背景的影响。[②]

第二，对科学价值发挥不佳的原因之研究。有学者认为，导致科学价值发挥不佳的原因有：科学外延扩大化、科学价值简单化、科学评价功利化、科学教育智育化、科学管理机械化、科学活动市场化。[③] 也有学者从科学价值观念上进行反思，认为当今科学价值观念存在科学整体价值夸大化、科学社会价值功利化、科学个体价值工具化和科学教育价值智育化四个误区，从而影响了科学价值的正常发挥。[④]

第三，对如何实现科学价值的研究。对于科学价值实现的明确任务，杨耀坤认为："探讨科学价值的实现途径问题意义重大，这一问题理应作为科学价值论研究的中心问题。但这一问题实在太大，不论从理论上还是从实践上均涉及许多具有重大意义的问题，例如科学的自主性和科学的社会控制问题，科学与终极关怀、与人性之完满实现的关系问题，科学文化与人文文化的统一或融通问题，哲学普遍理性对于科学的价值实现之意义

---

① 吴绪玫：《现代科技价值辨析——走出现代科技的迷误》，《昆明师范高等专科学校学报》2005 年第 4 期。

② 朱先军：《科学的价值与科学价值的社会选择》，《科学学与科学技术管理》1990 年第6 期。

③ 郭星华：《社会失范与越轨行为》，《淮阴师范学院学报》2002 年第 24 期。

④ 李火林、徐海晋：《科学技术与人的存在》，《浙江社会科学》2000 年第 5 期。

问题等等。"① 王国弘等在谈到科学价值的实现和科学异化的扬弃时指出："最让人类担忧的不是科学，而恰恰是我们人类自身。因为社会效果的善恶最终取决于其应用主体的善恶。善的科学被错误应用仍然会产生恶果，可见问题的最终性质由人类自己行为的价值取向来决定。因而，对人类价值观进行彻底改造是使科学与人类能和谐共存的重要途径。"②

在 2003 年 10 月北京师范大学召开的"当代科学技术的价值审视暨科学技术中的哲学问题"研讨会上，有学者指出，在日益彰显的生态、环境问题面前，从以往的科学范式到现代科学范式的转换，已明显嵌入了生态价值的观念。也有学者指出，当代科学及其应用已经与市场的力量相结合，并且正在使未来人类的幸福、社会诚信机制和生态系统更为脆弱，故我们需要对自己应承担的义务和责任有更深层的思考。也有学者认为，科学有与权力和意识形态相结合的趋势，但科学不能凌驾于民主和自由之上；科学作为一种文化传统，应与人类其他文化传统进行公平、自由的竞争；科学应当与权力分离，以保障科学等文化传统的健康发展。有学者提出，有必要探讨基础研究绩效评估的必要性、可能性与政策设计问题（包括政策目标、指标体系、专家选择、政府作用等），并研究如何建立合理的概念框架和实施方案。还有学者认为，科学打假过程，也是科学的社会运行之"制度性安排"的一部分，理应引入"正当程序保护"，建立和完善一整套切实可行的打假机制；整个社会都需要营造良好的人文氛围，建立切实有效的规范监督机制，来保证科学的良性发展及其合理的、负责任的应用。③

对于实践在科学价值实现中的重要作用，孙显元指出："必须通过社会实践活动，这是将人的对象化进一步转化为人的对象的过程。科学理论的建立，赋予它以认识价值，这是价值的创造过程，是认识过程中的第一次飞跃。将自然科学理论应用于实践，渗透入各种文化形态，这是价值的实现过程，是认识过程中的第二次飞跃。实践是自然科学价值的源泉，不

① 杨耀坤：《"科学人文化"质疑——关于科学的价值实现途径问题》，《武汉理工大学学报（社会科学版）》2004 年第 3 期。

② 王国弘等：《科学价值评价的困境及出路》，《齐鲁学刊》2006 年第 2 期。

③ 刘晓力：《"科学技术的价值审视"适时而必要——"当代科学技术的价值审视暨科学技术中的哲学问题研讨会"述评》，《哲学研究》2003 年第 12 期。

仅是指通过实践创造自然科学价值，同时也是指通过实践实现自然科学的价值。价值的创造固然重要，但是，同创造价值比较起来，实现价值更为重要。只有实现了价值，才能使人的需要得到满足，从而使自然科学由可能的价值转化为现实的价值。"①

关于如何正确实现科学的价值，鲁献慧提出了三条原则：树立崇尚科学、热爱真理的文化价值取向；认真进行科学价值的合理评价，使科学的运用趋利避害；加快科学发展与进步，提高自主创新能力。②

4. 关于科学价值是否中立的研究

所谓科学价值中立，是指科学与价值无涉，科学发展是客观地、不带价值倾向性、不带感情因素地去揭示自然规律；故科学对其在运用中产生的灾难没有责任，科学家在追求真理时也应该对科学的社会效应采取超然的态度。

有学者认为，对这个问题要辩证地分析，完全承认或否定科学价值的中性都是不对的，关键问题是我们如何理解科学，如何理解科学与社会的关系。一方面，科学是关于自然界的知识体系，它的基本事实、基本定律，具有不以人的价值观念为转移的客观内容。因此，科学规律本身是价值中性的，科学真理是价值中立的。当科学的客观内容与人的价值观念有冲突时，应该修正的是人们的价值观，而不是科学知识。科学知识内容的这种客观性和价值中立性，正是其区别于其他文化的本质特征之一。

有学者从阶级角度探讨科学价值，认为科学本身没有阶级性，但科学的应用有阶级性。推而广之，科学规律、科学真理本身是价值中立的，但科学不是一种脱离社会环境和文化语境的知识体系，它是一种社会建制。因此，在科学活动中，科学工作者无论选题还是研究，都应作出价值判断，不能采取超然的态度。那种认为科学家的责任只在于发明和发现、对它的应用不负责任的中性观点已经过时了。

还有学者认为，科学不可能是价值中立的。他们认为，科学是在一般人类活动中存在和发展的，而人类社会的一切行为都必然受到某种价值观念的支配，道德观念、信仰和善的情感既是认识主体的心理活动，又是人

① 孙显元：《自然科学的价值和评价》，《哲学研究》1991 年第 12 期。

② 鲁献慧：《科学技术多重价值的实现应以科学发展观为指导》，《郑州大学学报》2009 年第 6 期。

们对世界的观察方式。他们还认为，科学与价值之间有一种互补关系，价值可以促进科学的进一步发展，但不是为了单纯地增加科学的知识量，而是为了使科学更具有实现价值的能力。在他们看来，科学包含着内在的价值因素，科学活动是以一定价值背景为前提的，故科学具有价值负载。同时，人类的根本利益会反映在作为人类活动的科学实践中，像一致性和可证实性这些科学规范，本身就是对深刻的人类职责的高度凝练。因此，科学的价值乃是科学本身的一个组成部分，是科学过程和科学理性的特性之一。

2003 年 10 月，在北京师范大学召开的"当代科学技术的价值审视暨科学技术中的哲学问题"研讨会上，许多学者也对科学价值是否中立进行了深入探讨。一些学者认为，应当坚持真理认识一元性和价值认识多元性的统一。科学真理只有一个，而科学的价值涉及为谁服务、是否为大多数人利益服务等问题，这属于价值领域。科学本身是价值中立的，造成现代社会中某些异化后果的根本原因，在于支配科学的某些理性或非理性价值观念的错误。另一些学者认为，科学并不是价值中立的，而是与社会的政治、经济、文化紧密相关的；科学知识的产生密切联系于当时的社会实践和历史情境，科学是负载了利益、负载了文化的。①

5. 关于价值评价与科学价值评价的研究

价值评价问题是科学价值研究中的一个重大问题。目前，关于价值评价的专著有马俊峰的《评价活动论》（1994）、陈新汉的《评价论导论》（1995）、冯平的《评价论》（1995）、何萍的《生存与评价》（1998）、张理海的《社会评价论》（1999）等。李德顺在其著作《价值论——一种主体性的研究》（1988）中，提出了关于价值评价的重要见解，深化了对价值哲学的研究。作者在总结了人类活动的两大原则——真理原则和价值原则后，进一步阐明了价值的评价方法："从价值原则的角度来看，认识客体、世界本来面目和规律不是目的，认识主体本身或人的抽象的'自我意识'也不是目的，而把两者通过人的活动有效地结合起来，使之达到统一与和谐才是目的。这种统一与和谐集中地表现为主体的现实发展。对于作为主体的人来说，价值原则意味着自立、自强、进取、创造、高度地

_____

① 刘晓力：《"科学技术的价值审视"适时而必要——"当代科学技术的价值审视暨科学技术中的哲学问题研讨会"述评》，《哲学研究》2003 年第 12 期。

发挥主体能动性和主观能动性，意味着人的本质力量的充分发挥和人的生活内容及形式的丰富化等等。因此，寻求人在自然界面前的主动地位，寻求人的活动方式的最优化和最佳效益、高效率，寻求实效的丰富性、全面性和持久性等等，是价值原则的一般共同内容。"① 而袁贵仁对价值的评价，则更注重一种实用主义原则。在《价值学引论》（1991）中，他指出，哲学的"价值"在内涵上接近于经济学上的"使用价值"，表示物品对人的效用。有的学者从内外两方面对价值作出评价，如张岱年指出，价值一方面包括功用价值，即客体对主体一定需要的满足；另一方面还包括内在价值，它由事物的内在性质所决定，如道德的内在价值是保持人的尊严等。有的学者从更深远的角度探讨了价值的评价标准，如赖金良认为："价值的最终根源，不在人与对象世界抑或主体与客体之间，而在'人成为人'的自我创造、自我超越、自我实现的过程中，即价值最终起源于实然之人与应然之人的二重化建构及其动态关联中。"②

对如何评价科学的价值，孙广华认为，科学价值的多样性、主体的多层次性、主体与科学之间价值关系的复杂性，以及科学、社会、自然环境之间关系的复杂性，都表明科学价值评价是一个复杂的过程。对此，作者提出了评价科学价值的几条原则：整体性原则、发展性原则、主体性原则和系统性原则。③ 还有学者深入地指出："依据价值评价标准对科学的研究和运用进行评价，体现了人类发展和运用科学的主体性地位。在利用科学为人类服务的过程中，价值评价通常具有两种功能，即选择功能和规范功能。"④ 对如何正确、系统地评价科学价值，张贤根指出："正确处理好诸多方面的关系，是正确开展价值评价的前提。这些关系包括：事实与价值的关系、真理与价值的关系、价值的主观性与客观性的关系。"他还归纳出评价科学价值的几条原则，即整体性原则、相干性原则和动态性原则。⑤ 还有学者对科学价值评价提出了自己独特的标准，如娄成武等认为："评价科学的价值时，不能用单一的标准进行简单、直接的评价，而

① 李德顺：《价值论——一种主体性的研究》，中国人民大学出版社 1988 年版，第 59 页。

② 赖金良：《哲学价值论研究的人学基础》，《自然辩证法研究》2004 年第 5 期。

③ 孙广华：《从系统观看科学价值评价》，《系统辩证学学报》2000 年第 2 期。

④ 马莉等：《科学的价值渗透与价值评价》，《聊城师范学院学报》2000 年第 6 期。

⑤ 张贤根：《科学的价值关涉及其系统评价》，《科学学与科学技术管理》2002 年第 1 期。

应采用多项指标或综合性标准进行全面、公正、合理的评价，这样才能使科学沿着有利于人类的方向发展，使科学更有效地造福人类。对科学价值进行评价至少要遵循以下五个标准：真理性标准、生产力标准、生态文明标准、伦理价值标准和美学标准。"① 对于主体在科学价值评价中的影响和作用，孙显元指出："由于利益的不同，主体在评价中的价值取向也不同，从而使自然科学的评价必将受到主体性的影响。这些影响因素包括科学评价的时代性、科学评价的阶级性、主体价值规范的不同、主体认知状况的不同等。"②

（二）国外研究现状

在国外，自近代科学建制化以来，科学发展被纳入社会大系统中，科学的功利价值逐渐被人们认识，由此产生了把科学看作"一种通过认识自然而实际支配自然的力量"的功利主义价值论。弗兰西斯·培根于17世纪提出的"知识就是力量"之口号，就是这种科学价值思想的代表。在培根看来，科学知识应当运用于工业中，才能产生生产力价值。这种观点反映了资本主义发展对科学技术的需求，它作为一种时代精神影响了西方近代科技的进步。继培根之后，唯理论的创始人笛卡儿主张，科学认识的目的是从有关物质本质的理性知识中，演绎出支配所有物质运动的数学定律。莱布尼茨认为，科学研究的目的非常明确，就是为了使人类获得更大幸福。他还在"知识就是力量"观点的基础上，提出了"知识就是幸福"的口号。在这些思潮影响下，英国的贝尔纳写出了《科学的社会功能》这本著作，指出应根据社会需要制定科学发展规划。1963年，美国物理学家怀恩伯提出了制定科学发展规划应遵循的原则，这一原则从内部和外部两个视角看待科学的价值。内部原则包括：是否准备开发此科学领域、该领域内的科学家是否胜任；外部原则包括：该领域是否有科学价值、该领域是否有技术价值、该领域是否有社会价值。③ 在这种观念支配下，科学的成就自然首先要为生产开发和经济发展服务，科学的价值也自然以经济和社会价值为重。随后，越来越多国外学者参与到科学价值问题的研究中。他们从各自学科背景出发，对科学价值问题提出了独到的见

---

① 娄成武等：《论科学的价值及其评价标准》，《辽宁工程技术大学学报》2002年第3期。
② 孙显元：《以和谐看待科学发展》，《理论建设》2007年第4期。
③ 林德宏：《科学思想史》，江苏科学技术出版社1985年版，第215页。

解，并形成了很多研究成果。在这些著作中，有些从哲学角度对事实与价值的关系作出语义学分析，如普特南的《科学与价值二分法的崩溃》、多泽尔的《事实与价值的二分可以维持吗》等；有些从伦理学角度对科学价值作出分析，如玛根瑙的《伦理学与科学》等；有些从科学社会学角度对科学的价值作出分析，如布罗诺乌斯基的《科学和人的价值》、格雷厄姆的《在科学与价值之间》、彭加勒的《科学的价值》等。国外学者对科学价值问题的研究，主要从以下几个方面展开：

1. 关于科学价值基础理论的研究

关于科学价值内涵的界定，美国科学哲学家 P. 格姆认为，科学中的价值应该是构成科学本质的价值，即科学的"基本价值"，而作为科研背景影响科学活动的那些价值则属于"非基本价值"；正是由于科学具有不能被其他价值所取代的基本价值，才使科学获得了社会对其价值本质的承认。他认为，科学的两个最基本价值是"追求真理"和"寻求证明"，"任何不以真理和证明为其价值理想的'科学'便不再是科学了"。[①] 他还指出，从本质上说，科学不是为了获得尊重或赐人以教诲，也不是为了被奉若神明或去拯救世人，而在于分辨陈述的真伪，因为构成科学命题的陈述必须是严密的和可证明的。美国科学哲学家劳丹也认为："科学中真正深刻的价值不是道德价值，而是认知价值；不是有关行为的伦理标准和规范，而是方法论的标准和规范。"[②] 他指出，科学之所以有价值，主要是因为有科学理性和科学精神的存在；这种科学理性和科学精神，被默顿规定为普遍性、公有性、无私利性和有条理的怀疑主义四种。

关于科学发展的价值取向问题，彭加勒认为："科学家不能自由而随意地制作科学事实，也不可能了解所有的事实，因而必须选择那些有了解价值的事实。"[③] 贝弗里奇进一步指出："在从事某一学科方面的工作时，有训练的观察者总是有意识地搜寻根据所受教育认为有价值的具体事物。"[④] 美国科学哲学家 M. W. 瓦托夫斯基认为，人类的根本利益反映在

① 林德宏：《科学思想史》，江苏科学技术出版社 1985 年版，第 322 页。

② ［美］L. 劳丹：《进步及其问题》，刘新民译，华夏出版社 1999 年版，第 61 页。

③ ［法］彭加勒：《科学的价值》，李醒民译，商务印书馆 2007 年版，第 89 页。

④ ［英］威·伊·比·贝弗里奇：《科学研究的艺术》，陈捷译，科学出版社 1979 年版，第 42 页。

作为人类活动的科学实践本身之中，主客观的一致性和对科学规范本身的证实是对人类职责的高度凝练。他说："科学的价值并不是成为科学所探索的事实的一部分，而是成为科学本身的一个组成部分，也就是说，是科学的过程和科学的理性的一个特性。"① 马斯洛也说过："科学是建立在人类价值观基础上的，并且它本身也是一种价值系统。人类感情的、认识的、表达的、审美的需要，给了科学以起因和目标。任何这样一种需要的满足都是一种'价值'。"② 这些论述，都对科学活动中的价值取向性作了深刻说明。

2. 关于科学价值评价标准的研究

在科学哲学发展史上，有很多思想家提出了自己独特的科学价值评价标准。彭加勒提出了评价科学理论的"简单标准"和"方便标准"，爱因斯坦提出了评价科学理论的"内部的完美"标准和"外部的确认"标准，邦格提出了评价科学理论的"网络结构"标准，库恩提出了评价科学是否充分的五条标准，雷斯彻提出了评价科学理论的八条标准。其中较完备的，要数邦格、库恩和雷斯彻的思想，分述如下：

邦格在《科学研究》（1967）一书中，从五个方面对科学理论的评价标准作了详尽阐述，这五个方面形成了一个全方位、多层次的网络结构。邦格认为，一个好的科学理论，应具备以下几点：

一是形式标准，具体包括：优美的形式（科学理论的公式简洁而清晰，具有形式美）；内在一致性（公式之间应相互协调）；独立性（基本概念和基本假设相互独立）；有效性（科学理论的导出物，应是逻辑和数学的必然结果）；强度（初始假设应像真理性条件一样强）。

二是语义标准，具体包括：语言的精确性（将模糊性和不确切性降到最低）；概念的统一性（理论应归属于一个明确的论述整体，这个论述整体的属性从语义上讲应是一致的、相关的和密切的）；经验的可解释性（理论最低层次的某些定理可用经验术语解释）；典型性（越典型的理论就越深入、越远离现象、对研究越有效，从而具有更好的可检验性）。

三是认识论标准，具体包括：外在的一致性（与合理的、已被接受

---

① ［美］瓦托夫斯基：《科学思想的概念基础》，范岱年等译，求实出版社1982年版，第162页。

② ［美］马斯洛：《科学心理学》，方士华等译，燕山出版社2013年版，第15页。

的知识可以相容）；包容性（具有尽可能大的理论覆盖面）；深度（包含不可观察物的理论更可取）；独创性（能突破故步自封的体系之约束）；统一的力量（有能力包容迄今为止独立的领域）；启发力（具有指导在相同或相关领域进行研究的能力）；稳定性（具有生存的韧性）。

四是方法论标准，具体包括：可检验性；方法的简单性（仅意味着经验检验的可行性）。

五是形而上学标准，具体包括：层次的节约性（除直接涉及的层次外，理论对于它的指称层次应是节约的）；世界观的相容性。

1973 年，库恩在美国的弗曼大学作了题为"客观性、价值判定和理论选择"的演讲。他在演讲中指出，一个好的科学理论，应包括精确性、一致性、广泛性、简单性和有效性五个特征。在库恩看来，理论应当精确，即在这一理论的范围内，从理论导出的结论应同现有观察实验的结果相符；理论应当一致，不仅要做到内部的自我一致，也要与现有的适用于自然界一定方面的公认理论相一致；理论应有广阔的视野，理论的结论应远远超出它最初所要解释的特殊观察、定律或分支理论；理论应尽可能简单；理论应产生大量新的研究成果，应揭示新现象或已知现象里未被发现的联系。在这五条标准中，精确性主要针对事实评价而言，它在所有准则中最具有决定意义。特别是依赖于精确性的预测力和解释力，是一个好的科学理论的必备要素。精确性不仅包含量的一致，也包含质的一致，它是对科学理论进行价值评价的基本标准。

尼古拉·雷斯彻认为，对于任何科学问题，都可以构想出许多答案或理论，但往往其中一个理论会明显优于其他理论。在这里，考虑"符合事实"显然是必要的，但却不是充分的。尼古拉·雷斯彻提出了选择和评价科学理论的八个指导性原则，即简单性、规则性、一致性、包容性、内聚性、经济性、统一性与和谐性。

3. 关于科学社会价值的研究

20 世纪 60 年代后，一些著名学者从科学社会学角度，发表了一系列著作，其中与科学价值紧密相关的有托马斯·库恩的《科学革命的结构》（1962）、W. O. 哈格斯特龙的《科学共同体：为获得承认而竞争》（1965）、本·戴维的《科学家在社会中的角色》（1971）、科尔兄弟（乔纳森·科尔和斯蒂芬·科尔）的《科学界的社会分层》（1973）、哈里特·朱克曼的《科学界的精英》（1979）、杰里·加斯顿的《科学的社会运行》（1988）等。这些著作，在探讨科学的社会建制、科学共同体、科学规范等问题的同时，也间接分析了科学的社会价值。

有学者从科学与社会的互动关系角度研究科学的社会价值。罗伯特·默顿在他的博士论文《十七世纪英格兰的科学、技术与社会》中，分析了近代科学自 17 世纪在英格兰产生后，科学与文化、军事、经济、政治的互动关系。默顿在该书序言中谈道："科学对社会的影响吸引了大部分的注意力，而社会对科学的影响则甚少受到注意。"① 作者写作此书的目的，就是要使人们从这种"单向影响"的认识误区里走出来，全面认识科学是如何在与社会的互动中实现自己价值的。J. D. 贝尔纳在《科学的社会功能》（1939）、《科学与社会》（1953）和《历史上的科学》（1954）等著作中，也明确谈到了科学与社会的互动关系。他在《历史上的科学》中指出："科学和社会的关系是完全彼此交互的……尽管科学本身的初次滋长是通过经济和政治因素的结果，但科学一旦被树立为巩固经济和政治力量的一种手段时，科学的进步就成为政治和社会生活中的一个因素。"② 对于科学的社会价值，他指出："任何国家和阶级不利用或不能利用科学，或不去充分发展科学，就注定要在今天的世界上衰落并灭亡。……科学知识和科学方法正在不断增强地影响到思想、文化和政治的全部形式。"③ 在《科学的社会功能》的序言中，贝尔纳写道："我们不能无视这样的事实：科学正在影响当代的社会变革而且也受到这种变革的影响，但是为了使这种认识多少具有实在的内容，我们需要比以往更仔细地分析两者之间的交互作用。"④ 他还围绕科学的社会价值，进行了多方面的阐述，如提出国家应该为科学发展给予计划性支持，并实行计划与自由相结合的科学发展模式等。具有强烈社会忧患意识的贝尔纳，把对科学的理解建立在社会全面发展的基础上，他认为应准确把握科学研究的度，必须把科学发展置于社会大系统中，从科学的社会建制和科学的社会价值的角度来解释科学活动的多样性与动态性。贝尔纳不否认科学的异化和负价值，

① ［美］R. K. 默顿：《十七世纪英格兰的科学、技术与社会》，范岱年等译，商务印书馆 2000 年版，第 3 页。

② ［英］J. D. 贝尔纳：《历史上的科学》，伍况甫等译，科学出版社 1959 年版，第 685 页。

③ 同上书，第 686 页。

④ ［英］J. D. 贝尔纳：《科学的社会功能》，陈体芳译，广西师范大学出版社 2003 年版，第 4 页。

他认为科学家应积极地影响社会，以力求实现科学的正面价值。相对于默顿将科学价值的研究置于科学共同体这个"小社会"之中，贝尔纳则在更大范围的人类社会中研究科学价值。马尔凯和吉尔伯特等，则对科学家的谈话进行了分析，以考察科学家的谈话是怎样受语境和其他社会因素影响的。

美国学者伯纳德·巴伯在其代表作《科学与社会秩序》中，以美国科学活动的现实状况为基础，介绍了科学知识被政府应用的状况，以及政府对科学活动管理的情况，进而分析了科学在自由社会和极权社会中的不同命运。巴伯指出："随着科学的进步以及科学在其社会影响和社会有用性上的扩大，科学进步的结果已经变成了政治问题。"正是由于科学的有用性，科学在社会政治中的价值才得以凸显——"自30年代的大萧条以来，美国政府不断地并且在一个相当大的规模上关注科学的政治问题，所以科学与政府有了越来越密切的联系。"[①]

产生于20世纪70年代的科学知识社会学，其中影响最大的是"爱丁堡学派"，这个学派的代表人物有巴恩斯（B. Barnes）、布鲁尔（D. Bloor）、埃奇（D. Edge）、巴斯克（R. Bharsker）等。他们提出了著名的"强纲领"理论，这一理论将科学社会学的研究重点转向科学知识本身，认为社会因素对科学知识的产生有着重大影响，而科学价值往往由社会需求所决定。在这个理论的影响下，科学研究呈现出三种倾向：注重进行微观实验研究；注重科学家怎样从事科学研究，而不是关注他们为什么进行科研；注重科学共同体在科学知识生产过程中的协同作用。如巴恩斯就提出了科学研究的"利益模型"，认为科学知识是在特定利益基础上形成的社会产品，某些社会团体的利益影响了科学家对自然界的看法，科学价值就偏离了其应有的中立性。巴恩斯认为，这种利益因素还会渗透到科学家的实验活动中去，故科学知识本质上是在个人偏爱与群体利益相协商的基础上所形成的社会产品，是在特定群体利益、甚至民族利益驱动下得以建构的社会产品。柯林斯则重点对"科学争论"进行了研究，阐明了科学家是怎样就科学知识进行争论以及这些争论是如何解决的。柯林斯也认为，迫使科学家做出判断的不完全是认知因素，还包括广泛的社会利益关

① ［美］伯纳德·巴伯：《科学与社会秩序》，顾昕等译，生活·读书·新知三联书店1991年版，第86页。

系（即价值因素）的影响。总之，科学知识社会学将社会利益因素纳入科学知识的构成要素之中，并从多角度揭示了科学知识的相对性，开阔了"科学与社会"、"科学的社会价值"等研究领域的视野，有助于我们全面客观地了解科学知识产出的完整过程。

英国物理学家约翰·奇曼自1968年以来，发表了一系列科学社会学论著，如《公共知识——科学的社会范畴》（1968）、《知识的力量——对科学与社会的关系史的考察》（1976）、《知识的可靠性——关于科学信息、根据的解释》（1978）等。在这些著作中，他对科学的社会价值进行了深入论述。他在《知识的力量——对科学与社会的关系史的考察》一书中指出："科学是一种复杂的社会活动，它与其他社会子系统（如宗教、经济、政治、文化等）的关系极为密切。在大科学时代，科研费用的飞速上涨导致任何个人或研究机构都无力独自承担，必须依靠企业和政府提供大量资金。在此背景下，传统'为真理而献身'的科研目的越来越被'个人对科学成就的虚荣与权术'所代替，科学价值的社会性也随之增强了。"[1]

苏联学者N. T. 弗罗洛夫认为，科学的社会价值通过科学与其他社会建制的相互关系表现出来，具体来说，通过其履行的三类社会职能而展现——"首先是文化世界观方面的，其次是作为直接生产力的，再次是用于解决社会发展中各种问题的职能。这个顺序反映了科学社会职能的形成和扩大。"[2] N. T. 弗罗洛夫还强调，科学的社会价值应从以功利因素为核心的经济价值转向以道德因素为核心的文化价值。他呼吁："为了取得等值，对科学的自我意识的'文化、世界观职能'和其固有的直接生产力价值应该同等对待。"[3]

还有一批学者认为，科学是促进人类平等、自由、和谐的重要手段，它具有促进社会发展和改造社会的价值。如国际21世纪教育委员会主席雅克·德洛尔在提交给联合国教科文组织的研究报告中指出，科学在人和社会的可持续发展中起着重要作用，是促进人类更和谐、更可

---

① ［英］约翰·齐曼：《知识的力量——科学的社会范畴》，许立达等译，上海科学技术出版社1985年版，第129页。

② 林德宏：《科学思想史》，江苏科学技术出版社1985年版，第59页。

③ 同上书，第61页。

靠发展的一种主要手段，人类可借其减少贫困、环境污染、能源短缺、压迫和战争等现象。雅克·德洛尔还特别强调，在人类面临战争、贫困、犯罪等威胁时，必须把科学放在突出位置，必须重新强调科学的道德和文化价值。①

4. 关于科学的负价值和科学价值异化的研究

国外一些学者在对现代社会危机和矛盾产生原因的分析中，指出了科学运用不当所产生的危害性，并将其称为"科学的负价值"或"科学价值异化"。舒马娜指出："我们总是缺乏智慧，破坏性地运用科学知识。"②胡塞尔认为，造成科学负价值的原因，是因为"科学内在价值的理性因素被背离"③。莫里斯·戈兰在《科学与反科学》一书中也指出，人们在运用科学的过程中产生了很多负价值。他认为，在对科学的描述中，许多人都认为科学是一个合作的事业；但实际上，科学界的内部和外部都充满了各种各样的冲突，包括科学与宗教之间的冲突、科学家个人之间的冲突、科学与政府之间的冲突、科学与知识分子之间的冲突等。④ 作者在描述科学与政府之间的冲突时列举了许多案例，以说明政府对科学活动的压制以及科学家对政府决策的不满。作者还给出了一些防范这些负价值的措施，如倡导国际科学合作，使"科学研究的资金从一个国际权威机构源源流出的时候，科学与政府的冲突就会大大减少，就会被防止"⑤。

还有一些西方学者指出，科学与政治的结合使科学产生异化和堕落，从而表现出很强的负价值。福柯（Foucault）在其代表作《权力与知识》、《知识考古学》、《规训与惩罚——监狱的诞生》中，重点探讨了科学与权力的关系问题。他认为，传统意义上的"知识与权力不存在相容性"的说法过时了；相反，"权力产生知识，权力和知识正好是互相蕴含的，如果没有相关联的知识领域的建立，就没有权力关系，而任何知识都同时预

①　刘大椿等：《新学苦旅——科学·社会·文化的大撞击》，江西高校出版社 1995 年版，第 142 页。

②　周昌忠：《西方科学的文化精神》，上海人民出版社 1995 年版，第 139 页。

③　[德] 埃德蒙德·胡塞尔：《现象学的方法》，倪梁康译，上海译文出版社 2005 年版，第 106 页。

④　[美] 莫里斯·戈兰：《科学与反科学》，王德禄译，中国国际广播出版社 1988 年版，第 12 页。

⑤　同上书，第 15 页。

设构成了权力关系"①。在这种科学制度中，科学家堕落了，堕落为争权夺利的政客，知识分子关心的是他们的阶级地位、工作条件和优越的生活，默顿所讲的科学规范被彻底瓦解了。约瑟夫·劳斯（Joseph Rouse）在其代表作《知识与权力——走向科学的政治哲学》中也指出："权力不仅从外部对科学和科学知识产生影响，权力关系渗透到科学研究的最常见的活动中。科学知识起源于这些权力关系，而不是与之对立。知识就是权力，并且权力就是知识。"② 因此，那些传统观念所认为的"非政治"行动者和团体（如科学家、科学共同体等），在其实践中也具有了政治意义。权力从外部侵入科学并压制科学，甚至左右科学研究的方向，从而使科学价值发生异化。

　　流行于西方的存在主义、法兰克福学派是人文主义科学哲学的代表，他们把人作为其理论的出发点，关注人与科学的冲突，并从科学的力量中感受到人所受的威胁，因而对科学持强烈的批判态度。在存在主义者看来，科学发展的初衷是为了使人类在征服自然的过程中，人格得到尊重，人性得到解放，人生得到幸福，即让科学为人服务。但现代科学却发生了异化，成为控制人、压迫人的恶魔和主宰人类命运的异己力量。斯宾格勒、海德格尔、雅斯贝尔斯等存在主义学者，都把科学当作人类文明堕落和道德沦丧的根源。法兰克福学派则更是把对科学的批判作为其社会批判理论的核心。在他们看来，科学的本性使它和资本及其统治紧密联系在一起。法兰克福学派的很多学者认为，科学排斥意志，压制情感，是造成单面社会、单面人和单面思维的主要原因。他们还指出，科学具有绝对的政治性，当代科学已取代了传统的政治恐怖手段，而成为一种新的国家统治或控制方式。卢卡奇是西方马克思主义对科学理性进行批判的鼻祖，他在《历史与阶级意识》一书中，揭露了资产阶级是如何利用抽象的形式理性和科学理性来统治社会的。他认为，资本主义的组织原则用表面上的公平合理，来掩盖实质上的不平等，故科学已成为资产阶级统治的工具。霍克海默和阿多尔诺在《启蒙辩证法》一书中指出，随着科学的进步，人类

---

　　① ［日］樱井哲夫：《福柯——知识与权力》，姜忠莲译，河北教育出版社 2001 年版，第15 页。

　　② ［美］约瑟夫·劳斯：《知识与权力——走向科学的政治哲学》，盛晓明等译，北京大学出版社 2004 年版，第 127 页。

极大地改变了自己的生活条件，并创造了丰富的物质财富和精神财富。但在这一理性化的进程中，启蒙精神所追求的人对自然的统治权和人的普遍自由并没有实现，这与科学成为统治阶级的工具是分不开的。马尔库塞在其著作《单向度的人——发达工业社会意识形态研究》中指出，在以科学飞速发展为背景的相对富裕的工业社会中，科学已成为一种新的统治形式和工业社会异化的主要根源。科学从生产、消费、政治、人际关系、文化艺术等各个领域对人们进行全面的"工业—心理学"操纵和控制，人们丧失了创造性和批判性，成为"单向度的人"。"生态学马克思主义"的代表人物 W. 莱斯在《自然的控制》一书中，也分析了科学是如何成为控制自然和控制人之中介的。科学在其发展过程中，将科学合理性渗透到社会的各个方面，科学对自然控制加强的同时，也加剧了对人的控制。

5. 关于科学价值其他观点的研究

西方学者对"科学价值中性说"与"科学价值负载说"曾产生过激烈的争论。一般而言，科学乐观主义者和有工程传统的科学哲学家大都支持前者。哈佛大学教授梅塞恩（Enunanuel Mestheue）支持"中性论"，他说："科学产生什么影响、服务于何种目的，这些都不是科学本身所固有的，而是取决于人用科学来做什么。"① 德国存在主义哲学大师雅斯贝尔斯在《历史的起源和目标》一书中，也阐明了其"中性论"思想："更明确得多的是，科学仅仅是一种手段，它本身并无善恶。一切取决于人从中造出些什么，它为什么目的而服务于人，人将其置于什么条件之下。"②

"科学价值负载说"是指，科学负载价值，科学价值不是中性的。德国科学哲学家拉普指出："如果根据实际情况和可以看到的结果来判断，科学活动绝不是中立的。"③ 加拿大学者 M. 邦格也认为："科学在伦理上绝不是中性的，科学游移于善与恶之间。"④ 科学哲学家 J. M. 斯塔迪梅尔从科学与社会的关系角度指出："脱离了它的人类背景，科学就不能得到完整意义上的理解。人类社会并不是一个装着文化上中性的人造物的包

---

① 陈绮泉、殷登祥：《科技革命与当代社会》，人民出版社 2001 年版，第 231 页。

② ［德］卡尔·雅斯贝斯：《历史的起源与目标》，魏楚雄等译，华夏出版社 1989 年版，第 25 页。

③ 沈铭贤：《新科学观》，江苏科学技术出版社 1988 年版，第 34 页。

④ 同上书，第 36 页。

裹。那些设计、接受和维持科学的人的价值观与世界观、聪明和愚蠢、倾向和既得利益必将体现在科学的身上。"[1] 法国学者路易斯·多洛、德国学者 E. 卡西尔等人，则把科学看成是文化的重要组成部分，是一种科学文化，因而科学是负载价值的。

有关科学价值的学说，还有"社会建构论"和"科学决定论"等观点。社会建构论强调并夸大了科学的社会属性，科学决定论强调并夸大了科学的自然属性，二者均有其深刻性与合理性，但又都表现出明显的片面性。

社会建构论认为，科学不是自主产生的，也不是自我决定的，它是人们在一定社会环境里创造出来的；科学的意义和价值也不是科学固有的，而是社会群体所赋予的。社会建构论的主要代表人物有比克（Bijker）、平奇（Pinch）、麦肯齐（Mackenzie）、瓦克曼（Wajcman）、约翰·劳（John Law）、伯瑞（Philip Brey）、芬伯格、L. 温纳以及爱丁堡学派的一些学者等。如科学哲学家 L. 温纳在《人工制品有政治吗》一文中就指出，科学在一开始设计时就有专门的意图，特定的科学设施或系统的科学发现、设计和组织特性都有确定的价值取向。芬伯格也指出，科学代码是占霸权地位的科学价值观念的凝结，社会力量借助主体的科学价值观念介入科学发展的内核。他说："塑造我们生活的科学代码反映着特殊社会兴趣，我们拥有这种力量去决定我们在哪和怎样生活，我们吃哪种食物，我们怎样交流、娱乐、治疗等等。"[2] 芬伯格所提出的科学代码、科学民主化、机动边缘和次级工具化等新概念，蕴含着丰富的科学价值思想。

科学决定论认为，科学是一种自律性力量，它按照自己的逻辑前进，"科学规则"决定一切，支配着社会和文化的发展。埃吕尔是典型的科学决定论者，他指出，科学活动决定着社会发展而不受社会制约，我们已经"超越了一个由自然因素决定的社会而进入了一个由科学因素决定的社会"[3]。埃吕尔认为，科学决定了国家和经济，"不是经济法则把自己强加于科学现象，而是科学法则命令、定向和修正经济"；"如果国家正扩展

① 沈铭贤：《新科学观》，江苏科学技术出版社 1988 年版，第 55 页。

② ［美］安德鲁·芬伯格：《可选择的现代性》，陆俊等译，中国社会科学出版社 2003 年版，第 46 页。

③ 刘大椿：《科学哲学通论》，中国人民大学出版社 1998 年版，第 221 页。

其权限，那么这不是教条（干涉主义、社会主义等）的结果，而是一种科学本身推动的需要"①。在他眼里，国家不是决定科学进步的动力，而是服务于科学自主性发展的工具，是科学进步的代理人；科学系统决定着国家的职能、形式和发展方向。他还进一步指出："科学统治论决不只是一个科学问题。这种思想强调用逻辑的、实践的、解决问题的、有效的、有条理的和有纪律的方法来处理客观事物。它依靠计算、依靠精确的衡量以及系统概念。从这些来看，它是和传统的、习惯的那种宗教方式以及美学的和直观的方式相对立的一种世界观。"②

综上所述，国外对科学价值的研究既注重个体层面，也注重社会层面。在对科学价值个体层面的研究上，主要以心理学和伦理学为依据，探讨科学知识对个体思维的提升和科学精神对个体人格的培养。在对科学价值社会层面的研究上，主要是将科学与权力、社会公正、意识形态和文化思潮联系起来探讨科学的价值。

（三）国内外研究的不足

从整体上看，国内学者对科学价值的诸多方面（如科学价值的含义、特点、分类、表现形式、发展与评价等）都有所涉及，并提出了一些很有见地的观点，对我们进一步研究有着重要的借鉴意义。但这些研究成果也存在以下几方面的问题：第一，虽然对与科学价值相关的诸多问题都有所涉猎，但总体而言，还是显得比较"散"和"零乱"，对科学价值缺乏系统的研究。第二，这些研究呈现出不平衡的特点。有些问题如价值的内涵、科学价值的表现形式、科学价值的特点等，有很多学者对其进行深入研究，并取得了丰硕的成果。但有些问题如科学价值的定位、科学的显性价值和隐性价值、科学价值的实现等，则很少有学者问津，这方面的理论成果也很少。第三，对科学价值缺乏深入研究。当前国内学界对科学具体价值的研究很多，也创造了很多新词汇。但大多数学者以"作用论"为切入点来界定科学价值，这使对科学价值的研究显得不够深入，降低了研究的理论深度。第四，对科学价值没有进行合理定位，没有深入分析科学价值实现的途径和方法，从而对科学实践缺乏直接指导意义，也阻碍了科学价值的发挥。这还会使科学工作者不清楚自己的职责范围，不知道科学

---

① 刘大椿：《科学哲学通论》，中国人民大学出版社1998年版，第223页。

② 同上。

能切实解决哪些问题，结果只能"眉毛胡子一把抓"，分散了精力，浪费了科学资源。

国外对科学价值论的研究，很多是以论辩研究和交叉学科研究为主。这使国外科学价值论研究总体上表现出两大特点：一是这些研究往往是在两种理论、两种观点、两大学派思想交锋中展开的。许多学者从自己的研究视角和兴趣出发，在与不同观点的激烈论辩中表达自己的思想。譬如，科学价值中性说与科学价值负载说、科学乐观主义与科学悲观主义、科学决定论与科学建构论、工程传统的科学哲学与人文传统的科学哲学等之间，就展开了激烈的交锋。二是国外学者倾向于把科学价值放到一个更宏大、更复杂的背景中去，将其与社会的各个领域结合起来进行研究。在这种情况下，科学价值论的研究往往是与其他领域、其他学科或其他问题联系起来进行研究的。譬如，许多西方学者在科学与自然、科学与人类、科学与社会、科学与政治、科学与人文、科学与环境、科学与妇女等的关系中研究科学价值问题。虽然这些研究也取得了相当丰硕的成果，但会导致对科学价值的专题研究较缺乏。到目前为止，以"科学价值论"冠名的理论专著在国外学术界尚未看到。西方学者对"科学价值论"系统、深入、专精的研究，还是一项有待开拓的工作。

综观国内外学界对科学价值的研究，确实已有相当深度，并提出了很多深邃的见解。但囿于某些主客观条件，这些研究也存在不足之处。如J. D. 贝尔纳《科学的社会功能》、李醒民《科学的精神与价值》等著作，对人们深入理解科学的价值与本质有着重要意义，但对科学研究和应用中如何抉择价值取向的问题涉及较少。再如沈铭贤和王淼洋的《科学哲学导论》、默顿的《十七世纪英格兰的科学、技术与社会》、刘大椿的《科学的功利主义与终极价值追求》等著作，虽涉及科学价值的追求和选择问题，但其研究显得零散而不系统，力度较弱。又如彭加勒的《科学的价值》，主要从自然科学角度来探讨科学价值问题；费多益的《科学价值论》，主要从科学的社会价值和运行机制角度探讨科学价值问题；郑文范的《科技价值论》，主要从马克思主义劳动价值论角度探讨科技的经济价值。这些著作对科学价值的论述还不够全面和系统，且有待升华到马克思主义哲学的层面。故在本书的研究中，笔者力求克服这些弊端，对以往的研究成果进行理论升华，站在新的高度审视科学价值问题，希望对科学价值问题的阐述达到一种质的飞跃。

三　本书的研究方法

要系统深入地研究科学价值，需要科学的研究方法。本书采用的主要研究方法有：

（一）理论与实践相统一的方法

理论与实践相统一的方法是马克思主义唯物辩证法的集中体现。本书第一、二章主要采用理论分析方法，通过理论探讨，揭示科学价值的内涵及特点，考察科学价值思想的历史进程，并详尽阐述马克思主义科学价值理论。第三、四章则主要针对当代中国的科学实践，指出人们在科学价值定位上存在的误区，提出评价科学价值的正确标准，并进而指出科学价值实现的观念基础、现实条件和实践进程。

（二）历史与逻辑相统一的方法

历史与逻辑相统一的方法，要求人们在科学研究和建立科学理论体系时，要揭示研究对象发展过程与人们认识发展过程的历史规律性；在安排理论体系中各个概念、范畴的逻辑顺序时，必须符合被考察对象的历史发展过程。恩格斯说："历史从哪里开始，思想进程也应当从哪里开始，而思想进程的进一步发展不过是历史过程在抽象的、理论上前后一贯的形式上的反映。"[①] 在对中西科学价值理论的考察过程中，既要从历史的角度阐明各种科学价值思想的演变进程，又要依照思想的脉络，分析各种科学价值思想的形成和发展轨迹。

（三）比较分析方法

比较分析法是通过对研究内容的相同点、不同点之对比，通过对客观事物的去粗取精、去伪存真、由此及彼、由表及里的分析，客观、全面、深刻地认识事物的方法。在学术界，关于科学的内涵、价值的内涵、科学价值的内涵，有许多不同的理论阐释和表述方式，只有通过比较分析，才能找出其优点和不足，使人们对科学价值的内涵有清楚的认识和把握。在对各种科学价值思想和科学价值评价理论进行辨析时，也要用到比较分析法。

（四）系统科学方法

系统科学方法是立足整体，统筹全局，对事物进行综合考察和全面分

---

① 《马克思恩格斯选集》第2卷，人民出版社1995年版，第43页。

析，以达到最佳分析问题和解决问题的方法。以系统科学方法研究科学价值，就要把科学系统看作相互作用、相互依赖的若干要素构成的、具有特定结构和功能的、从属于更大系统（社会环境）的有机整体来研究。本书在分析科学价值评价标准和探讨科学价值实现途径时，主要采用了此种方法。以系统论的观点看，科学价值实现是一个客观的实践进程，它受到社会制度、社会环境和人们思想观念的制约。只有优化社会制度、改善社会环境、提升人们的思想水平，才能合理地实现科学价值。

（五）多学科综合研究方法

科学价值论的研究虽然属于马克思主义科学论和价值论范畴，但其研究的内容却涉及社会学、心理学、管理学、经济学、历史学、哲学等学科。只有结合多门学科综合研究，剖析其中要素，深入挖掘其规律，才能推进科学价值研究的理论创新。本书对相关学科的研究成果进行广泛吸收和借鉴，并找准多学科综合研究的结合点，综合运用历史学、科学哲学、科学社会学、心理学、管理学等的理论和方法，对科学价值问题进行系统分析，以求为科学价值的更好实现提供决策参考。

四　本书拟解决的关键问题

本书研究的目标在于立足时代，对新时代科学进步所引发的科学价值问题进行新的探讨，并在此基础上构建正确的价值取向，以促进科学的健康发展和科学价值的合理实现。在此思想指导下，本研究拟解决如下关键问题：

第一，对科学价值的内涵及特征进行准确的界定；

第二，对古今中外各种关于科学价值的学说进行比较分析与深入评析；

第三，对马克思主义科学价值思想进行详尽的阐述，并提出正确评价科学价值的标准；

第四，立足于现实，探求科学价值实现的可行性途径。

第一章

科学价值本质论

关于本质，《现代汉语词典》对其的解释为："本质是指事物本身所固有的、决定事物性质、面貌和发展的根本属性。"而本质和现象的关系是："本质所表现的是主要的东西，这种东西能说明事物的特性、事物内部最重要的方面、事物内部深处所发生的过程；现象是本质的外部表现，是现实世界的事物和过程藉以表现的外部形式。"① 由此便提供了研究科学价值本质的切入点，即通过对科学现象的辩证思考来认识科学价值的本质。

科学价值的内涵问题是科学价值研究中最基本、最核心的问题。要研究科学价值的本质，首先要对科学价值的内涵及特征作出回答。只有在学理上对科学价值的具体范畴进行分析并厘定其逻辑层次，才能为科学价值的评价与实现提供理论依据和研究路径。

第一节 科学的内涵及本质特征

要研究科学价值的内涵，首先必须分析科学价值的相关元概念、元问题及其依据。从元概念②角度看，对"科学"、"价值"、"价值论"、"价值哲学"、"科学价值"等一系列基本概念的厘清与界定，构成了"科学价值论是什么"的理论基点。从元问题角度看，对"科学价值论"建构的基本原则、基本特征等一系列问题的解答，构成了"科学价值"何以成为可能的支撑层面。

---

① ［苏］罗森塔尔、尤金：《简明哲学辞典》，中央编译局译，生活·读书·新知三联书店1973年版，第103—104页。

② "元"即"初始"的意思，"元概念"作为一个学术名词，即与研究对象相关的"初始概念"；同理，"元问题"即"问题之问题"的意思，它决定某个问题能否成为值得研究的问题。

一　科学的内涵

要探究科学价值的内涵，首先要对"科学"的内涵作出明确界定。在学术界，对"科学"内涵的研究由来已久，不同学者从不同视角对"科学"的内涵进行了探讨。本书将从以下三个方面探析"科学"的内涵：

（一）从科学发展史角度探析科学的内涵

科学是随着时代的发展而进步的，因而"科学"的内涵也是一个历史的范畴，正如贝尔纳所说："科学的本质是不能用定义一劳永逸地固定下来的。"① 人类历史上愚昧和迷信的盛行，总是与当时的科学知识水平落后有关。由于对自然现象及其运动规律的无知，由于人们缺乏科学知识来调整人与自然、人与社会的关系，从而产生了种种愚昧和迷信。随着科学的发展，人类对自然规律的认识日益深入，人们认识世界和改造世界的能力不断提高。于是，"在科学的猛攻之下，一个又一个部队放下了武器，一个又一个城堡投降了，直到最后，自然界无限的领域都被科学所征服，而且没有给造物主留下一点立足之地"②。可见，科学发展的历程是继承与批判的统一。每个时代的科学知识、科学方法、科学精神，不仅是人类精神文明的结晶，也是人类进一步认识世界的基础和出发点。

从自然科学发展史来看，古代的科学与自然哲学是融为一体的。古代自然哲学包含了天文、地理、物理学、逻辑学、数学等知识，这些知识成为近代自然科学发展的源泉。在欧洲黑暗的中世纪，宗教神学居于统治地位，扼杀了科学的进步。15世纪开始的文艺复兴运动，又重新为科学的发展指明了航向。启蒙思想家主张，只有通过认识自然界，只有借助实验和理性思维，才能获得准确的科学知识。于是，科学逐渐从自然哲学中独立出来，并由以往的经验科学发展到实验科学。到了17、18世纪，人们将人的社会活动赋予到科学的内涵中。黑格尔指出，不能脱离社会孤立地研究人，也不能脱离人们认识发展的历史孤立地研究科学。马克思进一步指出，只有从社会实践的需要出发，只有把科学作为社会生活的现象来考

---

① ［英］J. D. 贝尔纳：《科学的社会功能》，陈体芳译，广西师范大学出版社2003年版，第54页。

② 《马克思恩格斯选集》第4卷，人民出版社1995年版，第309页。

察，才有可能理解作为人类最高认识形式之"科学"的本质。比如，游牧民族和农业民族为了定季节，创立了天文学和数学；后来，随着城市和大建筑物的产生，力学发展起来了。人类正是在社会实践的过程中，获得了对自然界的认识，并不断使这种认识从初级的经验形态发展到高级的理论形态，最终形成了科学。不仅如此，科学还是一种社会的、精神生产领域的劳动。马克思明确指出，科学活动是一种社会劳动，是社会总劳动中的一个重要部分，它"是一切科学工作，一切发现，一切发明"。从19世纪到20世纪，科学活动的规模得到了空前发展，活动方式也从个人研究转变为集体攻关，甚至成为国家和国际规模的活动。当今社会，科学活动已成为一种独立的精神生产活动，一种大规模的、有目的的、社会化的实践活动。科学活动立足于科学的社会建制，在科学工作者、科学劳动对象、科学劳动资料、科学管理部门等要素的共同支撑下完成。

作为一种源于实践又服务于实践的力量，科学随着人类社会的发展而与时俱进，科学的内涵也随着人们对自然界认识的深化而不断变化。陈钧良先生对"科学"这样界定："科学是人类在对客体（自然界、人类社会、人的思维）的认识过程中形成的，包括知识体系、生产知识的活动、科学方法、科学的社会建制、科学精神等在内的，按一定层次、一定方式所构成的一个动态系统。"① 可见，科学是由多种要素构成的复杂整体，只有把有关科学的各种含义联系为一个整体，才能全面、系统地认识科学的本质。英国科技史学家 J. D. 贝尔纳对科学作了如下解释：科学是一种建制；科学是一种方法；科学是一种维持和发展生产的主要因素；科学是一种累积的知识传统；科学是一种重要的观念来源和精神因素，是构成人们诸多信仰的最大势力之一。② 在贝尔纳的归纳基础上，我们可以从知识体系、研究活动、社会建制三个角度探讨科学的内涵。

首先，科学是系统化、理论化的知识体系。在自然界中，从宇宙星辰到地球构造、从植物动物到人类社会、从动物心理到人的思维，都有其独特的规律。人们对这些规律的认识，以及由此构成的知识体系，就表现为科学。但不是所有的知识都叫科学，科学是知识的高级形态，只有那些理

---

① 陈钧良等：《科技革命与当代社会》，人民出版社2001年版，第155页。

② ［英］J. D. 贝尔纳：《科学的社会功能》，陈体芳译，广西师范大学出版社2003年版，第12—13页。

论化、系统化、具有真理性的知识，才叫科学。科学需要借助于一些概念、范畴、判断、推理、公式、原理等表述出来，科学知识的内容是客观的，逻辑形式是严密的。人类在实践中所获得的许多局部的经验、灵感的火花，由于其零碎、分散、不成体系，故不能算作科学。科学知识还必须具备真理性和深刻性，能经受严格科学实验的检验，能反映事物的本质和规律。

其次，科学是认识世界的研究活动。科学研究是人们探索规律、获取科学知识的过程。在哲学史和科学发展史上，一般将科研活动里的思想和行为过程也纳入对科学内涵的理解中。科学不仅指人类已经取得的精神成果，也指人类反映外部世界、探索客观规律以获取知识的创造性过程。正如齐曼所说："科学研究应被看成是社会中一定地位的特定人群的日常工作和有组织的劳动，他们聚集在大学、研究所这些社会机构里，互相管理，互付报酬，并使用昂贵的技术装备。"[1] 贝尔纳也指出："科学是一种有待研究和叙述的程序，是一种人类活动，而联系到所有其他种种人类活动，并且不断地和它们相互作用着。"[2] 保加利亚学者伏尔科夫也说道："科学的本质，不在于已经认识的真理，而在于探索真理。科学的本质不仅仅是知识，而是产生知识的社会活动，是一种科学生产。"[3] 美国学者小李克特也认为，科学是"一种社会地组织起来探求自然规律的活动"[4]。

如果把科学知识及其理论体系看成人们生产出来的高级精神产品，科学研究就是生产这些产品的过程。这个生产过程时刻凝结着人类精深的思维劳动，并以人的大脑为其基本加工工具。其他的劳动资料，如各种科学仪器、设备和技术手段等，能延伸科学工作者感官和大脑的功能，它们是沟通认识主体与认识客体之间的桥梁。各种文献资料，以及科学思维和科学方法，是科学工作者认识世界的手段，这些手段是否精良，直接关系到

---

① ［英］约翰·齐曼：《知识的力量——科学的社会范畴》，许立达等译，上海科学技术出版社1985年版，第162页。

② ［英］J. D. 贝尔纳：《科学的社会功能》，陈体芳译，广西师范大学出版社2003年版，第253页。

③ 刘杰：《科学的形上学基础及其现象学的超越》，山东大学出版社1999年版，第95页。

④ ［美］M. N. 小李克特：《科学概论——科学的自主性、历史和比较的分析》，李黎等译，中国科学院政策研究室编印（内部资料），1982年，第5页。

科学研究的效率。科研劳动的加工原料是人类的实践活动（特别是科学实验）及现有的科学知识。在科研劳动中，科学家利用科学方法分析研究实验数据，从中总结出新的规律。科学知识在其使用和传播过程中，不仅不会消耗其价值，还会使其价值越来越大。

最后，科学是一种社会建制。贝尔纳指出："作为集体的、有组织机体的科学建制是一种新兴制度。"① 近代以来，科学几乎已形成了建制化所需要的一切基本要素——科学的组织和机构、职业科学家队伍、科学学会和协会、科学的教育系统、科学与工业结合的各个环节等。在"小科学"时代，科学活动是小规模的，主要靠个人兴趣进行研究，这种研究主要局限于纯学术的"象牙塔"之中。默顿将这一时期科学建制的目标定为"扩展确证无误的知识"。但随着"二战"后科学的加速发展，科研规模逐渐扩大，学科急剧分化和高度综合的趋势更加明显，科学成果转化为生产力的速度越来越快，科学对社会的影响越来越深远。而且，在相当多的方面，科学与技术已紧密结合在一起，二者之间的界限越来越模糊，进入了普赖斯所说的"大科学"时代。"大科学"时代科学研究的概念较之从前有了新的外延，除了基础研究外，还增加了应用研究与开发研究。今天，即使是基础科学研究，也大多注重应用前景，科学价值实现了真理性价值与实用性价值的统一。因此，科学的建制目标和科学的规范结构都要相应地加以改变。现今的科学建制目标不仅是"扩展知识"，还应加上"首先把新知识转化为现实生产力"。科学的规范结构也不仅包括默顿所提出的四种基本规范——普遍性、公有性、无私利性和有条理的怀疑主义，还要求科学具有服务社会、为人类创造物质财富的功能。

只有把科学理解为知识体系、社会实践活动、社会建制的统一体，才能准确界定科学的内涵，反映科学的本质。这三者的完美结合，全面展现和解答了科学是什么、科学怎样产生、由谁产生、在什么社会体制下产生等问题。

（二）从语汇学角度探析科学的内涵

"科学"是一个不断变化、发展的概念。随着时代的发展和社会的进

---

① ［英］J. D. 贝尔纳：《历史上的科学》，伍况甫等译，科学出版社1959年版，第14页。

步，科学获得了越来越丰富的内涵，其外延也不断得到拓展。科学最初是对"science"的意译。"science"源自拉丁语中的"scientia"，其原意是指知识、学问。早在 12 世纪初，宇宙论者威廉就尝试给科学下过定义，认为科学是"以物质为基础的知识"。① 康德在其著作《自然科学的形而上学起源》中认为："每一种学问，只要其任务是按照一定的原则建立一个完整的知识系统的话，皆可被称为是科学。"② 在康德看来，科学是一种系统性知识，科学研究的目的就是建立一套能得到证明的陈述系统（即理论体系）。贝尔纳也有类似的认识，他在《历史上的科学》中说道："科学是按照在自然界的次序，对事物进行分类，并对它们的意义所进行的认识。"③ 马克思在《神圣家族》中指出："科学是认识的一种形态，它是由人们在漫长的人类社会生活中所获得知识累积起来的，且现在还在继续累积的认识成果——知识的总体和持续不断的认识活动本身。"苏联《大百科全书》解释道："科学是在社会实践基础上历史地形成的和不断发展的关于自然、社会和思维及其规律的知识体系。科学是对现实世界规律的不断深入认识的过程。"《苏联百科词典》解释道："科学是人类活动的一个范畴，它的职能是总结关于客观世界的知识，并使之系统化。'科学'这个概念本身不仅包括获得新知识的活动，而且还包括这个活动的结果。"苏联学者凯德洛夫认为，科学是精神文化的最重要因素，是人类知识的最高形式；它是借助相应的认识方法获得的、以精确的概念表现出来的、发展着的知识体系，这些概念的真理性由社会实践来验证。④

"科学"一词，在中国古代没有出现过，但在《礼记·大学》中有"格物致知"的说法，意思是指"穷究事物的原理而获得知识"。清朝末年，中国学者将声学、光学、电磁学、化学等自然科学称之为"格致学"。19 世纪以后，科学研究逐渐朝精细化方向发展，笼统的科学逐渐分化为各个专门的学科领域，并拥有各自的研究对象、研究方法、理论体系和知识结构。于是，日本著名教育家福泽谕吉将"science"译为"科学"，即"分科之学"的意思。随后，康有为和严复也采纳了这种翻译方

---

① 沈铭贤：《新科学观》，江苏科学技术出版社 1988 年版，第 231 页。
② 孙正聿：《哲学通论》，辽宁人民出版社 1998 年版，第 142 页。
③ [英] J. D. 贝尔纳：《历史上的科学》，伍况甫等译，科学出版社 1959 年版，第 21 页。
④ 陈昌曙：《自然科学的发展与认识论》，人民出版社 1993 年版，第 52 页。

法，从此"科学"一词在中国广泛使用。

我国 1979 年出版的《辞海》这样定义"科学"："科学是关于自然、社会和思维的知识体系。"1987 年出版的《中国大百科全书·哲学》认为："科学是以范畴、定义、定律形式反映现实世界多种现象的本质和运动规律的知识体系。"我国《现代汉语词典》对"科学"的解释是："科学是关于自然界、社会和思维发展规律的知识体系，它是在人类社会实践基础上产生和发展起来的，是实践经验的总结。"在 2000 年出版的《辞海》中，将"科学"界定为"运用范畴、定理、定律等思维形式反映现实世界各种现象的本质和规律的知识体系"。当代学者董光璧认为："我们今天所理解的科学，即逻辑推理、数学描述和实验检验相结合的自然科学，形成于 16—17 世纪的欧洲科学革命，并衍生出科学的现代形式。"①

在以上种种定义中，既包含广义的科学概念，也包含狭义的科学概念。广义的科学指所有成系统的学问和知识，包括自然科学、社会科学和思维科学；狭义的科学仅指自然科学，而不包括技术。本书所研究的科学价值，是指狭义的科学。

（三）从科学与技术比较角度探析科学的内涵

随着当代经济与社会的发展，科学与技术日益密不可分，因此人们将二者合称为"科技"。但科学与技术仍是两个不同的概念，需要对其分别加以考察。科学是一个知识系统，科学知识系统的进步表现为科学系统向着一个"较好"的状态发生了方向性变化。从科学发展的历史进程可以看出，科学进步首先表现为知识的逐渐积累和知识量的不断增加。不同时期的科学系统都有其独特的结构形态，它反映了人们在一定历史条件下对自然界不同层次的认识水平。

"技术"一词源自古希腊文，原意是指"技能"、"技巧"、"艺术"等。关于技术的概念，不同时代有不同的理解。亚里士多德将技术看作"制作的智慧"。到了古罗马时代，随着工程技术的逐渐发展，人们将技术看作"工艺制造"和"知识形态"二者的统一。18 世纪末，法国"百科全书派"的狄德罗在其主编的《百科全书》中指出："技术是为某一目的而共同协作组成的各种工具和规则体系。"这是最早对技术下的较规范

---

① 路甬祥：《科学与中国》，北京大学出版社 2005 年版，第 263 页。

的定义。我国 2000 年出版的《辞海》对技术的定义是："泛指根据生产实践经验和自然科学原理而发展的各种工艺操作方法和技能。如电工技术、焊接技术、木工技术、作物栽培、育种技术等。除操作技能外，广义地讲，还包括相应的生产工具和其他物质设备，以及生产的工艺过程和作业程序、方法等。"在《哲学大辞典》中，对技术的定义是："技术一般指人类为满足自己的物质生产、精神生产以及其他非生产活动的需要，运用自然和社会规律所创造的一切物质手段和方法的总和。"我国学者李京文先生认为："技术是指在生产和生活领域内，人们运用自然科学知识和经验，进行各种生产活动和非生产活动的技能，以及根据科学原理利用自然力去改造自然的一切方法。……技术具体表现为设计、制造、安装和使用各种劳动工具，设计各种工艺方法、程序，正确有效地使用劳动对象和保护资源、环境，对劳动对象进行有目的的加工改造，使之成为人们所需要的使用价值。"①

可见，技术的概念从古至今不断变化，其内涵也不断从狭义向广义延伸。从狭义来看，"技术"是指人类为提高社会实践活动的效率和效果而积累、创造并在实践中运用的各种物质手段、工艺程序、操作方法、技能技巧和相关知识的总和。从广义来看，"技术"不仅包括狭义技术的内涵，还包括在管理、决策、交换、流通等领域的技术问题，即管理方法、决策方法、计划方法、组织方法、交换方法、流通方法等。广义的技术不仅仅意味着技巧、方法，它是技术活动、技术成果及其社会应用的统一体。

科学与技术之间既相互区别，又相互促进、相互转化。二者的区别在于：科学属于认识论范畴，其目的在于认识世界；其发展方向主要是从实践到理论，重点回答"是什么"和"为什么"等问题。科学成果表现为知识形态，并通过概念、原理、假说、定律等逻辑形式展现出来；科学的评价标准是对和错，科学所产生的经济社会效益是间接的。科学理论一旦建立，人们只承认创立者的优先权和发现权，作为知识成果的科学理论，则属于全人类。反之，技术的发展方向一般是从理论到实践，侧重于解决"做什么"和"怎么做"等问题，其目的在于改造世界。技术成果既有知

---

① 李京文、郑友敬：《技术进步与产业结构概论》，经济科学出版社 1998 年版，第 2 页。

识形态的（如专利等），也有物质形态的（如工具、器械、设备等）；对技术成果的评价，主要看经济社会效益。技术成果具有专利权，社会不仅承认技术的发明权，还承认发明者的专有权和独占权。

科学与技术不仅相互区别，还相互依存、相互促进、相互转化。如果说 20 世纪以前科学技术的发展路线是"从生产到技术再到科学"的话，20 世纪以后则是"从科学到技术再到生产"。20 世纪以前，科学与技术之间的联系是松散的，基本上呈各自独立发展之势。技术进步主要依靠传统技艺的改进和新经验的积累而缓慢前进，科学则主要靠人民群众的知识积累和少数科学家的科学实验发展起来。20 世纪以后，科学与技术的联系更加紧密，科学发展在受到技术创新推动的同时，走在了技术前面，成为推进技术发展的强大驱动力。科学是技术的前提和理论基础，对技术具有指导性作用——科学为新技术思路的产生提供直接理论源头；科学研究为技术活动提供实验对象和分析方法；科学进步为技术发展培养人才；技术活动的成果要由科学来评估和检验。同时，技术对科学有巨大的反作用——技术应用的前景为科学研究提出新的课题和挑战；应用技术的发展为科学研究提供精密的仪器设备，使科学家能更深入、细致地观察自然现象；技术应用的经济效益为科学研究提供经费支持和物质保障。总之，随着科技的发展，科学与技术已成为一个不可分割的整体。在此意义上，J. D. 贝尔纳把 20 世纪开始的新技术革命称为"现代科学技术革命"，以体现科学与技术的一体化发展趋势。

二 科学的本质特征

通过以上对"科学"内涵的深入分析，我们可以对科学的本质特征作以下概括：

（一）立场的无阶级性

科学作为一种社会意识，其发展也是由社会存在所决定的，它是社会发展到一定历史阶段的产物，并随着社会的进步而不断完善。作为一种特殊的社会意识形式，科学并不依赖于特定的经济基础，也不为特定的经济基础辩护。当然，科学的发展也要受经济基础制约，不同阶级的世界观和一定社会的政治制度对科学发展会有不同程度的影响。这里所讲的无阶级性，是指科学是经实践检验并被证明为真理的知识体系，它可以被社会各阶级的人发现、利用和继承。自然科学既无国界，也无阶级和民族界限，是人类共同的财富。

从科学发展的历程来看，它不会随着某一经济基础的变革而改变。虽然战争或时代变迁会毁灭部分的科学资料和科学仪器，但科学更多的是在继承的基础上而发展的。意识形态属于上层建筑，是为经济基础服务的。随着经济基础的变革，意识形态迟早会随之改变。新旧意识形态往往存在质的差异，其所代表的阶级立场也完全不同。自然科学不属于意识形态，因此它可以独立于经济基础而存在。比如，经典物理学是资本主义时代的产物，但从其适用范围来看，它对资产阶级和无产阶级都是真理。

（二）内容的可检验性

科学的客观真理性，在于它具有不以人的意志为转移的客观内容。所有科学知识都坚持用物质世界自身来解释世界，不承认任何超自然的、神秘的东西。科学事实、科学定律、科学假说、科学理论无一例外的都是以科学实践为基础，是经过严密逻辑论证和反复实践检验的。

科学是对客观世界真实、准确的反映，而不是虚幻、歪曲的反映。科学理论不是笼统的、有歧义的一般性陈述，而是确定的、具体的命题，它能在可控条件下重复接受实验的检验。对科学理论的真与伪、正确与错误、全面与片面的评价，应有客观的实验依据。可检验性要求对科学理论所涉及的内容给予明确解释，并推导出特定的可检验的实验事实，将理论推导出的数据与实验中得到的结果相比较，进行实验检验。如果科学理论不具备逻辑的自洽性或经受不住实验检验，就会被修正或淘汰。科学的真理性，正是由其可检验性加以保证的。

在科学发展的历史上，很多思想家从不同侧面探讨了科学理论的可检验性问题。比如，逻辑经验主义认为，如果一个命题具备"可检验性"或"可验证性"，才是科学的命题，否则便是非科学的命题；波普尔认为，科学理论具有普遍性，可被证伪[①]的理论才是科学的，否则就是非科学的；库恩和拉卡托斯认为，科学与非科学的划界标准在于，是否在范式或科学研究纲领的指导下从事"解难题"活动。可以看出，科学与非科学的最根本区别，在于是否具备可检验性。伪科学是伪装成科学形式的非

_____

① 注："证伪"即是用可观察的证据与科学理论相比较，是一种实践检验的方式，但这种检验的目的是为了对科学理论进行批判和反驳。

科学，它伪造或篡改实验数据，回避或拒绝科学实验的检验和同行专家的鉴定，或者用违背科学实验准则和程序的"实验"去取代规范的科学实验。

（三）效益的间接性

马克思指出了科学在生产力中的地位和作用："随着大工业的发展，现实财富的创造较少地取决于劳动时间和已耗费的劳动量，较多地取决于在劳动时间内所运用的动因的力量。而这种动因自身——它们的巨大效率——又和生产它们所花费的直接劳动时间不成比例，相反地却取决于一般的科学水平和技术进步，或者说取决于科学在生产上的应用。"①其中所说的四个"取决于"，明确表达了"科学是生产力发展动因"的观点。"科学是生产力"这一论断，是马克思对历史唯物主义的重大理论贡献。当科学仅仅作为观念形态而存在时，由于它尚未进入生产过程，尚未取得具体的、有用的劳动生产力的形式，它只是"一般形态"的生产力或"知识形态"的生产力。当科学进入生产过程之后，它已渗透到生产力的诸要素中去了，它便从间接的生产力转化为直接的生产力了。

科学的社会效益体现在物质文明和精神文明两个方面。一方面，人类在认识自然和改造自然的实践中积累起来的科学知识，是人类精神文明的重要组成部分；另一方面，科学作为生产力的要素，通过提高劳动者的劳动技能、优化生产资料、提升管理效能，直接转化为现实生产力，从而推动物质文明发展。但相对于技术来说，科学在推动社会生产力发展的过程中，其作用往往具有间接性。一般来说，这个过程要经历一个"由科学到技术再到生产"的发展阶段。从这个意义上讲，科学的社会效益具有间接性。

（四）内涵的多维性

在前面对科学内涵的界定中，将科学理解为知识体系、社会活动、社会建制的统一体。随着科学日益渗透到社会的各个领域，人们倾向于将科学与自己所在的领域结合起来，从各种不同角度探讨科学的内涵。于是，科学的内涵进一步拓展，除前面所讲的三方面外，很多学者将科学文化、

---

① 《马克思恩格斯文集》第 8 卷，人民出版社 2009 年版，第 195 页。

科学方法、科学的精神气质也纳入对科学内涵的理解中。

　　有学者认为，科学是一种文化。他们从人类文明史的视角，指出科学是一种特殊的知识生产方式和精神创造方式，是人类文化中最活跃的组成部分之一。还有学者认为，科学是一种方法。他们从认识论角度指出，科学的本质在于追求真理，科学方法即是以观察、实验为基础，运用数学方法与理性思维，形成科学概念和科学理论的一种独特的认识方法。科学方法中的实证方法、理性方法和臻美方法，都能很好地运用于各个领域。还有学者认为，科学是一种精神气质。作为一种社会事业的科学，不能仅仅以盈利为目的，科学的社会建制会从科学家的社会角色、科学共同体的规范结构等方面全面协调科学与社会的关系，展现科学活动的文化价值和对人类文明的推动作用。美国学者罗伯特·默顿在《科学的规范结构》（1942）一文中，这样阐述科学的精神气质："科学的精神气质是有感情情调的一套约束科学家的价值和规范的综合。这些规范用命令、禁止、偏爱、赞同的形式来表示。它们借助于习俗的价值而获得合法地位。这些通过格言和例证来传达、通过法令而增强的规则在不同程度上被科学家内在化了，于是形成了他的科学良心，或者如果人们愿意用现代术语的话，也可以说形成了他的超我。虽然科学的精神气质并未被系统整理，但是从科学家在习惯中、在无数论述科学精神的著作中、在由于触犯精神气质而激起的道德义愤中所表现出来的道义上的意见一致方面，可以推断出科学的精神气质。"① 默顿认为，科学的精神气质包括四种作为惯例的规则——普遍性、公有性、无私利性和有条理的怀疑性。科学的精神气质不仅维护了科学共同体的稳定秩序，保障了科学自身的长足发展，它还符合人类社会普遍认可的道德标准。它内化为科学家的良心，有助于推进整个社会的精神文明建设，它也成为人们对科学内涵理解的一个重要方面。可见，科学的内涵十分丰富，它涉及物质文明和精神文明的各个方面，具有明显的多维性。

　　（五）逻辑的严密性

　　科学作为一种认识活动，有其特殊的认识手段（科学仪器、实验设备等）和认识方法（观察法、实验法、归纳演绎法等）。科学作为认识成

---

① 〔美〕默顿：《科学的规范结构》，李醒民译，《科学与哲学》1982 年第 4 期。

果，有其特殊的表现形式，即由基本概念、基本定律、科学事实、科学假说以及由逻辑推理和实验检验建立起的科学理论等构成。

科学理论是关于客观事物的本质和规律的相对正确的认识，是经过逻辑论证和实验检验并由一系列概念、判断和推理表达出来的知识体系。科学理论是从基本科学概念和基本科学定律出发，借助推理规则和辅助假设，推演出的由一系列定律或结论构成的严密的逻辑体系。在这个逻辑体系中，包括三个基本的知识元素——基本概念，联系这些概念的判断（即基本原理、基本定律），由这些概念、原理、定律推演出来的逻辑结论（即各种具体的规律和预见）。正如爱因斯坦所说："理论物理学的完整体系是由概念、被认为对这些概念是有效的基本定律，以及用逻辑推理得到的结论这三者所构成的。"[①] 这三者依一定关系，形成一个有层次、有结构的系统。科学理论是科学成果的系统体现，零散的知识堆积在一起不能称其为科学理论。科学理论必须具备系统性、完备性、逻辑性和自洽性，必须通过明确的概念、恰当的判断、正确的推理和严密的证明加以表述。科学理论既是科学活动过程的高级阶段成果，又是形成新的科学认识的起点。科学理论不是凝固的、绝对不变的，而是相对的、发展的。随着实践和认识的发展，科学理论的客观真理性、逻辑严密性、系统全面性和理论完备性都会面临种种挑战，这种挑战也进一步促进了科学的发展。正如列宁所说，认识是思维对客体的永远的、没有止境的接近。新的科学理论，只会在逻辑上更严密，在内容上更符合经验事实。因此，逻辑严密性是科学理论的重要特征。

第二节　价值与价值论的内涵

目前学术界对"科学价值"内涵的理解众说纷纭、莫衷一是，这很大程度上是由于人们对"价值"概念的认识存在分歧和不统一所致。要准确理解"科学价值"的内涵，还必须对"价值"的内涵作出清晰而明确的界定。

---

① ［德］爱因斯坦：《爱因斯坦文集》第 1 卷，许良英等译，商务印书馆 1976 年版，第 265 页。

一　价值的内涵及分类

（一）价值的内涵

1. 对价值内涵的语义学阐释

王坤庆在《现代教育哲学》一书中指出，"价值"起码包含三方面含义：一是人们日常生活中使用的价值概念，即客体的某种效用性或"积极作用"，还包括人们通常所说的"好"和"善"等含义，如某人的建议是可取的、这个人是好人等；二是指经济学、社会学、伦理学、美学、教育学等社会科学中广泛使用的价值概念，如经济学中的"价值"含义，是指凝集在商品中的、无差别的一般人类劳动；三是哲学意义上的价值概念，即从各门具体学科中抽象出的价值的本质特征，或通过研究人类社会生活中的价值现象而形成的理论体系。① 哲学层面的价值概念更具抽象性和概括性，它不仅关系到人的价值取向、价值理想和价值追求，也涉及价值存在的基本属性和不同方面。本书所探讨的科学价值，是指哲学层面的价值概念。

汉语哲学用语中的"价值"一词，相当于英语中的 value、法语的 valeur、德语的 wert。价值（value）一词，最初来自梵文的 wer（掩盖、保护）和 wal（掩盖、加固）；拉丁文的 valfo（用堤护住、加固）、vaneo（成为有力量的、坚固的、健康的）和 valus（堤），具有对人进行掩护、保护、维持等意思。后来进一步引申，"价值"一词就成了专用词语，专指对某人的"好处、益处、有用"，由此派生出"尊敬、敬仰、喜爱"等意，或"可珍贵的、可尊重的、可重视的"等含义。从价值一词的原始意义上看，其主要意思所涉及的事实景象是人的生命安全、健康等问题。它既不单指某物的属性，也不仅仅涉及人的主观感受，而是在人与物之间发生了相互作用时，将人本身的一种需求赋予某物。

2. 中西方哲学界对价值内涵的不同认识

"价值"是人们很熟悉并经常使用的一个概念，而且经常在不同语境中使用。对价值理论进行探索的论文和著作汗牛充栋，但只要留心便会发现，学界对"价值"概念的界定充满各种误解与歧见。

----

① 王坤庆：《现代教育哲学》，华中师范大学出版社 1996 年版，第 121—122 页。

西方学者对价值的研究肇始于 18 世纪英国哲学家大卫·休谟。他提出，"在'是'与'应该'或'事实'与'价值'之间，存在一条不能由此达彼的鸿沟"①，这就是哲学史上著名的"休谟鸿沟"。休谟认为，不能从"是"中推导出"应该"，也不能从"事实"中推导出"价值"。休谟的"事实"与"价值"决然二分的思想，为人们研究价值开启了思想先河。在康德的伦理学著作中，也出现了"价值"一词。康德把事实归属于经验世界，把价值归属于先验世界，这个思想对德国哲学家洛采产生了深远影响。在洛采之前，价值范畴仅被用于经济学，而洛采将其纳入对哲学的研究中，他后来被西方哲学界称之为"价值哲学之父"。随后，德国哲学家尼采"重估一切价值"的思想有力推动了学术界对价值问题的关注。尼采将价值问题的主体从上帝回到人本身，认为人是一切价值的创造者和赋予者，人的生命和生存是价值评价的终极标准。

纵观西方哲学家对价值内涵的界定，主要有三种观点：主观主义价值论、客观主义价值论和主客体关系价值论。

第一，持"主观主义价值论"的哲学家主要有迈农、艾伦菲尔斯、文德尔班、詹姆士、培里等。主观主义价值论包括情感说、兴趣说、欲望说等。情感说认为，价值的产生主要在于情感、意志、需要、偏好、兴趣等非理性因素，故价值是由主体情感所决定的，是情感的产物或表现。如文德尔班认为："价值绝不能作为对象本身的特性，它是相对于心灵而言的。抽掉意志与情感，就不会有价值这个东西了。"② 兴趣说的代表人物培里认为："凡是兴趣所在的对象便自然具有价值。无论哪一个对象，一旦有人对他发生兴趣，无论哪一种兴趣，它就有了价值。"③ 培里认为价值由主体的兴趣决定，无客观价值，也无价值评价的客观标准。欲望说认为：没有任何一种事物是内在地有价值的，或可以具有价值；事物是由它们被意愿着而产生价值的，而且它们愈被意愿着就愈有价值。④ 主观价值论曾经在西方哲学界颇为流行，美国哲学家欧文·拉兹洛于 1996 年曾说

①　孙正聿：《哲学通论》，辽宁人民出版社 1998 年版，第 63 页。

②　刘放桐等：《现代西方哲学》（上），人民出版社 1990 年版，第 123—124 页。

③　R. B. Perry, *Realms of Value: A Critique of Human Civilization. Cambridge*, Mass: Harvard University Press. 1954: 35.

④　Ibid. , p. 47.

过："至少在西方哲学中，有这样一种传统，即视价值为纯主观的现象，将价值仅仅看成是一些主观念头。"① 王玉樑先生也深刻地指出："产生这种困境的原因，从根本上说在于崇拜自发性。自发是相对于自觉而言。所谓价值自发，就是受本能支配，受非理性支配，被表面现象所迷惑，不认识价值的本质，在理论上陷于混乱，缺乏远大的价值追求。"②

第二，持"客观主义价值论"的哲学家主要有摩尔、约翰·莱尔德、舍勒、尼古拉·哈特曼等。客观主义价值论包括客体属性说、客体价值源说、现象学价值说等。客体属性说认为，价值是客观事物满足主体需要的一种属性。客体价值源说认为，价值客体是价值的承担者，客体决定价值的存在与否。现象学价值说认为，价值是一种先在的、不依赖于人的存在物，是先验的、客观的、绝对的、自明的。其代表人物德国哲学家尼古拉·哈特曼认为："价值本身并不改变，它们的本性是超时间超历史的。但对它们的意识却是变化的。"③ 当代美国哲学家罗尔斯顿也认为："价值是内在的、客观的，而不仅仅是工具性的。某些价值是已然存在于大自然中的，评价者只是发现它们，而不是创造它们。我们心中的价值，是对存在于自然中那些价值的反映。"④

第三，持"主客体关系价值论"的哲学家占多数，这也是本书所赞成的观点。主客体关系论认为，价值是主客体在相互作用中形成的一种关系，价值是客体对主体的意义，是客体在满足主体需要过程中形成的特定关系；价值来源于客体，取决于主体需要，在实践中产生并不断发展。这种学说的建立，来源于西方哲学家对"休谟鸿沟"的批判与反思。休谟、康德等哲学家，将"是"与"应该"、"事实"与"价值"决然二分，主张价值是一种与事实无关的先天欲望、意志、情感、需要、兴趣、偏好等。这种观点否定了价值的事实依据和实践基础，也遭到很多西方哲学家的质疑和批判。在这种批判过程中，"主客体关系价值论"逐渐形成并确立起来。

① 王玉樑：《价值哲学》，陕西人民出版社1989年版，第126页。

② 同上书，第132页。

③ 袁贵仁：《价值学引论》，北京师范大学出版社1991年版，第67页。

④ ［美］霍尔姆斯·罗尔斯顿：《哲学走向荒野》，刘耳等译，吉林人民出版社2001年版，第231页。

　　我国学界对价值也有不同的界定，目前最有代表性的观点大致有以下六种：将价值等同于价值客体本身的"实体说"、认为价值是事物属性的"属性说"、以主体需要为导向来界定价值的"需要—属性说"、认为价值是客体属性对主体需要满足的"主客体关系说"、认为价值是事物向主体呈现其意义的"意义说"、认为价值是客体对主体显示其效应的"效应说"。

　　"实体说"的基本思想是，将价值等同于价值物本身，将价值视为一种实体性范畴；认为价值是一种独立的客观存在，它不以人的主观意志为转移，不因为人们价值尺度和标准的变化而改变。"属性说"可以看作一种比较精致的实体说，它认为价值并不是事物本身，而是事物的一种或几种对人有用的属性。"实体说"和"属性说"属于客观价值论，它们都突出和强调了价值的客观性，但没有认识到客体属性只有与主体相联系并满足主体需要时，才能获得主体的肯定性评价，才能成为真正的、现实的价值。"需要—属性说"、"主客体关系说"、"意义说"和"效应说"都属于关系价值论，它们的共同之处是，都认为价值本质上是一种关系，是事物与人之间在特定情况下的一种关系性存在。它们都认为价值应是主客体的统一，应从主客体关系出发，来理解、把握和界定价值。其中"意义说"感情色彩较浓，"效应说"有将价值内涵泛化之嫌，故支持者较少。

　　价值关系中的"客体"，是主体在社会实践和价值评价中所指向的客观对象，它包括自然、社会和人本身。价值关系中的"主体"，是在社会历史领域中进行活动、以不同方式改造世界的人。价值主体具有生理属性、社会属性和意识属性，在现实活动中表现出主体性、能动性和创造性。价值主体可分为个人、一定的社会集团、整个人类三种。马克思指出："在社会历史领域内进行活动的，是具有意识的、经过思虑或凭激情行动的、追求某种目的的人；任何事情的发生都不是没有自觉的意图，没有预期的目的的。"[①] 而人是通过劳动或实践来实现自己目的的，故劳动是人本质力量的体现，是"使物质适应于这种或那种目的的活动"[②]。价值就产生于人类有意识、有目的的创造性活动中。在人类社会的发展过程中，价值主体和价值客体相互作用、相互转化、共同进步。价值主体总是

---

　　① 《马克思恩格斯选集》第4卷，人民出版社1995年版，第247页。

　　② 《马克思恩格斯全集》第31卷，人民出版社1998年版，第429页。

根据自身的某种目的和需要去自觉地掌握和占有客体，对客体的属性和功能进行选择、利用和改善，使"自在之物"变为"为我之物"。价值客体则以其特有的属性和功能作用于主体，满足主体需要，达到主体的特定目的。价值在本质上是实践的，只有从实践出发，以历史唯物主义观点看待价值，才能正确理解价值的内涵。正如马克思所说："价值这个概念归根到底反映的是作为历史主体的人之生存、发展、活动及其结果的意义。"①离开了作为历史主体的人之实践以及在此过程中形成和发展起来的人的需要，就很难准确地揭示价值的本质。在坚持实践观点和唯物史观的基础上，我国很多学者进一步从动态观点来界定价值的内涵。如肖前认为，价值的实质，是客体的存在、属性及其变化同主体的尺度和需要相一致、相符合或相接近②；袁贵仁认为，价值不仅是主体和客体之间的一种特殊关系，而且是主体和客体之间的意义和效用关系的不断发展③。

3. 对本书中"价值"内涵的界定

本书所指的价值，是主体与客体之间的一种特殊关系，其实质是客体的存在、属性、功能与作为实践主体的人的生存、发展、自我完善之需求的相符合，相一致。价值是人通过利用客观对象的属性、功能和效用，以达到人的某种目的和需要的满足，是人的本质、人的存在赖以实现的方式。

（二）价值与相近词汇的区别

第一，价值与功能的区别。《辞海》对功能的解释是：功能与结构相对应，指有特定结构的事物或系统在其内部和外部的联系中，表现出来的特性和能力。有学者认为，价值就是事物在人与自然、人与人相互作用的过程中表现出来的功能。这种观点看到了功能与价值相互联系的一面，但忽视了二者的区别：（1）二者的视域范围不同。功能的主体包括人、自然界和社会，价值的主体必须是人。说某物有价值，必须要有人的参与，能满足人的某方面需要。例如，太阳有哺育万物的功能，但不能说太阳对万物有价值。太阳哺育万物的功能在人类出现以前就已存在，但太阳这种功能只是随着人类的出现，能够满足人类的需要才转化为价值。（2）二

---

① 刘奔：《从历史观的高度研究哲学价值论》，《求是学刊》2000年第6期。

② 肖前：《马克思主义哲学原理》（下），中国人民大学出版社1994年版，第658—659页。

③ 袁贵仁：《价值学引论》，北京师范大学出版社1991年版，第51页。

者强调或表达的重点不同。功能强调事物自身所固有的功效和能量，尽管这只有在与其他事物的相互作用中才能表现出来，但功能的自身存在毕竟是客观的，并不是由于相互关系所决定的。价值强调和表达的是事物与主体之间相互作用的关系，即作为客体的事物满足主体需要的关系。事物的某种功能在主客体关系中是否具有价值，并不仅仅取决于功能自身是否存在，也取决于特定条件下主体的需要状态及主客体相互作用的方式。（3）二者的表现形式不同。一般来说，事物的功能相对稳定，价值则相对易变。具备功能的事物不与其他事物发生关系，就不会形成价值，但事物仍不失其功能。而价值只能在事物与主体的相互作用中产生，并随主体的变化而变化。

　　第二，价值与作用的区别。据《辞海》解释，作用是指"人或事物在一定的环境或条件下产生的影响或变化的功能"①。"价值"一般有四个解释："凝结在商品中的一般的、无差别的人类劳动"、"价格"、"积极作用"、"哲学上不同的思想视域和思想方式对于价值有不同的理解"②。可见，在对价值的解释中，包含了"积极作用"的意思。但如果把价值仅仅理解为一事物对人和社会所起的作用，或将价值解释为一种现实的或后续的作用，也是失之偏颇的。作用实际上是事物功能的释放，它是事物功能的对外输出。由于事物功能的释放要受外在环境和条件的制约，故任何事物作用的发挥，都是在一定的环境和条件下进行的。一事物在社会生活中的作用，既取决于该事物本身的功能，也取决于客观条件和事物所处的环境。如果环境和条件与事物自身发展的要求相协调，事物的功能就能得到充分发挥，从而产生积极的作用，对人有价值；反之，事物就会对人没有价值或产生负价值。因此，作用与价值之间虽然存在不可分割的相关性，但作用并不是价值本身，将价值与作用相等同的观点也是不准确的。

　　第三，价值与结果的区别。如果将价值认定为"由若干要素按一定结构有机构成的系统在与特定的环境相互作用时所产生的积极结果"，这虽然揭示了价值的客观性，但也有失之偏颇之处。（1）结果属于事实的范畴，但价值与事实之间存在严格的区分。价值不是一个实体范畴，不是某种自然事物本身；价值也不是属性范畴，不是一种自然属性。在孤立、

---

① 《辞海》（中文第一版），上海辞书出版社1980年版，第231页。

② 《辞海》（中文第六版），上海辞书出版社2009年版，第1058页。

分离的主体或客体身上，都不存在"价值"，只有在人与对象、主体与客体之间的多重关系中，才能找到价值。价值具有丰富的人学性质，是人的理想性、超越性所指向的目标，是人的"安身立命"之所，是人生命的意义之所在。（2）相比之下，结果是相对静态的，但价值是在实践基础上建立的主客体之间具体的、历史的关系，即客体是否适合主体目的和需要的动态关系。只有在人的社会历史活动中，在人"变革世界"的过程中，在人自身的发展过程中，才能产生价值。价值的特别之处，在于它以主体需求为尺度，根据主体的变化而变化，具有鲜明的主体性。而结果具有明显的客体性，同一结果在生活实践中可能与不同主体建立相应的价值关系，从而构成价值的多样性。

（三）价值内涵的特点

从以上分析可以看出，价值内涵包括以下几方面的特点：

第一，客观性与主体性的统一。（1）价值必须有其产生的客观基础，价值客体、价值主体和价值关系都具有客观性。某物对人是否有价值，首先取决于该物是否具有某种特定的成分、结构和属性。马克思指出："一物的属性不是由该物同他物的关系产生，而只是在这种关系中表现出来。"① 价值主体的客观性，是指人所具有的、不依赖于主观意志而存在的能力、社会关系、活动方式等社会规定性。主体需要的客观性，本质上是人的生存与发展所需要的种种条件之客观性。主客体之间形成的价值关系，也是具体的、历史的，是一种客观存在的关系。（2）价值的主体性是指，价值的产生同主体的特点相联系，表现出个体差异性、多维性、时效性等特征。

第二，绝对性与相对性的统一。价值的绝对性是指，一定价值总是与一定客体相联系，包含着不以人的意识为转移的客观内容。这些客观内容在实践中形成和发展，并不断得到补充与完善。价值的绝对性还包括，从主体认识、实践的本性来看，人类为了更好地生活，对价值的追求是无止境的，这种发展趋势具有绝对性。价值的相对性是指，价值具有很强的主观性，有无价值、价值大小，受到价值主体需求及认识水平的影响。在一定历史条件下，人们对客体属性的认识是有限的，故对客体实际价值的理

---

① 《马克思恩格斯全集》第31卷，人民出版社1998年版，第354页。

解和把握，也是有限和相对的。

第三，普遍性与特殊性的统一。价值的普遍性是指，整个人类都会去积极地认识和追求价值，且从人们的价值观来看，不同民族、国家的人在价值观上有很多相同或相似的地方。比如，几乎所有人都认为健康、和平、环保有价值，都讨厌疾病、战争和环境污染。价值的特殊性是指，不同的个体、集团、阶级、民族、国家，由于生存环境和生活条件的差异，对价值问题有着不尽相同的认识、理解与评价。

第四，目的性与制约性的统一。价值的目的性是指，价值是人的每一个有目的活动中必不可少的因素。价值指导我们设定目标，选择达到目标的途径，并评估其中的风险和收益。价值的制约性是指，价值客体的存在、属性、功能及其变化是不以人的意志为转移的，且主体的对价值的评价和实现要受主体身体机能、知识结构和所处社会条件的制约。

第五，质与量的统一。价值的质是主体需要的性质，指客体能满足主体什么样的需要。价值的量是客体满足主体需要的程度、规模和效率等数量性规定。

第六，一维性与多维性的统一。任何主体的需求都是多方面的，任何客体的属性也是多方面的，因而在主客体相互交错的关系中，必然会形成价值的多维性。但对于一定时期、一定条件下的具体主体而言，他与某一具体客体之间往往会形成特定的价值关系，故价值也具有一维性。

第七，应然性与实然性的统一。价值昭示着人对自己的本性、特质和生存发展需要的确认，以及对主客体关系实然状态的超越。价值意味着人的超越性指向和对自身意义的追求，价值向人们所呈现的永远是一种"应当"。价值作为人类的永恒追求，往往以理想的形式而存在，它总是高于现实，总是试图超越主体能力的界限和打破自然事物对人的限制。价值体现着人类对无限完美性的向往，是对实然状态的超越和对应然状态的追求。价值体现的不是主客体的对立，不是人的实践活动与客观对象的分离，而是人们在其创造性活动中所追求的主体与客体、人的能动性与受动性的统一。真正的价值就在于使主体更美好，使人类社会的发展更完善，实现真、善、美的结合。

（四）价值的分类

根据不同的标准，可以将价值划分为不同类型。从价值的产生来看，可分为天然性价值和创造性价值；从价值的发展状况看，可分为潜在价值和现实价值；从价值的功能特性看，可分为目的性价值和工具性价值；从价值所涉及的领域看，可分为经济价值、政治价值、文化价值、教育价值、审美价值等；从价值主体的层面看，可分为个体价值、集体价值、社会价值、人类价值等；从主体需要满足的性质来看，可分为物质价值、精神价值、物质精神综合价值；从价值的效益程度看，可分为高价值和低价值；从价值的作用效果看，可分为正价值和负价值。除此之外，还有一些学者根据自己的研究心得，对价值进行了独特的划分。美国科学家佩里将价值划分为八个领域——道德、宗教、艺术、科学、经济、政治、法律和习俗。① 德国哲学家马克斯·舍勒尔则按照人们需求的层次性，将价值划分为感知价值、生命价值、精神价值和宗教价值。舍勒尔还从现象学分析入手，以人自身为中心，将价值划分为：人的价值和物的价值，自身固有的价值和他人的价值，自身价值和自身引起的价值，行为的价值和反应的价值，思想的价值、行动的价值和成果的价值，意向的价值和状态的价值，基础的价值和关系的价值，个人的价值和集团的价值等。② 我国学者李连科在《价值哲学引论》中，从主体需求出发，将价值划分为物质价值、精神价值和人的价值；物质价值又分为自然价值和经济价值，精神价值又分为知识价值、道德价值、审美价值和宗教价值等。③ 这些不同的角度和形式的划分，反映了人类生活的复杂性和多样性，也反映了价值和价值关系的多重性。以上对价值的划分方式，也会产生重叠交叉的现象。于是，也有学者提出按多维立体的方式对价值进行划分，"把现实的价值关系看作是主客体之间多维的动态过程，分别从价值关系的主体、客体、形式和成果方面加以划分，用它们相互交叉的系统整体来表现价值类型的立体分类"④。

二　价值论与马克思主义价值论的内涵

价值论是关于价值的哲学理论，也称价值哲学。它以价值为研究对

① 张彦：《科学价值系统论》，社会科学文献出版社 1994 年版，第 68 页。
② 仇德辉：《统一价值论》，中国科学技术出版社 1998 年版，第 142 页。
③ 李连科：《哲学价值论》，中国人民大学出版社 1991 年版，第 7 页。
④ 吴岳军：《论价值多元环境下高校德育的多维性特征》，《思想理论教育导刊》2010 年第5 期。

象，从好坏、意义、功利、利害等方面去探讨主体与客体、人与世界的价值关系，是关于价值的构成、标准、性质和评价的理论体系。

在古希腊哲学和近代西方哲学中，对价值论的研究主要是在伦理学和美学领域中进行的。伦理学主要研究道德的价值，"善"与"恶"是其基本范畴；美学主要研究美的本质、审美活动及其规律，"美"与"丑"是其基本范畴。随着伦理学和美学在近代发展到"元理论"阶段，价值论已经初现端倪。康德在其二元认识论和道德哲学中提出，知识有事实知识与价值知识之分，事实知识属于经验世界，价值知识属于先验世界。随后，德国哲学家洛采把世界划分为三个领域：事实的领域、普遍规律的领域和价值的领域。他认为，价值作为世界的目的和意义，居于这三个领域的核心，而其他两个领域只是实现价值所经历的手段和方法。随着传统伦理学和美学的发展，哲学界需要一个更具包含性的统一范畴，于是价值论应运而生了。价值论的正式确立是在 19 世纪末 20 世纪初，德国哲学家 E. 哈特曼和文德尔班、法国哲学家 P. 拉比等最先使用了"价值哲学"这个术语。他们主要以价值一般、价值活动、价值关系、价值观、价值与文化等问题为研究对象。

价值论确立的另一个重要推力是，随着 19 世纪中后期西方哲学由近代向现代的转变，作为理性主义最高峰的黑格尔哲学已濒临解体，传统的启蒙思想、理性思辨和形而上学思想被人们怀疑和抛弃。文德尔班顺应历史潮流，把世界划分为事实世界和价值世界。他指出，事实世界是科学和其他专门学科的研究对象，哲学则主要专注于对价值世界的研究，这样哲学才能重新获得其意义和发展方向。他的学生李凯尔特，也把价值范畴当作哲学的根本范畴，认为哲学的研究对象就是价值。在这些哲学家的共同推动下，"价值论"（axiology）被正式提出并得到广泛认可，"价值论"作为一种"元哲学"的分支在哲学中获得了独立地位。我国学者李德顺认为，"价值论"是继存在论（ontology）和意识论（gosiology）之后形成的、并与之并列的哲学基础理论分支。

价值论被确立为哲学的一个重要分支后，很多哲学家从不同角度阐明了自己的"价值论"思想。杜威的实用主义价值论认为，价值存在但不能直接被定义，因为定义的过程就是对价值进行反省和评价的过程，这样会将价值与价值评价相混淆。他指出，应从事情本身的实际作用、实际效果来说明价值。这表明了其价值论具有明显的实用主义色彩。从表面上看，杜威是把价值和真理建立在实践结果之上，但他是以主观的经验感受对价值和真理做最后裁决的，即否认了客观事物的本质和规律，故带有唯心主义倾向。

逻辑实证主义价值论认为，价值命题作为一种经验命题，既不能被证实，也不能被证伪，因而是无意义的；价值命题是主观的，它仅仅表达了一种主体的愿望，故无法用科学语言来描述。逻辑实证主义因为坚持语言的逻辑性和哲学的科学性，因而把价值问题当作形而上学的废话来消解。

萨特的存在主义价值论认为，价值与存在相关联，价值即是存在。萨特认为，"自为存在"是一种永远处于缺失状态、不断追求自我完善的意识存在；"缺乏"是"自为存在"的内在否定性根源，它使人处于永不满足、不断超越的运动中，这种缺乏即是价值的根源。萨特的存在主义把个人自由和个人选择作为价值的基础，并将人的主观性作为一切价值的出发点，其本质是唯心主义价值论。

怀特海的过程价值论认为，价值来自于有机体的主体性。有机体在自身运动变化以及与其他事物的相互作用中，有自己的目标、活动方式和价值，这就是有机体的主体性。他认为，这种主体性存在于一切有生命的机体中，价值就是表述主体目标和主体达成目标之方式选择的范畴。

马克思主义价值论用主客体相互关系的客观过程和结果，来说明价值产生的根源："'价值'这个普遍的概念是从人们对待满足他们需要的外界物的关系中产生的。"[①] 在这种关系中，客体属性是价值的基础，是价值的客观载体；主体需要是价值的现实动因，它对客体的属性予以肯定，并将其转化为现实的价值。正如马克思所说："人在把成为满足他的需要的资料的外界物，作为这种满足需要的资料，而从其他的外界物中区别出来并加以标明时，对这些物进行估价，赋予它们以价值或使它们具有'价值'属性。"[②] 可见，马克思主义价值论科学地界定了价值主体、价值客体及其价值关系，并赋予价值概念动态的、多维度的内涵。

马克思主义从实践出发，在人的主体性中理解价值的内涵与本质。人的主体性体现在人们实践活动中的目的性、选择性、偏好性和趋向性。人们实践中的道德判断、审美情感、好恶心理等，也是源自于实践主体的这

---

① 《马克思恩格斯全集》第 19 卷，人民出版社 1963 年版，第 406 页。

② 同上书，第 409 页。

种选择性和趋向性。实践作为人的对象性活动，是人通过有目的的劳动对客观世界的改造，这种活动始终受人们意识的指导。在人们的实践活动中，人的主体性得到了充分发挥，实践不仅满足了人们的需要和目的，也创造了和规定了人们新的需要和目的。人的需要不仅仅停留在本能上，人们会以长远的眼光和理性的精神追求更高层次的需要。马克思对此论证道："动物只生产它的自己或它的幼仔所直接需要的东西。动物的生产是片面的，而人的生产是全面的。动物只是在直接的肉体需要的支配下生产，而人甚至不受肉体的需要的影响也进行生产，而且只有不受这种需要的影响才进行真正的生产。"[①] 在实践活动中，人的主体性不断得到丰富，人的本质力量不断展现和发挥，人的思想也不断获得自由，超越了原始的生命欲求，开始"把内在的尺度运用于对象，按照美的规律来构造世界"[②]。价值只能在人的实践中产生，价值的多样性、相对性也只能在实践中予以说明。实践是人类的共同活动，但每个人在实践中的具体情况有所不同，人们在实践中往往有不同的选择和目的，这也造成了人们的主体性在实践活动中发挥程度的不同。这种差异性在阶级社会中表现得尤为明显。在阶级社会里，人们在物质生产中的地位和利益关系不同，其展现在实践活动中的主体性就会有不同的选择和趋向，这就导致了价值的多样性和相对性。人们的审美习惯、道德判断、兴趣抉择和政治取向等，都是人们内在价值观的表现形式，这些都只能在人们改造世界的具体实践中才能得到合理解释，这是马克思主义不同于以往哲学的重要特征之一。

第三节　科学价值的内涵及主要特征

在阐明了"科学"与"价值"内涵的基础上，我们可以进一步揭示科学价值的内涵及其主要特征。

一　科学价值的内涵

目的性是人类活动的本质特征之一，马克思对此论证道："劳动过程结束时得到的结果，在这个过程开始时就已经在劳动者的表象中存在着，

①《马克思恩格斯选集》第1卷，人民出版社1995年版，第46页。

② 同上书，第47页。

即已经观念地存在着。他不仅使自然物发生形式变化，同时他还在自然物中实现自己的目的，这个目的是他所知道的，是作为规律决定着他的活动的方式和方法的，他必须使他的意志服从于这个目的。"① 科学活动作为人类活动之一，也是受科学家内在目的性引导的。科学的最终目的，就是为了更好地造福人类。正是由于科学活动的目的性，科学才得以与价值相关联。正如控制论的创始人维纳所说："'有目的'一词，就是用来表明那种可以解释为趋达目标的作用或行为——也就是说，它趋向一个终极条件，这个终极条件就是价值。"②

科学活动是人类自觉、能动地探索和认识自然的过程，科学活动的每一个环节都体现着人类对价值的追求。库恩指出："科学是以价值为基础的事业，不同创造性学科的特点，首先在于不同的共有价值的集合。"③科学研究作为一种精神生产活动，是科学家满怀希望和激情的创造性劳动。科学家是有血有肉、富有感情和想象力的人，他们有其偏好和独特兴趣，故其在科研过程中会不可避免地显示出某些规范性的东西和某些价值判断。科学家还是科学共同体的成员，因而以价值因素作为重要内容的"范式"或"研究纲领"，会引导着科学家的研究工作。科学家还是社会的一分子，处于一定的社会关系和文化氛围中，他们的思想和行为也会打上社会价值观的烙印，这些价值观也会影响其科研活动。科学研究中的价值选择和判断，具体包括以下四个方面：

首先，科学家在对纷繁复杂的事物进行选择性研究的同时，会对其进行价值上的判断。贝弗里奇指出："我们接触的事物浩如烟海，人们不可能对所有的事物都作密切的观察，因而，必须加以区别，选其要者。"④也就是说，只有符合科学认识主体之价值尺度的事实，才能成为科学事实，才能纳入科学家的研究范围。

其次，在科学研究过程中，科学家还必须依据一定价值取向，对经验

---

① 《马克思恩格斯选集》第 2 卷，人民出版社 1995 年版，第 178 页。

② ［美］N. 维纳：《人有人的用处——控制论与社会》，陈步译，北京大学出版社 2010 年版，第 215 页。

③ ［美］托马斯·库恩：《必要的张力》，纪树生等译，福建人民出版社 1981 年版，第 326 页。

④ ［英］威·伊·比·贝弗里奇：《科学研究的艺术》，陈捷译，科学出版社 1979 年版，第 104 页。

事实进行科学解释，将经验事实纳入一个普遍概括的理论体系内。科学解释也渗透着价值因素，因为它包含着隐藏在被描述事实背后的某种机制（目的的、因果的、协同的机制等）。库恩阐释道："解释归根到底必然是心理学或社会学的。就是说，必须描述一种价值体系，一种意识形态，同时也必须分析、传递和加强这个体系的体制。知道科学家重视什么，我们才有希望了解他们将承担些什么问题，在发生冲突的特殊条件下又将选择什么理论。"①

再次，面对同样的经验事实，可能建立起几种形式不同的理论体系，如光的"波动说"、"微粒说"、"波粒二象说"等。对不同科学理论的评价与选择，也渗透着一定的价值标准，如牛顿的"节约原理"、马赫的"思维经济"、爱因斯坦的"内在的完备性"等，都是这样的价值标准。

最后，价值因素也凝结于作为科学成果的科学知识体系之中。科学知识体系是由一系列基本概念、原理及定理，通过一定逻辑联系而构成的复杂系统。L. 劳丹认为，在科学知识的结构中，理论和价值是相互协调、相互制约、相互作用的；科学的每一种范式都包含方法、理论和价值三个方面的因素，它们形成了复杂的网状结构。科学哲学的研究也证明，科学的基本概念、基本原理和科学陈述都包含着一定的价值判断。一方面，科学中的一些基本原理既不是先验的综合判断，也不是对经验事实的简单概括，而是科学家之间的约定。科学基本原理中的约定元素并不是孤立的，而是紧密联系着的语言概念系统。不同约定的概念系统之间的互译，不仅是知识的交流和思想的沟通，也是价值的传递。另一方面，科学陈述中也蕴含着价值判断。某些科学陈述，如"吸烟有害于健康"、"使用高硫质煤炭会破坏生态环境"等涉及健康和安全的命题，本身就包含着价值判断。还有些科学陈述，如热力学第一定律和第二定律的陈述，就隐含着不要企图发明任何类型"永动机"的价值判断。

基于以上分析，我们可以为科学价值下一个定义：科学价值是指科学的客观属性对人类的需要所具有的意义，或者说是科学的客观属性和它所反映的规律能够满足人类某种需要的性能。科学作为反映客观世界本质和规律的知识体系，有着自身固有的客观属性。科学价值标志着科学的属性

---

① ［美］托马斯·库恩：《必要的张力》，纪树生等译，福建人民出版社 1981 年版，第332 页。

对人类有什么积极意义，能满足人类什么样的需要。科学价值是在科学与
人类的相互作用中实现的，是科学的属性与人或社会相互关系的体现。当
科学对人或社会的需要和发展起肯定作用时，它具有正面价值；否则，它
就没有价值或具有负面价值。

二　科学价值的主要特征

在分析了科学价值内涵的基础上，可以进一步揭示科学价值的主要特
征。准确把握科学价值的主要特征，有助于我们更加深刻、全面地理解科
学价值的本质。科学价值的主要特征包括以下几个方面：

第一，直接性与间接性的统一。价值关系的直接性，即价值客体对主
体需要的满足是直接的、不经任何中介的。科学自产生以来，带给人类崭
新的价值体验，既有精神上的，也有物质上的。科学价值扩展了人类社会
的价值追求，丰富了人类的价值世界。人类真正体会到科学的巨大价值，
是在16、17世纪的时候。此时，科学的发展大大增强了人类征服自然和
改造自然的能力，推动了社会的文明和进步。培根提出的"知识就是力
量"的口号，充分证明了科学价值的直接性。但是，与一般物品对人类
社会的价值不同，科学价值还具有间接性的特点。人类进行科学研究和拓
展科学知识的活动，直接产生的是科学的认识价值。除此之外，建立在科
学成果之上的审美价值，如宇宙的和谐性、简单性、对称性等观念，既是
科学观，又是审美观；科学认识是对真理的揭示，伦理则是对人与人之间
社会关系的协调，科学上的新发现改变着人类社会伦理准则和道德规范的
认识论基础；科学通过指导人类拓展"人化自然"和创造"人工自然"
来实现科学的物质价值。因此，建立在认识价值基础之上的审美价值、伦
理价值和物质价值，均体现了科学价值的间接性。

第二，常住性与时效性的统一。一般物品在实现其对人类价值的过程
中，尽管其消耗的程度和使用的时间会有所不同，但其物质价值不能永远
存在。物品在其使用过程中，总会发生一定损耗，这是自然界的普遍规
律。但在科学价值中，作为客体的科学成果与一般物品不同的是，在其实
现自身价值的过程中，科学成果本身不发生损耗，这就是科学价值的常住
性。例如，牛顿力学自诞生以来，在人类认识和改造自然的过程中，实现
了巨大的精神价值和物质价值，但其本身的价值会永久长存。之所以会产
生这样的差异，是因为科学成果不是物品，而是精神产品。科学这种精神

产品是对自然规律的正确反映，它不随社会历史条件的变化而丧失其价值。科学价值的时效性是指，科学价值随着时间的流逝会逐渐产生变化。科学理论所反映的客观规律是普遍的、永恒的，但对每一个具体的科学成果而言，它对事物规律和本质的反映总是有限度的。任何一个科学成果，都有其产生、发挥作用、不断变化和被新科学成果取代的过程。新的科学成果往往更能反映事物的本质，更接近真理。因此，每个科学成果的价值都具有时效性，都会随着时间的变化而改变。例如，钻木取火所揭示的摩擦生热和致燃原理始终是不变的，是科学真理。但这一科学成果在过去和现在对人类的价值是不同的。今天，生火的方法更科学、更经济、更方便了，并不需要以摩擦生热的方式致燃。随着时间的流逝，很多科学成果不再表现出作为新发现时推动社会进步的巨大作用，而是作为科学常识被人们认识和了解。

第三，效用性与意向性的统一。效用性是科学价值的根本属性，科学成果作为价值客体，对人类社会的效用是多方面的。科学成果具有直接的功利价值，能提高经济效益、社会效益和生态效益，它还对人类的精神文明和理性思维有着巨大的推动作用。科学成果是真善美的统一体，科学成果的效用性涵盖了其全部功能和社会价值。科学价值的意向性是从主体如何对待科学成果的角度而言，凡是对能满足主体需求的科学成果，主体总会表现出兴趣、爱好、情感、赞美、追求等主观倾向（即意向性）。科学价值的大小，往往与这种意向的强烈程度成正比，价值愈大，主体的兴趣、情感也愈强烈，态度和行为也愈坚定。任何一个科学成果都具有多重属性，但在形成价值关系时，主体不可能与各种属性都建立价值关系。在特定条件下，主体总是会选择能满足自身迫切需要的那些属性建立价值关系。

第四，规范性与情感性的统一。科学价值的规范性是指涉及人与人之间关系的科学行为方面的规范、准则，如职业道德、科学传统、科学态度、学术规范、科学范式、科学角色等，它属于科学伦理学或科学社会学范畴。科学价值的规范性，是维护科学对全人类之普遍价值的基础。由于价值观不同，人们对客观世界的看法也常常各执己见。但在科学共同体中，大家有共同的科学语言，遵循共同的行为准则，相信共同的科学范式，能够形成统一的见解，从而使科学成果具有普遍性价值。从科学成果本身来看，体现规范性是其具备价值性的基础，这些规范包括简单性、可检验性、逻辑自洽性等。科学价值的情感性是指，主体对科学成果的价值总会有一定的内心体验和态度表示。正如卡西尔所说："伟大的科学发现也带有它的发现者的个人精神的印记，我们在那里所发现的不仅是事物的一个新的客观方面，而且还有一种个人心理的而不是体系上的关联。"①虽然在科研活动中，人们会力图摆脱情绪的影响，让理性思维居于主导地位，沉着冷静地追求真理，但科学成果的价值必然会与主体发生利害关系，必然会激起主体的各种情感。这些情感不仅包括喜怒哀乐，还带有美感和激情，如科学之美和科学力量之伟大会让人惊叹不已等。最典型的例子是，古希腊科学家阿基米德在洗澡时，猛然顿悟到排水量与浸入体积之关系，竟然欣喜若狂，赤身裸体地喊着"找到办法了"，并跑入宫廷报喜。

第五，科学性与价值性的统一。科学价值是现实的人与满足其某种需要的科学成果之间复杂的相互关系。运用马克思主义价值观考察和评价科学对个人和社会的价值时，会得出科学具备两种属性（即科学性与价值性）的结论。科学是对客观事物及其规律的反映，而客观事物及其规律是客观存在的，不以人的主观意志为转移。科学回答的是"事物是什么"的问题，它不涉及人们的主观意志因素，一部科学发展史就是人们不断深化对客观事物及其规律认识的历史。而价值主要从主体需要出发，评价科学成果对主体需要的某种特殊意义，回答的是"科学成果对满足主体需要有什么用"的问题。科学成果不以人的意志为转移，但科学成果是否具有价值，则是人类根据自身生存和发展的需要所赋予的。在人类的科学实践中，既包含了对科学的追求，也包含了对价值的诉求。科学是认识和把握世界的武器，价值是人们选择和构建自己生活方式的依据，二者统一于人类的科学实践中。故科学价值是合规律性与合目的性的统一，也是科学性与价值性的统一。

第六，首创性与发展性的统一。科学价值的首创性是指，对人类社会有价值的科学成果，是第一次被发现和创造的科学知识。默顿在用社会学方法研究科学史时，发现了一个重要现象，即"科学发现的优先权之争"。例如，牛顿与虎克在光学和天体力学领域之争、牛顿与莱布尼兹在

---

① ［德］恩斯特·卡西尔：《人论》，甘阳译，上海译文出版社 2003 年版，第 288 页。

微积分领域之争、关于 DNA 螺旋结构发现的优先权之争等。默顿指出："和别的社会体制一样，科学体制有它特有的价值、规范和组织。其中强调首创性的价值显然是合理的，因为只有创新才能大大推进科学的前进。"① 科学家们推崇第一个发现和提出科学真理的人。对科学成果来说，只有首创者才创造出了新价值。勾股定理一经证明、牛顿力学一经揭示，这项研究工作就失去了重复进行的意义。谁是首创者，荣誉就将归于谁，科学成果的重复发现是无价值的。同时，科学价值还具有发展性，科学价值会随着生产力和实践的进步而发展，表现出与时俱进的特性。科学内容的更新、科学结构的优化和科学领域的拓展，都会导致科学价值的发展，其中以科学范式的更新为其集中体现。科学范式是指科学共同体成员所处其中的、内涵丰富的理论背景。科学范式是库恩在《科学革命的结构》中提出的概念，科学哲学家玛斯特曼对库恩的范式进行了总结，并将其分为三类：形而上学范式、社会学范式、构成范式。形而上学范式指共同的世界观、信念、方法论等，社会学范式指科学共同体的科研惯例，构成范式主要指所形成的科学理论体系。② 范式的变革会导致科学的进步和科学价值的发展。

　　综上所述，科学价值是一个客观的、科学的概念，它反映的是科学"能够干什么"、"对人类有什么用"的问题，是制定科学发展目标、规划科学发展方式和选择科研方法的前提与基础。科学价值由科学的属性和社会的需要所决定，并受社会实践发展水平的制约。正确认识科学价值的内涵及特征，可以为科学价值其他问题的研究奠定扎实的理论基础并创造良好的条件。

第四节　科学价值的具体分类

　　科学价值类型的划分，可以从多个角度入手。科学价值从其作用的对象看，可分为个体价值、社会价值和人类价值；从其作用的呈现形式看，

---

① ［美］R. K. 默顿：《科学社会学——理论与经验研究》，鲁旭东、林聚任译，商务印书馆 2003 年版，第 155 页。

② ［美］托马斯·库恩：《科学革命的结构》，金吾伦等译，北京大学出版社 2003 年版，第 19 页。

可分为物质价值和精神价值；从其作用的效果看，可分为正价值和负价值；从其作用的方式看，可分为内在价值和外在价值。科学价值还可分为局部价值和整体价值、短期价值和长远价值、显性价值和隐性价值等。科学各种价值之间是紧密相连的，它们共同构成了逻辑严密的科学价值体系。本节拟从提升个体认知能力的价值和促进社会全面发展的价值两个维度探讨科学价值的具体分类。

一 提升个体认知能力的价值

科学提升个体认知能力的价值，是指科学自身所隐含的一种指向人类心灵的价值属性。科学对个体认知能力的提升，存在于主体的科学活动中。在科学活动中，科学认识主体总是遵循简洁、实用和高效的原则，运用概念、模型、推理等理性手段，尽可能追求对客观对象及其规律的真实反映，以获取真理性知识。这种对真理的渴求和探索，使科学与认识对象及其规律相一致，相符合。在此，科学价值与科学的真理性是相互促进、协调一致的，科学真理是科学价值的前提，科学价值是科学真理的归宿。不仅如此，科学同艺术一样，与人的自身素质和自身发展密切相关。科学对个体认知能力的提升，主要体现在科学真理能促进主体的"求真"、"趋善"和"臻美"上。

（一）科学内在之真提升人们的思维

人是有意识、有实践能力的行为主体，这决定了人在物质生产中不仅要靠体力、靠四肢作用于自然界，还要靠智力、靠大脑的活动去调整人与自然的关系。这就要求人们必须认识自然界各种事物的属性和规律，获得关于自然过程的知识。当人类实践发展到一定阶段后，这些关于自然的知识就逐渐系统化、理论化，从而形成了科学。恩格斯指出："18 世纪综合了过去历史上一直是零散地、偶然地出现的成果，并且揭示了它们的必然性和它们的内部联系。无数杂乱的认识资料得到清理，它们有了头绪，有了分类，彼此间有了因果联系。于是，知识变成了科学。"[①] 在恩格斯看来，没有经过整理、分类的知识只是零散的成果，还不能算作科学。科学是理论化、系统化的知识形态。只有当知识形成一种严密的逻辑体系，并

---

① 《马克思恩格斯选集》第 1 卷，人民出版社 1995 年版，第 18 页。

能正确揭示事物内部和事物之间的必然性联系时，知识才变成了科学。

时至今日，科学已无处不在，社会各个领域都渗透着科学。科学的任务就是透过现象认识隐藏在现象背后的本质和规律，这个本质和规律就是科学真理。科学作为一种正确的知识体系，必然与真理发生联系。一方面，知识成为科学和知识成为真理的条件是同一的。真理也不是个别的知识，真理是知识体系中必然的、具有内在联系的根本内容。列宁在《黑格尔〈逻辑学〉一书摘要》中指出："这个真理不是作为个别的知识来跟其他的对象和实在性并列在一起，而是构成这其他一切内容的本质。"① 另一方面，科学的本质规定与真理的本质规定具有一致性。知识成为科学的核心要求，在于它能正确反映客观事物的性质、关系和规律。正如科恩所说："我们不知道，在什么条件下科学对社会的影响在整体上是人道的。但是，我们能够说，科学提供了摆脱迷信和人道地生活的一种伟大的质——客观性。"② 而真理作为一个认识论范畴，它本身也意味着主观认识与客观规律相符合，故真理也是一种科学的理论体系。黑格尔对此论述道："真理的要素是概念，真理的真实形态是科学系统。并且，知识只有作为科学，或者作为系统才是现实的，才能够表述出来。"③ 可见，科学真理是科学认识的内在本质，它体现了科学认识内容的客观性。

科学认识的这种客观性，促进了人们思维力的发展。为了证明这一点，柏拉图以数学这门具体的科学分支为例，谈到它对人们思维力提升的价值："算术能唤醒天性懒散、迟钝的人，使他们善于学习、记忆并精明起来，借助这种神奇技艺的帮助，他可以远远超过他的天资所能达到的境地。"④ 每个时代的科学知识，不仅是人类对客观世界认识的结晶，也是人类进一步认识客观世界的出发点和基础。如果不借助一定的科学方法和科学手段，人们对客观世界的认识就不可能完成。只有利用已有的科学知识、科学方法、科学精神，人类的认识水平才能取得新的飞跃。科学的发展是无限的，因而它也为人类认识能力和思维能力的提升提供了无穷的空

① 《列宁全集》第55卷，人民出版社1990年版，第84页。
② ［美］科恩：《科学中的革命》，鲁旭东等译，商务印书馆1998年版，第25页。
③ ［德］黑格尔：《哲学史讲演录》第1卷，贺麟等译，商务印书馆1996年版，第155页。
④ ［美］D.普赖斯：《巴比伦以来的科学》，任元彪译，河北科学技术出版社2002年版，第211页。

间。对于这一点，恩格斯曾论述道："人的思维的最本质的和最切近的基础，正是人所引起的自然界的变化，而不仅仅是自然界本身；人在怎样的程度上学会改变自然界，人的智力就在怎样的程度上发展起来。"① 他还说："每一个时代的理论思维，都是一种历史的产物，它在不同的时代具有完全不同的形式，同时具有完全不同的内容。"② 因此，科学进步的历史，与人类思维发展的历史具有一致性。新的科学理论往往向人们展示了新的世界观，而世界观往往又决定了人们的价值观和方法论。近代科学发展史表明，几乎每一个时代都有其占统治地位的自然科学理论，这个理论支配着人们普遍的思维方式。如 16 世纪的"日心说"、17 世纪和 18 世纪的牛顿力学、19 世纪的生物进化论、20 世纪的相对论和量子力学等，每一种新理论被社会接受后，无不使人耳目一新，并建立起新的世界观和对事物新的理解方式。

17 世纪的牛顿力学体系实现了科学史上的第一次大综合，对自然科学的发展起到巨大的推动作用。这项辉煌理论的创立，对于当时欧洲人思维方式的变革起了极为显著的作用，使得机械论的唯物主义从此盛行起来。机械论否定了中世纪的神学宇宙观，认为整个世界（从天体到人类社会）就是一部天然构成的、非常精巧的机器。而且，这部机器井然有序地按照自然规律运行着，这部机器中每一个零件的发展都是由原始条件给定的，偶然性在其中不起任何作用。从此，上帝被逐出了人类历史的舞台，追求秩序、规律和理性成为这一时代占统治地位的思想观念。这种机械论观念在 17、18 世纪形成了一种社会文化，并成为人们普遍接受的思维方式。机械论的思维方式对于宗教神学的胜利，无疑是人类精神文明史上的一大进步。但机械论观点没有看到自然界和人类社会发展变化中的辩证本质，人并非机器，人的思想和社会文明发展也不是按机械运动的规律进行的。

到了 20 世纪后，随着相对论和量子力学的诞生，机械论思维方式日益暴露出其局限性，并最终被人们所摒弃。当物理学的研究从宏观领域发展到宇观领域和微观领域后，面对大尺度的宇宙时空、层出不穷的基本粒子和接近光速的运动，牛顿力学便失去了其效用，机械论也无法解释这个

① 《马克思恩格斯选集》第 4 卷，人民出版社 1995 年版，第 329 页。

② 同上书，第 284 页。

高速和微观的"新世界"。于是，人们的思维方式也随之产生了变革，人们对物质、运动、时间、空间以及它们之间关系的认识发生了根本变化，辩证的发展观代替了形而上学机械论。

在当代，科学理论的发展日新月异，创立了一系列横断学科、边缘学科、交叉学科，也出现了一系列新的方法论，如系统论、控制论、信息论、自组织理论、协同论、混沌理论等。现代科学革命使人们的思维方式发生了根本变化，形成了将系统性思维、综合性思维和非线性思维融合于一体的辩证性整体思维方式。

科学对人类思维力的提升，还体现在科学能让人类更清楚地认识自身的地位和价值。在远古时代，人类就已开始了以科学为中介的自我认识历程。但由于古代科学极不发达，这种自我认识中难免夹杂着许多猜想和臆测的因素。以托勒密"地心说"为代表的古代天文学，将人类置于宇宙的中心地位，并由此使人类对造物主充满了深深的敬畏。按照神学"人类中心论"的说法，地球是宇宙的中心，而人类则居住于地球之上，这是上帝创世时为人类优选的位置。虽然宗教神学理论能使人类在自然界中获得某种优越感，但它并不符合人类在自然界中的真实处境。

随着近代科学对自然界认识的逐渐深入，哥白尼的"日心说"逐渐被人们接受，这给依托于"地心说"的神学理论以沉重打击。达尔文进化论的诞生，宣告了"神创论"和"物种不变论"的破灭，表明了人类与自然界中动植物物种有着共同的起源。相对论的提出，揭示了一切坐标系都是平权的，没有一个优越的参照系，这更加否定了"人类中心论"和"地球中心论"的观点。现代科学的发展，使人们更加清楚地认识到人与自然的关系——人是自然界的一部分，人类必须用和平、谦逊、尊重的态度对待自然界，否则就会受到自然界无情的惩罚。

虽然科学的发展一次又一次打破了"人类中心论"的迷梦，但这并不会导致科学活动中人的主体地位之丧失。科学对自然界本质和规律的揭示，尤其是在此基础上对自然界未知事物的正确预见，显示了人作为万物之灵的伟大智慧。在谈及天文学价值时，彭加勒说："天文学向我们表明，人的躯体是何等渺小，人的精神是何等伟大，因为人的理智能够包容星汉灿烂、茫无际涯的宇宙，并且享受到它的无声的和谐，在它那里，人的躯体只不过是沧海一粟而已。这样一来，我们意识到我们的能力，这是一种花费越多收效越大的事业，因为这种意识使我们更加坚强有力。"① 也正因为在科学中反观到自身理性和精神的伟大力量，人类才清晰地意识到自己既生存于自然之中又超越于自然之上，才真正找到自己在自然界中的真实位置。恩格斯曾掷地有声地指出："我们统治自然界，决不像征服者统治异民族那样，决不像站在自然界以外的人似的。相反地，我们连同我们的肉、血和头脑都是属于自然界和存在于自然界之中的。我们对自然界的全部统治力量，是在于我们比其他一切生物强，能够认识和正确运用自然规律。"② 这是恩格斯从哲学高度对人与自然关系的概括和说明，这也是对人类在自然中真实位置的正确反映。

（二）科学内在之善升华人们的道德

"善"一词有多种含义，其最基本的意思是"吉祥"。"善"还含有完好、共同满足、美好、善良、慈善、应诺、慎重、高明、熟悉等意蕴。科学的内在之善，也叫科学的本然之善或固有之善，它对人们道德的升华有着重大价值。古希腊哲学家柏拉图曾断言："伦理与科学最终融合为一。善等同于知识。"③ 自然科学知识作为"善的源泉"，是源远流长的，并一直绵延到近代科学的诞生。近代科学的先驱弗兰西斯·培根，也赞颂了科学的内在之善，他说："我们对事物进行思辨这件事本身也是比各种发明的一切果实都要更有价值，只要我们的思辨是如实的，没有迷信，没有欺骗，没有错误，也没有混乱。"④ 16、17 世纪的很多科学家都论证了科学内在之善对人们道德升华的价值。哥白尼指出："一切高尚学术的目的都是诱导人们的心灵戒除邪恶，把它引向更美好的事物，天文学能够更充分地完成这一使命。这门学科还能提供非凡的心灵欢乐。"⑤ 在化学家波义耳看来，科学发展的目的，是为了"上帝的更大荣耀和人类之善"⑥。丰特奈尔不仅描述了近代科学的主要

---

① ［法］彭加勒：《科学的价值》，李醒民译，商务印书馆 2007 年版，第 82 页。

② 《马克思恩格斯选集》第 4 卷，人民出版社 1995 年版，第 383 页。

③ ［英］罗素：《西方的智慧》，翟铁鹏等译，上海人民出版社 1992 年版，第 11 页。

④ ［英］弗兰西斯·培根：《新工具》，许宝骙译，商务印书馆 1984 年版，第 104 页。

⑤ ［波兰］哥白尼：《天体运行论》，叶式辉译，武汉出版社 1992 年版，第 2 页。

⑥ S. Rose and H. Rose, The Myth of the Neutrality of Science. R. Arditti et. ed. , Science and Liberation, Montreal: Black Rose Books, 1986.

成就，还赞扬近代科学家研究动机的纯洁性，认为他们具有单纯、谦卑、简朴、无野心以及热爱自然的美德。①

到了18、19世纪，也有很多科学家和哲学家论证了科学内在之善的道德价值。启蒙运动晚期，孔多塞侯爵成为法国科学院的秘书，他认为："通过理性改革社会的责任变得十分紧迫。尽管科学家必须履行的责任变了，但结论仍然相同——自然哲学（即科学）事业是道德上的善。最善的事业应该是人学的创造，这种创造会通过理性消除偏见和迷信，并且根据客观的科学原理建设一个新社会。"② 18世纪美国最伟大的科学家和发明家富兰克林，当被问及"科学新发现有何用处"时，他回答说："一个新生儿有什么用处呢？"富兰克林的回答，表明基础科学知识是一种自足的善、内在的善，其价值具有潜在性。哲人兼科学家的彭加勒也指出："人的伟大之处在于有知识，人要是不学无术，便会变得渺小卑微，这就是为什么对科学感兴趣是神圣的。这也是因为科学能够治愈或预防不计其数的疾病。"③ 法国哲学家马利坦也表达了相近的意思："我们没有忘记，科学本身是善的。同其他任何发源于探求真理的精神力量一样，科学在本质上是神圣的，对那些未能认识其固有尊严的人来说也是如此。每当智慧的脆弱代表以更高的真理的名义，自以为有权轻视科学及其谦卑和平凡的真理时，他就会受到严厉而公正的惩罚。"④ 乔治·萨顿通过赞扬知识的光辉，论证了科学内在之善的物质和精神价值（包括道德价值）："无论什么时候，只要某些有益的知识可以加强正义，医治苦难和疾病，传播美，对于它的无知就绝不会是一种美德，而是一种罪恶或罪行。……某些无知的蠢才想使我们相信知识会毁灭理想主义，正相反，我们的眼光越敏锐，我们的想象力就越深刻。愚昧永远不会帮助我们，我们要有终生的理想，就如同我们每天需要面包一样。然而这些理想总是我们知识的一种功能，也可以说是知识的光辉。我们具有的知识越多，我们的理想就越美

---

① J. R. Ravetz, *The Merger of Knowledge with Power*, *Essays in Critical Science*, Lodon and New York: Mansell Publishing Limited, 1990, pp. 301—302.

② ［美］汉金斯：《科学与启蒙运动》，任定成等译，复旦大学出版社2000年版，第8—9页。

③ ［法］彭加勒：《科学的价值》，李醒民译，商务印书馆2007年版，第154页。

④ ［法］雅克·马利坦：《科学与智慧》，尹今黎等译，上海社会科学院出版社1992年版，第32—33页。

好，越坚固。"①

到了 20 世纪后，仍有许多学者论证了科学内在之善的道德价值。C. P. 斯诺指出："发现真理的愿望不仅在科学的每一细微活动中都是对的，同时本质上也是道德的。我相信科学活动中有一种道德行动的源泉，至少同寻求真理一样强有力。这一源泉的名字就是知识。科学家通过一种比其他不理解科学的人更直接、更确定的方式知道某些事情。除非我们是特别懦弱或特别邪恶的人，否则这种知识一定会形成我们的行动。我们多数人都是怯懦的，但知识在一定程度上给我们勇气。也许它能给我们以对付现有任务的勇气。"② 莫尔也肯定了科学内在之善对人们正确行为的意义："客观知识是善，也就是说，客观知识在任何情况下比愚昧和偏见具有更高的价值，这是公认的科学伦理学的一个部分。没有知识，就没有正确的决定。对于正确的决定和行为来说，真正的知识是必不可少的需要。知识在伦理的意义上是善的。因此，真与善是相互联系的。"③ 齐曼则从科学为什么受大众欢迎角度，阐明了科学内在之善的道德价值："科学如果完全不做功利主义的考虑，就会深受广大民众的尊敬。科学是探索宇宙、揭开自然界的奥秘以及满足人类永无止境的好奇心的高尚事业的看法，并不仅仅是学术思想的一个发明。鉴于仍然是引人注目的理由，由于它们在最终原因是美学上的和精神上的，人们乐意支持基础科学'为科学而科学'，并且以科学的成就为骄傲。……科学是迷人的事业，能够使从事科学的男男女女全力以赴，能够用它的发现扩大和丰富人类的精神财富。"④

中国古代科学家徐光启以欧几里得的《几何原本》为例，从中国传统文化视角，对科学内在之善的道德价值作出了诠释："下学工夫有理有事：此书为益，能令学理者祛其浮气、练其精心；学事者资其定法、发其巧思，故举世无一人不当学。……此书有五不可学：燥心人不可学，粗心

---

① ［比］乔治·萨顿：《科学史和新人文主义》，陈恒六等译，华夏出版社 1989 年版，第124 页。

② ［英］C. P. 斯诺：《两种文化》，纪树立译，生活·读书·新知三联书店 1994 年版，第218 页。

③ H. Mohr, *Structure & Significance of Science*, New York：Springe – Verlay, 1977, Lecture 14.

④ ［英］约翰·齐曼：《元科学导论》，曾国屏等译，湖南人民出版社 1988 年版，第273 页。

人不可学，满心人不可学，妒心人不可学，傲心人不可学。故学此者，不至增才，以德基也。"① 中国近代心理学家唐钺，也从整体上探讨了科学与善的密切相关。他指出："科学固无直接进德之效，然其陶冶性灵培养德慧之功，以视美术，未遑多让。"②

不仅学习科学知识可以历练人的美好品质，科学真理本身就包含了"善"的因素。科学为人们揭示了宇宙间的因果关系，这为人们树立科学的人生观奠定了理论基础，让人们在真实的生活里从原因入手，改造世界。不仅如此，以前人们把盲信当做道德，但科学把怀疑当做道德。科学家出于怀疑才去研究，因为研究才有真理和谬误，有了真理和谬误，人们的行为才有标准。所以，基于科学真理的道德观，是要求人们能明辨是非的。对于这一点，培根早就认识到了："真理教给我们说研究真理、认识真理和相信真理乃是人性中最高的美德。"③ 斯诺也提出了与之相近的观点："科学活动毫无疑问既美妙又真实。我无法加以证明，但我深信不疑，因为科学家无法离开自己的知识，他们也不想回避表明自己本性向善。"④ 不难看出，科学内在所蕴含的这些因素，本身就包含了善的种子。无怪乎彭加勒断言："科学能够激发人身上天然存在的感情并产生新的感情，从而导致人们慈善的行为，使人性变得更可爱了。"⑤ 正是在科学内在之善的熏陶和科学本性的潜移默化下，科学家才往往能成为道德的楷模。罗蒂在提出"科学性作为道德美德"的命题时，发表了其具有代表性的看法："在 17 世纪的牛津和索邦，皇家学会和自由博学者圈子汇集了在道德上更高尚的阶层的人。即使在今天，诚实的、可靠的、公正的人被选入皇家学会的比例也大于被选入下院的比例。在美国，国家科学院显著地比众议院较少腐败。"⑥ 萨顿也论述道："当科学的客观性被身体力行到足够高度时，它带来一种特殊的公正无私的境界，这种公正无私的境界比最慷慨的人的无私还更为基

① （明）徐光启：《徐光启集》，王重民辑校，上海古籍出版社 1984 年版，第 287 页。

② 唐钺：《唐钺文集》，北京大学出版社 2001 年版，第 59 页。

③ ［英］弗兰西斯·培根：《新工具》，许宝骙译，商务印书馆 1984 年版，第 16 页。

④ ［英］C. P. 斯诺：《两种文化》，纪树立译，生活·读书·新知三联书店 1994 年版，第 126 页。

⑤ ［法］彭加勒：《科学的价值》，李醒民译，商务印书馆 2007 年版，第 35 页。

⑥ ［美］理查德·罗蒂：《真理与进步》，杨玉成译，华夏出版社 2003 年版，第 185 页。

本。它不太像那种忘我和自我放弃的慷慨。每一个完全被自己的工作所吸引的科学家，当自私的思想完全消失的时候，他迟早会达到一种狂喜入迷的阶段，他可以什么都不想，而一心只想手边的工作，只想他自己想象中的美和真，只想他自己正在创造的理想世界。和这种超凡的喜悦相比，其他一切报酬——例如金钱和名誉——都变得出奇的无益和不恰当了。从这个观点看，科学是培养客观和无私的最好的学校，并且那些在实验室中工作的人们很接近于在修道院苦行的修道士和修女们，尽管他们自己几乎没有意识到这一点。"①

　　站在无限浩瀚的宇宙面前，人们总会感觉到自身的卑微，但科学的内在之善能塑造人们的理想信念，并通过理想信念促进人们道德的升华。理想信念是人的安身立命之本。科学向我们展示的世界，是客观的、发展的、统一的、和谐的、可理解的。与宗教、哲学、艺术等相比，科学给予了我们对一个永恒世界的相对稳定的、比较正确的信念。正是这些信念，使人们的心灵获得了自由和宁静，也激起了人们探索和求知的热情，促使人们积极去实现人生的价值和意义。正如德国哲学家卡西尔所说："在变动不居的宇宙中，科学思想确立了支撑点，确立了不可动摇的支柱。在古希腊语中，甚至连'科学'这个词从词源学上说就是源于一个意指坚固性和稳定性的词根。科学的进程导向一种稳定的平衡，导向我们的知觉和思想世界的稳定化和巩固化。"② 爱因斯坦和彭加勒也都认为，科学作为人类对自然界的认识体系，增进了人的智慧，培养了人的理想信念，提升了人在宇宙中的地位，为人的自由全面发展提供了广阔空间。爱因斯坦指出，科学同道德、宗教、艺术一样，"都是同一株树的各个分枝，都是为着使人类的生活趋于高尚，把它从单纯的生理上的生存的境界提高，并且把个人导向自由"。他还说："科学的不朽的荣誉，在于它通过对人类心灵的作用，克服了人们在自己面前和在自然界面前的不安全感。"③ 彭加勒则论述得更为明确："科学使我们与比我们自己更伟大的某些事物保持

---

　　① ［比］乔治·萨顿：《科学史和新人文主义》，陈恒六等译，华夏出版社1989年版，第213页。

　　② ［德］恩斯特·卡西尔：《人论》，甘阳译，上海译文出版社2004年版，第25页。

　　③ ［德］爱因斯坦：《爱因斯坦文集》第1卷，许良英等译，商务印书馆1976年版，第312页。

恒定的联系；科学向我们展示出日新月异的和浩瀚深远的景象。在科学向我们提供的伟大的视野的背后，它引导我们猜测一些更伟大的东西；这种景象对我们来说是一种乐趣。正是在这种乐趣中，我们达到了忘我的境界，从而科学在道德上是高尚的。"① 以上思想家的观点，深刻揭示了科学内在之善的道德价值。

（三）科学内在之美愉悦人们的心灵

科学与艺术作品一样，具有内在的审美价值。科学史上那些杰出的成就，也是科学殿堂中的艺术珍品。古希腊欧几里得的平面几何体系，无疑具有重要的审美价值。像牛顿、拉格朗日、克劳修斯、麦克斯韦和爱因斯坦等科学巨匠，都曾沉醉于它那迷人的美学光芒中。罗素曾回忆："我从11岁开始学欧几里得几何学，这是我一生中的一件大事，像初恋一样使人眩惑。我想不到世界上有什么东西会这样有趣味。"②

哥白尼的"日心说"，是这类科学艺术珍品中的又一实例。哥白尼在其划时代的著作《天体运行论》中指出："在哺育人的天赋才智的多种多样的科学和艺术中，我认为首先应该用全副精力来研究那些与最美的事物有关的东西。"③ 而他的"日心说"所揭示的，正是宇宙天体的美妙秩序："太阳在万物的中心统驭着，在这座最美的神庙里，另外还有什么更好的地点能安置这个发光体，使它能一下子照亮整个宇宙呢？事实上，太阳是坐在宝座上率领着它周围的星体家族。地球由于太阳而受孕，并通过太阳每年怀胎、结果。我们就是在这种布局里发现世界有一种美妙的和谐，和运行轨道与轨道大小之间的一种经常的和谐关系，而这是无法用别的方式发现的。"④ 开普勒也曾满怀深情地赞赏"日心说"："我从灵魂的最深处证明它是真实的，我以难以相信的欢乐心情去欣赏它的美。"⑤ 发现行星运动三大定律的开普勒，曾直接把自己的伟大著作定名为《世界的和谐》，并在这部著作的结尾毫不掩饰地欢呼："感谢我主上帝，我们的创造者，您让我在您的作品中见到了美。"⑥ 物理学家泡利曾这样评论开普

① ［法］彭加勒：《科学的价值》，李醒民译，商务印书馆2007年版，第59—60页。

② ［英］罗素：《我的信仰》，靳建国译，知识出版社1982年版，第24页。

③ ［波兰］哥白尼：《天体运行论》，叶式辉译，武汉出版社1992年版，第19页。

④ 同上书，第26—27页。

⑤ ［德］开普勒：《世界的和谐》，张卜天译，北京大学出版社2011年版，第56页。

⑥ 同上书，第74页。

勒的理论："从起初无秩序的经验材料到理念的桥梁，是某种早先存在于灵魂中的原始意念——开普勒的原型。这些原始意念并不处于意识中，或者说不与特定的、可合理形式化的观念相联系。相反，它是属于人类灵魂的无意识领域的形式问题，是具有强有力的情感内容的意念，它不是被思考的东西，而是像图形一样被感知。发现新知识时感到的快乐来自这种先前存在的意念与外部物体运动的协调一致。"[①] 基于开普勒对科学美的认识，有人运用电脑把开普勒的天文学数据译成音符，并录制出唱片，从而使"世界的和谐"转化成了可以聆听的美妙乐曲。

牛顿力学也属于科学中的审美珍品，近代许多科学家都曾为这一理论的美而痴迷陶醉。"在他们眼里，牛顿赋予世界画面的惊人秩序与和谐所给我们的美感上的满足，超过诗人们的神秘想象所见到的万花筒式的混乱自然界。"[②] 爱因斯坦曾说："对于牛顿而言，自然界是一本打开的书，一本他读起来毫不费力的书。他用来使经验材料变得有秩序的概念，仿佛是从经验本身，从他那些像摆弄玩具似的而又亲切地加以详尽描述的美丽的实验中，自动地涌溢出来一样。"[③] 鉴于牛顿理论突出的美，钱德拉塞卡评价道："只有莎士比亚和贝多芬才能与牛顿相提并论。"[④]

爱因斯坦的广义相对论，更是一件精美绝伦的科学艺术品。法国物理学家德布罗意认为："广义相对论对万有引力现象的解释，其雅致和美丽是无可争辩的。它该作为 20 世纪数学和物理学的一个最优美的纪念碑而永垂不朽。"[⑤] 爱因斯坦的合作者、美国物理学家英费尔德这样评价道："大多数的物理学家一致认为广义相对论是引力论的唯一的合理而优美的理论。诚然，还存在另外一些引力理论，但爱因斯坦的理论在优美、深邃和逻辑的合理性这些方面远远地超过了它们。"[⑥] 德国物理学家玻恩也指出："广义相对论在我面前，像一个被人远远观赏的伟大艺术品。"[⑦] 总

①　[德] 泡利：《泡利物理学讲义》，洪铭熙等译，人民教育出版社 1982 年版，第 138 页。

②　[德] 爱因斯坦：《爱因斯坦文集》第 2 卷，许良英等译，商务印书馆 1976 年版，第 26 页。

③　同上书，第 134 页。

④　汪信砚：《科学价值论》，广西师范大学出版社 1995 年版，第 132 页。

⑤　同上书，第 136 页。

⑥　江涛：《科学的价值合理性》，复旦大学出版社 1998 年版，第 194 页。

⑦　汪信砚：《科学价值论》，广西师范大学出版社 1995 年版，第 145 页。

之，人类历史上的科学艺术品可谓琳琅满目、俯拾皆是，它们共同显示了科学的审美价值，成为科学美存在的确证。正如彭加勒所说："一个名副其实的科学家，他在他的工作中体验到和艺术家一样的印象。他的乐趣和艺术家的乐趣具有相同的性质，是同样伟大的东西。"[1]

如果展开来看，科学的审美价值所涉及的范围，主要包括实验美、理论美和数学美三个方面。实验美又包括实验现象之美、实验设计之美、实验方法之美和实验结果之美。化学中的物质反应，生物学中的显微观察，光学中的光谱、干涉、衍射、偏振、激光实验，物理学中的真空放电、流体波纹、晶体空间点阵实验等，都能给人以美的享受。库仑的扭秤实验、卡文迪什测量引力常数的实验、米立根测量基本电荷的油滴实验，其设计之巧妙令人叹为观止。迈克耳逊－莫雷实验、贝采里乌斯的化学分析实验、孟德尔和摩尔根关于豌豆和果蝇的遗传实验，其方法之精湛令人拍案叫绝。关于真空的"马德堡半球"实验、伽利略的落体实验、法拉第的磁生电实验、伦琴的 X 射线实验，其结果之出乎意料是无与伦比的。理论美包括描述美、结构美和公式美。中和反应、相变、气体定律、最小作用原理、元素周期表等理论，其对自然规律的描述体现了科学理论的描述美。欧几里得几何学、爱因斯坦的相对论，其严密的逻辑和严整的结构，体现了科学理论的结构美。万有引力定律、库仑定律、麦克斯韦的电磁场方程，其公式的简明和对称，体现了科学理论的公式美。数学美主要是指科学理论的数学表达之质朴与和谐。比如，$F = ma$ 和 $E = mc^2$ 这两个物理学公式，非常简明且质朴无华，但它们却囊括了大量自然现象。再比如，将微积分运用于运动学，将矩阵用于量子力学，将张量分析和非欧几何用于广义相对论，将纤维丛用于规范场理论，简直一拍即合，就好像这些抽象的数学工具是专门为这些理论设计的一样。当科学家们发现这一切时，其心灵会感受到莫大的愉悦，其理性也会得到强烈的共鸣，这正是科学审美价值之所在。

由于感官仅能认识事物的表面现象，只有理性才能把握自然界的内在规律，因而科学美是一种理性美。科学美是建立在人们对科学真理的认识基础上的，这也使科学美具有显著的深刻性。彭加勒在《科学与方法》

---

[1]　[法] 彭加勒：《科学与方法》，李醒民译，商务印书馆 2006 年版，第 95 页。

中写道："我在这里所说的美，不是给我们感官以印象的美，也不是质地美和表观美。并非我小看上述那种美，完全不是，而是这种美与科学无关。我的意思是说那种比较深奥的美，这种美在于各部分的和谐秩序，并且纯粹的理智能够把握它。正是这种美使物体，也可以说使结构具有让我们感官满意的彩虹般的外表。若没有这种支持，这些倏忽即逝的梦幻之美只能是不完美的，因为它是模糊的、短暂的。相反，理智美可以充分达到其自身，科学家之所以投身于长期而艰巨的劳动，也许为理智美甚于为人类未来的福利。"① 彭加勒的这一精辟论述，充分证明了科学美的深刻性。在彭加勒看来，科学美不是通常我们所见的那种大自然的瑰丽景色，不是那种直接打动感官的外在美，而是一种内在的、深奥的甚至抽象的美。他认为，自然现象的美只是一种倏忽即逝的"梦幻之美"，而作为对自然界内在和谐秩序之反映的科学美，则是一种深刻而永恒的理性美。

科学的审美价值可以提升科学家的思想境界。自然界本质上是美的，当科学家揭示了自然界的内部结构和规律时，科学理论所呈现出的那种和谐、简洁和秩序性，可以唤起科学家的庄严感、神圣感和"初窥宇宙奥秘的畏惧感"。这是一种升华后的情感，它体现了理性与圣洁的统一。由于有理性思维和逻辑思维的参与，这种圣洁的情感也具有深邃的思想内涵。例如，阿基米德在澡盆中突然悟到浮力定理时，爆发出一种忘我的狂欢式喜悦，就是这种审美价值的表现。这个时候的审美价值，主要表现为一种美感的效用，即科学美对人们喜悦和激情的触发。这种触发不会经常出现，它往往表现为偶然性和瞬时性。

科学家在科学活动中所获得的美感，经过旷日持久的保持、深化和发展，会逐渐沉积为自己特有的审美意识。这种审美意识会不断支配着科学家的情趣、观点、理想、价值取向，以及对科学本身的评价标准，从而对科学活动的全过程起到影响作用。具体来说，这种审美意识会渗透到科学家的科学观中并成为其有机组成部分，从而让科学家形成一种明确的科学信念和科学信仰。这种信念和信仰强烈制约着科学家的研究方向，左右着科学家的思维方式。例如，爱因斯坦在谈到自己从事科学研究的动力时曾说，他把"世界体系及其构成作为感情生活的交点"，

① ［法］彭加勒：《科学与方法》，李醒民译，商务印书馆 2006 年版，第 95—96 页。

并以对美的探索作为自己科学活动的支点。开普勒也说过，直接推动他投身天文学研究的，是一种美的力量，即在他看来，"天体的运动象一首歌，一首连续的歌，几个声部的歌，它只为智慧的思索所理解，而不能听到。这个音乐好象是抑扬顿挫，根据一定的、预先设计的六声部韵律进行，借以在不可计量的时间穿流中定出界标。"① 狄拉克也曾这样写道："对数学美的欣赏曾支配着我们生命的全部工作，这是我们的一个信条，相信描述自然界基本规律的方程必定有着显著的数学美，对我们来说是一种宗教，奉行这种宗教是有益的，可以把它看成是我们获得许多成功的基础。"② 总之，这种情况下的审美价值，主要表现为一种价值观的效用，显然这是科学的审美价值在美感基础上向思想观念领域升华的结果。由于其来自科学家长期的积淀和坚持，因而具有持久性和稳定性，具有更广泛的视野和更深刻的内涵。

在上述两种情况下，科学审美价值的发挥有一个由浅入深的过程，但这二者之间没有截然可分的界限。在科学审美的感性阶段，可以因研究对象的外在魅力而激发研究主体的美感，也可以因主体强烈的审美需要而对研究对象进行观察和实验。在科学审美的理性阶段，既可以因科学理论、数学方程和科学常数的美而引起主体的愉悦情感，也可以因主体顽强的审美追求而去建构美的定律和理论。在科学审美从感性发展到理性的阶段，感性认识中的成果（如观察、实验中的美等）可以使主体赏心悦目，这种美感也可以驱动主体去探求事物的内在秩序和规律，去建构美的理论。在实际科学活动中，科学美感和科学追求往往是相互渗透、相互融合、互为因果的。科学美感是激起主体进一步追求科学真理的动因，新科学发现所带来的美感，又让主体的心灵更加愉悦。在科学发展史的长河中，这种因果链条从未中断过。上一代科学家创造的科学美，既能使下一代科学家惊讶、赞叹和敬佩，又能启迪他们去追求更深、更广的美。从哥白尼到开普勒、伽利略，再到牛顿，都是在美的目标和美的理想驱动下，去百折不挠地探索科学真理的。法拉第"电与磁之对称性"的审美观念，既吸收了奥斯特"自然力具有和谐统一性"的美学思想，又启迪着麦克斯韦在

———————————

① ［德］爱因斯坦：《爱因斯坦文集》第3卷，许良英等译，商务印书馆1976年版，第120页。

② ［英］狄拉克：《物理学的方向》，张宜宗等译，科学出版社1981年版，第84页。

对称性审美需要的基础上，把光、电、磁三者和谐地统一起来。

科学美感与科学家的好奇心有着密切的联系，从一定意义上说，科学美感意味着科学家好奇心的满足和实现。科学劳动之所以具有高度的创造性，是因为科学劳动要向大自然探求新的东西，要向大自然摄取新的信息，要向大自然找寻新的秩序。为了满足这种好奇心，科学家可以抛开尘世的干扰，可以超越现实的功利，专心地探求大自然新奇之美。只要这种新奇的东西得到了，科学家就会得到审美体验。爱迪生曾说："凡是新的不平常的东西，都能在想象中引起一种乐趣，因为这种东西使心灵感到一种乐趣和愉快的惊奇，满足它的好奇心，使它得到它原来不曾有过的一种观念。"①

科学的审美价值还能为科学家提供一种思维方法和对理论进行选择、评价的标准。科学家往往坚信：科学美与自然美是统一的，科学理论往往会遵循"美的原则"。这种通过对自然之美的追求而认识自然规律的方法，在科学史上比比皆是。爱因斯坦指出："要是不相信我们的理论构造能够掌握实在，要是不相信我们世界的内在和谐，那就不可能有科学。这种信念并且永远是一切科学创造的根本动力。"② 爱因斯坦还毫不掩饰地把自己追求和谐美的科学信念，称为一种"宇宙的宗教感情"。科学家既然坚信自然美与科学美的一致性，坚信科学的美与真也是统一的，他们就会在科学研究中刻意寻求对称、简单、和谐、统一的理论。甚至在特定情况下，科学家在科学研究中会把审美的追求放在第一位，把求真放在次要的位置，哪怕暂时远离真理也在所不惜。例如，毕达哥拉斯研究天体运动的直接起因，就是因为他坚信整个宇宙是一种和声，并认为天体运行应该像音乐一样发出美妙的和声。再例如，门捷列夫着重以节奏、韵律和内在结构的和谐等审美原则，作为构建自己元素周期律的蓝图；华生和克里克用双螺旋结构的形式美，来类比 DNA 的分子模型，一下就抓住了 DNA 结构的总体特征；狄拉克以对称美为根据，从理论上预言了正电子的存在；爱因斯坦则着重以统一性、简单性和对称性等审美原则，作为建构自己相对论的蓝图。对称性和简单性原则，也经常会推动科学理论的发展。任何

---

① 林德宏：《科学思想史》，江苏科学技术出版社 1985 年版，第 295 页。

② ［德］爱因斯坦：《爱因斯坦文集》第 2 卷，许良英等译，商务印书馆 1976 年版，第151 页。

科学理论体系内部都有一定的对称性，但这些对称性中总包含着不对称的因素。这些不对称的因素，就可以成为扩充原来理论体系之普遍性的切入点。这些不对称性的出现，要求人们建立具有更大普遍性和统一性的理论体系，以代替原来的理论体系。当新的、具有更大普遍性的理论体系建立后，原来的不对称性就被消除，新的、更高的对称性就会出现。爱因斯坦建立相对论的过程，正是符合"对称—不对称—新的对称"的发展过程。简单性的审美原则，也能起到同样的作用。一个科学理论的简单性越高，它所涵盖的经验事实就越多，它所揭示的自然界和谐统一程度就越高，其应用的范围也会越广。这表明，任何科学理论只要在审美原则的指引下不断前进，就可以扩大其统一性和综合化程度。一部科学史的发展历程，就是科学家们孜孜不倦地追求更大简单性的过程，从牛顿力学到相对论是如此，从热力学到统计热力学也是如此。

二　促进社会全面发展的价值

科学如果应用于现实中，就会促进社会的全面发展。科学促进社会全面发展的价值，是科学在与社会相互作用过程中所呈现出的价值。人类之所以需要科学，是因为科学能满足人类生存、发展各个方面的需要。科学对社会的推动作用，几乎在一切领域都表现出来了，科学在哪里作为工具得到应用，就在哪里展现价值。科学通过转化为技术并应用于物质生产，就形成了生产力价值和经济价值；科学被用于社会的组织管理中，就形成了科学的社会建构价值和经济管理价值；科学被用于军事、政治或社会的各个领域（如通信、交往、教育、生态等），都会产生其独到的价值。具体来说，我们可以从以下七个方面考察科学促进社会全面发展的价值。

（一）推动经济发展的价值

科学最直接的价值在于它能推动经济的发展，科学推动经济发展的主要途径，是通过"科学—技术—生产"这一动态过程实现的。在这一过程中，科学是中介，科学可以物化为技术，而生产反过来对科学和技术的水平提出新的需求，从而促进科学和技术的发展。牛顿科学体系的诞生，吹响了第一次产业革命的号角。牛顿的经典力学体系指导了这次产业革命，引发了纺织机、蒸汽机等的发明，进而带动了铁路业、钢铁冶炼业的迅速发展，这使许多西方国家迈入了工业化社会。1831 年法拉第发现了电磁感应定律，1864 年麦克斯韦建立了电磁理论，1888 年赫兹发现了电磁波并完善了电磁理论，从而导致了发电机、电动机、电报、电话、无线电、雷达的发明，为现代电力、通信、航空工业打开了前进之路。相对论、量子力学、宇宙物理学和热力学的发展，使核子反应堆、原子弹、航天技术、放射性技术先后问世，为高技术产业群的发展铺平了道路。微电子理论促进了信息产业的飞速发展，让人类的信息和知识传播更快捷、更方便。遗传学为生物工程的发展提供了理论基础，由此产生的转基因技术为现代农业、医药、食品工业带来了革命性变化。

科学对经济发展的推动价值，主要体现在科学作为生产力的要素，可以渗透到生产力各要素之中，对生产力各要素进行优化。正如马克思所说："整个生产过程不是从属于工人的直接技巧，而是表现为科学在工艺上的应用的时候，只有到这个时候，资本才获得了充分的发展，或者说，资本才造成了与自己相适应的生产方式。可见，资本的趋势是赋予生产以科学的性质，而直接劳动则被贬低为只是生产过程的一个要素。同价值转化资本时的情形一样，在资本的进一步发展中，我们看到：一方面，资本是以生产力的一定的现有的历史发展为前提的，——在这些生产力中也包括科学。"① 科学可以提高劳动者的素质、技能和文化水平，可以使生产工具向自动化、智能化方向发展，还可以使劳动对象的范围不断拓展。不仅如此，科学的进步还能使生产工艺和产品设计的水平不断提升，从而提高劳动产品的科学含量和附加值。

从劳动者角度看，劳动者的劳动能力是体力和智力的总和。科学通过转化成生产过程中劳动者的生产知识和劳动技能，变为直接生产力。在人类物质生产发展的历程中，劳动者的体力变化并不明显，但智力水平却得到了空前的提高。而智力提高的主要途径，就是接受科学教育和技能训练。事实上，劳动者也只有不断地学习和掌握科学知识，才能适应生产发展的客观需要。从历史上看，虽然原始的手工劳动仅凭体力和经验就能进行，但随着近代工业的发展，生产过程对劳动者的智力和劳动技能提出了越来越高的要求。今天，劳动者如果不具备一定的科学素质和技能，就无法从事现代化的生产活动。劳动者只有具备较高的科学文化水平、丰富的生产经验、先进的劳动技能，才能在现代化生产中发挥更大作用。因此，

---

① 《马克思恩格斯文集》第 8 卷，人民出版社 2009 年版，第 188 页。

将熟练掌握了与生产有关的科学原理、技术手段、工艺流程的劳动者投入生产过程，必然会释放出巨大的生产力。

在对劳动对象的拓展方面，随着科学的发展及其在生产中的应用，人类劳动的对象在深度和广度上不断提升。对此，马克思曾以化学为例作过说明："化学的每一个进步不仅增加有用物质的数量和已知物质的用途，从而随着资本的增长扩大投资领域。同时，它还教人们把生产过程和消费过程中的废料投回到再生产过程的循环中去，从而无需预先支出资本，就能创造新的资本材料。"① 这里，马克思指出了科学扩大劳动对象范围的三种形式：增加有用物质的数量；扩大已知物质的用途；变废为宝，提高劳动对象的利用率。科学的应用不仅扩大了劳动对象的范围，还改变了劳动对象的性质，使人类的劳动对象不仅仅局限于自然存在的物质。在今天，人们运用科学成果研制出的新型材料的品种已达数十万之多，它们作为新的劳动对象，在现代社会生产中起着极为重要的作用。

在对能源和资源的利用方面，科学通过拓展人们对大自然的开发力度，大大提高了生产力水平，也产生了巨大的经济价值。例如，当热力学、能量守恒与转化定律出现之后，人们加大了对各种能源的利用力度，并通过能量转化的方式储存各种能源。在过去科学不发达的情况下，对可再生能源的利用往往显得很困难。随着科学的发展，人们对煤炭、石油、天然气这些不可再生能源的依赖会逐渐降低，并开发出更多清洁的新能源和可再生能源。这些新能源和可再生能源包括太阳能、风能、生物质能、海洋能和地热能等，它们在被消耗后可以迅速再生，且产生的污染物很少。再如，电磁理论的提出，促进了人们对电力资源的开发，水力发电、风力发电和核能发电在今天已经非常普遍了；仿生学把人类对生物行为研究的成果应用于飞机、轮船、雷达等的制造，推动了人类改造世界的进程；中医学使许多天然的动植物和矿物变成无价之宝，推动了医药领域的发展。

在经济管理方式上，科学通过"科学理论—管理模式—经济效益"这一过程，不断改进旧的管理方式，提高物质资料生产过程的有序度。生产的组织管理，是将生产过程中各种自然资源和社会力量整合起来，共同

---

① 《马克思恩格斯选集》第2卷，人民出版社1995年版，第243页。

完成物质资料的生产。马克思曾说:"劳动的社会生产力表现为资本固有的属性;它既包括科学的力量,又包括生产过程中社会力量的结合,最后还包括从直接劳动转移到机器即死的生产力上的技巧。"① 在社会生产达到一定规模的情况下,生产力发展的状况就在很大程度上取决于管理水平的高低。在机器大工业时代,随着生产自动化和社会分工的深入发展,几乎所有产品都是在流水线上生产出来的,同一件产品往往是不同部门甚至不同国家人们共同劳动的结果。一方面,社会生产的专业化分工日益细密;另一方面,承担不同职能的劳动者之间的协作日益加强。在这种情况下,要进行合理的分工与协作,要对生产过程进行有效的组织管理,就必须运用科学的理论和方法。人们通过将系统工程学、运筹学、控制论、信息论等科学成果应用于生产过程的组织协调中,使生产过程变得有序化,从而极大地推动了生产力的发展。20世纪初,以泰勒、法约尔和韦伯为代表的科学管理学派,将数学、计算分析、逻辑推理等思维方式运用于经济管理领域,创建了著名的"泰勒制"。泰勒认为,企业效率低的主要原因是管理部门缺乏合理的工作定额,工人缺乏科学的指导。因此,必须把科学知识和科学管理系统运用于生产实践中,科学地挑选和培训工人,科学地研究工人的生产过程和工作环境,并据此制定出严格的规章制度和合理的日工作量,采用"差别计件工资"的方式调动工人的积极性。经济管理的有序化,不仅推动了经济学和管理学理论的发展,也极大提高了劳动生产率。

从整个社会来看,科学进步能推动产业结构的优化升级,使产业结构朝合理化、高级化的方向发展。所谓产业结构,是指按产业部门分类形成的社会生产结构,它是各产业部门相互联系、相互作用所构成的社会生产系统的整体表现形式。科学的进步,会不断开拓新的生产领域和产业部门,使社会的产业结构发生根本性变革。正如美国经济学家波得·德鲁克所说:"知识生产力已成为生产力、竞争力和经济成就的关键因素。知识已成为最主要的工业,这个工业向经济提供生产需要的重要中心资源。"② 随着人类认识和改造自然能力的增强,工农业的比重会逐渐降低,而服务业、信息业等第三产业比重会逐渐上升。科学发展还会导致产业结构由劳

---

① 《马克思恩格斯文集》第8卷,人民出版社2009年版,第206页。
② [美]彼得·德鲁克:《成果管理》,朱雁斌译,机械工业出版社2009年版,第175页。

动密集型向资金密集型、知识密集型转移。知识密集型产业的发展，又会反过来促进科学的进步和劳动者素质的提高，从而对传统的农业和工业进行优化，最终促进整个社会产业结构的升级。

（二）发展政治文明的价值

政治文明是社会政治制度和政治生活中正面成果之总和，它包括民主制度、法律制度、决策机制、行政管理体制、司法体制、人事制度、领导方式和权力监督机制等内容。政治文明是人类文明的重要组成部分之一，是人类社会进步的重要标志。

科学对政治文明的发展作用，首先表现为科学能促进社会形态的变革和政治体制的改革。马克思认为，科学是"一种在历史上起推动作用的力量"，是推动人类社会发展的有力杠杆，是"最高意义上的革命力量"。在封建社会向资本主义社会的过渡中，"蒸汽革命"起到了至关重要的作用。马克思说："分工、水力、特别是蒸汽力的利用，机器的应用，这就是从 18 世纪中叶起工业用来摇撼旧世界基础的三大伟大的杠杆。"[①] 恩格斯也指出："17 世纪和 18 世纪从事制造蒸汽机的人们也没有料到，他们所制作的工具，比其他任何东西都更能使全世界的社会状态革命化。"[②]

在阶级社会里，科学总是与政治联系在一起的。19 世纪英国科学界开展的民主激进主义运动，目的就是为了资产阶级工业的兴起和资本主义制度的巩固。中国"五四运动"时期提倡"科学"与"民主"，为的是取得反封建斗争的胜利。近代自然科学是在资产阶级反对封建统治和教会势力的斗争中诞生的。它一产生，便成为资产阶级战胜封建贵族的强大武器。由科学革命引发的英国 18 世纪产业革命（第一次科技革命），促进了西欧国家阶级关系和社会生活条件的变化。它把农奴变成了自由民，把小土地占有者变成了产业工人，它摧毁了旧的手工业行会，动摇了封建统治的基础。当时，欧洲封建主一听到新科学成果的产生和新机器的进口就惊恐万分。

随着科学向生产力转化速度的加快，社会的经济体制也逐渐完善，这就要求政治体制改革与之相适应。贝尔纳深刻论述道："任何时期的科学

① 《马克思恩格斯文集》第 1 卷，人民出版社 2009 年版，第 406 页。
② 《马克思恩格斯选集》第 4 卷，人民出版社 1995 年版，第 384 页。

水平和生产力的发展程度，都限制了社会组织存在的可能形式。"① 19世纪70年代开始的以电力广泛应用为主的第二次科技革命，促进了电力工业、通信工业、石油工业、高层建筑和军火、铁路等产业的发展，也促进了资本主义从自由竞争阶段向垄断阶段的过渡。这次过渡，是科学进步对社会政治体制变革的一次重大推动，它在一定程度上缓解了资本主义经济危机，给资本主义发展注入了新的活力。20世纪40年代开始，又发生了以计算机和核能为主导的第三次科技革命，这次科技革命涉及航天、电子、合成材料、生物科学等多个新兴领域。第三次科技革命和生产力的进一步发展，加强了世界各国的联系，推动了欧洲一体化的进程，使资本主义在世界范围的垄断进一步加强。而社会主义的优越性，就在于它可以自主地改革各种社会体制，调整各种社会关系，以适应科学和生产力发展的需要。改革开放以来，我国在政治体制改革方面作出了不少努力。今天，公民意识、自主意识、平等意识、民主意识已普遍深入人心，规范、完善的民主政治制度和与之相配套的政治运行机制、监督机制已基本建立，依法治国正在有序地进行。可以说，在科学和生产力的推动下，我国当代政治文明建设已初见成效。

　　科学对政治文明的发展作用，还表现在科学能推动社会的民主化进程上。科学与民主是近代文明的一对孪生子，也是支撑近代文明的两大基石。二者就其本性来说，都是人类自我意识的觉醒。正如默顿所说："科学为与科学精神气质一体化的民主秩序提供了发展机会。"② B. 巴伯也通过对科学理性的肯定，论证了科学进步是理性的产物，是一种"精神善"，也是"理想型"民主社会的构成要素之一。在他看来，承认科学理性的至高无上权威，是现代民主社会的核心精神；承认科学理性，有助于人类认识到自身的力量和价值。在社会发展的进程中，科学知识向政治领域的渗透，终将唤起民众民主意识的增强与活跃；科学的昌盛、学术的繁荣，在客观上也需要一个民主的政治环境。因此，自近代以来，科学的发展与民主的扩大总是相伴而生的。科学从求真的本质出发，必然主张自由探索的精神和真理面前的人人平等。科学要求对不同意见采取宽容的态

---

① [英] J. D. 贝尔纳：《科学的社会功能》，陈体芳译，广西师范大学出版社2003年版，第233页。

② [美] 默顿：《科学的规范结构》，李醒民译，《科学与哲学》1982年第4期。

度，不迷信权威；要求有独立思考的精神，注重怀疑和批判。而这种独立、自由的精神，正是民主政治的来源。从这个意义上说，科学与民主在内在精神上是相通的。科学知识、科学精神、科学方法愈进步，民主精神、民主观念、民主作风就愈深入人心。近代以来科学的飞速发展，使很多国家不仅创造了发达的物质文明，也创造了民主的政治文明。近代资产阶级创造的文明成果异彩纷呈，既包括发达的市场经济和资产阶级的民主、自由、人权理念，还包括资产阶级民主制度、规范的政治运作程序和完备的法制。要形成有利于促进科学发展的政治体制，就不能有官僚主义、专制作风的存在，同时要尊重人的自主性、创造性，让政治运行更符合科学精神和科学原则。

在社会的民主化进程中，公众对政治生活的有效参与是必不可少的。科学作为一种革命的力量，在促进政治文明进步的同时，也为政治文明建设提供了强大的物质手段。当代社会面临的很多复杂问题，如社会就业、产业发展、网络安全等，不可能像过去那样由个别首脑人物独自决定，而必须通过咨询专家和公众的意见来做决策。随着科学的发展，报纸、电视、广播、网络等大众传播媒介，对促进政治决策的民主化起到了积极作用。科学所提供的有效的、便捷的物质手段，使公众民主参与的广泛性与及时性大大提高。有了新的科技手段，决策者在收集民众意见、信息分析、信息整理和预测未来、随机应变等方面，会更加广泛、及时和便捷。对民众来说，信息科技的发展，为人们提供了海量的信息源；计算机网络的发展，使信息传递更快捷、更方便，这些都为决策的民主化提供了必要手段。随着电子政府的建立，人类的社会化、组织化和信息化程度不断提高，政治决策的主体也逐步扩大，政治民主化的程度也逐步提升。当今社会的政治决策，已形成了由政府决策层、智囊团（专家团）、社会组织和广大民众共同组成的决策系统。当电脑网络被广泛运用于在线民主后，极大促进了政府官员与民众的对话和交流，也在很大程度上推动了公众对政治生活的有效参与。

科学的发展，还提升了政府行政管理的效率。网络、微博、微信、飞信等新科技成果的应用，推动了政府各部门的自动化和一体化进程，使政府各部门之间通过网络平台形成了更加紧密的联系。政府机关执行手段的现代化，使政府的行政行为更加快速、高效和便捷。

科学的普及，也为健全民主监督机制，避免暗箱操作，防止腐败现象，实行公平、公正、公开的政治运行原则提供了正面的道德规范。对于科学的本性，瓦托夫斯基指出："科学是公平正直的，毫无偏私。这不仅意指已获公认的科学成果对每一个人都是公正的，而且未获公认的科学成果最终会得到科学共同体的公正裁决，因为科学有一套客观的、严格的、铁面无私的审查制度和方法。弄虚作假、权威崇拜、行政干预、滥竽充数最多只能猖獗一时，最终都会在科学的公正性规范面前碰得头破血流、一败涂地。"① 当科学所蕴含的这种公正精神运用于政治运作、经济决策、司法审判、社会调解等方面时，社会各个领域都能更好地主持正义、维护公平、节约资源、提高效率。

（三）促进精神文明的价值

科学的进步，极大地促进了人类精神文明的发展。科学作为知识形态的精神产品，本身就是人类精神文明的重要组成部分。科学对人类精神领域的影响至深至广，科学发展会影响社会的伦理道德和行为规范，也会影响人们的思维方式、理想信念、知识体系、世界观、审美情趣和人生态度。具体来说，科学对人类精神文明的促进价值表现为以下几个方面：

首先，科学进步能提升精神文明的发展水平。精神文明与人类思维发展水平密切相关，精神文明的进步，包括人们智力的发展、智慧的提升、视野的开拓和思维方式的改进等。科学知识的普及和传播，能直接作用于人们的心灵，陶冶和升华人们的情感，提高人们的认识能力和理性水平。科学的进步，能促使全社会形成崇尚科学、鼓励创新、反对迷信的良好氛围。古代的自然科学，基本上处于现象描述、经验总结和猜测性思辨的阶段。那时，人们对事物的认识，主要是以知觉的形式和零散的内容出现的。与这种科学水平相对应，人们的思维方式就表现为笼统的、以狭隘经验为中心的朴素思维方式。到了近代，科学家普遍采用分析法分门别类地研究各种自然现象，这导致了学科的分化。在这种方法论的影响下，分析型思维方式就成了此后几个世纪居主导地位的思维方式。从 20 世纪初物理学革命到当代生物学革命，人类思维的视野急剧扩大，对自然界的认识也愈来愈深化。与此相对应，人们的思维方式也发生了根本性变革。其特

---

① ［美］瓦托夫斯基：《科学思想的概念基础》，范岱年等译，求实出版社 1982 年版，第 142 页。

点是，将分析与综合结合起来，进行系统的整体性思考。自然科学经历了一个由古代到近代再到现代的不断发展过程，人们的思维方式受其影响，也经历了这样一个逐渐科学化的过程。因此，一定时代的科学发展水平，总是决定着该时代人们思维方式的科学化程度，也极大地影响着精神文明的发展水平。

其次，科学发展对历史遗留的一些传统观念和社会心理是一种冲击。现代科学所创造的物质文明和精神文明，为人类带来了巨大的经济效益和社会效益，也摧毁了封建社会视科技为"奇技淫巧"的错误观念以及当代社会某些人"重基础科学、轻应用技术"的片面认识。同时，在新科技革命的推动下，整个社会生活和经济生活的节奏大大加快，这彻底改变了人们传统的时间观念。旧的伦理道德观念、教育观念、僵化观念也受到了强有力的批判和冲击，新的竞争意识、效率意识和开拓创新精神则日益为人们所认可。尊重知识、尊重人才、重视信息的新观念在以"信息革命"、"知识经济"为标志的新科学革命浪潮中为人们普遍接受。当今，人们已形成了尊重实践、实事求是、破除迷信、追求真理、勇于创新的精神。在人类文明的发展史上，科学的每一次突破都会带来思想观念的变革，都为人类精神文明建设注入了新的能量。

再次，科学对精神文明的促进价值，还表现在科学知识越来越成为文学、艺术、新闻的重要内容。在这些文化传播形式中，反映科学的内容越来越多，也越来越深刻。比如，具有科幻内容的小说、电影、电视剧，既需要借助现代科技手段来实现，又需要借助现代科学内容以发挥对未来的想象。这些作品，将科学美、技术美和艺术美有机地结合起来。此外，一些科学理论（如系统论、控制论、信息论等）作为新的研究方法，逐渐被运用到文学艺术等领域，使文艺理论研究显得更有深度。作为文艺理论基础的美学，还与科技相结合，形成了科学美学、技术美学、工艺美学等新兴学科。随着科学的进步，人们的审美观念也在不断发生变化。原始人的"图腾美"观念是与神话结合在一起的，这种审美观与当时科学的不发达有关；到了近代，人们把简单性、对称性和线性作为审美观的基本标准；今天，人们越来越青睐复杂性、非对称性和非线性之美。现代科学与现代艺术的结合，在深度和广度上是空前的。建筑艺术需要有精美的构图、严格的测绘和科学的计算方法，绘画艺术需要有透视的技法、正确的比例和精准的素描，表演艺术需要人体生理结构和运动科学的相关知识作基础，影视艺术需要光电理论作基础，现代摄影技术与电子音乐艺术需要声学理论作基础。可以说，自从科学进入文艺领域后，使文艺的效果和展现形式更加五彩缤纷、绚丽多彩。

最后，科学为精神文明建设提供了必要的物质条件和基础设施。人类的物质生产是精神文明产生和发展的客观物质基础。近代科学通过优化生产过程，为精神文明的发展提供了纸张、印刷机、图书馆、博物馆、实验室等条件和设施；现代的通信科学、计算机科学、激光科学等，进一步开拓着新的精神产品的生产和传播方式。现代高新科技的发展，不仅加速了传统艺术形态的升级和更新换代，还创造出大量崭新的艺术形式。精神文明成果的传播方式，也实现了从纸质媒体向电子媒体的转换。比如，以往很多杂志和期刊只能购买纸质版阅读，现在则可以通过计算机网络阅读电子期刊。科技的发展，为精神文明成果的表现、存储和传播提供了新的方式。许多音乐制作，以及电影、电视中特技镜头的处理，都是借助电子科学、激光技术和计算机技术实现的；很多艺术作品，也借助 U 盘、光盘和网络等高科技手段进行存储和传播。

总之，科学与精神文明之间的关系日益密切，科学进步是精神文明建设的基本前提，科学进步也为精神文明发展提供了强大动力。

（四）建设生态文明的价值

科学之所以具有建设生态文明的价值，是因为科学的属性能满足人类保护生态环境、维护生态系统平衡的需要。人类是地球生态系统的组成部分之一，人类的生存和发展与整个生态系统的状况密切相关。保护生态环境、维护生态系统平衡，既是人类生存的需要，更是整个人类全面发展的需要。

人类运用科学的力量作用于自然界，不仅能从大自然中获取能源和资源，也能保护大自然，防止生态问题的发生。尽管有人对科学的生态价值有所怀疑，但以下事实无法否认：科学是人类认识自然的根本手段，是人类摆脱愚昧，由野蛮、蒙昧走向理智、文明的根本动力。要协调人与自然的关系，要保护好自然环境，要维护生态系统的平衡，首先就要掌握自然规律。1987 年，世界环境和发展委员会在其报告《我们共同的未来》中指出："当代科学向人类提供了可以全面深刻地认识自然的潜力和手段，人类可以凭借它达到使人类与自然规律协调的目的，并在这种协调中走向生态化的繁荣昌盛。"①

　　利用科学，可以加深对"人与自然一体化"之大系统的理解，并正确认识地球的承载能力。"人与自然一体化"之大系统极其庞大、复杂，离开科学的帮助，人们几乎无法认识它。随着全球性问题的愈演愈烈，人们迫切需要转换研究视角，不仅要从经济效益出发，还要从社会效益、环境效益出发，将自然界和人类看作一个完整、复杂而又相互联系、相互影响的大系统来认识。这就需要我们运用科学，研究"人与自然一体化"之大系统各个组成部分的运行规律，弄清人类活动对自然界可能产生的各种影响，以及人类可能招致的大自然对人类的报复。如果没有科学，人们就不会了解什么是"地球承载能力的极限"，就可能在改造、利用自然的同时为自己埋下种种隐患。

　　随着现代科学的发展，人们能集约化地利用自然资源，这样就避免了外延式扩大再生产对生态环境的破坏，也为解决当前人类面临的全球性问题提供了崭新途径。例如，人类可以运用先进的科学成果来增加粮食生产，以解决由于人口剧增而引起的粮食危机。生物工程和遗传学的发展，使人们能系统地开发农作物的遗传潜力，以增加农产品产量。目前，人类已从植物大量的遗传基因中，分离出了上百个决定植物有用性状的遗传基因，并能将其导入水稻、大豆、玉米、棉花等多种农作物中。由此，人们可以培育出具有高产、优质、抗逆性强等优良特征的新作物品种。另外，为了提高农作物光合作用中对光能的利用率，科学家们将具有高光效性状作物（如玉米、甘蔗等）的基因转移到只有一般光合作用效率的作物（如水稻、小麦、大豆等）体内。这样可以有效提高农作物光合作用的效率，从而提高农产品产量。除采用上述基因工程的手段外，还可以通过建立食品合成工厂，利用化学方法和微生物方法来合成蛋白质和氨基酸。这类技术包括用酶来转化植物纤维物质，利用单细胞、高蛋白有机体的生长来转化石油或石油废弃物，以及使一些植物在经过严格控制的无污染环境中密集生长等。通过这种方式生产出的食物，无论在数量还是质量上，都将大大超过由常规农业生产方式所获得的食物。

　　通过科学进步，还可以在解决能源匮乏问题的同时保持良好的生态环

---

　　①　世界环境与发展委员会：《我们共同的未来》，王之佳等译，吉林人民出版社1997年版，第4页。

境。随着世界人口的激增和人们对能源依赖的增强，能源的匮乏问题日益严峻。能源是人类生存与发展的物质基础，人们的生活每时每刻都离不开煤、石油、天然气、电力等能源。因此，我们必须做到人与自然、人与能源之间的协调发展。从工业革命至今，凡是已完成工业化的国家，都是依靠能源的高消耗来支撑经济增长的。这种发展模式，必然会导致人类对大自然无尽的开发和掠夺，而难以处理好人与自然、社会与环境、经济与生态之间的关系。自然生态系统如同人的身体一样，也是由系统各要素相互联系、相互作用构成的整体。自然生态系统要和谐、有序运行，必须保持一种动态平衡。能源作为自然界生态系统的重要组成部分，应该得到尊重和可持续利用，能源的生成与消耗不能差距悬殊，而应平衡发展。随着科学的进步和新技术的发展，人们对煤炭、石油、天然气这些不可再生能源的依赖会逐渐降低，并开发出更多清洁的新能源和可再生能源。这些新能源和可再生能源包括太阳能、风能、生物质能、海洋能和地热能等，它们在被消耗后可以迅速再生，且产生的污染物很少。这些能源可以带给人类巨大的能量，但囿于目前的技术水平，人们对它们的利用还远远不够。但相信随着科技的发展，人类会更有效地利用这些能源并开发出更多新能源。当今流行的多联产技术、联合热电技术、"煤制油"技术、燃料电池技术和核能发电技术等，便是既节能又环保的新技术。这些技术不仅提高了能源的利用效率，还开发出很多新能源，让人类逐渐走出对传统能源的依赖。

通过科学进步，还能在治理环境污染方面取得突破性进展。如利用微生物科学、萃取技术等，可以建立无废物、少废物的循环型生产工艺。在化学工业的一些生产过程中，可以利用生物酶技术发展出的"生物反应器"代替能耗高、污染大的旧工艺，使整个生产过程不会产生有毒的废水、废气。在农业生产中，可以开发出高效、低毒、低残留性的农药或生物农药，以代替剧毒或残留性高的农药，从而减轻农药对土壤的污染和对人畜的危害。运用现代生物科学，可以从微生物中生产出对环境无害的生物杀虫剂，以更好地保护生态环境。

（五）提升教育水平的价值

教育和科学是精神文明的重要内容，也是一个国家和民族精神文明发展程度的重要标志。教育和科学这两种精神文明要素，自近代自然科学诞生以来，逐渐形成了相辅相成、互相促进的关系。特别是在现代社会，这种关系更加显著，更加密切。科学发展对教育水平的提升有着重大价值，这主要体现在以下几方面：

第一，科学发展促进教育规模的扩大。随着科学的进步，经济和生产力得到迅速发展。经济实力的增强，使政府和社会有更多财力投入教育领域，从而保证了扩大教育规模所需的各种经费。随着教育规模的扩大，高层次人才的产出也会越来越多。当今社会，不仅高校和科研部门需要高层次人才，企业、政府机关和其他部门对高层次人才的需求也越来越大。这种需求又反过来促使社会投入更多经费到教育系统，从而促进教育规模的进一步扩大。

第二，科学发展促进教育结构的改善，使职业教育、终身教育和社会教育以合适的比例向前推进。在现代科学飞速前进的条件下，知识更新的周期大大缩短。即使是受过高等教育的劳动者，也必须不断接受新知识，不断进行再教育，这促进了终身教育的发展。科学在推动经济发展的同时，也导致了产业结构和社会结构的不断变化，这使劳动者可能经常变换自己的职业，而每变换一次职业都要重新学习新知识。特别是在一些知识密集型的高新技术产业，劳动者需要掌握最新的科学知识和操作技能。这使人们必须将知识更新和生活、工作紧密结合起来，这推进了社会教育的发展。现代生产中科技含量的增加，要求提高劳动者的职业素养，以满足生产发展对技能型操作人才的大量需求，这又推动了职业教育的发展。作为培养从事一线劳动的高级专业人才的职业教育，在专业设置上应紧跟科技迅猛发展的趋势，这促使职业教育在教学内容、教学思路、教学手段上不断更新。

第三，科学发展促进教育内容的变革。现代科学既高度分化又高度综合，现代科学中日益增多的分支学科、边缘学科、综合学科和横断学科，使不同学科紧密联系起来，这加大了学科间的彼此渗透和科学知识的整体性。同时，科学与技术的联系也日益紧密，自然科学与社会科学的相互渗透也不断增强，这促进了一系列新兴交叉学科的形成。在科学的这种推动作用下，教育内容也必须作出相应的变革。当今的教育界，非常重视知识的更新，强调综合素质教育，并注重在教育过程中把知识传授与能力培养紧密结合起来。由于学科的增多和知识的扩张，很多高校大力提倡通识教育，要求学生有广博的知识面。与此同时，很多高校更注重培养学生的自主学习能力，力求让学生达到生理与心理、智商与情商、认知能力与理想信念的完美结合，最终实现学生自由而全面的发展。

第四，科学发展促进教育手段的完善。随着科学的发展，尤其是电子、信息、网络通信等高新科技的应用，现代教育手段越来越趋于完善。在现代化教学中，幻灯、电影、电视、录音、录像、语音实验室、电子计算机等被广泛运用于教学过程，使教学过程变得图文并茂、形象生动、丰富多彩。现代科学的发展，使广播电视教育、计算机网络教育与传统的课堂教育并驾齐驱。教师可以通过广播、电视、计算机网络进行远程教学，学生既可以选择课堂学习的方式，也可以选择电视和网络等学习方式。而后者的时间更灵活，更适合学生按照自己的需要和时间安排，进行自主的学习。

第五，科学发展促进教育观念的转变。传统的教育价值观念，把教育投资看成一种纯消费性投资，认为眼前的教育投资必须换取将来的经济回报。但随着科学的发展，公众的科学意识会不断得到提升。科学意识是指：在深刻认识科学的本质、功能、发展规律和机制的基础上所形成的一种社会观念，它能够促进人们投身科学事业或积极响应科学活动，并对参与科学活动的价值取向提供合理性指导。典型的科学意识包括：对科学创新的认同、对"科学技术是第一生产力"的认同、对科教兴国和人才强国战略的认同等。当公众形成了科学意识以后，就倾向于从科学的角度理解问题、分析问题和解决问题，就会崇尚科学，支持科学发展，并积极用最新的科学知识武装自己，将创新理念带进自己的工作和生活中。当今社会，各领域的科学知识含量不断增加，人们在生产生活的各个环节都离不开对相关科学知识的学习。于是，有科学意识的公众会毫不犹豫地认同终身学习和学习生活化的理念。在他们的价值观念中，会日益将教育看作自己生活中不可缺少的组成部分之一，而不仅仅是一种祈求回报的投资。

（六）改进生活方式的价值

科学最初的产生，就是与人类社会生活紧密联系在一起的。科学的不断发展，也是为了解决人们实际生活中日益更新的各种具体问题。只是到了后来，科学才逐渐从人们的日常生活中分离出来，成为一种相对独立的社会活动和知识体系。但科学在自身充分发展的基础上，通过对政治、经济和文化的推动作用，在更大规模和更深层次上影响着人类的生活方式。

从物质生活角度看，一个国家的科学越发达，人们的生活就越富裕，也越具有现代化特征；反之，如果一个国家科学很落后，人们的生活也会处于贫困状态。人类从茹毛饮血、与禽兽为伍的远古时代逐步迈向今天，物质生活条件已发生了翻天覆地的变化。这种变化主要归功于科学的发展和科学成果的应用。在科学落后的远古时代，生产力水平极其低下，人们受到盲目自然力量的支配。正如马克思所说："自然界起初是以一种完全异己的，有无限威力的和不可制服的力量与人对立，人们对它的关系完全像动物同它的关系一样，人们就像牲畜一样服从它的权力。"① 到了近代以后，科学发展推动了生产力的变革，也改变了人们的生活方式。麦考利曾这样赞美科学造福于人类的巨大价值："科学延长了寿命，减少了痛苦，消灭了疾病，增加了土壤的肥力，为航海家提供了新的安全条件，向战士提供了新武器，在大小河流上架设了我们祖先所不知道的新型桥梁，把雷电从天空安全地导入地面，使黑夜光明如白昼，扩大了人类的视野，使人类的体力倍增，加速了运行速度，消灭了距离，便利了交往、通信，使人便于执行朋友的一切职责和处理一切事务，使人可以坐着不用马拖曳的火车风驰电掣般地横跨陆地。"②

从某种意义上说，由于科学的发展，现代的普通人享受着古代帝王将相也享受不到的物质条件。古代帝王可以靠残酷掠夺来的财富过着奢华的生活，但他们做梦也想不到可乘飞机去旅游、可住调节温度的房屋、可根据准确的天气预报来安排日常活动。清朝末年的慈禧太后曾视"自鸣钟"为稀世珍宝，末代皇帝溥仪曾视冰淇淋为难得的美味，而这一切在现代社会早已不足为奇。现代科学的应用，把优裕的物质生活馈赠给了人类。如今人们生活的大部分物质资料，都是通过科学的应用制造出来的。在中世纪，人们的衣服绝大多数是白色或黑色的，因为当时只有少量的天然染料，没有化学染料。随着近代科学的发展，化学家们从煤焦油中提炼出了苯胺染料，世界上的衣服色彩从此如奇花异卉一样竞相斗艳。现代科学的发展还进一步改变了人类服装衣料的构成，使其远远超出了棉、麻、丝等天然品种。现代高分子化学成果的应用，使各种各样的化纤产品纷纷问世，不同质地的衣服琳琅满目。现代农业和食品加工业的发展，为人类提供了营养丰富、品种多样的美味佳肴。现代建筑业运用建筑学知识，为人

---

① 《马克思恩格斯选集》第 1 卷，人民出版社 1995 年版，第 81 页。

② ［英］J. D. 贝尔纳：《科学的社会功能》，陈体芳译，广西师范大学出版社 2003 年版，第 254—255 页。

类设计和建造出了宽敞明亮、美观实用的居室。而作为科学物化成果的各种电器设备、卫生设备、床上用品、装饰用品等，则使人类的居住更加舒适和方便。如电冰箱能保鲜食品，微波炉能节省烹饪时间，洗衣机能免除人们的洗衣之劳等。在出行方面，轮船、汽车、火车、飞机等交通工具，无不是现代科学的结晶。

从家庭活动角度看，无论农业社会还是近代工业社会，都是男人在外劳动和工作，妇女在家操持家务，养育子女。在家庭地位上，男人通常是家庭的权力核心，妇女则处于从属地位。20世纪以后，科学的发展改变了这种传统的家庭生活方式。各种自动化机械的应用，大大减轻了工作的体力强度，今天的工作更多地依赖于电脑和网络，这就给妇女提供了和男人进行就业竞争的可能。随着各种家用电器的广泛使用，也大大减轻了家务劳动的负担，这使妇女不用全身心地投入家庭琐事，可以为自己找一份工作。于是，现代社会逐渐孕育出一种男女平分秋色的家庭活动方式。

科学的发展也促进了人类消费方式的更新。在农业社会的自然经济条件下，由于物资的匮乏，人们千百年来重复着单调的消费方式，在衣食住行方面长期没有太大的变化。近代工业化社会时期，科学在刺激生产力飞速发展的同时，也促进了人类消费方式的第一次大转向。机器大工业的发展、交通运输速度的提高，以及其他科学成果的应用，使商品的生产量空前增长，生产成本不断降低，商品价格日益低廉。有了丰富多样的商品可供选择，人们在消费方式上也越来越注重个性化。到了现代社会，随着现代科学知识的普及和全社会文化素质的提高，人们的消费方式进而向科学化和艺术化方向发展。对无污染绿色食品的重视，对营养丰富之补品的需求，对质地天然、款式新颖之时装的青睐，对生态良好之居住环境的希冀，对产品装潢设计的讲究，都体现了人们消费方式的科学化、个性化和艺术化。

科学的发展也促进了人类交往方式的变革。交往总离不开交通工具、通信工具等媒介，科学通过促进交往媒介的发展，改变了人们的交往方式。在科学不发达的古代，交通工具和通信工具都十分落后，所谓"烽火连三月，家书抵万金"，便是当时通信落后状况的一种写照。古代人的交往，主要是通过面对面的接触来进行，因而其交往范围很有限，一般以农业社会的宗法关系作为其社会关系的核心。随着近代科学的发展，蒸汽机车、蒸汽轮船相继问世，使过去让人生畏的遥远路途仿佛变短了；电报、电话的发明和使用，则使过去险隘重重的通信路途畅达无阻。1492

年，哥伦布发现了美洲新大陆，英国王室时隔半年才知道这一情况。但到了1969年7月12日，美国宇航员阿姆斯特朗等人驾驶阿波罗飞船在月球表面平安着陆时，这一消息通过通信卫星13秒便传遍了全世界。今天，人们乘坐超音速飞机绕地球一圈，总共不过一天时间；拍电报或发传真，天涯海角转瞬即达；打长途电话，国内外各地马上就可以通话；利用互联网，即使远在天涯海角，也可以顺利传达消息。现代科学的这些成果，使人们交往更加方便，人们社会关系的网络也更宽广。

科学的发展，还推动了人们休闲方式的改进。在古代，人们经常会在夏月纳凉时聊天消遣，或家人团圆赏月过中秋，或人们围坐在一起看民间艺人的表演，或听说书人讲故事。随着科学的进步，人们的必要劳动时间不断缩短，闲暇时间不断增多。以农业劳动为例，拖拉机、收割机、水泵、除草剂、农药等科技产品的运用，使农民远离了"脸朝黄土背朝天"的艰辛，过去长年被束缚在土地上的农民获得了更多闲暇时光。在休闲方式上，由于书报、收音机、电影、电视、电脑网络的出现，使人们的休闲方式日趋多样化。在现代社会，看电视和上网几乎成为人们最主要的休闲方式。电视、网络之类的现代科技产品之所以如此吸引人，关键在于它们为已劳动得疲惫不堪的人们提供了新信息、新色彩和生动活泼的感性材料，使人们的心灵得到调节和放松。

（七）强化军事力量的价值

科学的每一次发展，都对军事力量的强化和军队战斗力的提升产生了巨大影响。使用什么样的武器进行战争，并不是由人的主观意志决定的，而是由当时的实践水平和生产力水平，特别是科技水平决定的。科学技术通过各种途径渗透到军事力量各要素中去，从而实现了军队战斗力的提升。

首先，科学的发展能引领武器装备的更新。武器装备是赢得战争的基本物质手段，是科学在军事上最主要、最直接的表现和运用。M. M. 基里扬认为："科学技术，很多是应军事斗争的需要而产生的，几乎都首先运用于军事领域；科学技术的进步推动武器装备的发展，武器装备的发展又促进科学技术进步，这是军队建设上一个具有普遍意义的规律。"[①]可见，

---

① ［苏］M. M. 基里扬：《军事技术进步与苏联武装力量》，军事科学院外国军事研究部译，中国对外翻译出版公司1984年版，第6页。

科学的发展，能促使武器装备的不断改进和更新，从而为军队提供更多具有破坏力的杀伤手段。纵观武器装备演化的历史，新武器的诞生直接依赖于科学进步和社会生产力的提高。金属冶炼业的出现，使军队装备上越来越锋利的冷兵器；火药的发明，使军队装备上威力强大的火枪和火炮；坦克制造业的发展，使军队装备上灵活而有威力的坦克和战车；船舶制造业的发展，使军队装备上载重量越来越大、航速越来越快的战船；原子物理、核物理、量子理论、相对论等科学成果的出现，造就了原子弹、氢弹和中子弹。20 世纪 60 年代以后，由于微电子、计算机、光电、雷达、精确制导、遥感遥控等高科技的发展，使军队装备上各种性能良好的侦察设备和精确制导武器，军队的作战能力得到空前提高。科学发展还能提高武器装备的适应能力，使其能适应战场上千变万化的各种环境。红外线、雷达成像、热成像、毫米波等高科技，使武器装备用于夜间的效果几乎与白昼一样。科学的发展还能提高武器装备的抗毁能力。高科技为武器装备的保护层提供了新材料、新工艺（如坦克、舰船加固用的复合装甲、反应装甲等），这大大强化了武器装备的保护层，提高了武器的硬抗毁能力。科学的发展还能提高武器装备的可靠性和可维修性。在现代战争中，武器装备的性能越来越高，构造越来越复杂，出故障的概率也越来越大，有了良好的可靠性和可维修性，才能保证其正常使用。

其次，科学的发展能提高军事人员的素质。军事人员的素质，是指其从事军事理论、军事科技、军事实践等创造性工作所必需的、内在的、相对稳定的身心素质，是军事人员能适应军事研究、国防建设和军队作战之要求的一系列基本品质的综合体。从历史发展来看，与军事相关的科学理论，一旦用于军事领域，就会对军事人员的智力提升产生积极的作用。在第二次世界大战中，英美等国将运筹学用于战场决策，将信息论、控制论等新兴理论用于防空预警和拦截系统，取得了非常良好的效果。科学的发展和武器装备的更新，还能帮助军事人员提升感觉能力、思维能力和预测能力，这有助于他们更好地进行作战和指挥。在非智力因素方面，科学的发展和武器装备的更新能增强军人的自信心，激发其士气，鼓舞其战斗精神。

再次，科学的发展能改善军队的后勤补给。良好的给养是保持军事人员体能的前提条件。古代军队作战，素有"兵马未动，粮草先行"之说。《孙子兵法》也指出："军无辎重则亡，无粮食则亡，无委积则亡。"三国时期，诸葛亮曾造木牛和流马千只，用于搬运粮草，结果使军队作战效率大增。随着现代生物科学、食品加工技术和纺织技术的飞速发展，军队的给养水平日益得到提高。在伊拉克战争中，美军的"可视化保障"与"即时补给"，充分展示了科学进步对战争后勤保障的巨大推动作用。

最后，科学的发展能优化军队的指挥方式。在人类战争史上，指挥方式经历了从击鼓传声到电报电话，再到各种电子通信设备综合使用的过程。或者可划分为手工化指挥方式、机械化指挥方式和自动化指挥方式三个阶段。从原始社会到封建社会，由于科学落后和生产力不发达，战争的指挥主要通过吹号角、击鼓、骚传、旌旗、阴符、明书、烽火、军鸽等手工化方式进行。从工业革命开始到第二次世界大战结束，机械化指挥方式成为这一时期的主要指挥形式。产生于第一次工业革命时期的电报和电话，结束了以往"烽火传敌情"、"金鼓令三军"的古老历史，使得长期依赖于手工或简单设备进行的指挥变由机械电子设备来代替。而传输信息方式由借助耳听、目视转变为借助有线电路和无线电波等。自动化指挥方式是第二次世界大战之后作战指挥的基本形式。20世纪40年代以来，电子计算机、通信科学和自控理论的发展，使指挥自动化成为可能。在当今战场上，瞬息万变的战况决定了大量信息的处理已不是指挥员依靠自身能力所能应付的，而必须依靠计算机和自动控制系统来处理信息。为此出现了以电子计算机为中心的指挥、控制、通信和情报系统（即C3I系统），它是一种人机结合的指挥自动化系统。随着信息技术和数字化技术的发展，这一指挥自动化系统正向着更高水平的系统运筹和更灵活的综合调控方向发展。

总之，科学的价值是多方面的，不仅包括物质价值，也包括精神价值；不仅包括个体价值，也包括社会价值。贝尔纳在《科学的社会功能》中，对科学的价值进行了高度的概括和评价，他说："科学既是我们时代的物质和经济生活的不可分割的一部分，又是指引和推动这种生活前进的思想的不可分割的一部分。"[①] 只有正确认识科学的价值，才能为合理实现科学价值打下理论基础。

---

① ［英］J. D. 贝尔纳：《科学的社会功能》，陈体芳译，广西师范大学出版社2003年版，第13页。

第二章

科学价值思想论

在中国和西方的科学思想史上，有不少哲学家和理论家对科学价值问题进行过探讨。系统地梳理中外思想家关于科学价值研究的理论成果，把握科学价值思想形成和发展的历史过程，比较分析中外科学价值思想的异同，对当代科学价值问题的研究具有重要的启发和借鉴意义。

第一节 古代的科学价值思想

一 中国古代的科学价值思想

中华民族拥有五千年的文明史，古代中国在天文历法、地理学、数学、农学、医学和人文科学的许多领域，都为人类文明作出过独特贡献。中国的医药学在世界上独树一帜，中国的造纸、火药、印刷术、指南针四大发明，曾经改变了世界面貌。中国人的这些发明创造，既体现了科学精神与伦理道德紧密结合的理性光辉，也孕育出内容丰富的中国古代科学价值思想。在这些科学价值思想中，最具代表性的是儒家、道家、墨家、法家的科学价值思想。

（一）儒家学者的科学价值思想

儒家的科学价值思想由孔子开其先河，孟子继之而起，荀子作了进一步的发挥。首开儒家关于科学价值问题研究先河的，是儒家学派的创始人孔子。孔子创办私学，广收门徒，一生诲人不倦，非常重视科学的价值。孔子把"来百工则财用足"看作治国的九经之一，认为只有大力发展科学，才能使社会富裕和稳定。《论语·子路》记载："子适卫，冉有仆。子曰：'庶矣哉。'冉有曰：'既庶矣，又何加焉？'曰：'富之。'曰：'既富之，又何加焉？'曰：'教之。'"在这里，孔子指出了治国的基本纲领：首先是"庶"，要有较多劳动力，这是运用科学发展生产力的前提；其次是"富"，要将科学转化为现实生产力，使人民群众有丰足的物质生活；再次是"教"，要在生活富裕的基础上，使人民受到良好的伦理道德教育。可见，孔子把"百工"和科学看作立国治国的基本要素之一。

要发挥好科学的价值，必须首先保证科学知识的真理性。孔子做学问强调"无征不信"的实证精神，也就是说，没有证据就不足凭信。在《论语·八佾》中，孔子说："夏礼，吾能言之，杞不足征也；殷礼，吾能言之，宋不足征也。文献不足故也，足，则吾能征之矣。"意思是说：夏朝、商朝的礼仪制度我能说出来，但它们的后代杞国和宋国的礼仪制度难以证实，这是因为两国文献保存不足所致；如果有足够的文献，就能证实并让世人相信。在孔子看来，追求真理应抱着求实的态度，"知之为知之，不知为不知"。因此，孔子能做到"入太庙，每事问"（《论语·八佾》）；"敏而好学，不耻下问"（《论语·公冶长》）；"学而不厌，诲人不倦"（《论语·述而》）。孔子不仅重视伦理道德的学习，也重视科学知识的学习。在《论语·子路》中，孔子说："人而无恒，不可以作巫医。"正因为孔子虚心好学，故其知识非常渊博，在科学上也有很深造诣。在《论语》中，孔子揭示了很多自然科学规律。如《论语·为政》中的"譬如北辰，居其所而众星拱之"（天文规律）；《论语·乡党》中的"迅雷风烈必变"（气象规律）；《论语·阳货》中的"四时行焉，百物生焉"（地理规律）；《论语·述而》中的"子钓而不纲，弋不射宿"（生态规律）；《论语·子罕》中的"岁寒然后知松柏之凋也"（生物学规律）；《论语·子罕》中的"苗而不秀者有矣夫！秀而不实者有矣夫！"（农业规律）；《论语·卫灵公》中的"工欲善其事，必先利其器"（工艺规律）；《论语·乡党》中的"鱼馁而肉败，不食，色恶，不食，臭恶，不食，失饪，不食，不时，不食，祭肉不出三日，出三日，不食之矣"（医学规律）。

"孔墨之后，儒分为八，墨离为三"（《韩非子·显学》），其中孟子的学说被视为孔子的嫡传。在科学价值思想上，孟子继承了孔子的观点，十分重视科学的价值。孟子是一位"闻见杂博"的通儒，孟子所讲的"求故"，即是对事物规律性的探究。至于探究事物规律的方法，即是"权，然后知轻重；度，然后知长短"。孟子"拔苗助长"的寓言，成为对那种不顾客观规律的"反科学态度"的绝妙讽刺。孟子继承孔子"无征不信"的传统，提出了"尽信书，则不如无书"的至理名言。在《孟子》一书中，也涉及很多科学价值的内容，如"方寸之木，可使高于岑楼。金重于羽者，岂谓一钩金与一舆羽之谓哉"（《孟子·告子下》）；
"水胜火，以一杯水救一车火也，不熄，则谓之水不胜火"（《孟子·离娄
下》）；"有天下之易生之物也，一日暴之，十日寒之，未有能生者也"
（《孟子·告子上》）；"苟为无本，七八月之间雨集，沟浍皆盈，其涸也，
可立而待也"（《孟子·离娄下》）；"今夫麰麦，播种而耰之，其地同，
树之时又同，浡然而生，至于日至之时，皆熟矣。虽有不同，则地有肥
硗，雨露之养，人事之不齐也"（《孟子·告子上》）；"离娄之明，公输
子之巧，不以规矩，不能成方圆。师旷之聪，不以六律，不能正五音"
（《孟子·离娄上》）等。

继孟子之后的荀子，提出了"天人相分"、"制天命而用之"等观点，
其目的是在研究"天（自然规律）"的基础上，将自然科学规律用于人
事。荀子所讲的"假舆马者，非利足也，而致千里，假舟楫者，非能水
也，而绝江河"（《荀子·劝学》），即是对科学价值的高度认可。但在科
学的具体运用上，荀子指出："农精于田而不可为田师，贾精于市而不可
为市师，工精于器而不可为器师。有人也，不能此三技而可使治三官，
曰：精于道者也，非精于物者也。"（《荀子·解蔽》）意思是说：农夫精
于种田但不可以担任种田的管理者，商人精于市场而不可以担任商业的管
理者，工匠精于器物而不可以担任器物的管理者；有人不精通这三样，但
可以让他管理这三个行业，因为他有很高的道德修养，而不是精于某项技
艺。乍看之下，似乎荀子轻视科学本身，但"重道"是儒家思想的核心
精神。作为一名管理者，只有具备了高尚的道德修养，才能做到公平和不
以权谋私。

儒家非常重视科学的价值，如孔子所讲的"使民以时"，孟子所讲的
"不违农时，谷不可胜食也"，荀子所讲的"制天命而用之"等，都包含
此意。但在科学进步与道德提升的关系上，儒家又提出了"小艺破道"、
"术不可不慎"的思想，于是便逐渐形成了"以道驾驭科学"的深刻理
念。正如有的学者所说："儒家希望政治的安定和社会的发展，因此没有
理由不赞成生产和科学的进步；儒家思想的核心是政治伦理，但这个思想
核心有需要包括自然知识在内的各个方面的知识来给予支持和论证。毫无
疑问，积极利用自然科学知识来论证社会人事是儒家科技观的一大特点。
在此前提下，似不能轻易地说儒家的自然科学知识等于'零'，也不能说

儒家一概地排斥和反对科学。"① 一方面，儒家对科学持肯定态度，认为
科学"虽小道，必有可观焉"。另一方面，儒家认为，比学到一门科学或
技艺更重要的是人格的完善，即体验"道"的境界或达到"仁"的修养。
孔子认为，工艺生产实践只能让店铺的"百工"去担任，如果儒者或士
大夫阶层参与，就是"不仁"。孟子也指出："劳心者治人，劳力者治于
人"；"尽其心者，知其性也；知其性，则知天矣。"因此，儒者或士大夫
更需要做的，不是探究自然科学知识或将科学转化为生产力，而是去实践
静心修养的"内省功夫"。

　　儒家科学价值思想具有鲜明的"重道轻器"、"重义轻利"色彩。儒
家学者对科学知识的掌握，其最终目的是为了"修身、齐家、治国、平
天下"，将政治太平与道德完善作为终极追求。《礼记·礼运篇》描写了
儒家所设想的理想社会景象："大道之行也，天下为公，选贤与能，讲信
修睦。故人不独亲其亲，不独子其子。使老有所终，壮有所用，幼有所
长，鳏寡孤独废疾者，皆有所养。男有分，女有归。"在儒家的价值观念
中，当一种科学成果有利于实现"治国、平天下"的政治理想时，儒家
学者就会对其持肯定态度；反之，当一种科学成果有害于儒家伦理道德的
实现时，就会对其持否定态度。在漫长的中国古代社会，伦理道德与科学
成果的关系，始终是"本"与"末"的关系。孔子讲的"志于道，据于
德，依于仁，游于艺"，就是对这种"本末关系"的直接描述。孟子也认
为，"术"是实现"仁"与"道"的方法之一，"利"是通向"义"的一
座桥梁。例如，使农夫"不违农时"，可以提高农业产量，这是"术"和
"利"层面的，但其目的是为了达到"仁政"和"王道"的政治理想。
孟子对尧、舜、禹功德的称颂，不是抽象地从"道"的层面来说明，而
是具体介绍他们通过科学知识使百姓摆脱生活困境的事例，将抽象的
"道"寓于具体的"术"中。如"当尧之时，天下犹未平，洪水横流，泛
滥于天下，草木畅茂，禽兽繁殖，五谷不登，禽兽逼人，兽蹄鸟迹之道交
于中国。尧独忧之，举舜而敷治焉。舜使益掌火，益烈山泽而焚之，禽兽
逃匿。禹疏九河，瀹济漯，而注诸海；决汝汉，排淮泗，而注之江；然后
中国可得而食也。当是时也，禹八年于外，三过其门而不入，虽欲耕，得

---

　　① 袁运开、周翰光：《中国科学思想史》（上），安徽科学技术出版社1998年版，第
230页。

乎?"(《孟子·滕文公上》)

如果一种科学成果,在发挥其价值时离开了"仁道",或不以"仁道"为本,就会遭到儒家学者的强烈反对。孟子曾说:"当今之事君者曰:'我能为君辟土地,充府库。'今之所谓良臣,古之所谓民贼也。君不乡道,不志于仁,而求富之,是富桀也。'我能为君约与国,战必克。'今之所谓良臣,古之所谓民贼也。君不乡道,不志于仁,而求为之强战,是辅桀也。由今之道,无变今之俗,虽与之天下,不能一朝居也。"(《孟子·告子下》)可见,孟子没有笼统地将"术"置于"道"的对立面,没有一概将技艺视为"鄙事"而号召"君子不为"。而是认为,只要有益于"仁道",不管是什么科学成果的运用,如治水、驱兽、农耕、百工等,只要有益于人民,就是应该的。有一个叫白圭的人向孟子夸耀自己治水之术超过大禹时,孟子便从治水要贯彻"仁道"的立场,批评了白圭"以邻为壑"的治水之术:"子过矣,禹之治水,水之道也,是故禹以四海为壑。今吾子以邻国为壑。水逆行,谓之洚水,洚水者,洪水也,仁人之所恶也。吾子过矣。"这段话的大意是:"你错了。大禹治水,是遵循水的道路,所以大禹以四海为蓄水的沟壑。如今你却把邻国当作蓄水的沟壑。水逆向而行,就称之为洚水,所谓洚水,就是洪水,是仁慈的人所厌恶的。你错了。"在实用科学的发展中,儒家格外重视"六府"和"三事",认为"地平天成,六府三事允治,万世永赖"(《尚书·大禹谟》)。"六府"是指"水、火、金、木、土、谷",即水利、烧荒、冶炼、耕作、贵粟等事;"三事"是指"正德、利用、厚生"。可见,儒家把"六府三事"等有利于国计民生的社会实践活动看作万世之功业,不符合"六府三事"基本精神的科学实践活动便会受到否定。《礼记·王制》记载:"作淫声、异服、奇技、奇器以疑众,杀。"这说明儒家对"奇技淫巧"等非正统的科学成果是反对的。孟子说道:"矢人岂不仁于函人哉?矢人唯恐不伤人,函人唯恐伤人。巫匠亦然。故术不可不慎也。"(《孟子·公孙丑上》)大意是说:"造箭的人难道不比造盔甲的人仁慈吗?造弓箭的人唯恐箭头不犀利不致命,造盔甲的人唯恐弓箭伤人夺命。医生旨在救人和做棺材的希望死人的道理也是一样。所以技术的抉择不可不谨慎啊!"在这里,孟子从理论上提出了一个重要观点——"术不可不慎",即"术"要以仁为本,"术"的运用要经过审慎的抉择。

（二）道家学者的科学价值思想

道家的科学价值思想以老子、庄子为代表，以"道法自然"立论。道家认为，科学进步会造成人们追求浮华的风气，从而导致社会的混乱，并主张社会应倒退到无知无欲的"至德之世"。

在人类文化的历史上，对科学知识与道德水平的关系，不同思想家有着不同的见解，其中道家是持"排斥论"的典型代表。《庄子·人间世》提出："德荡乎名，知出乎争。名也者，相轧也；知也者，争之器也。二者凶器，非所以尽行也。"也就是说，人们为了观点的不同而相互争执，为了出名而相互倾轧，故知识和名气都是"凶器"，是不祥之物。于是庄子又得出"知为孽"和"多知为败"的结论。老子也认为："智慧出，有大伪。"在老子看来，科学知识的发展，会导致人们不再纯洁和质朴，人与人之间会变得越来越虚伪。他还给出了让社会安定和谐的解决之道，即"绝圣弃智"、"离形去知"、"绝巧弃利"、"绝学无忧"、"见素抱扑"、"少私寡欲"等，希望通过摒弃人们的私欲和机巧的心智而达到天下太平。

道家虽然总体上对科学持否定态度，但在其经典中仍不乏对科学价值的论述。如《老子》第十一章指出："三十辐共一毂，当其无，有车之用也。埏埴以为器，当其无，有器之用也。凿户牖以为室，当其无，有室之用也。故有之以为利，无之以为用。"意思是说："三十根辐条凑到一个车毂上，正因为中间是空的，所以才有车的作用。糅合黏土做成器具，正因为中间是空的，所以才有器具的作用。凿好门窗盖成一个房子，正因为中间是空的，才有房子的作用。因此'有'带给人们便利，'无'才使器具产生作用。"但老子在这里并非是肯定科学的价值，而是通过这种生活中的事例说明有与无的辩证关系。与老子不同的是，庄子在一定程度上肯定了科学在人类日常生活中的价值。庄子说道："百工有器械之巧则壮"（《庄子·徐无鬼》）；"水行莫若用舟，陆行莫若用车"（《庄子·天运》）。再如《庄子·人间世》中讲道，社树虽大，"观者如市"，而"匠伯不顾"，这说明掌握更多的科学知识有利于明辨是非；《庄子·逍遥游》中记载的"客与宋人买卖让手不龟裂药方"的寓言，说明掌握更多科学知识能让人们获得实际利益；《庄子·养生主》中"庖丁解牛"的寓言，说明掌握事物的规律能让人们处理事情时更得心应手，并达到"由艺而进乎道"的境界。

　　道家一方面赞叹了科学在日常生活中所发挥的作用，一方面又顾忌到科学的不断发展会给人类带来生态环境的破坏和人性的物质化。正如李泽厚先生所指出的，老子和庄子是反对科学异化的"先觉者"。总体来看，老子和庄子的观点体现了一种强烈的人文关怀，他们并不仅仅将物质文明的发展作为衡量人类进步的唯一依据，而是更注重人们幸福感的提升。如老子认为，科学进步会导致人类社会文明的堕落和道德的沦丧，"人多利器，国家滋昏；人多伎巧，奇物滋起。（人间的利器越多，国家就越陷入混乱；人们的技巧越多，邪恶的事情就会连连发生。）"（《老子·五十七章》）当今中国地沟油、三聚氰胺、瘦肉精的泛滥，正印证了老子观点的深刻见地。春秋时代诸侯国相互征伐导致惨烈的战争，这让老子看了触目惊心。他指出："师之所处，荆棘生焉；大军过后，必有凶年。"（军队所到过的地方，荆棘就生满了；大战过后，一定会有荒年。）（《老子·二十章》）而科学的发展会促进战争武器的优化升级，故老子这种观点从反面印证了其对科学价值的否定。不仅如此，老子还大力提倡简朴的生活，反对将科学的新发现运用于改进工艺。他说："五色令人目盲，五音令人耳聋，五味令人口爽，驰骋畋猎令人心发狂，难得之货令人行妨。是以圣人，为腹不为目，故去彼取此。"（《老子·十二章》）"绝圣弃智，民利百倍；绝仁弃义，民复孝慈；绝巧弃利，盗贼无有。"（《老子·十九章》）"是以圣人去甚、去奢、去泰。"（《老子·二十九章》）"是以大丈夫居其厚，不处其薄，居其实，不处其华。"（所以大丈夫立身敦厚，不居于浅薄；存心朴实，不居于虚华。）（《老子·三十八章》）"古之善为道者，非以明民，将以愚之。民之难治，以其智多。故以智治国，国之贼。不以智治国，国之福。"（《老子·六十五章》）"小国寡民。使有什伯之器而不用。使民重死而不远徙。虽有舟舆无所乘之。虽有甲兵无所陈之。使民复结绳而用之。甘其食、美其服、安其居、乐其俗。邻国相望，鸡犬之声相闻。民至老死不相往来。"（《老子·八十章》）在老子的科学价值思想里，不仅不希望科学飞速进步，还希望回到过去钻木取火、结绳记事的时代，认为只有这样才能保持民心的淳朴善良。

　　道家的科学价值思想并不完全否定科学的价值，但也不鼓励科学的发展，更不会认为科学进步会解决人类的一切问题。老、庄认为，当时现有的科学水平已经足够应付人们生活的需要，不用进一步发展科学；君主治国应以无扰为上策，"是以圣人之治，虚其心，实其腹，弱其志，强其骨。常使民无知无欲。使夫智者不敢为也。为无为，则无不治。"只有使智者不敢为，科学才不会发展，才不会有一些"奇技淫巧"的新工艺产品扰乱和谐的社会秩序。由于当时铁器的推广，使社会生产力、生产关系及政治体制发生急剧变化，各国相互征战而导致"昏乱"的政治局面。老、庄认为，那个时代的智慧不是太少，而是太多了；科学发展水平不是不足，而是有余了，这些过剩的智慧与技巧是导致国家"昏乱"的重要因素。为了使国家安宁，政治太平，他们就提出了"绝学"、"绝巧"、"弃智"的解决之道。老子提出"小国寡民"的政治模式，认为不用舟车、废弃文字，让科学倒退到只能维持最原始、简朴的生活水平，才能使社会和谐美好，使人民"甘其食，美其服，安其居，乐其俗"。从这里可以看出，老、庄深通自然奥秘，懂得科学所蕴含的巨大价值，但他们并不将科学发展作为解决社会问题的根本出路，而是更看重民心的淳朴、道德的升华和社会的安定。

道家最根本的理念是"道"的思想，老子赋予"道"多重含义：或指构成世界的本体，或指创生宇宙的动力，或指万物运动变化的规律，或指人类行为的准则。"道"所蕴含的基本特性是：自然无为、致虚守静、生而不有、为而不恃、长而不宰等。依"道"所形成的基本人生信条（即"德"）是：柔弱、不争、谦退、居下、慈、俭、朴等。正如老子所说："道生之，德畜之，物形之，势成之。是以万物莫不尊道而贵德。道之尊，德之贵，夫莫之命而常自然。（道生成万物，德养育万物，使万物呈现出各种形态，环境使万物成长起来。因此，万物莫不尊崇道而珍视德。道之所以被尊崇，德之所以被珍视，就是由于道生长万物而不加以干涉，德畜养万物而不加以主宰，能顺万物自然之性。）"（《老子·五十一章》）老、庄认为，科学知识要运用，要实现其价值，必须符合"道"和"德"的基本精神，或为人们精神的升华而服务。当人的贪欲萌发而滥用科学知识时，就应当用"道"来调整这种状态："化而欲作，吾将镇之以无名之朴。镇之以无名之朴，夫将不欲。（运化乃欲望所致，因此要用无名的质朴去调整它，使人们欲望逐渐减少，从而达到无欲的状态。）"（《老子·二十七章》）在老子看来，科学价值的发挥要顺乎道，要尊重自然规律，不可随着人们的欲望为所欲为，否则就会有"妄作则凶"的结果。老子以"无为"的精神，倡导"生长万物而不据为己有，兴作万物而不自恃己能，长养万物而不去主宰它们"的道德情操。老子提倡"知其雄，守其雌"，认为在发挥科学价值的时候，应深知科学力量的强大，却仍能安于柔弱，守住人类质朴的本性。作为万物之灵的人类，虽然掌握了先进的科学知识，拥有改变世界的能力，但仍要"清静无为"，"守雌"，"不妄作"，合理地运用科学来造福人类。庄子进一步认为，对科学知识掌握的本身不是目的，科学知识仅仅是体悟"道"的一种手段。如"庖丁解牛"的故事，就好比一场艺术表演，经历了由"见全牛"到"不见全牛"、由"目视"到"神遇"、由"割"和"折"到"游刃有余"的转变过程。庖丁由于对牛的生理结构有着准确而精深的认识，故其解牛时有着高超的技艺，但这种技艺的发挥还要靠全神贯注、忘利害、齐物我，以高度精诚的心理状态来保证。再如，"梓庆"制作的乐器，具有鬼斧神工之妙，这是由于他在精神状态上能达到忘功名利禄、忘是非好恶乃至忘我的境界。在《庄子》中，还有"心斋"、"坐忘"等精神训练的方法，它们同"技兼于事，事兼于义，义兼于德，德兼于道，道兼于天"（《庄子·天地》）的精神彼此呼应，互相促进。庖丁等人的劳动过程，并不是"苦心智"、"劳筋骨"的痛苦经历，而是一种艺术的展示，是一种精神上的享受。也可以说，他们在发挥科学价值的时候，将科学进一步上升到形而上"道"的境界，让科学成为人们精神升华的一种工具。而这种精神修养上的成就，也反过来促进了科学的发展和技艺的提高。

（三）墨家学者的科学价值思想

墨家的代表人物墨子与孔子一样，都十分重视科学在社会发展中的价值与作用。《墨子》的内容极其丰富，涉及哲学、伦理学、宗教、军事、政治、经济、科技以及社会生活的各个领域。墨子及其所创立的墨家学派，求真理，爱科学，利天下，尚法仪，呈现出积极济世利民的价值观。在春秋战国的诸子百家中，唯独墨家表现出与众不同的科学精神和价值追求，特别推崇对自然科学的研究和对实用技术的探讨。墨子对科学的发现者给予了高度的肯定和评价，认为他们的发现对发展社会生产和改善人民生活起到了重要作用。墨子说："古之民未知为舟车时，重任不移，远道不至，故圣王作为舟车，以便民之事。其为舟车也全固轻利，可以任重致远，其为用财少，而为利多，是以民乐而利之，法令不急而行，民不劳而上足用，故民归之。"（《墨子·辞过》）

关于墨子本人，《庄子·天下篇》说墨子"好学而博"，《韩非子·八说》谈到墨子"博习辩智"。墨子本人也提倡"学而能"、"务为智"，主张"精其思虑，索天下之隐理遗利"（《墨子·尚贤中》）。《墨子·贵义》记载："子墨子南游使卫，关中载书甚多"，这也印证了墨子的勤奋好学。墨家的科学造诣主要体现在《墨子》中，其中涉及力学、光学、声学、木工、几何学、生理学、心理学等领域，其科学水平可与同时代的古希腊相匹敌。墨家善于制造用于生活、生产和军事的多种机械，如桔槔机、滑车、车梯等。墨家认为科学是一项进步的事业，并注重把科学用于"为天下兴利除害"。

战国时期的生产和战争实践，为墨家科学价值思想的形成提供了社会历史背景。加上墨子及其门徒大多是手工工匠或学者身份，他们与大自然接触密切，能在日常的劳动实践中积累和总结科学规律。墨家由于具备"崇智求真"这种根本精神，其科学价值思想便体现出明显的功利性和工具性。在墨家看来，科学价值实现的基本前提是"摹略万物之然（探究科学规律）"。在掌握了科学规律以后，就要将科学知识应用于物质生产，以改善人们的生活状况并发展经济。但墨家发展科学的最终指向，是实现其社会理想，达到太平盛世的治国境界。墨家的核心主张是"兼爱"，根本目标是"尚同"，即实现大同世界。在墨家看来，科学不仅是对世界的理性认识，科学还能实现一定的功利性价值，能服务于救世济民的道德实践。墨家学者通过总结生产劳动中的经验和规律，制作出种种精良的生产工具，为人民群众的生产劳动提供了便利。他们还通过对诸如守城之类机械和工艺的改良，来防止战争，保卫和平，以期建立一个美好的大同世界。

在墨家的科学价值思想中，也存在着"义利之辨"。一方面，墨子"尚利"，视"利人"、"利天下"为"义"的内容；另一方面，墨子又把"贵义"看作实现"利人"、"利天下"的手段。墨子认为，因为"义"可以"利民"，因此是天下可贵之"良宝"。他说，"和氏之璧，隋侯之珠，三棘六异，此诸侯之所谓良宝也"，但因其不能"富国家，美人民，治刑政，安社稷"，"不可以利人"，故其"非天下之良宝也"。正是在这个意义上，墨子提出了"天下莫贵于义"（《墨子·贵义》）的价值观。"义"的具体表现形式，包括"圣王之法"的兼爱原则，以及"忠"、"惠"、"孝"、"慈"等道德规范。墨子的科学研究和实践，是"义"的思想在具体科学领域的投射和外化。墨家注重研究利用杠杆和斜面原理的辘轳、滑车、车梯等器械，因为它们有利于搬运重物，从而提高劳动生产率。墨家把对手工业劳动及其科学技术的研究视为天经地义的正当事业，与儒家将其视为"小人鄙贱之事"而不屑为的态度形成了鲜明对比。墨子将"利"作为评价科学价值的标准，同时又对科学赋予"义"的价值规定，这显示出其理论的务实性和超越性。墨子虽然强调科学价值的功利性，但没有把科学价值落脚于个人利益的满足，而是赋予其"利人"、"利天下"的高尚目的，实现了义与利的辩证统一。

墨子的科学价值思想，还蕴含着独特的人民性。墨子从"贱人不强从事，即财用不足"的劳动者体会出发，提出人与禽兽的本质区别在于是否依靠自身力量从事生产劳动，他还提出"赖其力者生，不赖其力者不生"（《墨子·非乐上》）的深刻命题。在此基础上，墨子主张发展科学和生产，以提高劳动人民的物质生活水平。墨子大声疾呼："民有三患：饥者不得食，寒者不得衣，劳者不得息，三者民之巨患也。"（《墨子·非乐下》）他认为，要解决这"三患"，除了要在政治上选贤任能外，还要通过发展科学以提高劳动生产率。《墨子·鲁问》记载："故所为功，利于人谓之巧，不利于人谓之拙。"也就是说，衡量科学技术和发明创造的功效和价值，要看其是否有利于人民。《墨子·经上》更明确指出："功，利民也。"这即是将科学实践的价值评价标准，限定在是否能给人民带来利益上。

墨子的功利主义科学价值思想也有其局限性和片面性，即过于偏爱实用科学而排斥更高超的科学，这不利于科学的长远发展。如《墨子·鲁问》记载："公输子削竹木以为鹊，成而飞之，三日不下。公输子以为至巧。子墨子谓公输子曰：'子之为鹊也，不若翟之为车辖，须臾刘三寸之木而任五十石之重。'故所谓巧，利于人谓之巧，不利于人谓之拙。"意思是说："公输子削竹木做成了喜鹊，让它飞上天空，三日不落，公输子认为这是最巧不过了。墨子却对公输子说：'像你这样做喜鹊，还不如我做车辖（固定车轮与车轴位置的销钉），我用三寸木料片刻砍削就做成的车辖，能负载五十石的货物。'因此所谓的灵巧，对人有利的叫作巧妙，对人没利的就叫作笨拙了。"墨子这种评价科学价值的方式，不是从科学内在的标准（即科学本身的知识含量）来衡量，而是从科学的外在标准（即眼前的功利）进行评价。这种评价标准虽然非常务实和亲民，但阻碍了科学本身的发展。但幸运的是，墨子的这一致命弱点在后期墨家学者身上得到了克服。在《墨经》诸篇中，后期墨家学者扬弃了墨子纯粹的科学实用主义，并"在中国科学文化史上第一次将纯粹理性的科学主义价值观与注重实用的工具主义价值观融为一体。这种融合虽然缺乏高度自觉性而只是自发的融合，但它毕竟为中国科学文化史开辟了一个最有生命力的科技价值方向——科学主义与工具主义相结合的系统科学价值观方向。"①

（四）法家学者的科学价值思想

法家是主张"不别亲疏、不殊贵贱、一断于法"的学派。这个学派的思想渊源，可以上溯到春秋时期的管仲、邓析、子产等人。至战国时期，李悝、吴起、申不害、韩非、商鞅等人大力提倡法治，成为法家学派的中坚。

法家学者强调耕战的重要性。在发展农业和从事战争的过程中，必然要认识自然规律，研究宇宙奥秘，思索天人关系，并将这些认识成果运用于治理水土和制作器械上。这就使他们既热衷于社会管理，也不忽视对自然的研究，故法家也有非常丰富的科学价值思想。法家认为，科学作为一种治国的工具，与法律一样，具有重要的社会价值。法家注重科学，并将其作为发展耕战和厚生强国的手段。商鞅说："国之所以兴者，农、战也。"（《商君书·农战》）管子也认为，力农是战胜的前提："民事农，则田垦；田垦，则粟多；粟多，则国富。国富者兵强，兵强者战胜，战胜者地广。"（《管子·治国》）反之，"若不务农，则地不辟；地不辟，则六畜不育；六畜不育，则国贫而用不足；国贫而用不足，则兵弱而士不厉"（《管子·七法》）。可见，发展农业生产是增强武备力量和打败敌国的前提条件之一。而要发展农业，必须认识自然规律，亦即"明乎物之性"。只有在季节变换时，把握风雨寒暑；于选择土地时，识别土宜地利，才能辟地种植，搞好农业生产。也只有通晓天时地利，才能克敌制胜，所向披靡。而且农耕器具、格斗兵器的制造，又有待于采矿、冶炼、锻铸工艺的发展。因此，法家学者强调务农要"审天时，物地生"（《管子·君臣下》）；作战要"用货察图"，"不失地利"（《管子·小问》）；制作器具要"聚天下之精材，论百工之锐器"（《管子·七法》）。法家之所以非常重视作战中的兵器，是因为战争实践表明："甲兵不完利，与无操

①　朱亚宗：《中国科技批评史》，国防科技大学出版社 1995 年版，第 158 页。

者同实；甲不坚密，与俴者同实；弩不可以及远，与短兵同实；射而不能中，与无矢者同实；中而不能入，与无镞者同实。"（《管子·参患》）可见，如果兵器质量低劣，不能发挥应有的杀伤力，会导致战斗力下降，甚至葬送本国军队。

出于耕战的需要，法家学者对天文地理知识和器物制造水平有着很高的要求。他们在研究中发现，万事万物的都有其发展规律，所谓"天有常象，地有常形"（《管子·君臣上》）。而英明的君主之所以能成就功名，是因为他们掌握了四样东西："一曰天时，二曰人心，三曰技能，四曰势位。得天时则不务而自生，得人心则不趣而自劝，因技能则不急而自疾，得势位则不进而名成。"（《韩非子·功名》）这里所举的天时、技能、势位，都包括了很多具体的科学知识和实践技能。天时指天象、气象、做事的时机等；技能指器具制作的内在技巧；势位除了指国君的地位权势外，还表示事物在自然界中所处的位置和态势。对"势位"的尊重，表明了法家对事物客观规律的认识和利用，而尊重客观规律是发挥科学价值的前提。在法家看来，"自天地以及万物，关诸人事，莫不有其势位焉。夫势必因形而立，故形端者势必直，状危者势必倾。"（《管子·形势第二》）法家还以船舶浮力为例，来说明"势位"的道理："千钧得船则浮，锱铢失船则沉。非千钧轻锱铢重也，有势之与无势也。"（《韩非子·功名》）法家把掌握天文、"势位"以及制作器具的工艺与厚生强国的政治目的结合起来，从而形成了其独特的实用主义科学价值思想。

正因为法家学者为富国强兵而提倡耕战，为耕战而探索万物规律，故其在各门具体科学上都取得了相当的造诣，这些学科有天文学、地理学、生物学、物理学、数学等。以《管子》一书为例，《管子·地员》是春秋时期最详细的土地分类著作，《管子·度地》是我国古代最早的水利科学著作，《管子·内业》是我国现存最早论述气功学的专著，《管子·水地》是我国最早研究水的专著。[①] 正因为法家重视科学，故其对科学价值也给予了充分肯定。在《管子·山权数》中，管仲说道："民之能明于农事者，置之黄金一斤，直食八石。民之能蓄育六畜者，置之黄金一斤，直食八石。民之能树艺者，置之黄金一斤，直食八石。民之能树瓜瓠荤菜百果

---

① 乐爱国：《管子的科技思想》，科学出版社 2004 年版，第 196 页。

使蕃育者，置之黄金一斤，直食八石。民之能已民疾病者，置之黄金一斤，直食八石。民之知时，曰岁且厄，曰某谷不登，曰某谷丰者，置之黄金一斤，直食八石。民之通于蚕桑，使蚕不疾病者，皆置之黄金一斤，直食八石。谨听其言而藏之官，使师旅之事无所与，此国策之大者也。"意思是说：百姓中凡是能精通农事、擅长饲养牲畜、会种植树木、能培育瓜果蔬菜的，给予一斤黄金和八担粮食的奖励；对那些通晓天文，能预言当年灾情，预言某种谷物歉收或丰收的，或精通蚕桑，能使蚕不生病的，也给予一斤黄金和八担粮食的奖赏。不仅如此，还要"谨听其言而藏之官，使师旅之事无所与"。就是说，要郑重地向这些人学习，把他们的所言记下来，以备参考，并免去他们的兵役，使他们有更多时间专心从事科研。这充分表明了管仲尊重科学知识、尊重人才的态度。与儒家不同的是，法家非常看重"百工"的作用，对"百工"非常尊重。"百工"是对春秋以来各种手工业者的总称，他们以"审曲面势，以伤五材，以辨民器"（《周礼·考工记》）为目的，以"智者造物，巧者述之、守之"（《周礼·考工记》）为己任。之所以用数量"百"来形容这些手工业者，是因为当时手工业已相当发达和兴盛，且种类繁多。韩非也非常尊重"百工"的地位，认为在专业上必须听从工匠的意见。《韩非子·外储说左上》记载："虞庆将为屋，匠人曰：'材生而涂濡。夫材生则挠，涂濡则重。以挠任重，今虽成，久必坏。'虞庆曰：'材干则直，涂干则轻。今诚得干，日以轻直，虽久，必不坏。'匠人诎，作之，成。有间，屋果坏。"意思是说：有一个叫虞庆的人要建造房屋，工匠说，材质生长时就变得弯曲，涂饰就变重，以弯曲承受重物，现在房子虽然建成了，日久必坏；但虞庆听不进工匠的正确意见，执意要建造房子，结果房子建成后不久就坏了。法家在很多文献中都肯定了"百工"的社会地位，如《管子·小匡》指出："士农工商四民者，国之石民也（即国之柱石）。"这里，管子不仅把"百工"看作国民的重要组成部分，还充分认可了他们在国家建设中的重要作用。

正因为法家看到了科学对社会的巨大价值，故其特别注重对科学知识的传承。中国古代素有"士、农、工、商"的说法，《汉书·食货志》记载："学以居位曰士，辟土殖谷曰农，作巧成器曰工，通财鬻货曰商。"为了使"百工"能传承其科学知识，必须使其安于本职，不见异思迁。对此，韩非指出："工人数变业则失其功，作者数摇徙则亡其功。"（《韩非子·解老》）意思是说：技工屡次改变行业就会失去其技能的积累，工匠屡次迁徙就会丢失其技能的积累。《管子·小匡》也指出："今夫工，群萃而州处，相良材，审其四时，辨其功苦，权节其用，论比、计制、断器，尚完利。相语以事，相示以功，相陈以巧，相高以知。且昔从事于此，以教其子弟。少而习焉，其心安焉，不见异物而迁焉。是故其父兄之教，不肃而成，其子弟之学，不劳而能。夫是故工之子常为工。"很显然，管子认为掌握手工业技艺的"百工"若聚族而居，更便于父子相传，兄弟相教，使子弟从小就受到技艺的熏陶。即使以今天的观点看，每个行业都有各自的知识和经验，通过父传子继，走职业化发展道路，能够使技艺越传越精深，也能形成稳定的社会职业阶层。

在法家的科学价值思想中，还非常注重将科学的价值运用到正确的领域中。管子提出了"良工"的概念，认为"古之良工，不劳其知巧以为玩好。是故无用之物，守法者不失。"（《管子·五辅》）意思是说：古代那些最高明的工匠，是不会浪费人的智慧，去做那些玩乐无用之物的，他们遵循着这样的法则而不违背。故"良工"是德技双优、恪守科学道德规范、不制作无用之器的工匠。因此，在法家看来，只有将科学价值用于利国安民才是正路，而将科学用于"造作淫巧"，就没有正确发挥科学的价值。"淫巧"一词，首见于《尚书·泰誓下》："郊社不修，宗庙不享，作奇技淫巧以悦妇人。"这是用来抨击商纣王不祭天地，不祀祖庙，用那些以出奇技艺制作而成的精巧器物讨取妇人欢心。后来所说的"淫巧"，一般指极端精奇、奢华有害的工艺，这些工艺能让人心志迷乱、不务正业。《管子·五辅》指出："若民有淫行邪性，树为淫辞，作为淫巧，以上谄君上，而下惑百姓，移国动众，以害民务者，其刑死流。"《管子·治国》也指出："凡为国之急者，必先禁末作文巧。末作文巧禁，则民无所游食，民无所游食则必事农。"也就是说，凡以治国为急务的人，一定要禁止"淫巧"性质的奢侈品出现，这样才能让人民不去游荡而安心从事农业。可见，法家的科学价值思想非常注重对科学正面价值的发挥。如果科学所带来的不是社会财富的增长，而是丧志败德的玩物，就没有正确发挥科学的社会价值。

总之，中国古代科学价值思想呈现出天人合一、以道驭技、以人为本和经世致用等特点。其中，天人合一是其哲学基础，以道驭技是其理论核心，以人为本是其价值依归，经世致用是其突出特点。

二　西方古代的科学价值思想

在西方，人们也较早开始了对科学价值问题的探索。由于经济基础和社会背景的不同，西方古代科学价值思想呈现出与中国古代不同的特点。在西方古代科学价值思想中，有代表性的是以下几种：

（一）古希腊"三贤"的科学价值思想

所谓古希腊"三贤"，是指苏格拉底、柏拉图和亚里士多德三人。在古希腊，如果说米利都学者所关心的是物质世界的话，苏格拉底则将科学的价值界定于人本身。在苏格拉底看来，理性是人的根基，知识是最高的善行，故"知识即美德"。他强调，"人是有思想的动物"，每个人的活动都有极强的目的性，也会影响到社会和自然。苏格拉底撇开世界的本原不谈，转而关注人，关注知识，关注人们心灵的净化与道德的升华。

苏格拉底本人没有著作，他的思想往往通过柏拉图的著作转述出来。苏格拉底研究过自然科学，但苏格拉底认为科学并不一定会导致善。他说："年轻时，我对那门称作自然科学的学问有着极大的热情。我要是能够知道一事物产生灭亡或持续的原因那就好了。然后我又去考察天上和地下的现象，最后得出结论，觉得自己根本不适合这种类型的研究。……简言之，我现在也无法说服自己认为按照这种研究方法自己已经明白事物如何变成一，明白其他事物如何产生灭亡或持续的原因，所以，我就把这种方法完全抛弃了。"[①] 就这样，苏格拉底把人类从对世界本源的思考引向了对人自身的思考，即"认识你自己"的伦理方向。在苏格拉底看来，自然万物的真正主宰并非物质本原，而是其内在的目的和善；善是自然的原因，是世界发展的目标；认识自然本性不能帮助人们解决现行的社会问题，人们应该立足于"认识善"来改造世界。

苏格拉底还创造出自己特有的辩证法——"理智助产术"，以更好地探索"善"的美德。"理智助产术"是一种谈话或讨论的技艺，即根据对方的回答，不断提出问难，以子之矛攻子之盾，最后迫使对方放弃或修正原先的主张。在与别人的谈话中，苏格拉底利用"理智助产术"震撼人的灵魂，把对方低层次的知识引向高层次的理论，而这个理论体系的顶点

---

① ［古希腊］柏拉图：《柏拉图全集》第 1 卷，王晓朝等译，人民出版社 2002 年版，第104 页。

就是关于"神"、关于"最高善"的知识。苏格拉底在他的助产术和所谓"神灵"的帮助下，认真考察美、勇敢、正义等"善"的美德，并得出了一系列有名的论断——"知识即德性，无知即罪恶"、"无人有意作恶"等。苏格拉底认为，一个人有过失或犯罪的真正原因在于缺乏知识，因此无知是产生罪恶的首要根源，故人们应努力追求知识。苏格拉底所讲的"知识"，是指一事物成为其自身的本质规定性。比如，他经常提到的"什么是勇敢"、"什么是正义"、"什么是美"等问题，对这些问题的确定性、普遍性和必然性的解答就成为"知识"。

柏拉图继承了苏格拉底的科学价值思想，他认真研究了苏格拉底关于科学技术、理性、善之关系的学说，并提出了著名的"理念论"。"理念"是柏拉图基于苏格拉底"善"而提出的一个概念，这个概念最早出现于《欧绪弗罗篇》，其后在《理想国篇》等著作中也出现过。柏拉图认为，只有"理念"才是确定不移、永恒不变的存在，是唯一的真理。这种"理念论"源于对古希腊科学成果的抽象，是对工匠使用科学技术制造工具的提炼和概括。古希腊时期，与生活实践密切相关的科学门类有：医学、马术、狩猎、牧牛、耕作、计算、几何、体育、军事、指挥、航海、盖房、木工、编织、陶艺、打铁、烹调等。这些学科的共同特点为，都是人们以"善"为目的而对"理念"的模仿。神为了"善"的目的，参照理念而创造世界；"哲学王"为了全体城邦人的利益，模仿天上的理想国而治理国家；木匠为了给纺织工人制梭子，模仿天然的梭子"理念"而用木头制造出各种梭子。因此，柏拉图通过"理念论"，将科学的价值进一步拓展到人文领域。

柏拉图还指出："这个给予认知对象以真理，给予认知者以认识能力的东西，就是善的理念，他是知识与真理的原因。"① 柏拉图的意思是：只有善的"理念"才是真理和一切知识得以产生和发展的原因，知识和真理不是"善"本身，而是"善"的产物，只有通过"善"才能认识知识和真理。在他看来，"善"不是本质，而是比本质更有尊严、更有威力的东西，"善"给予事物的本质或科学规律以意义。这种观点，实际上赋予了"善"以至高无上的地位，将"善"置于本体的

---

① ［古希腊］柏拉图：《柏拉图全集》第 2 卷，王晓朝等译，人民出版社 2002 年版，第506 页。

位置。由此出发，柏拉图将知识划分为四个等级：第一等级是"理念"或"善"，指凭借辩证法的力量而达到的终极真理；第二等级是理智，主要指以算术、几何学、天文学等为首的科学；第三等级是信念，信念的对象是各种可见的事物，如人、动物、其他自然物和人造物等；第四等级是影像，如水或其他平滑物上反射出的影子等。柏拉图这种思想，明确指出了科学与"善"的关系，并第一次将感性世界与理性世界区分开来。科学作为连接感性世界与理性世界的桥梁，起着引领"可见世界"（即各种事物）走向"理性"和"善"的作用。辩证法属于理性世界，但它必须经过科学知识的训练才能获得，获得辩证法后才能进一步掌握"善"和"理性"。柏拉图还作了一个深刻的比喻：在一个山洞中，有一群被捆绑束缚、不能转动的囚徒，他们只能看到由他们身后火光映在他们对面洞壁上的影子，而这些影子是洞外各种器物投射进来的；若一个囚徒被松绑并被带到洞外，就会看到阳光下的真实世界，如果他再回到洞中，他对世界的看法和那些囚徒就有所不同了。① 在这个比喻中，观看洞壁上的影像，就如同观看各种自然物和人造物；走出洞外，就如同学习几何、天文等科学知识；看到阳光下的实物，就如同对"善"和"理性"的体悟。通过这个比喻，柏拉图深刻地指出，要想最终实现"善"，建立一个"善"的国家，就必须建立以数学为首的科学体系，以及以辩证法和"善"为导向的教育体系，这样才能培养出"哲学王"，才能建设富强、康乐的国家。

与苏格拉底将科学与"善"相分离的看法不同，柏拉图充分肯定了科学在通向"理性"和"善"之过程中的价值。在所有的科学门类中，柏拉图特别强调数学和天文学的重要性。他在《理想国》中指出："总起来说，我的意思就是数数和计算，每一种技艺和学问都一定要做这种事。"② 柏拉图还认为，灵魂在追问感官所得到的知识时，灵魂应该首要召集计算的理性来帮忙。在他看来，数的性质能使数学成为认识真理的通道："一名士兵只有学会计算和数学才能统帅他的部队，哲学家也应该学

① ［古希腊］柏拉图：《柏拉图全集》第1卷，王晓朝等译，人民出版社2002年版，第514页。

② ［古希腊］柏拉图：《柏拉图全集》第2卷，王晓朝等译，人民出版社2002年版，第520页。

会计算和数学，因为他必须超越有生灭的世界去把握世界的本质。"① 柏拉图认为，虽然小商小贩在做买卖时也会使用数学，但那只是数学的皮毛，学习数学的真正目的在于使灵魂从生灭世界转向本质与真理。通过数学的学习，可以向上提升灵魂，从而使人思维敏捷并主动探寻真理。柏拉图还指出，几何学不仅能用于军事，几何学还是关于"永恒存在"的知识，学习几何学能使哲学家心灵转向上方，而不是转向下方。对于天文学，柏拉图认为，天文学不仅可以用于农业、航海和军事等领域，研究天文学还能引导心灵从关注眼前的事物转向更高远的事物。柏拉图深信，所谓"真实"，是指事物之间存在着的真正的快和真正的慢，以及事物中所包含着的数和形；事物就好像运载数和形的车子，而这些数和形用眼睛是看不见的，只有通过理性和逻辑思维才能把握。此外，柏拉图还考察了声学，并认为声学涉及数的和谐问题。在对科学的价值进行定位时，柏拉图指出，科学属于理智范畴，科学需要对感性事物进行探索才能得出真理，而理性不需和感性接触，就可以直接从真理推出真理。正如他所说："理性不同于理智，理性只用推理，而不需要任何感觉借以达到每个事物的本身，并且不懈地坚持下去，通过纯粹思索而最终认识到善的理念。"② 但科学作为一种理智，是通向理性的必由之路，因为科学为感觉和理性架起了一座桥梁，科学实现了人们心灵的转向。

基于对科学、善、理念、理性的理解，柏拉图提出了著名的"哲学王"思想："除非哲学家成为我们这些国家的国王，或者那些我们现在称为国王和统治者的人能够用严肃认真的态度去研究哲学，使政治权力与哲学结合起来，而把那些现在只搞政治而不搞研究哲学的碌碌无为之辈排斥出去，否则，我们的国家就永远得不到安宁，全人类也不能够幸免于灾难。"③ 柏拉图也构想了哲学王的教育过程，他认为，哲学王必须先学习数学、平面几何、立体几何、天文学、声学等科学知识，然后才能学到通向真理的辩证法，最后通过辩证法认识"理性"和"善"，并在实际生活

---

① ［古希腊］柏拉图：《柏拉图全集》第 2 卷，王晓朝等译，人民出版社 2002 年版，第 521 页。

② 同上书，第 537 页。

③ ［古希腊］柏拉图：《柏拉图全集》第 1 卷，王晓朝等译，人民出版社 2002 年版，第 426 页。

中接受种种考验。在经受了各种考验后，他们在完成各项任务和掌握知识方面将会是同辈中的佼佼者，然后要求他们把灵魂的目光转向灵魂的上方，注视那照亮一切事物的光源。当以这种方式看见了"善"本身的时候，他们会将"善"和正义用于管理国家和公民的实践中。对柏拉图来说，科学仅是实现这个世界"善"的工具，"善"才是世界的目的。当然，科学理性也不是完全被动的，而是可以在"善"的引导下成为对"善"的评判标准。在《美诺篇》中，柏拉图说，"测量术是善的标准"，并认为信赖度量和计算的那部分灵魂是最优秀的，与之相反的那部分是最低劣的。基于这个标准，柏拉图先后运用数学测量术对不同的"善"进行了评价。在《普罗泰格拉篇》中，柏拉图认为："拯救与度量的技艺相连，决定一个人的选择是否正确，能够确保我们过上幸福生活是知识以及度量这种专门的学问。没有什么比知识更强大的东西了，只要有知识就可以发现它对快乐和别的事情起支配作用。人们对善恶做出错误选择时，使他们犯错误的就是缺乏知识，我们进一步把这种知识称为度量的技艺。"①总之，柏拉图根据当时最先进的科学知识和他的神学目的论，论证了自然界是符合科学规律和理性的，他将科学价值的最终归宿看作是对"善"的实现。在柏拉图"善"本体论的理念中，"善"离不开科学知识，科学知识也离不开"善"，他也以此建构了独特的科学理性之神。

柏拉图的学生亚里士多德，是古希腊科学和哲学的集大成者。他的研究范围非常广泛，涉及物理学、天文学、气象学、解剖学、动物学、植物学、逻辑学等多个学科，其科学价值思想主要反映在《工具论》、《物理学》、《形而上学》、《论灵魂》、《论天》等著作中。亚里士多德的科学贡献，首先体现在生物学方面。他编写了不朽的著作《动物志》，并将"生命"定义为"能够自我营养并独立地生长和衰败的力量"。他最早使用生物分类法对540种动物进行了分类，并划时代地指出"鲸鱼属于哺乳类动物"。在《论灵魂》一书中，他将生命分为三个等级，即动物灵魂、植物灵魂和人的灵魂。他还提出了天文学中的"地心说"。亚里士多德认为，科学的价值就在于探寻事物内在的必然真理并对事物进行合理的解释。他说："科学的解释，就是从有关事实的知识过渡到关于这个事实原

① ［古希腊］柏拉图：《柏拉图全集》第 1 卷，王晓朝等译，人民出版社 2002 年版，第513 页。

因的知识。"① 他强调观察的作用，认为认识过程开始于外物对感官的作用而产生的感觉，然后上升到抽象的理性思维。在科学发展史上，第一个提出科学方法问题的就是亚里士多德，他概括出了关于科学研究程序和关于科学理论结构的重要思想。关于科学研究的程序，他提出了著名的"归纳－演绎法"。在他看来，科学研究首先必须从仔细观察开始，经过简单枚举法或直觉归纳法，从而上升为一般原理，然后再以一般原理作为推理的前提，运用演绎法推出需要解释的自然现象。亚里士多德还把知识分为理论的、实践的和生产的知识，并认为"确定性"是科学知识的检验标准。在他看来，理论知识（如数学和自然科学等）具有更多的智慧性质，"这些科目比其他科目能够更确定地用三段论来证明，从而也是更科学的"。

（二）中世纪学者的科学价值思想

从公元 476 年西罗马帝国灭亡至公元 1453 年东罗马帝国灭亡，历时近 1000 年，是西欧封建社会的形成和发展时期，史称"中世纪"。在这一时期，产生了具有浓厚宗教神学色彩的科学价值思想。

在中世纪，以自然为研究对象的物理学、数学、化学、天文学、生物学等，仍有一定程度的发展。罗吉尔·培根（1220—1292）是这一时期最杰出的科学家之一，他曾应克雷蒙四世教皇的邀请，写作并出版了《大百科》，其中包含哲学、语法、修辞、逻辑、数学、物理学、炼金术（化学）、工程技术等内容。他还出版了《论自然》、《论数学》、《哲学评论》等专著。罗吉尔·培根非常注重科学的价值，他大力提倡实验科学，并被英国科技史学家 W. C. 丹皮尔称为"实验时代的真正先锋"。罗吉尔·培根认为，无论推理如何严密，都不能证明一个理论的确定性，除非通过实验证明其结论；只有实验科学才能确定自然可以造成什么效果、人工可以造成什么效果、欺骗可以造成什么效果。同时，他还指出人们犯错误的四个常见原因：一是崇拜权威；二是囿于习惯；三是囿于偏见；四是对有限知识的自负。他反对按照书本和权威来裁定真理，他认为，要认识事物的真理性，不应通过阅读《圣经》和坚定的信仰，而应通过实验来研究天上地下的一切事物。罗吉尔·培根还认识到，数学和光学是其他科

---

① ［古希腊］亚里士多德：《物理学》，张竹明译，商务印书馆 1982 年版，第 16 页。

学赖以发展的基础。他还提出了"大地球状"学说，这对后来哥白尼"日心说"的问世有重要的启发作用。

大阿尔伯特也有非常丰富的科学价值思想。大阿尔伯特学识渊博，涉猎广泛，著作甚多，是一位百科全书式的人物，被当时人们称为"百科学者"和"全能博士"。他出生在德国的斯瓦比亚，是欧洲著名神学家托马斯·阿奎那的老师，他在物理学、地理学、天文学、化学、生理学等领域都有着杰出贡献。大阿尔伯特在《矿物学》一书中写道："自然科学的目的不是从别人那里接受某些陈述，而是探索在自然界中所起作用的原因。"他充分认可了科学探索的价值，他说："在研究自然的过程中，我们不是要去研究造物主如何自由应用他手中的创造物来创造奇迹，以证明他的力量，而是要研究自然界怎样以其固有的原因自然地发生作用。"[1]在科学探索过程中，他提倡综合与包容，主张吸纳各种真理性因素。这使得中世纪的经院哲学走出了封闭的认识领域，呈现出一种开放、吸纳、融合的状态，并很好地吸收了犹太文化和阿拉伯文化的优秀成果。

大阿尔伯特早年主要致力于研究亚里士多德的科学著作，为亚里士多德的物理学、数学、植物学、动物学、逻辑学和形而上学著作写过很多评注，并努力使亚里士多德的学说适应中世纪的世界观。身为多米尼克修士的大阿尔伯特，对自身的信仰坚定不移，但他又是一个"亚里士多德主义"的热心拥护者，他称亚里士多德是哲学界"最伟大的导师和知识的宝库"。他在其评注亚里士多德《物理学》的扉页上写道："写作这本书的目的是为了满足我们修会内部弟兄们的要求，在过去的几年里，他们一直要求编写一本有关物理学方面的书，帮助他们更全面地掌握自然科学知识、更好地理解亚里士多德的著作。"[2] 他在注释亚里士多德著作的时候，尽可能多地加入他所收集到的各种信息，包括他自己的科学观察。这些观察有他对鸟类行为的记录，有他所收集到莱茵河地区方言中有关动物的名称，还有他在萨克森地区对彗星的观测结果等。大阿尔伯特对科学价值的重视，为神学和科学的分离提供了合理的方法论。对中世纪思想家来说，真正的哲学来自《圣经》，但随着希腊文化和阿拉伯文明的输入，如何将其与基督教思想统一、协调起来，成为一大难题。于是，有学者提出了"双重真理"论，

①　张功耀：《文艺复兴时期的科学革命》，湖南人民出版社 2005 年版，第 22 页。

②　孙正聿：《哲学通论》，辽宁人民出版社 1998 年版，第 143 页。

认为世界上存在两种真理，一种是来自神的启示；一种是纯自然理性的真理。大阿尔伯特则进一步对理性真理和启示真理进行了调和，用严密的逻辑推理和实证的经验研究阐述基督教的神学思想。他认为，启示有两种方式，一种通过自然之光，即通过理性传达给科学家；一种通过上帝的初始光（这种光高于自然之光）传达给神学家。科学与神学的认识途径不同，科学按照事物的自身规律认识事物，神学则根据信仰认识事物，但二者殊途同归。大阿尔伯特一方面反对将科学与神学分离的双重真理观，一方面又承认科学作为"关于自然的知识"之独立性。大阿尔伯特对神学和科学所作出的这种区分，成为西方思想史上的重要转折点。

托马斯·阿奎那进一步发展了大阿尔伯特的思想，他为了阐明基督教教义，编著了《神学大全》和《箴俗哲学大全》两部书。他认为，知识有两个来源：一是基督教信仰的启示，一是人类理性所得出的真理。阿奎那提出了一个可以与宗教世界并存的世界，即自然界，并试图在亚里士多德留下的著作中寻找独立于宗教世界之外的真实自然界。他充分认可了科学的价值，消除了科学真理与宗教真理之间的对立，并认为宗教真理要通过信仰来理解，科学真理则必须通过观察和理性思维来发现；二者可以放到同一地位上进行类比，科学真理可以通过自己的方式达到与宗教神学同样崇高的境界。在阿奎那看来，虽然天国和世俗属于两个不同的世界，但神学家和科学家的研究工作却可以走向同一真理。

在经院哲学家看来，自然科学成果还有对神学中的问题进行论证的价值。如阿奎那对上帝存在的证明，就借鉴了亚里士多德和阿维森纳等人的科学成果。按阿奎那的划分，论证有归纳和演绎两种方式，演绎又分为先天演绎和后天演绎。先天演绎即由因推果，从先在的实在推出必然的结果；后天演绎即由果推因，从既成事实追溯造成这种结果的原因。阿奎那认为，任何关于上帝存在的证明都是后天演绎的证明，因而可以从五个观察到的事实论证上帝的存在：一个事物运动的原因在于另一事物对其的推动，因此必然存在一个最初的不动者去启动事物运动的因果链条，自己却不受任何东西推动，这个第一推动者就是上帝；每一个事物都有一个在先的事物为其动力因，因此必然存在一个终极的动力因，这就是上帝；自然事物处于生灭变化之中，它们可能存在，也可能不存在，如果在某一时候一切事物都不存在，这将意味着任何事物都不可能成为存在，因为一个事物之所以存在是依赖于另一事物的存在，因此一定有一个必然存在的事物，这个事物就是上帝；事物的完善性是存在等级的，最完善的事物是其他事物完善性的原因，这个至善的事物就是上帝；任何事物的运动都有其目的，因此必然存在一个终极的目的，这个目的就是上帝。他从以上五个方面的论证，得出上帝是存在的。阿奎那在论证中使用的"第一推动者"概念和"动力因"概念，就来自于亚里士多德的运动学说；而有关必然存在和可能存在的问题，最早是由阿维森纳提出的。

对神学与科学的这种区分使人们认识到，自然界的发展规律只能通过对自然本身的观察和研究来获得，由此便产生了经验主义科学价值思想，其代表人物是巴黎大学的布里丹（1300—1358）。布里丹提出的"冲力"理论，对伽利略力学的创立有着重要的启发意义。布里丹认为，当推动者推动一个物体的时候，即给予这个物体一个"冲力"，这使得被推物体继续运动，直到它受到空气或重量的阻力而停下来。他还指出，"冲力"与被推物体的密度和推动者推动的速度成正比，这就是为什么一块石头比一支笔扔得更远的原因。他还提出了自由落体的加速度问题，从而解释了亚里士多德理论所不能解释的很多运动现象。布里丹在认可科学价值的同时，也指出科学理论是确定性和不确定性的统一。他认为，由归纳得出的科学理论具有普遍的确定性，但科学真理不是绝对的，其确定性是有限的。例如，"所有的火都是热的"、"所有的天体都是运动的"等规律，是从归纳中得出的结论，虽然可能有例外，但不能因此否定这些规律的确定性。正如偶尔有人一只手有六根指头，但这决不能否认"人的手一般有五个指头"这个普遍性规律。布里丹指出，从归纳中得出的结论是有条件的，因为其真实性是以自然界的一般规律为基础的，这并不排除特殊情况的存在。布里丹所提出的"真实性的自然界的一般规律"，排斥了神学中不可预测的、神圣的因素对科学的干预和影响，消除了人们在探索自然规律中的神秘感和恐惧感，也抵制了某些偶然现象对探索自然规律的阻碍作用。在此基础上，布里丹确定了自然界真理存在的可能性，为人们进行科学探索打开了认识论的大门。

（三）文艺复兴时期学者的科学价值思想

从 14 世纪开始，思想文化领域掀起了轰轰烈烈的文艺复兴运动。文艺复兴发源于意大利，"文艺复兴"一词的原意是指"希腊、罗马古典文化的再生"。人文主义是文艺复兴的指导思想，并主导了这一时期文学、艺术、哲学和科学的发展趋势。在这次历史的伟大变革中，许多人文主义思想家都阐明了自己的科学价值思想。

　　列奥那多·达·芬奇（1452—1519）是文艺复兴中一位杰出的学者，他集画家、雕塑家、工程师、建筑师、物理学家、生物学家、哲学家于一身，对每一学科都有很深造诣。他非常重视科学的价值，并认为对自然界的观察和实验是推动科学发展独一无二的方法。他反对教会特权，公开指责教会是"贩卖欺骗的店铺"。他批评经院派学者脱离现实生活、只知背诵经典、盲目崇拜权威的学风，并主张"向大自然请教"和研究大自然。达·芬奇非常注重实验，他不顾罗马教皇的反对，解剖了约30具尸体。他认为人们应该运用自己的理智、头脑和判断力来研究问题，而不是人云亦云，不假思索，把上帝视为超越一切的绝对权威。达·芬奇所倡导的"亲自动手实验"的科学作风，也在一定程度上推动了当时自然科学的发展。

　　实验科学的发展，是文艺复兴时期的一项重要成果，也是人类科学史上的一次伟大革命。恩格斯说："在中世纪的黑夜之后，科学以意想不到的力量一下子重新兴起，并且以神奇的速度发展起来，那么，我们再次把这个奇迹归功于生产。"[1] 这一时期自然科学的发展是以天文学革命为开端的，在这场革命中，涌现出了一大批科学斗士。他们高举科学理性的大旗，反迷信，反权威，勇于探索，善于创新，充分体现了无私无畏的批判精神。这一时期的科学革命，实际上是科学对神学的批判，是以实事求是的创新精神取代经院哲学的教条主义之过程。首先向教会权威和神学世界观发起挑战的是波兰科学家哥白尼，他创立了"日心说"，揭开了近代自然科学的序幕。中世纪流行的天文学观点，是亚里士多德和托勒密的"地心说"。经过30多年对日、月、星辰运动的观察与计算，哥白尼提出了"日心说"，并写成《天体运行论》一书，从而批判了"上帝赋予地球特殊地位"的说法，摧毁了"上帝创造世界"的谬论。恩格斯在《自然辩证法》一书中指出："自然科学借以宣布独立的重要依托物，便是哥白尼那本不朽著作的出版。这一著作问世后，自然科学便开始从神学中解放出来，科学的发展从此便大踏步地前进了。"[2] 德国学者开普勒继承和发展了哥白尼的思想，他不仅证实了哥白尼学说的正确性，还提出了著名的行星运行"三定律"。受哥白尼革命精神的感染，意大利学者布鲁诺

---

[1]　《马克思恩格斯选集》第4卷，人民出版社1995年版，第280页。

[2]　同上书，第263页。

（1548—1600）继续宣扬"日心说"，并进一步提出了"宇宙无限"的思想。但可惜的是，他被宗教裁判所宣布为异端，最后在罗马的鲜花广场被罗马教廷处以火刑。意大利科学家伽利略为了维护哥白尼的学说，与教廷进行了不屈不挠的斗争，他于1609年用自制的天文望远镜观察天空，为哥白尼学说提供了新的证据。伽利略还是近代实验科学的奠基人，他倾心于研究欧几里得的几何学和阿基米德的物理学，并被同时代的人称为"新时代的阿基米德"。他非常注重观察和实验的作用，并将实验方法同逻辑推理、数学论证结合起来。

弗兰西斯·培根（1561—1626）也比较系统、完整地阐述了自己的科学价值思想。培根尊重科学，并坚持自然界的物质性及其运动规律的客观性。他认为科学的价值在于揭示自然规律，以征服自然，为人类造福，他还提出了"知识就是力量"的名言。在《学术的进展》一书中，他对人类的所有知识进行了研究、分类和整理，并描绘出了一个百科全书式的科学蓝图。在此书中，培根依据人们心智的不同能力（如记忆、想象和理性等），把知识划分为历史、诗歌和哲学。他还就这一分类原则作了说明："人类的理解能力是人类知识的来源，人类知识的区分对应于人类的三种理解能力——历史对应于记忆，诗歌对应于想象，哲学对应于理性。"① 关于知识的结构，培根的基本观点是："人类的知识就如同金字塔一样，历史是它们的基础。对于自然哲学来说，自然历史就是基础。紧挨着这个基础的便是物理学，紧挨着顶端的就是形而上学。金字塔的最顶端便是'上帝自始至终的工作'，是自然的综合法则，我们不知道人类的探索能否到达这一顶端，不过这三个阶段确实代表了知识的三个阶段。"② 培根的知识体系所界定的"哲学"，包括三种知识，即"神圣哲学、自然哲学、人的哲学"。神圣哲学，就是涉及上帝的初浅知识，这类知识可以通过思考"上帝的创造物"来获得；自然哲学通常包括两部分，即物理学和形而上学；关于人的哲学，即历史哲学和伦理学等与人相关的学科。在这中间，培根最看重的是自然哲学（即科学），他还提出了著名的"科学院"思想。在《新大西岛》一书中，他虚构了一个科学高度发达而又

---

① ［英］弗兰西斯·培根：《学术的进展》，刘运同译，上海人民出版社2007年版，第64页。

② 同上书，第86页。

非常和谐的国家。这个国家由"所罗门宫"里的科学家进行管理，而"所罗门宫"就是一个有组织的科学研究机构。培根的这种设想，充分证明了他对科学价值的高度认可。

法国哲学家笛卡儿（1569—1605）也有着丰富的科学价值思想。笛卡儿试图使整个人类知识成为一个"有机统一体"，并使每门学科都有科学的研究方法和精确的评价标准。笛卡儿特别看重数学的价值，他认为，在人类知识的"有机统一体"中，数学知识的有效性具有重要的地位，数学所表达的清晰明白的概念可以成为评价真理的标准。他在笔记中写道："所有科学都像一连串的数字一样'连在一起'。"后来，他将这一观点进一步发展为"属于人类知识领域的所有学科门类，都以同样的方式相互连接"①。笛卡儿在说明人类知识的"有机统一体"时，将其比喻为一棵树，其中形而上学是树根，物理学是树干，其他各门学科都是由树干生长出来的分枝，这些分枝中最主要的是医药学、力学和伦理学。在他看来，几何学是秩序和度量的最高科学，物理学是几何学的一个分科，专指对自然现象的观察和研究。笛卡儿之所以将物理学看作几何学的分枝，是因为物理学中的基本原则来自于几何学。笛卡儿坚信，有了数学证明的逻辑性，任何自然现象都能从"真实的一般概念"中演绎出来。笛卡儿相信，自然的语言是数学，因此他会用数学语言来描述自然界的万事万物，会将所有物理现象演绎为精确的数学关系。

总体来看，西方古代思想家对科学价值的论述，无论在内容还是研究方法上，都呈现出明显的系统化特征。虽然其理论基础可能并非唯物主义，但其思想很有深度，且极富思辨性。

第二节　近代和现代的科学价值思想

由于时代条件的变化，近代和现代科学价值思想呈现出与古代不同的特点。面对帝国主义列强的欺侮，中国有识之士在探索救亡图存的道路上，对科学价值问题有了新的认识，形成了中国近现代科学价值思想；在建立和巩固资产阶级政权的过程中，西方资产阶级学者对科学价值也进行

---

① G. H. R. Parkinsoned. The Renaissance and Seventeenth – century Rationalism. London： Rontledge，1993. pp. 202 – 203.

了新的思考，形成了西方近现代科学价值思想。

一　中国近代和现代的科学价值思想

第一次鸦片战争的爆发，标志着中国近代史的开端，也标志着中国社会从主权独立的封建社会开始向半殖民地半封建社会转变。1949 年中华人民共和国成立后，中国开始迈入现代史阶段。这两个时期，中国经历了翻天覆地的变化，也形成了每个时代独具特色的科学价值思想。在这些科学价值思想中，最典型的有以下四种：

（一）"师夷派"学者的科学价值思想

1840 年鸦片战争的炮声惊醒了天朝大国与世隔绝、万世长存的迷梦，清王朝的声威在列强的炮声中被动摇和摧毁，一部分具有忧患意识的士大夫和知识分子，逐渐认识到西方的"长技"、"坚船利炮"等能对经济发展、国家强盛产生促进作用，开始重新审视科学的价值。在鸦片战争时期，以龚自珍、林则徐、魏源等为代表的开明知识分子，主张改革社会，抵御外侮，并在挽救民族危机的实践中阐述了自己的科学价值思想。

林则徐提出的"师敌之长技以制敌"口号，就是对科学价值重新审视所得出的结论。林则徐之所以提出这样的主张，与他对西方科学的理解是分不开的。鸦片战争中，"以其船坚炮利而称其强"的英国打败了中国，这说明了被称为"长技"的科学技术之重要性。要改变中国军队武器落后的状况，增强其抵御外侮的能力，只有"谋船炮水军"，而"无他谬巧耳"。对于当时清朝军队武器落后的状况，林则徐谈道："彼之大炮远及十里内外，若我炮不能及彼，彼炮先已及我，是器不良也。"[①] 林则徐还用八个字概括克敌制胜的方法——器良、技熟、胆壮、心齐。林则徐大力购买西方的先进装备（如洋炮、洋船等），以训练士兵，提高战斗力。他在广东筹备海防时，就曾秘密从澳门、新加坡等地购回新式外国大炮数门，将其安装在虎门等要塞，并向朝廷报告说："犹恐各台旧安炮位未尽得力，复设法密购西洋大铜炮，及他夷精制之生铁大炮，自五千斤至八九千斤不等，务使利于远攻。"（《英人续来兵船及粤省布置情形片》）林则徐还上奏道光帝要求造船铸炮，并预计："中国造船铸炮，至多不过

---

① 上海师范大学历史系中国近代史组：《林则徐诗文选注》，上海古籍出版社 1978 年版，第 244 页。

三百万，即可以师敌之长技以制敌。"可惜其建议没有被道光帝采纳。为了使"不谙夷情"的清朝官员能了解西方，林则徐还收集和翻译了一些西方书籍和科学著作。在林则徐的大力倡导下，大量传教小册子、《中文月报》、《商务指南》及有关世界地理的书籍传入中国。林则徐还招募专门人员，翻译了《澳门月报》、《澳门新闻纸》、《华事夷言》、《四洲志》等报刊和书籍。林则徐对"长技"的提倡和翻译西书，打开了一扇通往西方的大门，为国人学习西方先进的科学知识提供了条件。

魏源对科学的价值也有深刻认识，他丰富和发展了林则徐"师敌之长技以制敌"的思想，进一步提出了"师夷长技以制夷"的口号。魏源编纂了《海国图志》一书，该书是中国历史上最早的，有系统地介绍世界地理、历史和科技知识的著作。在该书中，魏源明确指出："是书何以作？曰：为以夷攻夷而作，为以夷款夷而作，为师夷长技以制夷而作。"（《海国图志·叙》）"师夷长技以制夷"是该书主题，书中特别对西方的"长技"（军事科学知识）进行了颇为详细的介绍，如天文、地理、造船、铸炮以及地雷、水雷等。全书五章中涉及西方科学知识的就有三章，如第二章介绍西方的地理知识，第四章介绍西洋兵器，第五章介绍包括哥白尼"日心说"和地球形状在内的近代天文学知识等。魏源还强调了学习西方科学的重要性，认为"善师四夷者，能制四夷，不善师外夷者，外夷制之"[1]。魏源对那些盲目骄傲、顽固保守的士大夫们进行了有力抨击，认为他们"皆徒知侈张中华，未睹寰瀛之大"[2]。他还驳斥了当时视西方科学为"奇技淫巧"的错误观念，指出"有用之物，即奇技而非淫巧"。他进而旗帜鲜明地提出，"欲制外夷者，必先悉夷情始"，并极力建议清政府"购洋炮洋艘，练水战、火战"，以"尽收外国之羽翼为中国之羽翼，尽转外国之长技为中国之长技"[3]。

魏源对科学价值的理解，比林则徐更深刻、更全面。林则徐仅从军事方面理解"长技"，认为"长技"即指"船坚炮利"。魏源对"长技"具体内容的阐述更全面和准确，认为"长技"不仅指武器的精良及养兵练兵之法，还包括"量天尺、千里镜、龙尾车、风锯、水锯、火轮机、火

---

① 魏源：《海国图志》（中），岳麓书社1998年版，第1093页。
② 魏源：《圣武记》（下），中华书局1984年版，第499页。
③ 魏源：《魏源集》（上），中华书局1976年版，第206页。

轮舟、自来火、自转锥、千斤秤之属"，"凡有益民用者，皆可于此造之"①。也就是说，民用科技也属于"长技"的范围，故魏源也大力提倡发展民族工业。他主张："沿海商民有自愿仿设厂局以造船械，或自用或出售者听之。"②

在如何学习西方科学知识方面，魏源认为应积极培养科学人才："今宜于闽粤二省武试，增水师一科，有能造西洋战舰、火轮舟、造飞炮、火箭、水雷、奇器者，为科甲出身；能驾驶飓涛、能熟风云沙线、能枪炮有准的者，为行伍出身，皆由水师提督考取，会同总督选拔送京验试，分发沿海水师教习技艺。"③为使西方科学能植根于中国本土，魏源大力引进国外师资，他"于广东虎门外之沙角、大角二处置造船厂一，火器局一，行取法兰西、美利坚二国各来夷目一二人，分携西洋工匠至粤，司造船械，并延西洋柁师教行船演炮之法"④。

总之，"师夷派"学者充分认识到科学在发展生产、富国强兵方面的巨大价值，从而为闭塞落后的中国打开了通往富强文明之门。

（二）"洋务派"学者的科学价值思想

太平天国农民运动的爆发和第二次鸦片战争的失败，使本不安定的清王朝更加摇摇欲坠。面对内忧外患，洋务派发起了一场以"自强"、"求富"为目的的自救运动，即"洋务运动"。洋务运动时期，洋务派主张大规模引进西方先进科技，并大力发展近代军事和民用工业，以增强国力，维护清政府统治。

这一时期，随着西方科学书籍的传入和中国士人对"格致"（即科学）一词的接受，国人逐渐认识到西方科学所具有的巨大价值。洋务派主将奕䜣认为："治国之道，在乎自强，而审时度势，则自强以练兵为要，练兵又以制器为先。"⑤他还将"格致之学"看作自强之道："举凡推算之学，格致之理，制器尚象之法，钩河摘洛之方，倘能专精务实，尽得其妙，则中国自强之道在此矣。"⑥李鸿章对"格致之学"赞叹道：

---

① 魏源：《海国图志》（上），岳麓书社1998年版，第30页。

② 同上书，第32页。

③ 同上书，第29页。

④ 同上书，第27页。

⑤ 李书源：《筹办夷务始末》第2卷，中华书局2008年版，第132页。

⑥ 同上书，第135页。

"西洋制造之精，实源本于测算格致之学。"（《闽厂学生出洋学习折》）1863 年，当上海广方言馆成立的时候，为表达对西方科学的重视，李鸿章亲自为该馆正厅匾额题写"格致堂"三字。可见，洋务派人士进一步发挥了魏源的"师夷"说，认为学习"长技"不仅要制器，还要学习产生"长技"的来源，即学习具体的科学——算学、格致等。

洋务派人士非常重视译介西书和传播科学知识，并深感当时对科学书籍翻译的不足："经译者十才一二，必能尽阅其未译之书，方可探颐索隐，由粗浅而入精微"，"一切轮船火器等巧技，当可由渐通晓，于中国自强之道，似有裨助。"① 因此，洋务派人士成立了京师同文馆、江南制造总局等专门的译书机构，积极译介西书，特别是与科学有关的著作。据统计，1888 年前，京师同文馆共翻译西书 22 种，其中大部分涉及西方自然科学领域。洋务运动时期，大量西书被翻译过来，包括《地学浅释》、《几何原本》、《重学》、《博物新编》等，这对扩大科学的影响、改变国人的传统观念有着深远的意义。

洋务派还非常重视对科学人才的培养，认为只有培养了自己的科学人才，中国才能真正实现自强。比如，中法战争后，张之洞认识到科学人才比武器装备更重要，他说："人皆知外洋各国之强由于兵，而不知外洋之强由于学。夫立国由于人才，人才由于立学。"（《吁请修备储才折》）而要培养德才兼备的人才，就必须注重科学教育，兴办学堂。张之洞指出："自强之策以教育人才为先，教战之方，以设立学堂为本"（《设立武备学堂折》）；"非育才不能图存，非兴学不能育才"（《筹议变通政治人才为先折》）；"今日中国欲转贫弱为富强，舍学校更无下手处"（《筹定学堂规模次第兴为折》）。在洋务派的大力倡导下，清政府建立了很多以学习西方科学为主的新式学堂，如京师同文馆、福州船政学堂、天津电报学堂等。这些学堂以西学教育为主，尤其重视"格致"学，故在课程设置上多为自然科学。如京师同文馆，其课程主要有算学、天文、化学、地理等。《同文馆题名录》记载："格致一门，为新学之至要，富国强兵，无不资之以著成效。"这充分证明了洋务派人士对科学价值的高度重视。

随着洋务运动的深入开展，洋务派逐渐认识到，要更好地学习西方科

---

① 李书源：《筹办夷务始末》第 2 卷，中华书局 2008 年版，第 169 页。

学，必须派遣留学生到西方国家留学。1872 年，首批官费留学人员被派往美国，迈出了中国走向世界的重要一步。此后，清政府又派遣留学生赴英、法等国学习，在整个洋务运动时期，共派出留学生 200 余人。留学生在国外主要学习自然科学方面的知识，如军政、船政、步算、制造诸学，以"求洋人擅长之技，而为中国自强之图"，务求"数年之后，彼之所长皆我之长也，彼族无所挟以傲我，一切皆自将敛抑"（左宗棠《上总理各国事务衙门》）。很多留学生通过游历外国的实际感受，对西方诸国依靠科学走向强大的历程有了更深入的了解，也加深了对科学在振兴国家、发展经济方面价值的理解。王韬在游历英国之后，对科学发达是西方强盛的重要原因有很深的体悟。王韬在《漫游随录》一书里，对西方近代科学在推动人类社会发展方面的巨大力量概括无遗。具体而言，一是科学的长足进步，大大提高了人类认识自然和利用自然的信心与能力，如"由气学知各气之轻重，因而制气球，制气钟，上可凌空，下可入海，以之察物、救人、观山、探海"；二是由于科学广泛应用于生产各个部门，不仅大大提高了劳动效率和生产力，还使社会获得了前所未有的巨大进步和高速发展，如"又知水火之力，因而创火机，制轮船火车，以省人力，日行千里，工比万人"。这既反映了作者对西方近代科学及其价值的高度关注和深邃思考，又表达了作者欲借此激发中国人学习西方科学的兴趣和热情，以及力图御侮雪耻、救亡图强的良苦用心。《日本国志》的作者黄遵宪亦认为，欧美诸国之所以自近代以来能获得飞速发展，乃至臻于国富兵强，其根本原因在于重视和发展科学。他说："今欧美诸国，崇尚工艺，专门之学，布于寰宇。……举一切光学、气学、化学、力学，咸以资工艺之用，富国也以此，强兵也以此。其重之也，夫实有其可重者也。"[1] 在这里，黄遵宪盛赞了科学的广泛应用给欧美诸国所带来的巨大进步。他还大力提倡科学的应用和向现实生产力的转化，认为科学只有"资于用"，才能推动国计民生乃至整个社会的发展。由欧美反观中国，黄遵宪痛心疾首地指出，中国的科学之所以落后，是由于中国的士大夫"喜言空理，视一切工艺为卑无足道"，致使国人"于工艺一事，不屑讲求，所作器物不过依样葫芦，延袭旧式"。他认为，在"万国工艺以互相师法，日新月

---

[1]　黄遵宪：《日本杂事诗》，钟叔河主编，岳麓书社 1985 年版，第 775 页。

异，变而愈上"的新形势下，中国人应努力发展"格致之学"，以期缩短与欧美诸国的差距。留日学者何如璋也认识到，"格致之学"对于富国强兵极其重要，他明确倡导学习"泰西格致之学"，力求"以彼之长，补吾之短"，以"措天下于泰山之安"。①

洋务派知识分子不仅重视实用技术的价值，也很重视基础科学的价值。在分析西方强盛的原因时，郑观应指出："论泰西之学，派别条分，商政、兵法、造船、制器，以及农、渔、牧、矿诸务，实无一不精，而皆导源于汽学、光学、电学。"② 他还说："泰西所制铁舰、轮船、枪炮、机器，一切皆格物致知、匠心独运，尽泄世上不传之秘，而操军中必胜之权。"③ 在郑观应看来，西方列强之所以拥有"利器"、"长技"，一切皆根源于其基础科学（包括汽学、光学、电学等）的进步，而基础科学又是以"格物致知"为前提的。薛福成也表达了类似观点："夫西人之商政、兵法、造船、制器及农、渔、牧、矿诸务，实无不精而皆导源于汽学、光学、电学、化学，以得御水、御火、御电之法。"④ 因此，他主张："中国欲振兴商务，必先讲求工艺。讲求之说，不外二端：以格致为基，以机器为辅而已。格致如化学、光学、重学、声学、电学、植物学、测算学，所包者广。"⑤ 薛福成所谓的"格致"，就是他所列举的这些基础科学门类。相对于"师夷长技"的观点，薛福成的"格致为基，机器为辅"体现了一种视域的转换，将基础科学放到了高于应用技术的地位。

总之，"洋务派"学者仍受传统儒家思想的影响，把科学视为救亡图存、自强求富的治国良方。

（三）"维新派"学者的科学价值思想

洋务派的"实业救国"并没有实现国家的繁荣富强，甲午战争的失败宣告了洋务运动的破产。随后，维新思想家登上历史舞台，他们开始注重对科学内在价值的揭示，并运用科学为其政治理想辩护。以康有为、梁启超、严复等为代表的资产阶级改良派，在维新运动的实践中阐述了自己

---

① 何如璋等：《甲午以前日本游记五种》，钟叔河主编，岳麓书社 1985 年版，第 338—339 页。

② 郑观应：《郑观应集》（上），上海人民出版社 1982 年版，第 274 页。

③ 同上书，第 89 页。

④ 薛福成：《出使英法义比四国日记》，岳麓书社 1985 年版，第 132 页。

⑤ 同上书，第 598 页。

的科学价值思想。

梁启超认为：“译书为强国第一义。”为了更好地宣传科学，维新派创立了专门印刷自然科学书籍的出版机构，如1896年成立于上海的“六先书局”等。该书局专售“格致、化学、天文、舆地、医学、算学、声学、水学、光学、热学、气学、电学、兵学、矿学”之书，且“一应新译新著洋务各国，无不搜集完备”①。维新派还密切关注国外自然科学进展，他们把世界最新的科学发现和技术发明及时介绍给国内读者，以开拓国人眼界。比如，严复1895年在《直报》发表了《原强》一文，首次向国人介绍了达尔文的“生物进化论”；1896年X射线刚被发现时，《时务报》就作了题为《曷格司射光（即“X光”音译）》的报道。维新派还高度重视科学学会的作用，认为学会是推动科学知识在国内传播的良好途径。康有为认为，西方各国之所以科学发达，是由于各种专业学会促进了科学研究。他说：“泰西所以富强之由，皆由学会讲求之力。”（《上海强学会序》）他认为，西方各国学会“以讲格致新学新器，稗业农工商者考求，故其操农工商业者，皆知植物之理，通制造之法，解万国万货之源”（《两粤广仁善堂圣学会缘起》）。梁启超在《论学会》中也指出，国家要自强，必须大倡群学与合群：“群故通，通故智，智故强。”（《变法通议·论学会》）梁启超还具体论述了“群”的形式：“国群曰议院，商群曰公司，士群曰学会。而议院、公司，其识论业艺，罔不由学，故学会者，又二者之母也。”（《变法通议·论学会》）在康有为和梁启超等的倡导下，中国最早的一批自然科学学会诞生了。1896年成立的上海农学会，主张将西人树艺、畜牧、农业、制造等知识传入中国，以“兴天地自然之利，植国家富强之原”；1897年，由谭嗣同、杨文会发起，在南京成立的测量学会，采购了一大批先进的观测仪器，为测量工作的发展提供了有力保证；1898年在湖南成立的郴州学会，主要研究舆地、算学、农学、矿学、天文等学问。为了更好地传播科学知识，维新派还创办了很多报刊，如《格致新报》、《知新报》、《求是报》、《算学报》、《新学报》等，并强调报刊具有“可洞古今，可审中外，可瞻风俗，可察物理，可谙时变，可稽敌情，可新学术，可强智慧”（吴恒炜《知新报缘起》）的作用。

---

①　《上海新开六先书局专售格致各书启》，《申报》光绪二十二年九月十九日（1897年10月24日）。

维新派对科学介绍和宣传的影响所及，使人们越来越认识到科学在"救亡图存"中的重大价值。在维新运动中，维新派还将"西学格致救国"思想发展为"科学救国"理念。"西学格致救国"思想，是严复1895年在《原强》一文中提出的。在这篇文章中，严复提出了"鼓民力"、"开民智"、"新民德"的救国主张。严复认为，要拯救中国，必须讲求西学，以"西学为要图"，则"救亡之道在此，自强之谋亦在此"。严复强调的西学，主要指格致之学。他认为："西学格致，非迂途也，一言救亡，则将舍是而不可。"（《救亡决论》）他还指出："救亡之道，非造铁道用机器不为功；而造铁道用机器，又非明西学格致不可。……有用之效，征之富强；富强之基，本诸格致；不本格致，将无所往而荒虚，所谓'蒸砂千载，成饭无期'者矣。"（《救亡决论》）在他看来，要练军实、裕财富、制船炮、开矿产、讲通商、务树畜、开明智、正人心，必须先打好自然科学的根基。

戊戌维新运动失败以后，康有为意识到，把变法图强的希望寄托在统治者身上是不现实的，只有提高国人的科学文化水平，国家才有振兴的可能。1905年3月，康有为提出了"物质救国"的主张。他在《论中国近数十年变法者皆误行》一文中指出："为中国谋者，无待高论也，亦不须美备之法也，苟得工艺炮舰之一二，可以存矣。"在《物质救国论》序言中，康有为写道："欧洲百年来最著之效，则有国民学、物质学二者，中国数年来亦知发明国民之义矣，但以一国之强弱论焉。以中国之地位，为救急之方药，则中国之贫弱，非有他也，在不知讲物质之学而已。"在《中国救急之方在兴物质》一文中，康有为再次表明了其"物质救国"的主张："以吾遍游欧、美十余国，深观细察，校量中西之得失，以为救国至急之方针，则惟在物质一事而已。物质之方体无穷，以吾考之，则吾所取为救国之急药，惟有工艺、汽电、炮舰与兵而已。"康有为对"物质"的内涵解释道："夫工艺兵炮者，物质也。即其政律之周备，及科学中之化光、电重、天文、地理、算数、动植生物，亦不出于力数形气之物质。然则吾国人之所以逊于欧人者，但在物质而已。"（《物质救国论》）可见，康有为深知"物质"在国家强弱中的重要作用，"物质"在此处即是自然科学的意思，即必须依靠科学救国。通过对自己以前维新思想的反省，康有为认识到科学的巨大价值，其救亡的主张已经从"要求变法"转为"寻求科学"，并最终完整而明确地提出了"科学救国"的口号。他说：

"科学实为救国之第一事，宁百事不办，此必不可缺者也。"（《物质救国论》）康有为还提出了实现科学救国的具体途径，他主张将科学知识应用于发展实业，以促进工业的发展和国家的富强。在他看来，"夫炮舰农商之本，皆由工艺之精奇而生；而工艺之精奇，皆由实用科学，及专门学业为之"（《物质救国论》）。在《欲大开物质学于己国内地之法有八》中，康有为进一步提出了发展科学、实现科学救国的一些具体措施，如开办实业学校，在小学"增机器、制木二科"，创立博物院，设立各种图书馆，创办制造厂和实业学校等。康有为还非常注重对科学人才的培养，他在《上清帝第二书》中指出："才智之民多则国强，才智之士少则国弱。泰西之所以富强不在炮械军器，而在穷理劝学。"他认为，中国衰弱的主要原因，乃是教育不良，"今日中国之敝，人才乏也，人才之乏，不讲学也"；因此，"欲任天下之事，开中国之新世界，莫亟于教育"。

维新思想家突破了"技"与"学"的狭隘视域，注重对科学精神的揭示和对科学方法的研究。这方面的突出代表是严复，他对科学的精髓作了如下揭示："今之称西人者，曰彼善会计而已，又曰彼擅机巧而已。不知吾今兹之所见所闻，如汽机兵械之伦，皆其形下之粗迹，即所谓天算格致之最精，亦其能事之见端，而非命脉之所在。其命脉云何？苟扼要而谈，不外于学术则黜伪而崇真，于刑政则屈私以为公而已。"[1] 严复认为，我们所看到的"汽机兵械"都是形而下的器物，即使被洋务派看作精要的"格致之学"也仅是指导技术和生产的理论科学；西人之所以"善会计"、"擅机巧"，是因为他们掌握了科学之"命脉"，即"于学术则黜伪而崇真，于刑政则屈私以为公"。所谓"真"，即科学的求真精神；所谓"公"，即公平、公正，它在一定程度上体现了近代的民主和法治观念。严复认为，"真"与"公"相辅相成，二者共同构成了近代科学的命脉。严复还从反面论证了以"真"为原则的"格致之学"对社会发展的积极作用："格致之学不先，偏僻之情未去。束教拘虚，生心害政，固无往而不误人家国者。"[2] 在严复看来，科学可以帮人们去除"偏僻之情"，并有利于国家政治。在此，以"格致"为表现形态的科学，被置于社会发展的优先地位，它不仅是"技"与"器"的理论来源，而且还决定着社会

---

[1]　王栻主编：《严复集》，中华书局1986年版，第2页。

[2]　同上书，第6页。

的整体发展。严复对科学精神的揭示，并非仅仅立足于科学本身的发展，其目的还在于以科学为基础提高民众的智慧与思维力，并最终实现社会的民主与自由。正如他所说："夫惟此数学者明，而后有以事群学，群学治，而后能修齐治平，用以持世保民以日进于郅治馨香之极盛也。"① 在严复那里，发展科学是为了治群学，群学治，才能实现国家的安定和富强，才能实现儒家"修、齐、治、平"的社会理想。

维新思想家还非常注重科学方法的价值。严复认为，西方科学的进步源于其科研方法的正确性，而科研方法中最典型的就是归纳法和演绎法，二者是"极物穷理之最要深术也"。康有为在《实理公法全书》中，将西方近代科学的实验方法称为"实测之法"，并认为这是认识事物、获取真理的方法之一。严复也盛赞了西方科学的实验方法："西学格致，凡一理之明，一法之立，必验之物物事事而皆然，而后定之谓不易。其所验也贵多，故博大；其收效也必恒，故悠久；其穷极也，必道通为一，左右逢源，故高明。"（《救亡决论》）严复认为，西学的高明之处就在于以客观事实作基础，以实验检验来评价主观认识的正确与否；大力倡导科学方法的价值，能打破中国传统思想的束缚，重塑国人的思维方式。为此，严复运用西方科学方法，对宋明理学的治经方法进行了批判："夫陆王之学，质而言之，则直师心自用而已。自以为不出户可以知天下，而天下事与其所为知者，果相合否？不径庭否？不复问也。自以为闭门造车，出而合辙，而门外之辙与其所造之车，果相合否？不龃龉否？又不察也。"（《救亡决论》）严复认为，西学在"立法"和"明理"之时，事事都要经过客观实验的验证，然后才定为不变的法则和公理，所以西学才能做到博大精深，触类旁通；而陆王心学只是"师心自用"，从主观上去理解客观事物，而不问其与客观事实是否相符。由此可见，西学重在实证，而陆王心学则是脱离实践的唯心主义。严复所揭示的西方近代科学方法论，给了中国人一种崭新的思维方式，即重视实验和讲究逻辑。这种科学上的理性精神，为中国人接受近代思想奠定了认识论基础。由于科学在"新民德"、培养变法维新人才方面具有重要价值，故严复将救亡图存的希望寄托于培养具备科学精神的新式人才上。他接受了斯宾塞的观点，认为判定一国强

---

① 王栻主编：《严复集》，中华书局 1986 年版，第 7 页。

弱存亡的标准，是民力的强弱、民智的高下和民德的好坏。他说："未有三者备而民生不优，亦未有三者备而国威不备者也。"（《原强》）因此，他提出："是以今日要政，统于三端：一曰鼓民力；二曰开民智；三曰新民德。"（《原强》）而要达到这"三端"，就必须大力提倡科学教育、科学精神和科学方法。

（四）新文化运动先驱的科学价值思想

五四运动后，中国革命由旧民主主义时期转入新民主主义时期。《新青年》杂志的创办，被视为新文化运动的发起标志。在其发刊词中，陈独秀写道："国人而欲脱蒙昧时代，羞为浅化之民也，则急起直追，当以科学与人权并重。"陈独秀特别强调科学的价值："近代欧洲之所以优越他族者，科学之兴，其功不在人权说下，若舟车之有两轮焉。今且日新月异，举凡一事之兴，一物之细，罔不诉之科学法则，以定其得失从违。其效将使人间之思想为云，一遵理性，而迷信斩焉，而无知妄作之风息焉。"（《敬告青年》）陈独秀认为，务必要以"科学解释宇宙之谜"，"以科学说明真理"，士、农、工、商都必须学习科学，都必须以科学武装自己。他还提倡科学精神和科学态度，反对迷信愚昧、偶像崇拜和陈规陋习，并认为："无常识之思维，无理由之信仰，欲根治之，厥惟科学。"（《敬告青年》）陈独秀在《当代二大科学家之思想》一文中，介绍了医学家梅特尼·廓甫和化学家阿斯特·瓦尔特的科学理论，并指出20世纪迫切需要科学和科学家。"一切建设、一切救济，所需于科学大家者，视破坏时代之仰望舍身救人之英雄，为更迫切。"（《当代二大科学家之思想》）在评析了两位科学家的思想之后，他得出结论：科学是摆脱愚昧落后的武器，"科学智识之增长人间精力、效率之高度，其事至明。人间若不幸无此智识，任至何时，亦固守愚昧劣等之生活状态以终。吾人在此种生活状态期间，尚有何等伦理道德之可言乎？"（《当代二大科学家之思想》）因此，"科学之功用，自伦理上观之，亦自伟大"（《当代二大科学家之思想》）。

陈独秀还从广义和狭义的角度对科学进行了定义，认为科学"狭义的是指自然科学而言，广义的是指社会科学而言。社会科学是拿研究自然科学的方法，用在一切社会人事的学问上，象社会学、伦理学、历史学、法律学、经济学等，凡用自然科学方法来研究、说明的都算是科学，这乃是科学最大的效用。"① 陈独秀还把自然科学方法视为适用于社会历史研究的普遍方法，认为"不但应该提倡自然科学，并且研究、说明一切学问，都应该严守科学方法"。② 对于科学的理解，陈独秀认为，科学乃是"吾人对于事物之概念，综合客观之现象，诉之主观之理性而不矛盾之谓也"(《敬告青年》)。他进而指出了科学的真理性价值，认为科学是纯主观想象的对立物："想象者何？既超脱客观之现象，复抛弃主观之理性，凭空构造，有假定而无实证，不可以人间已有之智灵明其理由，道其法则者也。"(《敬告青年》) 在陈独秀看来，科学是理性的武器、批判的武器。陈独秀对科学的理解，着重于以科学态度看待世间万物，从而批判封建礼教和迷信愚昧。他指出："盖宇宙间之法则有二：一曰自然法，二曰人为法。自然法者，普遍的永久的必然的也，科学属之。人为法者，部分的一时的当然的也，宗教道德法律皆属之。……人类将来之进化，应随今日方始萌芽之科学，日渐发达，改正一切人为法则，使与自然法则有同等之效力，然后宇宙人生，真正契合。"③ 在这里，他将科学看作道德和法律应该遵循的模式，而宗教是离这种模式最远的人为法则，属于偶像之列，虽"受人尊重"，但其实是"无用的废物"。如果不破坏偶像，"人间永远只有自己骗自己的迷信，没有真实合理的信仰"④。美国学者本杰明·史华兹对陈独秀评价道："他把科学看作是一种武器，一种瓦解传统社会的腐蚀剂。他的确崇拜科学征服自然的能动作用，但他更把它看作是一种反对'迷信'的武器。"⑤

1915 年 10 月，在胡明复、邹秉文、任鸿隽三人的倡导下，"中国科学社"正式成立，其宗旨为"联络同志，研究学术，以共图中国科学之发达"。中国科学社作为一个纯学术社团，经过全体社员的艰苦努力，取得了多方面的成绩。其中最有影响的是，发行了《科学》、《科学画报》、《科学丛书》等杂志，创办了上海"明复图书馆"，创设了生物研究所，创立了中国科学图书仪器公司等。中国科学社是我国持续时间最长、影响

---

① 陈独秀：《新文化运动是什么》，《新青年》1920 年 4 月。

② 同上。

③ 陈独秀：《再论孔教问题》，《新青年》1917 年 1 月。

④ 陈独秀：《偶像破坏论》，《新青年》1918 年 8 月。

⑤ Schwartz, Benjamin: Chinese communism and the rise of Mao Cambridge: Harvard University Press, 1951, pp. 9 – 10.

最大的学术团体，与同期其他团体相比，中国科学社的活动具有高度的专业性。"科学"和"民主"是五四新文化运动的两面旗帜，而真正脚踏实地引进和传播科学的，主要是中国科学社及其《科学》杂志。《科学》月刊的创刊目的十分明确，即把提倡和实现"科学救国"作为自己的根本任务。《科学月刊缘起》一文清晰记载着："今试执途人而问以欧、美各邦声明文物之盛何由致乎？答者不待再思，必曰此食科学之赐也。……诚不知其力之不副，则相约为科学杂志之作，月刊一册以饷国人。专以阐发科学精义及其效用为主。"意思是说：科学成果对国计民生有着重大价值，西方资本主义国家的"声明文物之盛"，是由其发达的科学所给予的恩赐；为向国人灌输科学，因此发起创办《科学》月刊，目标是以科学宣传为救国之手段，内容以阐发科学精义及其效用为主。在《科学》杂志的《发刊词》中，任鸿隽深刻阐明了科学给西方社会带来的巨大物质文明："世界强国，其民权国力之发展，必与其学术思想之进步为平行线，而学术荒芜之国无幸焉。百年以来，欧美两洲声明文物之盛，震烁前古，翔厥来源，受科学之赐为多。"任鸿隽还指出，科学能成倍提高劳动生产率，创造丰厚的物质财富，使国家迅速实现富强之梦。他说："机械之学，进而益精，蒸汽电力，以为原动，则一日而有十年之获，一人而收百夫之用，生产自倍。……若美、若英、若法，若德，二十年间，国富之增，或以十倍，或以五倍。"（《说中国无科学之原因》）他进而得出结论：中国与西方国家之间的差距，根本在于我国人民普遍缺乏近代科学知识，更不知如何应用科学造福于社会和人类；故救国之道在于，我国人民必须从沉梦中尽快醒悟，责无旁贷地引进和传播西方科学。

　　针对国人对新事物不屑一顾的心理，任鸿隽指出，古代中国虽然有一系列重大科学发现和学术建树，"如神农之习草木，黄帝之创算术，以及先秦诸子墨翟公输之明物理机巧，邓析、公孙龙之析异同，子思有天圆地方之疑，庄子有水中有火之说"（《说中国无科学之原因》），但这些始终不能形成系统而连贯的知识体系，故不能算作近代意义上的科学。任鸿隽认为，"吾国之无科学"的关键在于"未得研究科学之方法而已"。他特别强调："科学之本质不在物质，而在方法。今之物质与数千年前之物质无异也，而今有科学，数千年前无科学，则方法之有无为之耳。"（《说中国无科学之原因》）可见，任鸿隽对中国缺乏科学的原因进行了中肯的分析，为找到中国贫弱之症结指明了方向。为充分论证中国需要科学，任鸿隽在《解惑》一文中指出："国人应有科学之需求。何以故？以一切兴作改革，无论兵、商、工、农，乃至政治之大，日用之细，非科学无以经纬之故。"在《科学与工业》一文中，他还论述了科学对工业发展、国家富强的价值："吾作此篇，将以明近代国富之增进，由其工业之发达，而其工业之起源，无不出于学问。"在《科学与教育》一文中，他指出："科学于教育上之重要，不在于物质上之知识，而在其研究事物之方法；犹不在研究事物之方法，则在其所与心能之训练。科学方法者，首分别事类，次乃辨明其关系，以发现其通律。习于是者，其心尝注重事实，执因求果而不为感情所蔽、私见所移。所谓科学的心能者，此之谓也。此等心能，凡从事三数年自然物理科学之研究，能知科学之真精神，而不徒事记忆模仿者，皆能习得之。以此心能求学，而学术乃有进步之望。以此心能处世，而社会乃立稳固之基。"他在《科学精神论》一文中，对科学精神进行了精辟的论述，认为科学精神是"求真理"的精神，而"真理之为物，无不在也。科学家之所知者，以事实为基，以试验为稽，以推用为表，以证念为决，而无所容心于已成之教，前人之言。又不特无容心已也，苟已成之教，前人之言，有与吾所见之真理相背者，则虽艰难其身，赴汤蹈火以与之战，至死而不悔，若是者吾谓之科学精神。"任鸿隽还指出，科学精神有两要素，即"崇实"和"贵确"。（《科学精神论》）在他看来，科学是"非物质的，非功利的"，对科学"当于理性上、学术上求"，因为科学是"以自然现象为研究之材料，以增进智识为旨归，故其学为理性所要求，而为向学者所当有事，初非豫知其应用之宏与收效之巨而后为之也"（《科学精神论》）。

　　杨铨在《科学与商业》一文中，对导致中国经济落后、商业不发达的原因进行了详尽分析，指出世界文明是科学与商业并进的结果，而科学的发展又大大促进了商业的繁荣。他说："科学不仅与商业以交通之利器，更与以交易之物。今之商品不恃天然产物而重制造品，故必工业发达之国而后商业可操必胜之券，然工业发达全恃科学。"[①]他认识到，素以拥有商才而闻名于世界的中国，由于缺乏科学，致使工业不兴，经商方法日益落后，最终导致商业不振。因此他认为，要振兴经济、发展商业，必

---

① 杨铨：《科学与商业》，《科学》1916 年 4 月。

须大力发展科学。杨铨还指出，近代中国之所以政治腐败，社会动荡不安，也是由于缺乏科学所致。他在《科学与共和》一文中，详细分析了科学与共和之间的关系："科学不永守一已成立世界的学说，共和拒绝永远不变的律法"，科学与共和都"视过去不若未来之重要有趣"，都主张变革和发展。① 因此，中国要实现共和政治，就必须发展科学。在《战争与科学》一文中，杨铨据理力争，不承认科学是导致战争的罪魁祸首。他认为，从表面上看，科学使战争的残酷程度升级；但从深层分析，科学能从根本上制约战争。一是科学使世界明白战争不是儿戏，必须谨慎行事，不可轻举妄动；二是科学推动民主共和、政治进步和人类平等，使人们更好地相互沟通和增进友谊，使战争狂人受到越来越多的谴责和约束；三是只有科学发展才能改进武器，才能使欧洲封建城堡得以加速攻克，这样资本主义制度才会成长起来，共和寡战的局面才可能出现。因此，他得出结论："科学者，战争之友，而战争则科学之敌也。"②

上海南洋公学学生蓝兆乾，在《留美学生季报》上发表的《科学救国论》，是一篇系统阐发科学价值的文章。《科学救国论》开篇即回顾了甲午战争以来20余年国人救亡图存的历程，指出以往的"革命立宪说"、"理财练兵说"、"振兴实业说"、"发达交通说"、"发扬国粹说"、"改良教育说"等救国理论，都未能扭转中国日趋贫弱和衰朽的可悲命运。蓝兆乾指出，之所以仁人志士的不懈努力都化为泡影，关键在于没有找到中国贫弱的症结，而中国的贫弱在于缺乏科学。他写道："夫救国之道，犹治疾也。不察其症结所在而枝节以疗之，虽竭药石之力，庸有功哉？吾国贫弱之症结者何？科学是也。其为学博大精深，一切富强之法所自而出也。……是故科学者，救国之本计。凡政治、军备、交通、实业、财政、教育，皆赖之以发达者也。"③ 蓝兆乾还以英、美等国的社会进步和国富民强为例，以说明科学的重要性："欧美其所以斗强竞猛，增武力之声威者，其所以遭大投艰，成不朽之伟业者，皆科学发达也。"④ 蓝兆乾还指出，科学是一门实验性和应用性很强的学

---

① 杨铨：《科学与共和》，《科学》1916 年 2 月。
② 杨铨：《战争与科学》，《科学》1915 年 4 月。
③ 蓝兆乾：《科学救国论》，《留美学生季报》1915 年 6 月。
④ 同上。

问，需要大批科学家和工程师全身心投入实验室、工厂等科研场所，持之以恒，殚精竭虑，深入研究和反复实验，才能有所发现。而中国当时学习科学的弊端在于不注重实际，加之科学书籍价格昂贵、中文译本质量低劣、科学名词翻译紊乱等问题，导致科学知识在我国难以普及，这制约了国民科学素养的提高。他认为，要促进科学知识的广泛传播，必须即刻着手三项工作：一是国人在选择西方科学书籍时，应充分考虑读者的理解和接受能力，以便科学在更广泛的社会范围内普及，"去难就易，国人当知所择矣"；二是应组织力量，广泛翻译科学书籍，"转译科学之举，有不可缓者焉"，以便"因势利导，起国人研究之兴"；三是应"大倡科学，使之就有用之业，又宜为简易工艺扩其生焉"，以便学习者能将科学研究作为就业谋生的手段。

不久后，蓝兆乾又发表了《科学救国论二》一文。在《科学救国论二》中，蓝兆乾详尽论述了如何将科学知识应用于救国的具体实践中，阐明了将科学知识应用于农业、商业和兵器制造，以发挥科学促进经济发展和国家振兴的价值。蓝兆乾写道，科学救国"不在多言，而贵在实行"，因为"科学者，尚实致用，期便利于民生者也"。对于怎样将科学运用到救国的实践中去，蓝兆乾指出：一是以科学促进兵工、农林、水利的发展，"今欲图存救亡，当以兵工事业为唯一之重要问题，而尤急者，为飞机、潜艇、无线电、汽车、枪炮之制造……今欲固邦本而振生民于饥馑陷溺，则首要于农林水利，矿工等业次之……然而兵工也，农林水利也，利用必以机械，发动必以热力，是二者之本原，安在哉？则煤铁之业尚矣。是故兵工者，竞存之本计，农林水利者，生民之急务，其途广歧，其理精微，其发达之道何由，曰科学也。邦人君子，果有志于救亡者乎，其专心致志，并力于关系此二者之科学。"[1] 二是应着手解决我国科学教育中普遍存在的数理化相互分割、理论与应用相互脱节的严重问题，消除"习科学者或不知几何代数应用之法，或业理化而不精电气声光之理，或尚理论而蔑实验"等不合理现象，才能真正促进科学的发展。所以，"今欲发达兵工农林水利之科学，岂可一蹴而就哉？必也以理化为之本，数学为之基，实验工作为之辅，学会专校为之倡。"[2] 他还进一步阐述了数理

---

① 蓝兆乾：《科学救国论二》，《留美学生季报》1916 年 6 月。
② 同上。

化与兵工农林水利的相互关系："兵工农林水利者，数理化之产儿也，近世之所谓物质文明者，数理化之变相也。习三者而不以施诸兵工农林水利诸业，则如系名马于槽枥，难昭致远之功。兴兵工农林诸业，而不习三者，则如向断港而浮槎，终其身无到海之望。大哉三者，其科学之根基乎！"① 三是要成立专业学会和专门学校，并注重科学实验，"为今之计，宜创立专校，使学者无荒骛之病。又广置解说之模型，实习之器械，使学者神悟彻解，不唯知其然也，而又知其所以然，效果自睹，不唯助记忆于一时也，又可留印象于永久。又立讨论之会，公书籍之藏，有志者博学审问，其进步也必猛。而又斗智竞巧，分途程功，贤者奋而愚者兴，科学之发达，不可计日而待哉？故曰：以实验工作为之主，学会专校为之倡。"② 四是发展科学离不开振兴工商，因为许多饱学之士，在学成回国后，却面临"在朝则有蔽贤之忧，问世则无资本之助，愿违计左，动辄见阻"的尴尬处境。故国家应担负起建立"实验工场之设备，国有事业之进行，专利优先之提倡，实业学生之位置"的责任，才能"惠往劝来，才知有归，不胜于以爵禄考试，羁縻天下之英雄哉？"③ 在《科学救国论二》的最后，蓝兆乾极力呼吁留学生努力学习西方科学知识，以西方科学来拯救祖国："吾当局志士，吾今于振兴科学之缓急本末，既详言之矣，其亦急起直追，视其力之所能及者而趋之乎。其有习科学而用西文者，易就最急要之科学而转译实施之。其有未习科学而昧西文者，曷先致力于语言，而后及最要之科学。……吾国人苟有择别之眼识，匪特国家之福，抑亦科学之幸。"④ 总之，蓝兆乾的两篇《科学救国论》，不仅旗帜鲜明地论证了科学在救国富民方面的重大价值，还从实用技术与基础科学的关系出发，敏锐地指出科学对于技术的基础性地位。

蔡元培先生在第一次世界大战爆发后，也认识到国家之实力在于科学的发达。他说："对于欧战之观察，谓国民实力，不外科学美术之结果。"⑤ 因此，他极力主张普及科学知识，以实现科学富国强兵的重大价

---

① 蓝兆乾：《科学救国论二》，《留美学生季报》1916 年 6 月。

② 同上。

③ 同上。

④ 同上。

⑤ 蔡元培：《蔡元培自述》，人民日报出版社 2011 年版，第 33 页。

值。在新文化运动时期，还有很多思想家撰文阐明了自己的科学价值思想，如叶建柏的《科学应用论》、唐钺的《科学与德行》、张裕年的《教育中科学之需要》、邹秉文的《科学与农业》、杜兰德的《科学之应用》、黄昌谷的《科学与知行》、董时的《科学的教授原理》等。新文化运动先驱所传递的精神力量，持续注入中国现代社会之中，对中国现代社会的思想界、科学界、文化界、艺术界、工程界乃至政界、商界、军界，都产生了深远影响。

二 西方近代和现代的科学价值思想

（一）西方近代学者的科学价值思想

从1648年英国资产阶级革命爆发到1917年十月革命爆发，属于西方近代史的范畴。17世纪至19世纪，是欧洲资本主义制度的建立和上升时期，一批新兴的资产阶级学者纷纷著书立说，阐述自己的科学价值思想。

1. 17世纪西方学者的科学价值思想

17世纪的欧洲，正处于从封建制度向资本主义制度过渡的时期。这一时期，随着资本主义生产关系的不断发展，衰朽的封建社会在经济上、政治上、思想上和文化教育上都出现了深刻危机。17世纪欧洲社会状况的变化，必然会对科学价值思想产生一定的影响。

伊萨克·牛顿（1642—1727）是近代伟大的力学家、光学家、天文学家和数学家，在科学史上具有划时代的地位。他于1687年出版了其巨著《自然哲学的数学原理》，这使17世纪的科学革命达到了顶峰。恩格斯说："牛顿由于发明了万有引力定律而创立了科学的天文学，由于进行了光的分解而创立了科学的光学，由于创立了二项式定理和无限理论而创立了科学的数学，由于认识了力的本性而创立了科学的力学。"[①] 牛顿有两句名言，第一句是"如果我比别人看得远些，那是因为我站在巨人的肩膀上"；第二句是"我不知道世人怎样看我，但我自以为我不过是像一个在海边玩耍的孩童，不时为找到比常见的更光滑的石子或更美丽的贝壳而欣喜，而展现在我面前的是全然未被发现的浩瀚的真理海洋"[②]。这两

---

① 《马克思恩格斯选集》第1卷，人民出版社1995年版，第18页。

② 张九庆：《自牛顿以来的科学家——近现代科学家群体透视》，安徽教育出版社2002年版，第7页。

句话体现了牛顿渊博的学识与谦虚的品质，也体现了他对科学价值的高度认可。

莱布尼茨（1646—1746）是一位伟大的哲学家和百科全书式的科学家，他被马克思称为"在数学、物理以及与其有紧密关联的其他精密科学方面都有所发现的科学巨匠"①。与亚里士多德对科学作分门别类研究不同的是，莱布尼茨希望建立一个百科全书体系，并试图实现所有科学知识的数学化。莱布尼茨的这种思想，深深影响了后来的法国"百科全书派"。莱布尼茨非常注重科学的社会价值，为促进科学的发展，他在考察了世界各地的科学院后，回到德国建立了柏林学院。柏林学院成立于1700年，它是德国科学家联系和交流的平台，也是当时德国唯一能与英国皇家科学院、法兰西科学院相媲美的国家级科学院。莱布尼茨把科学看作社会的有机组成部分，他的科学价值思想之核心，就在于利用科学使人类获得更大的幸福。

2. 18 世纪西方学者的科学价值思想

在人类社会发展史上，18 世纪被称为"理性时代"和"启蒙时代"。虽然 17 世纪的科学获得了空前发展，但其重大成果并没有被一般公众所了解。18 世纪，很多思想家通过各种渠道，使科学为社会大众所接受，也使科学在社会实践中发挥了更大作用。

17 世纪末，法国一些思想家将自己所处的时代比作一个人类由蒙昧进入文明、由黑暗进入光明的黎明时期，这个时代需要知识来扫荡人们心中的迷信和无知，需要理性的力量来支配人们的生活。在他们看来，理性是衡量一切事物的尺度和准绳，只有理性才能保证人类社会的全面进步。法国科学院的常务秘书、著名作家丰特内勒（1657—1757），是笛卡儿哲学的忠实信徒，他极力宣传笛卡儿的学说。受其影响，笛卡儿的科学理性精神和机械自然观得到极大普及，科学也进入了上流社会的沙龙和时髦女士的卧室。之后，法国启蒙运动的代表人物伏尔泰（1694—1778）极力介绍和宣传牛顿力学。1751 年至 1777 年，由法国思想家狄德罗（1713—1784）组织编写的《百科全书》得以出版，这使启蒙运动达到了高潮。《百科全书》继承了培根"以知识为人类谋福利"的思想，并进一步提出

① 《马克思恩格斯文集》第 1 卷，人民出版社 2009 年版，第 329 页。

了"科学的出发点是经验，终点是人类的福利"的观点。《百科全书》对各种零散的知识进行了系统整理，并向人们详细介绍了人类已取得的科学知识、技术手段和工艺流程等。德国学者策特勒编纂的《大型科学与艺术百科辞典》，其影响仅次于《百科全书》，它被科学史学家亚·沃尔夫称为"18 世纪所有百科全书中学术性最强的著作"。

《百科全书》的主要编纂者狄德罗和达兰贝尔非常注重科学的价值，并大力普及和传播科学。狄德罗指出："《百科全书》要描绘一切时代人类理智努力的总图景，要建立一切科学和一切技术的谱系之树，要揭示各门科学分支的起源和发展与共同主干之间的联系。"① 他还强调："百科全书必须是一部论述详尽的，关于科学、技艺和工艺的词典，不仅包括构成各门科学和技艺基础的一般原则，还包括构成这些内容和实质的最基本事实。"② 在《百科全书》的序言中，达兰贝尔把人类知识划分为历史、科学和诗歌，并认为历史与记忆相关，科学源于理性，想象力形成了诗歌。他还指出，我们所感知到的所有对象几乎都能通过反思而成为科学，科学包括关于上帝、人和自然的学问。③ 根据他在《百科全书》中对"科学"一词的定义，所有与对象有关的、来自观察和实验的结论都是"科学"。因而，神学、历史、哲学、物理学和数学都可以被称为"科学"，但其中最重要的是自然科学知识。

3. 19 世纪西方学者的科学价值思想

19 世纪的科学，无论在广度还是深度上，都超过了 16—18 世纪的科学成果。19 世纪，自然科学的各个门类相继成熟起来，形成了人类历史上空前严密和可靠的自然知识体系。这时科学的研究对象，在时间上已追溯到太阳系的起源；在空间上已确立了微小原子和庞大银河系的存在；在深度上已涉及宇宙的未来、生命的本质及起源等问题。自然科学的发展和工业革命，不仅对西方国家的社会生活产生了巨大影响，还改变了整个世界的面貌。在科学价值思想上，这一时期比较有代表性的有孔德、皮尔士和韦伯等的观点。

实证主义创始人奥古斯特·孔德（1798—1857）认为，一切知识、

---

① 冯俊：《法国近代哲学》，同济大学出版社 2004 年版，第 465 页。

② 同上书，第 467 页。

③ 曾欢：《西方科学主义思潮的历史轨迹》，世界知识出版社 2009 年版，第 73 页。

科学、哲学都以"实证"的事实为基础。对于科学，孔德指出："首先，科学实实在在寓于现象的诸规律之中，通过考察后，真正的科学，远非单凭观察而成，它总是趋于尽可能避免直接探索，而代之以合理推测，后者从各方面来说都构成实证精神的主要特征。"[①] 在孔德看来，科学的价值就在于揭示事物现象背后的规律；科学一开始往往是对事物本质的一种合理预测，但这种预测需要通过实证来检验。孔德还非常注重科学的整体价值，在他看来，作为总体的科学是一个完整的有机体，各门科学只不过是从科学整体这个树干上分出的树枝。在孔德那里，科学整体的发展构成了科学史，各门科学是否能成为真正的科学，要以是否达到实证状态为标志。因为人类理性的发展，经历了神学、形而上学和实证三个阶段。相应地，作为人类认识成果的科学，也必然经历这三个阶段。各门具体科学只有发展到摆脱了神学和形而上学的支配，并最终达到实证状态后，才能算真正的科学。孔德还根据科学发展的历史顺序，将科学划分为六门学科，即数学、天文学、物理学、化学、生物学和社会学。对于数学在科学整体中的价值，孔德指出，"数学依据量和量相互间存在的正确关系，用一个量去规定另一个量"[②]，故数学是人们探求各种现象之规律性的最强有力工具。基于这一点，孔德将数学列为一切科学的起点，其他科学之所以成立，是因为数学为它们提供了基本的研究方法。孔德还指出，继数学之后的天文学，"是至今人类精神完全摆脱了神学和形而上学一切直接影响的唯一科学"[③]；到了物理学阶段，"由于伽利略发现了自由落体定律，才使人们开始摆脱神学的影响，并使物理学成为相对独立的实证科学"。孔德把化学列于物理学之后，是因为与物理学和天文学相比，化学的研究对象较复杂，发展也较晚，化学所达到的实证水平也比天文学和物理学低。在他看来，生物学和社会学发展为具有实证水平的科学，则是更晚的事情了。孔德的整体科学观和科学分类思想，一直影响着西方科学哲学的发展。

查尔斯·桑德斯·皮尔士（1839—1914）是美国著名的科学家和哲学家，其著作所涉及的学科范围非常广。皮尔士反对笛卡儿将科学定义为

---

① ［法］奥古斯特·孔德：《论实证精神》，黄建华译，商务印书馆1996年版，第12页。

② 欧力同：《孔德及其实证主义》，上海社会科学院出版社1987年版，第89页。

③ 同上书，第93页。

"确定和明白的知识"，他认为，科学可以被理解为"为了真理本身的目的而献身于探索真理的男女团体的全部活动"①。在皮尔士看来，科学的价值不在于科学真理本身，而在于探索者追求真理的奋斗过程。他说："真理不同于谎言的地方，只在于以真理为依据的行为必然达到我们指向的地方，而不是离开它。"② 正因为科学的价值在于探索活动的本身，故科学会随着实践的进步而不断发展。皮尔士指出："科学精神要求随时抛弃与经验发生冲突的信念，不应该有过分的自信。今天你相信的东西，明天你可以完全不相信它。"③ 皮尔士还将科学划分为数学、哲学和特殊科学，并特别推崇数学的价值。他认为，数学是最基本的科学，是从理想的、纯粹假定的构造物中得出的必要性结论，是其他科学赖以存在的前提。在皮尔士的分类中，紧跟数学的是哲学，他认为哲学本质上是一门经验科学，哲学包括现象学、规范科学和形而上学三部分。其中，现象学的任务是"辨认出每时每刻都出现在我们面前的现象的要素，无论我们是在进行认真地调查，还是经历非常奇特的变化，或者是像做梦一样地倾听着雪贺拉莎德（《天方夜谭》里说故事的能手）的故事。"④ 规范科学主要是研究与目的有关的现象，是"在认识的领域、在行动的领域和在情感的领域里，对于什么是好和什么是坏的区分的理论研究"⑤。规范科学包括美学、伦理学和逻辑学。皮尔士眼里的"形而上学"，也具有很强的科学性，是科学化了的"形而上学"。

马克斯·韦伯（1864—1920）对科学的政治价值作了系统、深入的研究。他从社会学角度出发，提出了其"合理化"理论，以说明资产阶级统治的合理性与科学合理性之间的关系。在马克斯·韦伯看来，现代国家的政治统治要能合法地存在下去，必须使自己的决策具有合理性，而这种合理性必须依靠实证科学才能获得。他指出："现代国家中政治家和通晓实证科学知识的专家具有各自的作用——政治家依据统治的利益作决断，而科学专家所组成的咨询机构则是政治机构的参谋部，其任务是使政

① ［美］科尼利斯·瓦尔：《皮尔士》，郝长墀译，中华书局2003年版，第46页。
② 同上书，第52页。
③ 同上书，第47页。
④ 同上书，第98页。
⑤ 同上书，第131页。

治实践的手段也依从科学规则的强制。政治统治与科学之所以能如此联姻，就在于科学的合理性本身包含一种'支配的合理性'。"① 韦伯认为，随着科学和现代工业的发展，工具的合理性将渗透到现代社会的各个角落，从总体上推动现代社会的合理化进程。但他同时也指出，工具合理性的发展也会造成物对人的统治以及官僚化等消极现象，从而给现代社会的合理化进程带来阴影。

（二）西方现代学者的科学价值思想

1917 年十月革命的爆发，到 1991 年苏联解体，属于西方现代史的范畴。自 19 世纪末 20 世纪初以来，随着欧美经济的繁荣和科学技术的发展，传统的科学哲学已越来越不适应时代发展的要求，于是西方现代科学哲学应运而生。这些科学哲学家形成了众多理论流派，其中有不少学者探讨了科学价值问题。

默顿（1910—2003）是美国著名的社会学家，也是科学社会学的创始人。默顿认为，科学要合理实现其社会价值，必须靠科学家之间的相互交流。他说："牛顿的名言——'如果我看到更远的话，那是因为我站在巨人们的肩膀上'，这既表明了他受惠于公共遗产这层意思，又承认了科学成就在本质上具有合作性和有选择的积累性。"② 默顿认为，科学事业也像其他许多职业一样，把无私利作为一项基本的制度性要素，科学家的研究都是在求知的热情和强大的好奇心驱使下进行的。科学研究的无私利性，实际上说明了科学真理的价值必须由全人类共同享用，科学家必须无条件地公开自己的科研成果，对科学家的这种道德要求是其他领域所无法比拟的。默顿还指出，科学必须具备普遍性原则，科学成果必须能经受同行专家的严格审查；科学成果的真理性与科学家的个人身份无关，可证实性是评价一个理论是否为科学的根本原则。在默顿看来，自然科学是对自然界的如实描述，科学知识的评价有一套严格的客观标准，"无论是把一些主张划归在科学之列，还是排斥在科学之外，并不依赖于提出这些主张的人的个人的或社会属性；他的种族、国籍、宗教、阶级和个人品质也都

---

① ［德］马克斯·韦伯：《新教伦理与资本主义精神》，于晓等译，生活·读书·新知三联书店 1987 年版，第 213 页。

② ［美］R. K. 默顿：《科学社会学——理论与经验研究》，鲁旭东、林聚任译，商务印书馆 2003 年版，第 238 页。

与此无关"①。默顿的科学价值思想表明,科学既是一种有条理的、客观合理的知识体系,又是一种制度化的社会活动。

英国科学家、科学学奠基人 J. D. 贝尔纳（1901—1971）深受马克思主义的影响,他自觉运用辩证唯物主义和历史唯物主义从事科学研究。贝尔纳相信,辩证法是对自然界规律的正确反映,它可以从"物质世界的协同斗争中"推导出来,辩证法也是让科学更好发挥其正面价值的指导工具。系统阐述贝尔纳科学价值思想的著作是《科学的社会功能》（1939）一书,此书主要论述了科学理论的结构和模式、科学教育、科学的应用、科学学研究的数量分析法、科学政策、科学管理等问题。该书主要分为两部分,第一部分是关于"科学的历史以及现在所起的作用";第二部分是关于"科学所能起的作用"。在书中,贝尔纳对科学的价值赞叹道:"科学为我们提供了满足我们物质需要的手段。它也向我们提供了种种思想,使我们能够在社会领域里理解、协调并且满足我们的需要。"②对科学的教育价值,贝尔纳指出:"就科学而言,教育的目的是要保证大家不仅对世界有全面的了解,而且能够懂得和应用这种知识。"③ 贝尔纳要求一些杂志和刊物在介绍科学的价值时,应采用通俗易懂的方式,以描述科学在当时社会条件下的影响和作用。贝尔纳 1954 年出版了《历史上的科学》一书,此书从更广阔的视野研究了现代科学的产生与发展,分析了科学与工业的密切关系,并从科学革命、工业革命、农业革命、社会革命相结合的视角探讨了科学的价值。

美国科学家、逻辑实用主义哲学家奎因（1908—2000）认为,科学是一个由许多相互联系、相互影响的命题和原理构成的经纬交错的大网,处于网络边缘的是政治、历史、医学、工程学等应用科学和人文科学,处于网络内层的是物理、化学等基础科学,处于网络中心的是数学和逻辑学。他说:"我们所谓的知识或信念的整体,从地理和历史的最偶然的事件到原子物理学甚至纯数学和逻辑的最深刻的规律,是一个人工织造

① ［美］R. K. 默顿:《科学社会学——理论与经验研究》,鲁旭东、林聚任译,商务印书馆 2003 年版,第 365 页。

② ［英］J. D. 贝尔纳:《科学的社会功能》,陈体芳译,广西师范大学出版社 2003 年版,第 475 页。

③ 同上书,第 354 页。

物。"① 在这里，奎因特别强调了数学和逻辑学作为方法论的价值，指出它们是构成整个科学体系的核心。奎因坚持实用主义科学价值思想，认为"一切概念系统和语言框架是根据过去经验来预测未来经验的工具，概念和语言的目的在于达到有效的交际和预测"②。在奎因看来，科学这张大网既依赖于数学和逻辑这种纯推理性知识，也依赖于客观存在的经验事实。任何推理都需要一个前提，而从科学实验中获得的经验事实正好提供了这个前提。因此，科学这张大网的核心是数学和逻辑，而大网边缘同各种经验事实紧密接触，科学价值就在于发现各种规律，以更好地解释经验事实。

美国科学史学家托马斯·库恩（1922—1996）在其著作《科学革命的结构》中，提出了著名的"范式"概念，并认为科学理论的发展，是沿着"前科学—常规科学—反常—危机—科学革命—新常规科学"的方向不断前进的。库恩把科学史分为内部史和外部史，内部史主要研究科学知识的积累过程，外部史则把科学放在其所处的社会环境中来考察，以分析社会环境对科学发展的影响。他认为，科学理论不仅是许多命题和原理的有机统一体，还有其严密的内在结构，这些共同构成了科学研究的"范式"；科学价值的实现过程，就是科学不断革命的过程，即新范式代替旧范式的过程。拥有共同范式的科学家构成了"科学共同体"③，库恩这样阐释"科学共同体"的内涵："一个科学共同体是由同一个科学专业领域的工作者组成。在一种绝大多数其他领域无法比拟的程度上，经受过近似的教育和训练，钻研文献，根据文献范围标出了一个科学学科的界限，每个科学共同体都有自己的主题。"④"范式"的更替，也意味着科学共同体的更替。一般来说，新范式总是优于旧范式，故"范式"的不断更替，既推动了科学的发展，也有利于科学价值的实现。

（三）西方马克思主义学者的科学价值思想

在科学的生产力价值上，很多西方马克思主义者都同意马克思关于

---

① ［美］奎因：《逻辑哲学》，生活·读书·新知三联书店1998年版，第59页。

② 同上书，第62页。

③ 人们对"科学共同体"的一般理解是：在科学发展的某一历史时期，该学科领域中持有共同的基本观点、基本理论和基本方法的科学家集团。

④ ［美］托马斯·库恩：《科学革命的结构》，金吾伦等译，北京大学出版社2003年版，第159页。

"科学是生产力"的观点。如霍克海默在《科学及其危机札记》一文中写道："在马克思主义的社会理论中，科学被看作人类的生产力之一。科学以多种形式使现代工业体系成为可能。"他承认："科学能建构起生产的手段"，"科学作为生产力和生产手段对社会生活进程有所贡献，是一个事实"①。马尔库塞将科学看作发达工业社会最重要的基础，或一种独立的剩余价值来源，或一种起主导作用的生产力、社会财富的创造者。哈贝马斯也明确提出："自19世纪的后25年以来，在先进的资本主义国家中出现了两种引人注目的发展趋势：第一，国家干预活动增强了；第二，科学研究和技术之间的相互依赖关系日益密切，这种相互依赖关系使科学成了第一位的生产力。"② 在哈贝马斯看来，科学由潜在、一般生产力向现实、直接生产力的转化，必须具备一定机制，这个机制就是"科学－技术－生产"的发展过程。

关于科学的社会价值，马尔库塞在《苏联马克思主义》一书中提出了其著名的"趋同理论"，即科学进步会导致资本主义与社会主义两种制度的趋同。马尔库塞认为，无论是当代资本主义还是苏联的社会主义，都属于工业很发达的社会，都属于由工具理性和技术理性所支配的社会模式。在他看来，在当代资本主义社会中，由于科学成为第一生产力，资本主义原有的制度结构以及作为子系统的经济体制和政治体制的布局受到破坏和摧毁；而在苏联，为了同资本主义"竞赛"，不断发展科学和推动工业化进程，结果导致其体制结构与资本主义趋同。马尔库塞对此作了详细的分析："在苏联，工业化系统的合理性要求对机器过程的服从，个人的创造力屈从于效率和绩效。因此，苏联的劳动和社会组织的目的是对人的统治以及要求劳动者对机器的顺从，而不是使劳动者的潜能得到发挥。于是，工业化的进步也就是统治的进步。西方社会与苏联社会之间的基本差别被一种朝向同化的强有力的趋势所拉平，这两种制度显示出相同的后工业文明特征：集中和控制取代了个人的事业和自主性，竞争是组织化和合理化了的，社会充斥着经济规律和与官僚主义相结合的规章制度，平民大众由传播媒介、娱乐工业和教育系统来

---

① ［德］霍克海默：《批判理论》，重庆出版社1989年版，第1页。
② ［德］哈贝马斯：《作为意识形态的技术与科学》，李黎等译，学林出版社1999年版，第58页。

加以引导、调控、协调。"①

对于科学的政治价值，卢卡奇指出："当科学认识的观念被应用于自然时，它只是推动科学的进步，当它被应用于社会时，它反过来成为资产阶级的思想武器。"② 卢卡奇在《历史与阶级意识》一书中指出，近现代科学是资本主义发展的产物，科学与资本主义生产方式之间存在着一种"亲和"关系，科学的合理性正是资本主义社会组织的历史产品。霍克海默在批判传统理论时指出，由于经验主义把科学看作是安排和重新安排事实的体系，科学只断言每个人都能感知的东西，它仅仅是个人日常经验的纯粹形式和浓缩表达，因而经验主义对科学合理性的论证契合了资本主义合理性的需要。哈贝马斯在《作为意识形态的技术与科学》中也警告人们，科学合理性正在转化为"资本拜物教"，科学已被深深打上了当代资本主义意识形态的烙印。他指出："不仅科学理性的应用，而且科学本身就是对自然和人的统治，就是筹划好了的和正在筹划着的统治。统治的既定目的和利益，不是后来追加的和从科学之外强加上的，它们早就已包含在科技设备的结构中。科学始终是一种历史和社会的设计，一个社会和这个社会的占统治地位的兴趣企图借助人和物而要做的事情，都要用科学来加以设计。统治的这种目的是'物质的'，因此它属于科学理性的形式本身。"③ 总之，在哈贝马斯看来，贯穿和体现在资本主义社会中的这种科学合理性，本身就包含着一种支配的合理性，或统治的合理性。马尔库塞也提出了"科学的进步会导致资本主义统治合理化"的观点，他说："科学的合理性已经成为政治的合理性，科学的合理性再生产奴役，对科学的服从成了对统治本身的服从。"④

科学政治价值的另一个方面，是科学的意识形态化。哈贝马斯在《作为意识形态的技术与科学》中认为，科学在今天不仅成为第一位的生产力，而且已成为一种新的意识形态，成为现代社会统治合法性的基础。

①　[美] 马尔库塞：《苏联的马克思主义——一种批判的分析》，张翼星等译，中国人民大学出版社 2012 年版，第 214 页。

②　[匈] 卢卡奇：《历史与阶级意识》，杜章智等译，商务印书馆 1999 年版，第 13 页。

③　[德] 哈贝马斯：《作为意识形态的技术与科学》，李黎等译，学林出版社 1999 年版，第 39—40 页。

④　[美] 马尔库塞：《现代文明与人的困境——马尔库塞文集》，李小兵译，生活·读书·新知三联书店 1989 年版，第 104 页。

哈贝马斯批判了这种以科学为偶像的新型意识形态（即"科学统治论"），并指出，科学之所以能在晚期资本主义成为一种意识形态，是因为在先进资本主义国家中出现了国家干预经济的活动。资本主义国家为了维护其统治，不得不依赖科学来解决经济危机，把本来涉及民主意志的讨论转变成科学家的决定，于是政治舆论失去了作用。资本主义正是通过科学的意识形态化，最终证明了人对人统治的合理性。保罗·费耶阿本德在《自由社会中的科学》一书中指出，当今科学的主宰性地位不是源自其客观性和真理性，而是因为国家对它的操纵，使科学在社会中处于有利地位。这说明，科学与国家的紧密结合，为科学的统治性地位和对其他文化的压制提供了保证，科学成为众多意识形态的一种。在费耶阿本德看来，现代科学知识不是研究和论证的结果，而是政治制度甚至军事压力的结果；虽然科学借助国家权力获得了合法性，却使自己的地位降到了最低点，成了纯粹的权力工具和意识形态。对此，费耶阿本德主张将科学与国家分离，实行"人道主义的科学"。

　　西方马克思主义者对科学价值研究的另一个重点是科学价值的异化问题。卢卡奇认为，当科学认识的成果被应用于自然时，它会推动人类实践的进步；当它被用于社会时，就成为资产阶级的思想武器，故现代科学越发展、越复杂，就越成为片面的、封闭的、与人无关的东西。① 卢卡奇极力批判科学的物化形式，认为资产阶级一方面将科学当作征服和控制自然的工具，另一方面将其变成人对人统治的有效手段，这使科学成为资产阶级的帮凶。在他看来，资本主义社会的科学越发展，工人所受的剥削和压迫就越厉害，科学成为资本主义社会种种异化现象的根源。霍克海默和阿多尔诺在《启蒙辩证法》一书中指出，随着科学的发展，人对自然的控制能力大大增强，但这种控制最终是以人对人的统治作为代价的，即科学既是人控制自然的工具，反过来又变成人统治人的手段，成为异化的根源。正如他们所说："经济生产力的提高，一方面为世界变得更加公正奠定了基础，另一方面又让机器和掌握机器的社会集团对其他人群享有绝对的支配权。"② 马尔库塞在其著作《单向度的人》中指出，当代发达工业社会是一个新型的集权主义社会，因为它成功地压制了这个社会中的反对

① ［匈］卢卡奇：《历史与阶级意识》，杜章智等译，商务印书馆1999年版，第13页。
② ［德］霍克海默、阿多尔诺：《启蒙辩证法》，上海人民出版社2003年版，第4页。

派和反对意见，压制了人们内心的否定性、批判性和超越性的向度，从而使这个社会变成单向度的社会，使生活于其中的人变成单向度的人①。马尔库塞认为，在当代资本主义社会，统治的原则已发生了根本变化，原来那种基于野蛮和恐怖力量的统治让位于一种更巧妙的统治方式，即借助科学的进步，"在压倒一切的效率和日益提高的生活水准的双重基础上，利用科学而不是恐怖去压服那些离心的社会力量"②。因为，"科技的进步，使发达工业社会对人的控制可以通过电视、电台、电影、收音机等传播媒介无孔不入地侵入人们的闲暇时间，占领人们的私人空间，从而将统治阶级的意志和命令内化为一种社会及个人的心理"③。马尔库塞在《反革命和造反》一书中提出这样一个命题："资本主义的进步法则等于这样一个公式：科学进步 = 社会财富的增加 = 奴役的扩展。"④ 他认为，从广度上看，科学合理性控制了社会的生产程序、国家机构和个人的劳动时间、闲暇时间，并且剥削对象已不局限于工厂、商店和蓝领工人，而是扩大到广大知识分子和白领阶层；从深度上看，人们受到越来越专业化的有学问的经理、政治家和将军们的控制，整个人——包括肉体和精神——都变成了机器或机器上的零件，仅仅在履行部分的操作职能，而情感和理智都变成了管理对象。

综上所述，近代和现代科学价值思想的形成，有其深厚的社会历史背景。由于面临的客观环境不同，中国和西方近现代科学价值思想表现出各自不同的特点。在中国，近现代思想家特别强调科学的政治价值和军事价值，把科学当作救亡图存的工具和手段；在西方，人们更强调科学的认识价值，这与西方近现代人的主体性意识觉醒有很大关系。

第三节 马克思主义科学价值思想

马克思主义科学价值思想由马克思、恩格斯创立，经列宁、斯大林、毛泽东、邓小平、江泽民、胡锦涛等的发展，形成了完备的理论体系。对

---

① 注：所谓"单向度的人"，是指丧失批判性和超越能力的人。
② ［美］马尔库塞：《单向度的人》，刘继译，上海译文出版社 1989 年版，第 4 页。
③ 同上书，第 10 页。
④ ［美］马尔库塞：《反革命和造反》，任立译，商务印书馆 1982 年版，第 115 页。

马克思主义科学价值思想的发展历史进行梳理，归纳出每位思想家的具体观点，并总结马克思主义科学价值思想的主要特点，有助于我们理清思路，形成正确的科学价值观念。

一 马克思和恩格斯的科学价值思想

马克思、恩格斯非常注重对自然科学的研究，以提高其著作的科学性和严密性。马克思在写作《资本论》的过程中，就十分重视数学和科学史的研究。马克思深切感受到，离开必要的数学分析，就无法把经济规律揭示出来并表达清楚。19 世纪 50 年代，恩格斯就开始学习和研究物理学、化学、生物学、天文学、数学等自然科学，并对这些科学成果作了深刻的哲学概括，写出了《自然辩证法》一书。恩格斯还对当时自然科学中的一些前沿问题作出了科学的分析和预见，如生命起源问题、边缘科学的发展问题、大自然对人类的报复问题等。

对于科学的生产力价值，马克思指出："大工业把巨大的自然力和自然科学并入生产过程，必然大大提高劳动生产率，这一点是一目了然的。"[①] 知识形态上的科学，属于"一般社会生产力"，或者叫"潜在的生产力"。一旦科学进入生产过程，这种知识形态的生产力就转化为现实的、直接的生产力。当科学进入生产过程后，会提高劳动者素质，改善生产工具和工艺流程，拓展劳动对象，优化管理方法，从而大幅度提高劳动生产率。马克思说："自然界没有造出任何机器，没有造出机车、铁路、电报、自动走锭精纺机等等。它们是人的产业劳动的产物，是转化为人的意志驾驭自然界的器官或者说在自然界实现人的意志的器官的自然物质。它们是人的手创造出来的人脑的器官，是对象化的知识力量。"[②] 这说明生产工具是人创造的，是人类智慧的物化，是科学知识转化为现实生产力的结果。正因为科学能转化为直接生产力，马克思才这样感慨道："一般社会知识，已经在多么大的程度上变成了直接的生产力，从而社会生活过程的条件本身在多么大的程度上受到一般智力的控制并按照这种智力得到改造。"[③] 马克思对科学价值的这种革命性认识，还体现在他对各种经济

---

① 《马克思恩格斯选集》第 2 卷，人民出版社 1995 年版，第 207 页。
② 《马克思恩格斯文集》第 8 卷，人民出版社 2009 年版，第 197 页。
③ 同上书，第 198 页。

时代的划分上。他说:"各种经济时代的区别,不在于生产什么,而在于怎样生产,用什么劳动资料生产。劳动资料不仅是人类劳动力发展的测量器,而且是劳动借以进行的社会关系的指示器。"① 马克思还按照"制造工具和武器的材料"的不同,将人类历史划分为"石器时代、青铜时代和铁器时代"②。恩格斯也指出,生产实践的发展与科学的迅猛前进是息息相关的,他还预言未来的科学将以几何级数迅速发展——"科学则与前一代人遗留的知识量成比例地发展,因此,在最普通的情况下,科学也是按几何级数发展的"③。

马克思还指出,随着科学的进步,人类对自然的支配能力日益增强,人在劳动过程中的地位和作用也产生了很大变化,这促进了生产方式的改变。他说:"工业中机器和蒸汽的采用,在奥地利,也像在所有别的地方一样,使社会各阶级的一切旧有关系和生活条件发生了变革;它把农奴变成了自由民,把小农变成了工业工人;它摧毁了旧有的封建手工业行会,消灭了许多这种行会的生存手段。……最后,铁路的建设加速了国内工业和智力的发展。"④ 人类历史发展的实际进程,也能印证马克思的这种观点。由于工业革命后出现了蒸汽机、电力机和其他各种机器,使得以前那种分散的、单个的、家庭手工业的生产方式被集中的、协作的、成千上万人协同劳动的大机器工厂所代替。生产方式的另一重要方面是生产关系,生产力的发展也会导致生产关系的变革,从而推动社会的前进。1847年,马克思在《哲学的贫困》一书中指出:"人们改变自己的生产方式,随着生产方式即谋生方式的改变,人们也就会改变自己的一切社会关系。手工磨产生的是封建主为首的社会,蒸汽磨产生的是工业资本家为首的社会。"⑤ 马克思在为《人民报》创刊4周年的宴会上作演讲时,对科学的伟大历史价值和革命力量作了十分精辟而形象的概括:"这个社会革命并不是1848年发明出来的东西。蒸汽、电力和自动纺机甚至是比巴尔贝斯、拉斯拜尔和布朗基诸位公民更危险万分的革命家。"⑥ 在1848年欧洲革命

① 《马克思恩格斯选集》第2卷,人民出版社1995年版,第179页。
② 《马克思恩格斯选集》第4卷,人民出版社1995年版,第163页。
③ 《马克思恩格斯文集》第1卷,人民出版社2009年版,第82页。
④ 《马克思恩格斯选集》第1卷,人民出版社1995年版,第508页。
⑤ 同上书,第142页。
⑥ 同上书,第774页。

被镇压以后，有人认为革命火苗从此熄灭了，但马克思指出，这些人"没有料到自然科学正在准备一次新的革命。蒸汽大王在前一世纪中使世界发生了天翻地覆的变化，现在它的统治已到末日，另一种更大得无比的革命力量——电火花将取而代之。"①　马克思也曾为科学的革命力量而欢呼和鼓舞："火药、指南针、印刷术——这是预告资产阶级社会到来的三大发明。火药把骑士阶层炸得粉碎，指南针打开了世界市场并建立了殖民地，而印刷术则变成新教的工具，总的来说变成科学复兴的手段，变成对精神发展创造必要前提的最强大的杠杆。"②　马克思认为，资产阶级推翻封建统治的一个重要武器就是科学。文艺复兴时期，哥白尼、伽利略等科学家的"日心说"，成为推翻基督教绝对权威的重要思想武器；启蒙主义者不仅高举理性和科学的大旗，卢梭、伏尔泰等还以"科学精神"论证"自由、平等、民主、博爱"的正确性；达尔文的进化论将基督教的"创世说"赶出了历史舞台。对马克思本人来说，他也将自己的政治经济学作为无产阶级推翻资产阶级统治的思想武器，并充分论证了"无产阶级将成为资本主义社会掘墓人"的观点。

　　马克思认识到，科学不仅可以改变生产方式，还能改变生活方式。随着科学的进步和社会分工的细化，脑力劳动与体力劳动逐渐分离，这种分离促进了各门学科的发展，也间接促进了社会教育的进步。马克思说："随着科学的进步，基本教育、知识等等，阅读、书写、计算以及商业知识和语言知识等等，就会越来越迅速地、越容易地、越普遍地、越便宜地再生产出来。"③　在中世纪后期，意大利等欧洲国家就相继创办了一些大学，其目的是培养基督教所需的神职人员，开设的课程有神学、文学、法律、修辞、音乐等，很少有自然科学。随着近代科学的发展，一批新型大学开始出现，并开设了天文、数学、物理等自然科学学科。于是，"自然科学开始成为各级学校的普及科目，力学在18世纪的法国和英国都是最普及的科学"④　随之改变的是教育的形式，知识教育开始与技能教育、社会实践教育相结合。正如马克思所说："综合技术学校和农业学校是这

---

① 《马克思恩格斯文集》第7卷，人民出版社2009年版，第348页。
② 《马克思恩格斯文集》第8卷，人民出版社2009年版，第338页。
③ 《马克思恩格斯全集》第48卷，人民出版社1985年版，第431页。
④ 《马克思恩格斯选集》第1卷，人民出版社1995年版，第113页。

种变革过程在大工业基础上自然发展起来的一个要素；职业学校是另一个要素，在这种学校里，工人的子女受到一些有关工艺学和各种生产工具的实际操作的教育。"①

科学改变人们生活方式的另一方面，主要体现在科学的精神价值上。科学发展为人们精神生活创造了更多物质条件和信息传递载体。马克思在评价早期印刷术时，曾说："印刷术总的来说是科学复兴的手段，变成对精神发展创造必要前提的最强大杠杆。"② 恩格斯也指出了科学发展对哲学思想的推动价值："在从笛卡儿到黑格尔和从霍布斯到费尔巴哈这一长时期内，推动哲学家前进的……主要是自然科学和工业的强大而日益迅猛的进步。"③ 马克思还认识到，科学可以提升人们的思想境界，净化人的心灵。对于那些只见物质利益，不见精神价值的商人，马克思讽刺道："经营矿物的商人只看到矿物的商业价值，而看不到矿物的美和独特性。"④ 人与动物的最根本差别，在于人类有历史文化和人文精神，能用内在的价值观去改造世界。"动物只是按照它所属的那个种的尺度和需要来构造，而人懂得按照任何一个种的尺度来进行生产，并且懂得处处都把内在的尺度运用于对象。因此，人也按照美的规律来构造。"⑤

科学对人们生活方式改变的最终目标，是实现人的自由全面发展。马克思认为，自由的本质存在于人们现实的实践活动之中，自由的获得存在于人类变革自然、社会和人自身的过程之中，自由的实现存在于人的彻底解放之中。马克思以人的发展为尺度，将社会历史分为三个阶段——"人的依赖关系阶段"、"以物的依赖性为基础的人的独立性阶段"、"建立在个人全面发展和他们共同的社会生产能力成为他们的社会财富这一基础上的自由个性阶段"⑥。马克思还指出，人类发展的最高境界就是每个人自由而全面的发展，这种"个人的全面性不是想象的或设想的全面性，而是他的现实联系和观念联系的全面性。由此而来的是把他自己的历史作

① 《马克思恩格斯选集》第2卷，人民出版社1995年版，第213页。
② 《马克思恩格斯文集》第8卷，人民出版社2009年版，第338页。
③ 《马克思恩格斯选集》第4卷，人民出版社1995年版，第226页。
④ 《马克思恩格斯文集》第1卷，人民出版社2009年版，第192页。
⑤ 同上书，第47页。
⑥ 《马克思恩格斯文集》第8卷，人民出版社2009年版，第52页。

为过程来理解，把对自然界的认识当作对他自己的现实躯体的认识。"①
因此，人是通过社会实践来实现自由全面发展的，而科学在这个过程中发
挥了重大价值。科学正是通过对客观必然性的把握，使人类的认识和实践
由必然上升到自由。时间构成人的生命，它是人们所承受的一种必然性约
束，自由的人能在有限的时间里，使自己的兴趣、爱好、力量和才能等得
到最大的发展。马克思说："整个人类的发展，就其超出对人的自然存在
直接需要的发展来说，无非是对这种自由时间的运用，并且整个人类发展
的前提就是把这种有功时间的运用作为必要的基础。"② 科学通过提高劳
动生产率，为人类的发展创造了宝贵的自由时间——"贝色麦、西门子、
吉尔克里斯特－托马斯等人新发明的炼铁炼钢法，就以较少的费用，把以
前需时很长的过程缩短到最低限度。由煤焦油提炼茜素或茜红染料的方
法，利用现有的生产煤焦油染料的设备，已经可以在几周之内，得到以前
需要几年才能得到的结果。"③ 反过来，由于科学的发展，"把社会必要劳
动缩减到最低限度"，便给所有人腾出了时间，于是，"个人会在艺术、
科学等等方面得到更好的发展"。④ 不仅如此，科学发展还为人类活动提
供了广阔的天地。"在陆地上，碎石路已经被铁路排挤到次要地位；在海
上，缓慢的不定期的帆船已经被迅速的定期的轮船航线排挤到次要地位。
并且整个地球布满了电报线。"⑤ 这使人们活动的空间越来越广，各种文
明的交流也越来越频繁，人们能充分利用各行业、各地域的互补性来实现
自由全面发展。

　　马克思也指出，限制人们自由全面发展的重要原因之一是社会分工，
"当分工一出现之后，任何人都有自己一定的特殊的活动范围，这个范围
是强加于他的，他不能超出这个范围"⑥。在工场手工业时期，由于分工
的需要，工人始终从事同一种工作，以至于"鞋匠，管你自己的事吧"
成为手工业智慧的"顶峰"⑦。随着科学的发展，这一局面开始被打破。

---

① 《马克思恩格斯文集》第 8 卷，人民出版社 2009 年版，第 172 页。
② 《马克思恩格斯全集》第 32 卷，人民出版社 1998 年版，第 215 页。
③ 《马克思恩格斯文集》第 7 卷，人民出版社 2009 年版，第 84 页。
④ 《马克思恩格斯文集》第 8 卷，人民出版社 2009 年版，第 197 页。
⑤ 《马克思恩格斯选集》第 2 卷，人民出版社 1995 年版，第 405 页。
⑥ 《马克思恩格斯选集》第 1 卷，人民出版社 1995 年版，第 85 页。
⑦ 《马克思恩格斯文集》第 5 卷，人民出版社 2009 年版，第 562 页。

"现代工业通过机器、化学过程和其他方法，使工人的职能和劳动过程的社会结合不断地发生变革。这样，它也同样不断地使社会内部的分工发生变革，不断地把大量资本和大批工人从一个生产部门投到另一个生产部门。"① 因此，大工业的发展，也带来了劳动的变换、职能的更动和工人的全面流动。也正是科学的发展，使"生产劳动同智育和体育相结合，它不仅是提高社会生产的一种方法，而且是造就全面发展的人的唯一方法"②。科学发展在消灭劳动分工之片面性的同时，逐渐使劳动由谋生的手段变为生活的目的，成为人们自由自觉的活动。于是，创造性的劳动将成为人的天性，成为人们乐趣、幸福和生命意义之所在。劳动的自由使劳动者成为具有多方面知识和能力的主体，并活跃在各个领域——"在共产主义社会里，任何人都没有特殊的活动范围，而是都可以在任何部门内发展，社会调节着整个生产，因而使我有可能随自己的兴趣今天干这事，明天干那事，上午打猎，下午捕鱼，傍晚从事畜牧，晚饭后从事批判。"③ 这个时候，人们才真正摆脱了自然和社会盲目力量的支配，才"第一次成为自然界的自觉的和真正的主人，因为他们已经成为自己的社会结合的主人了，这是人类从必然王国进入自由王国的飞跃"④。

马克思还很重视科学对推动世界历史发展的价值，并认为科学已成为资产阶级世界性扩张的强大支撑力量。他说："资产阶级，由于一切生产工具的迅速改进，由于交通的极其便利，把一切民族甚至最野蛮的民族都卷到文明中来了。"⑤ 没有科学的发展，资产阶级就没有开创世界历史的能量。这一点，马克思在 19 世纪 40 年代就曾指出："一切财富都成了工业的财富，成了劳动的财富，而工业是完成了的劳动，正像工厂制度是工业的即劳动的发达的本质，而工业资本是私有财产的完成了的客观形式一样。我们看到，只有这时私有财产才能完成它对人的统治，并以最普遍的形式成为世界历史性的力量。"⑥ 科学的发展和资本主义国家的入侵，打破了封闭国家的落后生产方式，从而使整个世界连成一片，"使每个文明

---

① 《马克思恩格斯选集》第 3 卷，人民出版社 1995 年版，第 645 页。

② 同上书，第 673 页。

③ 《马克思恩格斯选集》第 1 卷，人民出版社 1995 年版，第 85 页。

④ 《马克思恩格斯选集》第 3 卷，人民出版社 1995 年版，第 758 页。

⑤ 《马克思恩格斯选集》第 1 卷，人民出版社 1995 年版，第 276 页。

⑥ 同上书，第 182 页。

国家以及这些国家中的每一个人的需要的满足都依赖于整个世界，因为它消灭了各国以往自然形成的闭关自守的状态"①。马克思还指出，科学发展促进了新国际分工的形成，"机器生产摧毁国外市场的手工业产品，迫使这些市场变成它的原料产地。例如东印度就被迫为大不列颠生产棉花、羊毛、大麻、黄麻、靛蓝等。大工业国工人的不断过剩，大大促进了国外移民和外国的殖民地化，而这些外国变成宗主国的原料产地，例如澳大利亚就变成羊毛产地。一种与机器生产中心相适应的新的国际分工产生了，它使地球的一部分转变为主要从事农业的生产地区，以服务于另一部分主要从事工业的生产地区。"② 科学不仅在经济层面上开创了世界历史，还在政治和文化层面上开创了世界历史。资产阶级利用科学的力量，"使未开化和半开化的国家从属于文明的国家，使农民的民族从属于资产阶级的民族，使东方从属于西方"③。在《德意志意识形态》中，马克思、恩格斯谈道："大工业通过普遍的竞争迫使所有个人的全部精力处于高度紧张状态。它尽可能地消灭意识形态、宗教、道德等等，而在它无法做到这一点的地方，它就把它们变成赤裸裸的谎言。"④ 于是，科学的发展和世界历史的形成，促使资本主义消灭别的意识形态，而代之以自己的价值观。在马克思看来，世界历史的形成和发展，是科学发展的必然结果，虽然这其中包含种种罪恶和血腥，但其进步意义是主要的。

马克思、恩格斯在高度肯定科学价值的同时，也没有忽视科学的负价值。科学的负价值，首先表现在它导致人对自然的过度掠夺以及自然界对人的"报复"。人对自然的利用本身是无可厚非的，正如马克思所说："通过工业——尽管以异化的形式——形成的自然界，是真正的、人本学的自然界。"⑤ 但在资本主义社会中，由于资本的本性是最大限度地追逐剩余价值，这导致了"自然界的一切领域都服从于生产"，而科学"不过表现为狡猾，其目的是使自然界（不管是作为消费品，还是作为生产资料）服从于人的需要"⑥。在这种价值观的驱使下，人们会最大限度地利

---

① 《马克思恩格斯选集》第 1 卷，人民出版社 1995 年版，第 114 页。

② 《马克思恩格斯文集》第 5 卷，人民出版社 2009 年版，第 519 页。

③ 《马克思恩格斯选集》第 1 卷，人民出版社 1995 年版，第 277 页。

④ 同上书，第 114 页。

⑤ 《马克思恩格斯全集》第 3 卷，人民出版社 2002 年版，第 307 页。

⑥ 《马克思恩格斯文集》第 8 卷，人民出版社 2009 年版，第 90 页。

用和掠夺自然界，造成一系列负面效应。恩格斯在研究了人类活动与动植物分布、气候变化的关系后，谆谆告诫人们应重视生态问题："我们不要过分陶醉于我们人类对自然界的胜利。对于每一次这样的胜利，自然界都对我们进行报复。每一次胜利，起初确实取得了我们预期的结果，但是往后和再往后却发生完全不同的、出乎预料的影响，常常把最初的结果又消除了。"① 在恩格斯看来，导致人与自然价值背离的原因是多方面的，既有认识论上的原因，又有社会生产方式的原因。当人们生活在狭隘的社会关系中时，他们生产和生活的目的是很自私、很功利的，也很难辩证地看待人与自然的关系。恩格斯认为，人对自然的支配并不是统治，更不是征服和破坏，而是要实现人与自然的共同发展。在人与自然的关系中，人居于主导地位，人有责任关爱、保护大自然。自然界作为价值客体，是受盲目必然性制约的客观世界，它没有自身的目的和愿望。人与自然之间价值分离的主要责任在人，而不在自然界。正如恩格斯所说："动物也进行生产，但是它们的生产对周围自然界的作用在自然界面前只等于零。只有人才办得到给自然界打上自己的印记，因为他们不仅迁移动植物，而且也改变了他们的居住地的面貌、气候，甚至还改变了动植物本身，以致他们活动的结果只能和地球的普遍灭亡一起消失。"② 只有人类有能力担负起"再生产整个自然界"的重任，也只有人类能充当人与自然之间健康关系的建立者。恩格斯说："人离开动物越远，他们对自然界的影响就越带有经过事先思考的、有计划的、以事先知道的一定目标为取向的行为的特征。"③ 因此，人们要摆正自己在自然界中的位置，培养对大自然的"敬畏感"，尊重自然界自身的发展。

　　科学负价值的另一方面是，科学发展导致了活劳动的异化，进而导致了人自身的异化。在资本主义社会中，科学从属于资本，并成为"生产财富的手段"。马克思对科学异化的分析，是从劳动异化入手的。劳动异化是与劳动对象化相对而言的，劳动对象化是指，劳动者通过劳动，把自己的本质力量体现在对象之中；劳动异化则是指，主体对象化过程中表现出来的变异或反常现象，是劳动过程对主体的否定和压制。马克思指出：

① 《马克思恩格斯选集》第 4 卷，人民出版社 1995 年版，第 383 页。
② 同上书，第 274 页。
③ 同上书，第 382 页。

"在我们这个时代，每一种事物好像都包含有自己的反面。我们看到，机器具有减少人类劳动和使劳动更有成效的神奇力量，然而却引起了饥饿和过度的疲劳。财富的新源泉，由于某种奇怪的、不可思议的魔力而变成贫困的源泉。技术的胜利，似乎是以道德的败坏为代价换来的。随着人类愈益控制自然，个人却似乎愈益成为别人的奴隶或自身的卑劣行为的奴隶。甚至科学的纯洁光辉仿佛也只能在愚昧无知的黑暗背景上闪耀。我们的一切发现和进步，似乎结果是使物质力量成为有智慧的生命，而人的生命则化为愚钝的物质力量。现代工业和科学为一方与现代贫困和衰颓为另一方的这种对抗，我们时代的生产力与社会关系之间的这种对抗，是显而易见的、不可避免的和无庸争辩的事实。"① 在科学异化的所有表现形式中，最主要是人的主体地位的丧失。在资本主义社会，科学与个人的自由和解放是对立的："机器工业中的自然力、科学和劳动产品的用于生产，所有这一切，都作为某种异己的、物的东西，纯粹作为不依赖于工人而支配着工人的劳动资料的存在形式，同单个工人相对立。"② 在工场手工业时代，工人只是把工具当作自己的器官，工人通过自己的技能和活动赋予它以灵魂。而在机器大工业时代，机器本身就是能工巧匠，工人的活动是由机器的运转来决定和调节的。于是，这种发达的科技并不存在于工人的意识中，而是作为异己的力量，作为机器本身的力量，使工人成为机器的零件之一。马克思在《资本论》中指出："在工场手工业和手工业中，是工人利用工具，在工厂中，是工人服侍机器。在前一种场合，劳动资料的运动从工人出发，在后一种场合，则是工人跟随劳动资料的运动。在工场手工业中，工人是一个活机构的肢体。在工厂中，死机构独立于工人而存在，工人被当作活的附属物并入死机构。"③ 机器是科学的产物和结晶，机器表现为工人的主人，这也就意味着科学对工人来说，"表现为异己的、敌对的和统治的权力"④。因此，在机器大工业时代，工人在自己的劳动中，不是肯定自己，而是否定自己；不是感到幸福，而是感到不幸；不是自由地发挥自己的体力和智力，而是使自己的肉体受折磨、精神遭摧残。于

① 《马克思恩格斯选集》第 1 卷，人民出版社 1995 年版，第 775 页。
② 《马克思恩格斯文集》第 8 卷，人民出版社 2009 年版，第 394 页。
③ 《马克思恩格斯文集》第 5 卷，人民出版社 2009 年版，第 486 页。
④ 《马克思恩格斯文集》第 8 卷，人民出版社 2009 年版，第 358 页。

是，工人丧失了人之为人的本质，被彻底异化了。

马克思进一步指出，只有进入共产主义社会，才能扬弃科学的这两种异化。在共产主义社会，"社会化的人，联合起来的生产者，将合理地调节他们和自然之间的物质变换，把它置于他们的共同控制之下，而不让它作为盲目的力量来统治自己；靠消耗最小的力量，在最无愧于和最适合于他们的人类本性的条件下来进行这种物质变换"①。于是，"人终于成为自己的社会结合的主人，从而也就成为自然界的主人，成为自己本身的主人——自由的人"②。共产主义是"人和自然界之间、人和人之间矛盾的真正解决，是存在和本质、对象化和自我确证、自由和必然、个体和类之间的斗争的真正解决"③。在共产主义社会，没有阶级和阶级压迫——"代替那存在着阶级和阶级对立的资产阶级旧社会的，将是这样一个联合体，在那里，每个人的自由发展是一切人的自由发展的条件。"④ 在共产主义社会，由分工所导致的人的片面发展不复存在，人获得了全面发展的条件。由于科学和生产力的高度发达，人将成为科学和机器的主人，并自由自觉地从事劳动。这时，"在劳动已经不仅仅是谋生的手段，而且本身成了生活的第一需要之后；在随着个人的全面发展，他们的生产力也增长起来，而集体财富的一切源泉都充分涌现之后，社会才能在自己的旗帜上写上'各尽所能，按需分配'！"⑤

综上所述，马克思、恩格斯在丰富的社会实践基础上，创立了马克思主义科学价值思想。它的创立，为我们正确认识科学的地位和价值提供了理论指导。

二　列宁和斯大林的科学价值思想

（一）列宁的科学价值思想

列宁是马克思主义的积极实践者和推进者。在领导俄国社会主义革命和建设的具体过程中，列宁创造性地丰富和发展了马克思主义科学价值

---

① 《马克思恩格斯文集》第7卷，人民出版社2009年版，第928页。
② 《马克思恩格斯选集》第3卷，人民出版社1995年版，第760页。
③ 《马克思恩格斯文集》第1卷，人民出版社2009年版，第185页。
④ 《马克思恩格斯选集》第4卷，人民出版社1995年版，第730页。
⑤ 《马克思恩格斯选集》第3卷，人民出版社1995年版，第305页。

思想。

　　列宁科学价值思想的形成，与第二次科技革命息息相关。第二次科技革命发生于 19 世纪 70 年代至 20 世纪 40 年代，它以德国和美国为中心，以电磁学理论的创立为先导，以电力的广泛应用为标志。列宁生活的年代，正是俄国科学飞速发展的时期，俄国的科学界也是人物辈出，其中最杰出的有门捷列夫、车比雪夫、梅契尼科夫等。英国学者格雷厄姆辩证地评价了当时俄国的社会经济状况和科学发展水平："在 19 世纪末期，俄罗斯在经济上和政治上仍然是一个落后国家；但它在科学上的光明前景开始显露出来。在 1900 年，就科学机构的繁荣来说，俄罗斯远逊于德国、法国和英国；但是与它在一个世纪以前的地位相比，成就是显著的。"①

　　列宁科学价值思想的核心，是将科学价值与社会主义建设相结合，并提出了其经典命题——"共产主义就是苏维埃政权加全国电气化"②。列宁在阐述这一观点时，将当时科学的最新成果"电气化"作为整个科学的代名词。列宁认为，与资本主义社会相比，电气化与社会主义更具有直接的关系，因为"在资本主义制度下，从事采煤的千百万矿工的劳动的'解放'，必将造成工人大批失业，贫困现象大大加重，工人的生活状况更加恶化"③。而社会主义由于采取生产资料公有制和按劳分配，便不会产生这样的悲剧。1920 年 6 月，列宁在《土地问题提纲初稿》中论述了科学对于巩固社会主义政权的价值："只有在无产阶级的国家政权最终平定剥削者的一切反抗，保证自己完全巩固，完全能够实施领导，根据大规模集体生产和最新科学基础（全部经济电气化）的原则改组全部工业的时候，社会主义对资本主义的胜利以及社会主义的巩固才算有了保证。"④而要获得这种胜利，就必须掌握科学，并让广大群众能熟练运用科学。列宁还指出，科学价值能否得到充分发挥，与科学所处的社会制度密切相关。"在资本主义社会里，技术和科学的进步意味着榨取血汗的艺术的进步。"⑤ 只有在社会主义条件下，才能合理进行社会生产和产品分配，才

---

① ［英］格雷厄姆：《俄罗斯和苏联科学简史》，叶式辉等译，复旦大学出版社 2000 年版，第 30 页。

② 《列宁选集》第 4 卷，人民出版社 1995 年版，第 364 页。

③ 《列宁全集》第 23 卷，人民出版社 1990 年版，第 94 页。

④ 《列宁选集》第 4 卷，人民出版社 1995 年版，第 231 页。

⑤ 《列宁全集》第 36 卷，人民出版社 1985 年版，第 21 页。

能正确发挥科学的价值，让全体劳动者过上美好、幸福的生活。因此，社会主义和共产主义是先进政治制度和先进科学知识相结合的产物。列宁坚信："劳动生产率，归根到底是使新社会制度取得胜利的最重要最主要的东西。资本主义创造了在农奴制度下所没有过的劳动生产率。资本主义可以被最终战胜，而且一定会被最终战胜，因为社会主义能创造新的高得多的劳动生产率。这是很困难很长期的事业，但这个事业已经开始，这是最主要的。……共产主义就是利用先进科学的、自愿自觉的、联合起来的工人所创造的较资本主义更高的劳动生产率。"① 列宁还指出："归根到底，战胜资产阶级所需力量的最深源泉，这种胜利牢不可破的唯一保证，只能是新的更高的社会生产方式，只能是用社会主义的大生产代替资本主义的和小资产阶级的生产。"② 在他看来，要建设社会主义，必须大力发展科学，缩小城乡差距，在电气化基础上合理地组织生产。只有当国家全面实现了电气化，为工业、农业和运输业打下了坚实基础的时候，才算取得了最后的胜利。而要实现苏维埃政权的电气化，就必须"学会实事求是地和仔细地分析我们的许多实际错误，并且学会一步一步地坚持不懈地改正这些错误。少摆些知识分子式的和官僚主义的妄自尊大的架子，研究些我们在中央和地方的实际经验所提供的东西以及科学已经向我们提供的东西吧。"③ 在列宁的时代，苏联的总体科学水平比资本主义落后，要实现全国电气化，使苏联的小农经济变成大工业经济，必须"使每一个工厂、每一个电站变成教育的中心，如果俄国布满了由电站和强大的科技设备组成的密网，那么我们的共产主义经济建设就会成为未来的社会主义的欧洲和亚洲的榜样"④。为此，列宁明确要求，应"认真地进行驱散这些有学问的游手好闲之徒的工作，并且必须明确规定，由谁负责向我们清楚地、及时地、合乎实际需要而不是例行公事地介绍欧美的科学"⑤。他还指出："提高劳动生产率是一个根本的任务，因为不这样就不可能最终过渡到共产主义。要达到这一目的，除了进行长期的工作来教育群众和提高他们的

---

① 《列宁选集》第 4 卷，人民出版社 1995 年版，第 16 页。

② 同上书，第 13 页。

③ 同上书，第 443 页。

④ 同上书，第 366 页。

⑤ 《列宁全集》第 51 卷，人民出版社 1988 年版，第 274 页。

文化水平外，还要迅速地、广泛地和全面利用资本主义遗留给我们的、通常是必然具有资产阶级的世界观和习惯的科学技术专家。"①

在积极肯定科学价值的同时，列宁非常注重提高科学家的待遇。列宁曾反复强调："科学家和专家是苏维埃国家最宝贵的财富，共产党应当像爱护眼睛那样，爱护一切真诚的、热爱自己业务的科学家和专家。"② 他要求："在政治上应允许专家参加工会组织，在生活待遇上应给专家们以较高的工资，给他们提供较好的工作条件，使他们能够心情舒畅地进行工作，还应建立对工作成绩优良的专家进行鼓励的奖金制度。"③ 在列宁的积极建议下，苏共中央专门成立了"科学家生活改善委员会"，以供应科学家们的生活，并改善科学家的生活质量。在苏联成立初期，物资相当匮乏，平均主义盛行，但列宁仍对科学家给予了巨大的优惠和奖励，这充分说明了他对科学价值的高度重视。这种重视还体现在列宁对待资产阶级知识分子的宽容态度，他指出："资本主义给我们留下了一大笔遗产，给我们留下了一大批专家，我们一定要利用他们，广泛地大量地利用他们，把他们全都用起来。"④ 列宁还强调，对旧知识分子应放弃一切偏见，广泛利用他们的才能为社会主义建设服务。列宁还批评了那种狂妄自大、不尊重科学知识的共产党员："这样的共产党员在我们这里很多，我宁可拿出几十个来换一个老老实实研究本行业务的和内行的资产阶级专家。"⑤ 为让旧知识分子安心工作、充分发挥自身的价值，列宁对他们采取了团结和改造并重的工作策略。列宁指出，知识分子只不过是区别于体力劳动的脑力劳动者而已，知识分子是一个社会阶层，他们既不是独立的政治力量，也不是"经济上独立的阶级"，他们既能为资产阶级服务，也能为无产阶级服务。列宁不仅重用旧社会遗留的专家，而且采取各种措施关怀、照顾他们，切实改善他们的工作、生活和科研条件。有学者做过统计，当时科学家与普通工人的月工资相差 5 倍，工人月工资 500—800 卢布，而专家的薪水则远远超过这个数目，最高可达 3000 卢布左右。1920 年，由于某

---

① 《列宁全集》第 29 卷，人民出版社 1956 年版，第 90 页。
② 《列宁全集》第 23 卷，人民出版社 1990 年版，第 159 页。
③ 《列宁全集》第 36 卷，人民出版社 1985 年版，第 254 页。
④ 《列宁全集》第 35 卷，人民出版社 1985 年版，第 395 页。
⑤ 《列宁选集》第 4 卷，人民出版社 1995 年版，第 442 页。

位领导不支持，致使苏俄无线电专家布鲁耶维奇领衔的无线电传播实验面临停闭的危险。列宁知道此事后，立即批评了有关领导，同时建议斯大林从黄金储备金中拨款 10 万金卢布支持无线电实验工作。由于列宁的大力支持，无线电事业在苏俄日后的建设中发挥了巨大作用。①

列宁对科学价值的重视，还体现在他对科学教育的大力提倡上。列宁说："党应当无条件地站在俄共党纲关于综合科学教育所确定的立场上，同时，党应当认为把普及综合科学教育的学龄标准从 17 岁降低到 15 岁。"② 从本质上说，科学普及是一项社会教育，其基本特点是社会性、群众性和持续性。因此，科普工作必须运用社会化、群众化和经常化的方式开展。对此，列宁提出："必须使我们建成的每一座电站都真正成为教育的据点，都要对群众进行所谓电的教育"，因为"当我们有文盲的时候，是不能实现电气化的"③。1920 年，列宁在《青年团的任务》中也指出："每个青年必须懂得，只有受了现代教育，他才能建立共产主义社会，如果不受这种教育，共产主义仍然不过是一种愿望而已。"④

从理论角度看，列宁高度重视科学发展对哲学思想的推动价值。在20 世纪初，列宁就根据射线、元素、放射性、电子等自然科学的新发现断言："电子和原子一样，也是不可穷尽的，自然界是无限的，而且它无限地存在着。正是绝对地无条件地承认自然界存在于人的意识和感觉之外这一点，才把辩证唯物主义同相对主义的不可知论和唯心主义区别开来。"⑤ 列宁没有把当时人们认识到的最小粒子当作物质结构的终极层次，并提炼出"物质结构层次不可穷尽"的辩证唯物主义观点。列宁这一思想不断得到了物理学的证实，即每次试图把物质分解成最小单位的尝试都是失败的。列宁还描述了自然科学与哲学的关系："辩证法是自然与社会最普遍的发展法则，各个科学分科，如数学、力学、化学、物理、生物学、经济学及其他自然科学、社会科学等，是研究物质世界及其认识之发展的各个方面。……自然科学为哲学提供基础，哲学不能脱离自然科学，

---

①　李国宏：《列宁斯大林文化革命思想与实践研究》，吉林大学博士学位论文，2008 年，第 54 页。

②　《列宁全集》第 23 卷，人民出版社 1990 年版，第 354 页。

③　《列宁选集》第 4 卷，人民出版社 1995 年版，第 365 页。

④　同上书，第 287 页。

⑤　《列宁选集》第 2 卷，人民出版社 1995 年版，第 193 页。

它是对自然知识的概括和总结，自然科学发展，哲学也要随之发展。同时，哲学为自然科学的发展提供指导思想，自然科学的发展不能脱离辩证唯物主义的指导。"① 对于认识论领域可能出现的种种问题及应对之策，列宁也做过深入思考，他说："正因为现代自然科学经历着急剧的变革，所以往往会产生一些大大小小的反动的哲学学派和流派。因此，现在的任务就是要注意自然科学领域最新的革命所提出的种种问题，并吸收自然科学家参加哲学杂志所进行的这一工作，不解决这个任务，战斗唯物主义决不可能是战斗的，也决不可能是唯物主义。"② 他还建议，共产党的彻底唯物主义者要与现代自然科学家结成联盟，以实现自然科学捍卫和宣传唯物主义，并为社会主义革命服务的目的。

总之，列宁在继承马克思、恩格斯科学价值思想的基础上，将科学与社会主义建设相结合，实现了马克思主义科学价值思想由理论向实践的飞跃。列宁的科学价值思想在马克思主义理论史上占有重要地位，具有不可磨灭的历史意义。

（二）斯大林的科学价值思想

斯大林作为苏联模式的缔造者，非常善于运用科学的价值为社会主义建设服务。斯大林为了强调科学在社会主义建设中的作用并加快苏联的工业化进程，于1931年提出了"科学决定一切"的口号。由于战乱的影响，苏联的科学水平要比当时的英美等国更落后，苏联面临着赶超世界先进科学水平的历史任务。为此，斯大林强调，苏联必须尽快从落后的农业国变成先进的工业国。1932年，联共（布）第十七次代表会议决定，苏联第二个五年计划的主要任务是"在发展新科技的基础上，完成整个国民经济的改造"。为了实现这一目标，斯大林主要采取了两条措施：用最先进的科技武装工业部门，特别是重工业和国防工业；将新科技成果大力投入农业生产，加大农业机械化建设，以提高农产品产量。

斯大林还非常重视科学发展中人的因素，他指出："人才、干部是世界上所有宝贵的资本中最宝贵、最有决定意义的资本。"③ 他还说："单靠新科技是解决不了问题的。尽管有头等的科技，头等的工厂，如果没有能

① 《列宁全集》第35卷，人民出版社1985年版，第102页。

② 《列宁选集》第4卷，人民出版社1995年版，第651页。

③ 《斯大林文集》，人民出版社1985年版，第47页。

够驾驭这些科技的人才，那么这些科技就是科技而已。为了使新科技能够产生效果，一定还要有能够操纵它和推进科技的人才，有这样的男女工人干部。"① 因此，斯大林非常重视科学人才的培养，即使在国家财政困难的情况下，他也大力保证教育经费的投入。斯大林还把培养科学人才的任务纳入国家发展战略，责成教育人民委员会、最高经济委员会和交通人民委员会共同承担这一重大任务。为了提高教育质量和水平，斯大林选派优秀的党员干部和专家担任高等学校的领导，挑选具有理论素养和实践经验的科学家担任教学工作。经过这一举措，到1937年，苏联的知识分子干部已达960多万人，其中科学人才占400万左右。

面对苏联当时科学落后的客观实际，斯大林一方面强调要在国内形成学习科学知识的热潮，另一方面也非常注重国际间的科学交流与合作。为了加快苏联工业化和农业集体化进程，斯大林从欧美等国引进了一批先进设备，这对苏联在二战中的胜利起了非常重要的作用。二战后，斯大林利用战胜国地位，从国外引进了一批科学家，这为苏联后来科学的发展奠定了良好基础。针对美国的"马歇尔计划"，斯大林提出了"莫洛托夫计划"，与东欧社会主义国家建立了"经济互助委员会"，以进一步加强社会主义国家间的经贸与科技合作。特别是在1949年新中国成立后，斯大林在《中苏友好互助同盟条约》的基础上，又与中国签订了一系列经贸科技合作协定，并向中国提供了150多个工程项目和科技合作项目。在斯大林的积极支持下，中国与东欧等社会主义国家的科技和经济得到了很大发展，这极大地巩固了世界社会主义阵营。

斯大林对科学价值的重视，使苏联的科学水平得到了很大提高。二战前，苏联在物理学、数学、化学、生物学等领域就已得到了广泛的发展。苏联有些科学成果，如现代半导体物理学、无线电定位、乙烯醚的提取等，都走到了世界前列。在斯大林科学价值思想指导下，苏联的经济也得到了较快发展。苏联工业产量1937年比1932年增加了120%，比1913年增加了近5倍，二战前的苏联已逐步向工业强国大踏步迈进。

斯大林对科学价值的评价，也曾出现过一些不准确的地方，其中最发人深省的是"李森科事件"。李森科出于政治和其他方面的考虑，坚持生

---

① 《斯大林文集》，人民出版社1985年版，第68页。

物进化中的"获得性遗传"观念，否定基因的存在和摩尔根的遗传学，并把西方遗传学家称为苏维埃人民的敌人。李森科的学说得到了斯大林的首肯，这使学术问题上升为政治问题，李森科的反对者被捕入狱。1948年8月，苏联召开了"全苏列宁农业科学院会议"，李森科作了《论生物科学现状》的报告，声称"米丘林生物学"是"社会主义的"、"进步的"、"唯物主义的"、"无产阶级的"，而孟德尔和摩尔根的遗传学则是"反动的"、"唯心主义的"、"形而上学的"、"资产阶级的"。此后，高等学校禁止讲授摩尔根遗传学，科研机构也停止了一切非"李森科主义"方向的研究计划。斯大林对科学价值判断上的失误，主要是源于将科学与意识形态结合过于紧密。

三　中国共产党领导人的科学价值思想

中国共产党有着一贯重视科学价值的优良传统，无论是毛泽东、邓小平，还是江泽民、胡锦涛，都把科学工作置于党和国家工作的重要位置。他们在长期的、艰苦卓绝的革命和建设实践中，不仅继承了马克思、恩格斯、列宁的科学价值思想，还在新的时代环境下，结合当代中国实际，创造性地发展了马克思主义科学价值思想。

（一）毛泽东的科学价值思想

在艰苦的延安时期，毛泽东就领导成立了自然科学研究会和自然科学研究院，并将其作为边区的科学研究机构，在这里培养出了一大批科学骨干。1940年3月5日，毛泽东在"陕甘宁边区自然科学研究会成立大会上的讲话"中指出，自然科学的价值是"解决衣、食、住、行等生活问题，所以每一个人都要赞成它，每一个人都要研究自然科学"[1]。他呼吁："人们为着要在自然界里得到自由，就要用自然科学来了解自然，克服自然和改造自然，从自然里得到自由。"[2] 在这里，毛泽东把科学当作变革自然的一种革命力量。同年，根据毛泽东的讲话精神，边区自然科学研究会发表了《陕甘宁边区自然科学研究会成立宣言》，详尽阐明了自然科学的概念及价值：自然科学是研究自然界发展规律性的科学，它是人们探求真理的武器，它是人们创造物质文明的工具，它是现代人类社会进步的产

---

[1] 《毛泽东文集》第2卷，人民出版社1993年版，第269页。

[2] 同上。

物。这里，"探求真理"是科学的认识价值，"创造物质文明"是科学的生产力价值。但毛泽东也强调，改造自然一定不能违背自然界的规律："这是科学技术，是向地球开战，当然这只是向地球上的中国部分开战，不会向你们那里开战。如果对自然界没有认识，或者认识不清楚，就会碰钉子，自然界就会处罚我们，会抵抗。"① 这一观点，对我国当前处理科学发展与资源、环境的关系，有着重要的指导意义。

在毛泽东看来，自然科学作为人类争取自由的武器，不仅可以转化为人们改造自然的物质力量，也能成为解放思想的精神力量。由于自然科学的目的在于揭示自然界的本质和规律，因而科学不仅具备认识自然、改造自然的价值，也具备解放思想、破除迷信的价值。毛泽东在《唯物辩证法提纲》中指出："劳动生产的实践、阶级斗争的实践、科学试验的实践，使人逐渐从迷信和妄想（唯心论）中脱离，逐渐认识世界的本质，而达到于唯物论。"为了使身处旧社会的老百姓不再受封建迷信的荼毒，毛泽东指出："要老百姓不敬神，就要有科学的发展和普及。科学不发展、不普及，敬神在他们是完全需要的。……有了科学知识，迷信自然就可以打破，没有这一着，他还是要迷信的。"② 他还认为，破除迷信要明辨是非，否则也是很有害的——"破除迷信以来，效力极大，敢想敢说敢做，但有一小部分破得过分了，把科学真理也破了。"③

对于科学在解放生产力方面的价值，毛泽东在民主革命时期就指出："中国一切政党的政策及其实践在中国人民中所表现的作用的好坏、大小，归根到底，看它对于中国人民的生产力的发展是否有帮助及其帮助之大小，看它是束缚生产力的，还是解放生产力的。"④ 毛泽东对科学的考察，是沿着"科学—生产力—社会制度"这一思路展开的。毛泽东指出，先进的科学是推动社会进步的无限动力，对阻碍科学进步的社会制度，我们应毫不犹豫地推翻它，改造它。他说："自然科学是要在社会科学的指挥下去改造自然界，但是自然科学在资本主义社会里却被阻碍了它的发

---

① 《毛泽东文集》第 8 卷，人民出版社 1999 年版，第 72 页。
② 《毛泽东文集》第 3 卷，人民出版社 1996 年版，第 120 页。
③ 《毛泽东文集》第 7 卷，人民出版社 1999 年版，第 448 页。
④ 《毛泽东选集》第 3 卷，人民出版社 1991 年版，第 1079 页。

展，所以要改造这种不合理的社会制度。"① 对于科学在革命和建设中的价值，毛泽东论述道："我们革命的胜利主要取决于两个因素，一个是群众，一个是科学。群众基础我们已经有了，重要的是科学，因为这个因素，我们还远远不足。……我们革命成功的标志也要两个，一个是建立社会主义的经济制度；一个是实现机器的现代化操作。经济制度方面，要改造；技术设施方面，要创造，而这些都离不开科学的发展。"② 他在仔细分析了中国自清末以来受列强侵略、割地赔款的历史现实后，得出"落后就要挨打"这一深刻的规律。在他看来，现代化战争不是人力的比拼，而是武器的较量；中国要想永远挥别那段血泪史，要想永远保持民族尊严和领土完整，就要加强国防建设，大力发展科学。在《论十大关系》的讲话中，毛泽东强调了国防建设的重要性和发展军事科技的迫切性。尤其是在苏联撤回核潜艇研制方面的专家，并不再给予中国支援后，毛泽东排除万难，坚持要将核潜艇研制出来。他说："过去我们也没有飞机和大炮，我们是用小米加步枪打败了日本帝国主义和蒋介石的。我们现在已经比过去强，以后还要比现在强，不但要有更多的飞机和大炮，而且还要有原子弹。"③ 正是因为毛泽东在军事科学领域的坚持，"两弹一星"的梦想才能成为现实，这极大巩固了中国的国防实力，保障了中国的国门安全。

正是基于对科学价值的深刻认识，毛泽东多次强调要大力发展科学。1955 年 3 月，毛泽东在中国共产党全国代表会议上要求："中共干部要学会钻研工业化、国防和原子能问题，还要对那些钻不进去的人和浮在表面上的人进行教育，使他们都成为内行。"④ 1956 年 1 月，在中共中央关于知识分子问题的大会上，毛泽东号召大家学习科学知识："要有计划地在科技上赶超世界先进水平，将中国建设成为一个工业、文化、科学、技术等各方面都先进的国家。"⑤ 1956 年 1 月，毛泽东在最高国务会议上强调："我国人民应该有一个远大的规划，要在几十年内，努力改变我国在经济上和科学文化上的落后状况，迅速达到世界上的先进水平。为了实现这个

---

① 《毛泽东文集》第 7 卷，人民出版社 1999 年版，第 184 页。
② 《毛泽东文集》第 6 卷，人民出版社 1999 年版，第 249 页。
③ 《毛泽东文集》第 7 卷，人民出版社 1999 年版，第 27 页。
④ 《毛泽东文集》第 6 卷，人民出版社 1999 年版，第 395 页。
⑤ 同上书，第 245 页。

伟大的目标，决定一切的是要有干部，要有数量足够的、优秀的科学技术专家。"① 1963 年 12 月 16 日，毛泽东在听取聂荣臻汇报"十年科学发展规划"时，明确指出："科学技术这一仗，一定要打，而且必须打好。过去我们打的是上层建筑的仗，是建立人民政权、人民军队。建立这些上层建筑干什么呢？就是要搞生产。搞上层建筑、搞生产关系的目的就是解放生产力。现在生产关系是改变了，就要提高生产力。不搞科学技术，生产力无法提高。"② 1942 年 1 月，毛泽东在写给其儿子毛岸英和毛岸清的信中，语重心长地要求："总之注意科学，只有科学是真学问，将来用处无穷。"③ 总之，以毛泽东为核心的党的第一代领导集体，带领全国人民共同创建了新中国科学领域的伟业。从新中国成立初期到"文化大革命"前的 17 年，是新中国科学发展史上的第一个黄金时期。在这一时期，国家科技体系逐步得到确立，科研队伍迅速壮大，并出现了袁隆平、钱学森、华罗庚、钱三强、李四光等杰出科学家。虽然毛泽东晚年发动"文化大革命"，使我国科学事业受到了一定打击，但"文化大革命"期间我国军事科学领域仍得到了较大发展，先后完成了氢弹和人造卫星的研制。这些成就，都离不开毛泽东科学价值思想的指导。

（二）邓小平的科学价值思想

党的第二代领导集体的核心邓小平同志，高度关注国家的科学工作，他在领导改革开放和现代化建设的过程中，形成了其独特的科学价值思想。

早在 1978 年，邓小平就认识到科学对生产力的推动价值。他说："现代科学技术的发展，使科学与生产的关系越来越密切了"；"当代的自然科学正以空前的规模和速度，使社会物质生产的各个领域面貌一新"；"同样数量的劳动力，在同样的劳动时间里，可以生产出比过去多几十倍几百倍的产品。社会生产力有这样巨大的发展，劳动生产率有这样大幅度的提高，靠的是什么？最主要的是靠科学的力量、技术的力量。"④ 邓小平坦言："世界形势日新月异，特别是现代科学技术发展很快。现在的一

---

① 《毛泽东文集》第 7 卷，人民出版社 1999 年版，第 2 页。
② 《毛泽东文集》第 8 卷，人民出版社 1999 年版，第 351 页。
③ 《毛泽东文集》第 2 卷，人民出版社 1993 年版，第 327 页。
④ 《邓小平文选》第 2 卷，人民出版社 1994 年版，第 87 页。

年抵得上过去古老社会几十年、上百年甚至更长的时间。不以新的思想、观点去继承、发展马克思主义，不是真正的马克思主义者。"① 于是，他在肯定和继承马克思"科学技术是生产力"这一观点基础上，提出了"科学技术是第一生产力"的著名论断。1988 年 9 月 5 日，邓小平在同捷克斯洛伐克总统胡萨克会见时讲道："马克思说过，科学技术是生产力，事实证明这话讲得很对。依我看，科学技术是第一生产力。"② 邓小平在 1992 年南方视察时也强调："经济发展得快一点，必须依靠科技和教育。我说科学技术是第一生产力。近一二十年来，世界科学技术发展得多快啊！高科技领域的一个突破，带动一批产业的发展。我们自己这几年，离开科学技术能增长得这么快吗？要提倡科学，靠科学才有希望。"③ 对率先进行经济改革的农业领域，他专门强调了科学对农业生产的重要价值："将来农业问题的出路，最终要由生物工程来解决，要靠尖端科学。"④ 他还指出，我国的农业发展，一要靠政策，二要靠科学。他要求把"科技兴农"作为各级党委、政府工作的重要内容，以切实提高耕作效率和农产品产量。1985 年，由邓小平主持制订的《中共中央关于科学技术体制改革的决定》中指出："各级政府对于重大的农业科技开发项目或区域开发项目，应打破部门、地区的局限，实行公开招标，择优委托。"⑤ 邓小平还非常注重农民科学意识的培养，他说："我很高兴，现在连山沟里的农民都知道科学技术是生产力。他们未必读过我的讲话。他们从亲身的实践中，懂得了科学技术能够使生产发展起来，使生活富裕起来。"⑥ 只有当人民大众具有较强的科学意识后，民族的振兴和国家的现代化才有可能实现。

基于对科学的文化价值的认可，邓小平一直把发展科学文化教育事业作为精神文明建设的重要方面。他指出："必须坚持普及和提高相结合的原则，以达到提高人民素质和全民族的科学文化水平的目的，同时我们还

① 《邓小平文选》第 3 卷，人民出版社 1993 年版，第 291—292 页。

② 同上书，第 274 页。

③ 同上书，第 377 页。

④ 同上书，第 275 页。

⑤ 《十二大以来重要文献选编》（中），人民出版社 1986 年版，第 668 页。

⑥ 《邓小平文选》第 3 卷，人民出版社 1993 年版，第 107 页。

可以通过科学家发挥他们的带头作用来提高全民的科学文化水平。"① 邓小平认为，随着科学的进一步发展，人们原有的落后的、愚昧的、盲从的思想会因科学本身所具有的客观性和真理性而抛弃。他说："提倡科学，宣扬真理，反对愚昧无知、迷信落后，加强马列主义的宣传。这不管对人民群众或部队，都是同等重要的。"② 他还指出："培养好的风气，最主要的是走群众路线和实事求是这两条。特别是科学，它本身就是实事求是、老老实实的学问，是不允许弄虚作假的。"③ 邓小平还站在社会历史的高度指出，我们需要用科学来武装工人阶级和知识分子队伍，使他们创造出更高的劳动生产率，最终在上层建筑领域战胜资产阶级意识形态。

邓小平将科学放在实现国防现代化的核心位置，并精辟地指出："四个现代化，关键是科学技术的现代化。没有现代科学技术，就不可能建设现代农业、现代工业、现代国防。"④ 面对新时期我国国防建设薄弱、军队现代化水平不高的现状，邓小平提出了一系列发展国防的指导性原则：一是加强科学研究，改善武器装备；二是提高军人的科学文化水平，培养军事人才；三是精简军队编制，优化军队结构。⑤ 其中第一条是最重要的，因为科学发展水平是决定军队战斗力的根本因素。正如邓小平所说："科研要走在前面。不单是尖端武器、常规武器有科研问题，就是减轻战士身上带的东西的重量，同样有科研问题。"⑥ 同时，以现代科技武装军队，也要求军队的精简。20 世纪 80 年代初，邓小平果断作出了精简军队100 万的决定。他说："我们国家现在支付的军费相当大，这不利于国家建设；军队人员过多，也妨碍军队装备的现代化。减少军队人员，把省下来的钱用于更新装备，这是我们的方针。如果能够节省出一点用到经济建设上就更好了。"⑦

科学的发展需要人才，而科学人才的培养需要良好的政策环境。为了纠正以往对待知识分子的错误态度，邓小平指出，"要把'文化大革命'

① 《邓小平文选》第 3 卷，人民出版社 1993 年版，第 142 页。

② 《邓小平文选》第 1 卷，人民出版社 1994 年版，第 25 页。

③ 《邓小平文选》第 2 卷，人民出版社 1994 年版，第 57 页。

④ 同上书，第 86 页。

⑤ 季明：《邓小平新时期军队建设思想的基本内容》，《北京党建》2007 年第 4 期。

⑥ 《邓小平文选》第 2 卷，人民出版社 1994 年版，第 20 页。

⑦ 同上书，第 285 页。

时的'老九'提到第一"①。邓小平在全面落实知识分子政策时指出："我的抓法就是抓头头，抓方针。重要的政策、措施，也是方针性的东西，这些我是要管的。"② 他要求，对知识分子不仅要在政治上信任，更要敢于在工作上放手。正如他所说，我们就必须把科技人员放到最佳岗位上，才能实现人尽其才。只有放下包袱，放手让他们去干，才能体现出人的创造性思维的作用，才能最大限度地发挥知识分子的作用。我们不仅要给知识分子良好宽松的社会环境，更要不断地加强改革和完善对人才的管理制度。邓小平在1978年全国科学大会上宣布："我们向科学技术现代化进军，要有一支浩浩荡荡的工人阶级的又红又专的科学技术大军，要有一大批世界第一流的科学家、工程技术专家。造就这样的队伍，是摆在我们面前的一个严重任务。"③ 因此，他号召全党要"珍视人才"，并要"同一切压制和摧残人才的现象作斗争"。他提出："对科技工作者在政治上要信任，工作上要支持，使用上要大胆，后勤上要保障，以充分调动他们科研工作的积极性。"④ 邓小平还指出："科学技术方面的投入、农业方面的投入要注意，再一个就是教育方面。我们要千方百计，在别的方面忍耐一些，甚至于牺牲一点速度，把教育问题解决好。"⑤ 他还告诫全党干部："我们国家，国力的强弱，经济发展后劲的大小，越来越取决于劳动者的素质，取决于知识分子的数量和质量。一个十亿人口的大国，教育搞上去了，人才资源的巨大优势是任何国家比不了的。有了人才优势，再加上先进的社会主义制度，我们的目标就有把握达到。"⑥ 1988年，邓小平再次对改善知识分子待遇作出指示："要注意解决好少数高级知识分子的待遇问题。调动他们的积极性，尊重他们，会有一批人做出更多贡献的。"⑦

　　邓小平将科学系统视为一个开放的系统，并十分重视对国外先进科技的引进。早在1975年，邓小平就提出："要争取多进口一点东西，换点高、精、尖的技术和设备回来，加速工业领域改造，提高劳动生产率；同

① 《邓小平文选》第3卷，人民出版社1993年版，第275页。
② 《邓小平文选》第2卷，人民出版社1994年版，第70页。
③ 同上书，第91页。
④ 《邓小平文选》第3卷，人民出版社1993年版，第65页。
⑤ 同上书，第275页。
⑥ 同上书，第120页。
⑦ 同上书，第275页。

时吸引外国的资金和技术来帮助我们发展。"① 1977 年，为了吸引海外华裔科学家和中国留学生回国发展科技事业，邓小平提出："接受华裔学者回国是我们发展科学技术的一项具体措施，派人出国留学也是一项具体措施。我们还要请外国著名学者来我国讲学。同中国友好的学者中著名的学者多得很，请人家来讲学，这是一种很好的办法。"② 对于当时中国落后的科技状况，邓小平有着清醒的认识，他说："我们要以世界先进的科学技术成果作为我们发展的起点。"③ 他认为，要想提高我国科学发展水平，要"赢得与资本主义相比较的优势，就必须大胆吸收借鉴人类社会创造的一切文明成果，吸收和借鉴当今世界各国包括资本主义发达国家的一切反映现代社会化大生产规律的先进经营方式、管理方式。"④ 邓小平还非常关注科学领域的国际合作与交流，并非常尊重他人的科学创新。他说："一个新的科学理论的提出，都是总结、概括实践经验的结果。没有前人或今人、中国人或外国人的实践经验，怎么概括、提出新的理论？"⑤ 邓小平赞成鲁迅的"拿来主义"，提出要利用人类一切文明成果来建设社会主义现代化强国，让我国在高科技领域尽快赶超世界先进水平。邓小平对科学价值的这种认可，具体体现在他对"863 计划"和北京正负电子对撞机建造的关怀上。1986 年 3 月，面对新科技革命的挑战和各国相继实施高科技计划的情况，几位著名科学家提出了一个跟踪世界高科技发展的建议。邓小平对此迅速作出批示："此事宜速作决断，不可拖延。过去也好，今天也好，将来也好，中国必须发展自己的高科技，在世界高科技领域占有一席之地。"⑥ 随后，中共中央很快组织制定并开始实施《高科技研究发展计划纲要》，简称"863 计划"。这个计划的主要指导思想是"积极跟踪，有所突破"，即跟踪学习世界先进科技，并积极发挥自己的创造性，以形成我国高科技领域的局部优势。在北京正负电子对撞机从决策到实施的全过程，邓小平也起到了关键性作用。他明确指出："不仅这个工程，还有其他高科技领域，都不要失掉时机，都要开始接触，这个线

① 《邓小平文选》第 2 卷，人民出版社 1994 年版，第 29 页。
② 同上书，第 57 页。
③ 同上书，第 129 页。
④ 《邓小平文选》第 3 卷，人民出版社 1993 年版，第 373 页。
⑤ 《邓小平文选》第 2 卷，人民出版社 1994 年版，第 57 页。
⑥ 《邓小平文选》第 3 卷，人民出版社 1993 年版，第 279 页。

不能断了，要不然我们很难赶上世界的发展。"①

(三) 江泽民的科学价值思想

作为党的第三代领导集体的核心，江泽民同志也非常重视科学的价值。他继承了邓小平"科学是第一生产力"的思想，并将其上升到一个新的高度。在庆祝中国共产党成立 80 周年大会的讲话上，江泽民指出："科学技术是第一生产力，而且是先进生产力的集中体现和主要标志。科学技术的突飞猛进，给世界生产力和人类经济社会的发展带来了极大的推动。未来的科技发展还将产生新的重大飞跃。我们必须敏锐地把握这个客观趋势，始终注意把发挥我国社会主义制度的优越性，同掌握、运用和发展先进的科学技术紧密地结合起来，大力推动科技进步和创新。"② 在 1999 年 8 月 23 日召开的全国科技创新大会上，江泽民谈道："科技进步是经济发展的决定性因素，要把加速科技进步放在经济和社会发展的关键地位。……我们要继续坚定不移地贯彻'科学技术是第一生产力'的重要思想，全面实施科教兴国战略。"③ 2000 年 6 月 30 日，在为美国《科学》杂志撰写的《科学在中国——意义与承诺》社论中，江泽民再次强调："邓小平同志提出的科学技术是第一生产力的著名论断，正在成为中国发展的一个重要指导思想。我们在规划现代化建设蓝图时，把科教兴国战略和可持续发展战略放在十分突出的位置。"④ 2000 年 8 月 5 日，江泽民在北戴河会见诺贝尔奖得主时指出："20 世纪，科学技术突飞猛进，科学理念进步发展，人类文明取得了前所未有的成就。相对论、量子论、基因论、信息论等科学成就的取得，为人类正确认识大自然，为世界生产力的发展和人类社会的进步提供了新知识和强大的动力。……科学技术作为第一生产力，已经成为经济和社会进步的最具革命性的推动力量。"⑤ 1991 年 5 月 23 日，在中国科学技术协会第四次全国代表大会上，江泽民对科学的生产力价值作了高度概括。他说："当今世界，科学技术飞速发展，并向现实生产力迅速转化，愈益成为现代生产力中最活跃的因素和最

---

① 《邓小平文选》第 3 卷，人民出版社 1993 年版，第 280 页。
② 《江泽民文选》第 3 卷，人民出版社 2006 年版，第 275 页。
③ 《江泽民文选》第 1 卷，人民出版社 2006 年版，第 428 页。
④ 《江泽民文选》第 2 卷，人民出版社 2006 年版，第 237 页。
⑤ 《江泽民文选》第 3 卷，人民出版社 2006 年版，第 101 页。

主要的推动力量。"① 江泽民还从"人的要素"和"物的要素"两个角度分析科学的生产力价值：劳动者是生产力中人的要素，而"科学技术为劳动者所掌握，就会极大地提高人们认识自然、改造自然和保护自然的能力"，从而推进现实生产力水平的提高；生产资料是生产力中物的要素，而"科学技术和生产资料相结合，就会大幅度地提高工具的效能，从而提高使用这些工具的人们的劳动生产率，就会帮助人们向生产的深度和广度进军"②，从而使科学技术转化为现实的生产力。

　　在江泽民看来，科学不仅可以推动生产力发展，还能促进产业结构的优化升级。他强调，我们应该"依靠和运用现代科学技术，特别是以电子学为基础的信息和自动化技术改造传统产业，使这些产业的发展实现由主要依靠扩大外延到主要依靠内涵增加的转变，建立节耗、节能、节水、节地的资源节约型经济"③。通过对高科技的研发，能形成新型的高科技产业，这不仅能为经济发展增添新的活力，还能有效调整人与自然的关系。江泽民认为，科学发展在"人口控制、环境保护、资源能源的保护和合理开发利用等方面"意义重大，是实施可持续发展战略的重要物质保障。大力发展科学技术，还能加快我国的现代化进程，提高我国的国际竞争力。江泽民认为，如果"没有强大的科技实力，就没有社会主义的现代化"；"国际间的竞争，说到底是综合国力的竞争，关键是科学技术的竞争"④。正是基于这一深邃的思考，他强调："四个现代化的关键是科技的现代化。工业的现代化、农业的现代化、国防的现代化，都取决于现代科学技术的运用和发展。"⑤ 在总结了中国近代落后挨打的经验教训后，江泽民敏锐地指出："创新是一个民族的灵魂，是一个国家兴旺发达的不竭动力。……要树立全民族的创新意识，建立国家的创新体系，增强企业的创新能力，把科技进步放在更加重要的战略位置，使经济建设真正转到依靠科技进步和提高劳动者素质的轨道上来。同时，大胆吸收和借鉴人类社会创造的一切文明成果。我们是发展中国家，应该更加重视运用最新科

---

① 《十三大以来重要文献选编》（下），人民出版社 1993 年版，第 1590 页。

② 同上。

③ 同上书，第 1591 页。

④ 《江泽民文选》第 1 卷，人民出版社 2006 年版，第 59 页。

⑤ 《十一届三中全会以来重要文献选读》（上），人民出版社 1987 年版，第 478 页。

技成果，实现科技发展的跨越。"① 江泽民在大力提倡发展高新科技的同时，也不忘重视基础科学，早在 1991 年 4 月他就指出："基础研究是科学之本和技术之源，它的发展水平是一个民族的智慧、能力和国家科学技术进步的基本标志之一。要重视和切实加强基础研究。削弱基础研究就没有后劲。"② 1999 年 8 月 20 日，他在考察中科院大连化学物理研究所时，语重心长地对科研人员说："基础研究是科技进步和创新的先导和源泉，非常重要，基础研究搞好了，可以为我国的科技持续创新能力打下更为坚实的基础。"③ 江泽民认为，一个国家的科学发展必须植根于国内，必须有自主创新能力，只有具备这种能力，外援"才能发挥其有力的催化剂的作用"。他指出："我国是一个发展中的社会主义大国，在一些战略性、基础性的重大科技项目上，必须依靠自己，必须拥有自主创新的能力和自主知识产权。不能靠别人，靠别人是靠不住的。"④ 因此，只有全面增强我国自主创新能力，只有致力于高科技的持续发展，才能真正增强我国的国际竞争力和综合国力。

为了进一步发挥科学进步对社会主义现代化建设的价值，江泽民于1995 年 5 月全国科学技术大会上，发表了题为《努力实施科教兴国战略》的重要讲话，并正式提出科教兴国战略。他指出："科教兴国，是指全面落实科学技术是第一生产力的思想，坚持教育为本，把科技实力和教育摆在经济、社会发展的重要位置，增强国家的科技实力及向现实生产力转化的能力，提高全民族的科技文化素质，把经济建设转移到依靠科技进步和提高劳动者素质的轨道上来，加速实现国家的繁荣强盛。"⑤ 在党的十五大上，江泽民进一步指出："要充分估量科学技术特别是高新技术发展对综合国力、社会经济结构和人民生活的巨大影响，把加速科技进步放在经济社会发展的关键地位，使经济建设真正转到依靠科技进步和提高劳动者素质的轨道上来。"⑥ 科教兴国战略是以江泽民为核心的党中央认真总结历史经验教训，深刻洞察世界科技发展大势，根据我国现实情况所作出的

---

① 《江泽民文选》第 2 卷，人民出版社 2006 年版，第 25 页。

② 《江泽民文选》第 1 卷，人民出版社 2006 年版，第 185 页。

③ 《江泽民文选》第 2 卷，人民出版社 2006 年版，第 395 页。

④ 同上书，第 396 页。

⑤ 《江泽民文选》第 1 卷，人民出版社 2006 年版，第 428 页。

⑥ 《江泽民文选》第 2 卷，人民出版社 2006 年版，第 25 页。

重大部署。

江泽民还特别强调科学的文化价值，科学作为知识体系、方法论和人类精神文明的成果，是人们树立正确世界观、人生观和价值观的理论基础。1999 年 12 月 9 日，在给全国科普工作会议的一封信上，江泽民谈道："科学知识、科学思想、科学方法和科学精神，可以引导人们奋发图强、积极向上，促使人们牢固地形成正确的世界观、人生观和价值观，促使人们实事求是地创造性地进行社会实践活动。"① 江泽民还强调，科学进步能帮助人们破除迷信，解放思想。他说："由于我国教育科学文化水平还不发达，发展也不平衡，由于长期存在的封建主义文化残余在群众中还有一定的市场，一些新形态的迷信、伪科学时有泛起。因此，我们要坚持不懈地在全体人民中普及科学知识，弘扬科学精神，努力形成在全社会学习科学、相信科学、依靠科学的良好氛围。"② 他还要求："要把科普工作作为社会主义精神文明建设的重要内容，切实加强起来，在全社会大力弘扬科学精神，宣传科学思想，传播科学方法，使中华民族的科学文化水平不断提高。"③ 他在归纳"两弹一星"精神时指出："'两弹一星'精神，是爱国主义、集体主义、社会主义精神和科学精神的活生生的体现，是中国人民在 20 世纪为中华民族创造的新的宝贵精神财富。……因此，我们不仅要靠科学的力量推进社会主义精神文明建设，还要靠科学的力量创造与社会主义现代化进程相适应的社会精神风貌。"④

江泽民在充分肯定科学正面价值的同时，也非常注重科学应用所产生的负面价值。2000 年 5 月 17 日，江泽民在接受美国《科学》杂志主编埃利斯·鲁宾斯专访时谈道："科学技术极大地提高了人类控制自然和人自身的能力。但是，科学技术在运用于社会时所遇到的问题也越来越突出。工业的发展带来了水体和空气的污染，大规模的开垦和过度放牧造成森林与草原的生态破坏。信息科学和生命科学的发展，提出了涉及人自身尊严、健康、遗传以及生态安全等的伦理问题。"⑤ 他进一步谈道："科技伦

①　《江泽民文选》第 3 卷，人民出版社 2006 年版，第 89 页。

②　同上书，第 38 页。

③　同上书，第 37 页。

④　《十一届三中全会以来重要文献选读》（下），人民出版社 1987 年版，第 794 页。

⑤　《江泽民文选》第 3 卷，人民出版社 2006 年版，第 104 页。

理的核心问题是，科学技术进步应服务于全人类，服务于世界和平、发展进步的崇高事业，而不能危害人类自身。建立和完善高尚的科学伦理，尊重并合理保护知识产权，对科学技术的研究和利用实行符合各国人民共同利益的政策引导，是 21 世纪人们应该注重解决的一个重大问题。"① 2000年 8 月 5 日，江泽民在北戴河会见诺贝尔奖得主时也指出，科学的负价值在 21 世纪将越来越突出，譬如"基因工程可能导致基因歧视，网络技术可能涉及国家安全、企业经营秘密以及个人隐私权的危险。转基因食品的安全性和基因治疗、克隆技术的适用范围等问题，也引起了人们的高度关注。有的国家利用高技术成果提高自己的军事实力，在世界或地区范围内谋取霸权，干涉他国内政。因特网可以迅速、广泛地传播大量有用的信息，但也存在大量信息垃圾和虚假信息。如何区别网上哪些信息是真实的？哪些信息是被歪曲的？科学技术本身难以做到这一点。"② 对于如何解决这些问题，江泽民强调，要通过科技的进步和人们合理利用科技成果来解决。他最后呼吁："科学技术进步应服务于全人类，服务于和平、发展和进步的崇高事业，而不是危害人类自身。健全和完善高尚的科技伦理、尊重并合理保护知识产权，对科学技术的研究和利用实行符合各国人民共同利益的政策引导，是 21 世纪人们应该注重解决的一个重大问题。"③ 面对当今日益严重的全球问题，江泽民提出要在科技发展中来解决这些问题："全球面临的资源、环境生态、人口等重大问题的解决，都离不开科学技术的进步。"④

（四）胡锦涛的科学价值思想

胡锦涛的科学价值思想，是以胡锦涛为核心的新一代中央领导集体，在和平与发展已成为时代主题，经济全球化、科技革命和知识经济迅猛发展的新形势下，对科学价值进行新的思考而形成的理论体系。

胡锦涛高度重视科学的价值，2006 年 1 月 9 日，胡锦涛在全国科学技术大会上指出："科学技术是第一生产力，是推动人类文明进步的革命力量。当今世界，全球性科技革命蓬勃发展，高新科技成果向现实生产力

---

① 《江泽民文选》第 3 卷，人民出版社 2006 年版，第 104 页。

② 同上。

③ 同上。

④ 《十三大以来重要文献选编》（中），人民出版社 1991 年版，第 780 页。

的转化越来越快，特别是一些战略高科技越来越成为经济社会发展的决定性力量。"① 胡锦涛还指出："科学技术是经济社会发展中最活跃、最具革命性的因素。人类文明每一次重大进步都与科学技术的革命性突破密切相关。"② 他还深刻认识到，科学发展有利于保护生态环境和推动社会全面进步，他说："科学技术迅猛发展深刻改变着经济发展方式，创新成为解决人类面临的能源、资源、生态环境等问题的重要途径。"③ 当今社会，只有大力发展科学，才能突破能源资源对经济社会发展的制约，才能成功解决生态环境问题，形成人与自然健康协调发展的新局面。

针对目前我国科技发展中存在的问题，胡锦涛指出："我们比以往任何时候都更加迫切地需要坚实的科学基础和有力的技术支撑……必须把科学技术真正置于优先发展的战略地位，大力推进科技进步和创新，进一步发挥科学技术对经济社会全面发展的关键性作用。"④ 在纪念中国科协成立 50 周年的讲话上，胡锦涛也表达了同样的意思："党和国家要始终高度重视并充分发挥科技在推动经济社会发展中的重要作用，坚持发挥社会主义制度能够集中力量办大事的政治优势。"胡锦涛的科学价值思想，为我国大力发展科学，争取早日进入世界科技强国行列提供了理论支撑。

基于对科学价值的深刻认识，胡锦涛提出了"增强自主创新能力，建设创新型国家"的战略方针。他说："自主创新能力是国家竞争力的核心，是我国应对未来挑战的重大选择，是统领我国未来科技发展的战略主线，是实现建设创新型国家目标的根本途径。"⑤ 2005 年 10 月，胡锦涛在十六届五中全会上指出："要努力建设创新型国家，把增强自主创新能力作为科技发展的战略基点和调整经济结构、转变经济增长方式的中心环节，大力提高原始创新能力、集成创新能力和引进消化吸收再创新能力，

---

① 胡锦涛：《充分发挥科技进步和创新的巨大作用，更好地推进我国社会主义现代化建设》，《人民日报》2004 年 12 月 29 日。

② 胡锦涛：《在中国科学院第十五次院士大会、中国工程院第十次院士大会上的讲话》，人民出版社 2010 年版，第 5 页。

③ 同上。

④ 胡锦涛：《在中国科学院第十二次院士大会、中国工程院第七次院士大会上的讲话》，人民出版社 2004 年版，第 3 页。

⑤ 胡锦涛：《坚持走中国特色自主创新道路 为建设创新型国家而努力奋斗——在全国科学技术大会上的讲话》，人民出版社 2006 年版，第 10 页。

努力走出一条具有中国特色的科技创新之路。"① 胡锦涛在十七大报告中也明确指出："提高自主创新能力，建设创新型国家，这是国家发展战略的核心，是提高综合国力的关键。"但建设创新型国家关键在人才，尤其是要有大量创新型科技人才。胡锦涛对此有深刻认识："创新型人才是新知识的创新者、新技术的发明者、新学科的创建者，是科技新突破、发展新途径的引领者和开拓者，是国家发展的宝贵战略资源。"② 胡锦涛还多次强调，要"抓紧抓好培养造就科技领军人才的紧迫战略任务"。科技领军人才是科技带头人，是科研团队协同创新的纽带，是科研的组织管理者，他们具有不可替代的作用。胡锦涛高度评价了科技领军人才的重要价值："国际一流的科技尖子人才、国际级科学大师、科技领军人物，可以带出高水平的创新型科技人才和团队，可以创造世界领先的重大科技成就，可以催生具有强大竞争力的企业和全新的产业。"③

胡锦涛的科学价值思想坚持"以人为本"，强调对人的关怀，重视对科学文化的弘扬。胡锦涛认为，在科技发展过程中，应选择重点领域，应"坚持有所为有所不为的方针，选择事关我国经济社会发展、国家安全、人民生命健康和生态环境全局的若干领域，重点突破，努力在关键领域和若干科技发展前沿掌握核心科技，拥有一批自主知识产权"④。他还强调，目前我国要加大对信息、生物、能源、纳米和材料等关键领域的研究。胡锦涛坚持"以人为本"的科学价值取向，他说："坚持以人为本，让科技发展成果惠及全体人民，这是我国科技事业发展的根本出发点和落脚点。建设创新型国家是惠及广大人民群众的伟大事业，同时也需要广大人民群众的积极参与。要坚持科技为经济社会发展服务、为人民群众服务的方向，把科技创新与提高人民生活水平和质量紧密结合起来，与提高人民科学文化素质和健康素质紧密结合起来，使科技创新的成果惠及广大人民群众。"⑤ 胡锦涛在"两院院士大会"上也指出："我们必须坚持以人为本，大力发展与民生相关的科学技术，按照以改善民生为重点加强社会建设的

---

① 《十六大以来重要文献选编》（中），中央文献出版社 2006 年版，第 1094 页。
② 《十六大以来重要文献选编》（下），中央文献出版社 2008 年版，第 481 页。
③ 同上书，第 486 页。
④ 《十六大以来重要文献选编》（中），中央文献出版社 2006 年版，第 119 页。
⑤ 《十六大以来重要文献选编》（下），中央文献出版社 2008 年版，第 196 页。

要求，把科技进步和创新与提高人民生活水平和质量、提高人民科学文化素质和健康素质紧密结合起来，着力解决关系民生的重大科技问题，不断强化公共服务，改善民生环境，保障民生安全。"① 在科学文化建设方面，胡锦涛要求：一是要发扬"载人航天精神"；二是要在全社会培养科学精神，开展科普工作，在全社会形成讲科学、爱科学、学科学、用科学的浓厚氛围和良好风尚；三是要发展创新文化，培育创新精神，使科技进步拥有深厚、持久的社会基础。②

综上所述，中国共产党领导人的科学价值思想既深刻又全面，它是对马克思、恩格斯、列宁科学价值思想的继承、发展与创新。中国共产党领导人的科学价值思想，既全面地阐述了科学价值的主要内容，又结合时代条件提供了一些可行的政策性措施，从而将马克思主义科学价值思想提升到一个新的高度。

四 马克思主义科学价值思想的主要特点

马克思主义以辩证唯物主义和历史唯物主义为世界观和方法论，这是马克思主义科学价值思想的理论基石。马克思主义科学价值思想是对以往科学价值思想的批判、继承和超越，它呈现出独有的理论特点。

（一）真理性

马克思主义科学价值思想建立在正确的世界观、方法论之上，准确揭示了科学价值的本质和规律。马克思主义哲学的最大成果是唯物史观，这是马克思主义与以往旧哲学的最根本区别。马克思主义运用唯物史观来研究整个社会历史，研究科学在社会发展中的价值，才能得出"科学是一种在历史上起推动作用的革命力量"，"科学是最高意义上的革命力量"等正确而深刻的观点。马克思主义科学价值思想实现了辩证法与唯物论的结合，既克服了抽象逻辑的片面性，又克服了唯心主义的主观性。以往的科学价值思想往往只关注科学价值中的某些具体方面，马克思主义则从整个社会历史进程中总体地把握科学价值问题。马克思指出："物质生活的

---

① 胡锦涛：《在中国科学院第十五次院士大会、中国工程院第十次院士大会上的讲话》，人民出版社 2010 年版，第 7 页。

② 邹谨：《胡锦涛科技思想述要》，《青岛行政学院学报》2008 年第 10 期。

生产方式制约着整个社会生活、政治生活和精神生活的过程。"① 科学理论的形成及其价值实现，也必然受社会物质生活条件和社会关系的制约，故唯物史观的方法论要求，不能将科学价值问题与社会发展状况、阶级关系割裂开来考察。只有将科学放到社会大系统中，对科学价值进行全面综合的研究，才能正确认识科学的价值和地位。

（二）导向性

马克思主义科学价值思想具有鲜明的导向性，这既表现在它从工人阶级立场出发，也表现在它以实现全人类共同利益为最终目的。科学本身不是意识形态，但科学价值思想作为人文社会科学的一部分，是属于意识形态的。与其他非马克思主义科学价值思想不同，马克思主义科学价值思想是为无产阶级革命和建设服务的，它体现了鲜明的无产阶级党性原则。马克思主义认为，科学在社会发展过程中，通过三种方式实现自己的价值：一是与物质生产相结合，转化为生产力和现实的物质力量；二是与精神生产相结合，作为思想素材改变人们的思维方式；三是作为一种相对独立的社会活动过程，以促进人的自由全面发展和社会的整体发展。② 马克思主义科学价值思想，是适应无产阶级斗争的需要而创立的，并随着无产阶级革命和建设任务的发展而与时俱进。马克思在《〈黑格尔法哲学批判〉导言》中指出："批判的武器当然不能代替武器的批判，物质力量只能用物质力量来摧毁，但是理论一经掌握群众，也会变成物质力量。"③ 科学一旦与革命结合起来，就会转化成巨大的"物质力量"。恩格斯在《波斯与中国》中，曾大力赞赏科学的军事价值，就是因为他看到了科学在推动社会革命中的巨大作用。马克思主义科学价值思想旗帜鲜明地指出，科学能推动生产力发展，进而推动生产关系和上层建筑的变革。人类历史上的三次科技革命，也充分证明了科学对社会发展的巨大推动价值。马克思主义科学价值思想，印证了社会历史发展的必然趋势，立场鲜明地代表了无产阶级的利益。虽然马克思主义科学价值思想是无产阶级的科学价值思想，但无产阶级没有狭隘的阶级利益，无产阶级的阶级利益与广大人民群众的根本利益是完全一致

---

① 《马克思恩格斯选集》第 2 卷，人民出版社 1995 年版，第 32 页。

② 《马克思恩格斯全集》第 32 卷，人民出版社 1998 年版，第 29—31 页。

③ 《马克思恩格斯选集》第 1 卷，人民出版社 1995 年版，第 9 页。

的。因此，马克思主义科学价值思想也代表了广大人民群众的根本利益，具有无穷的真理性力量。

（三）发展性

重视实践，强调实践的作用，是马克思主义学说区别于一切非马克思主义学说的重要标志之一。正如马克思所说："从前的一切唯物主义（包括费尔巴哈的唯物主义）的主要缺点是：对对象、现实、感性，只是从客体的或者直观的形式去理解，而不是把它们当作感性的人的活动，当作实践去理解，不是从主体方面去理解。"① 马克思主义科学价值思想不是空中楼阁，不是凭空捏造的学说或臆断、妄想，而是扎根于丰富的科学实践，有着深厚的实践基础。由于实践是不断变化发展的，故马克思主义科学价值思想也体现出与时俱进的发展性。

马克思主义并不是一个封闭的、僵化的、一成不变的观念系统，而是开放的、充满活力的、不断发展的思想体系。马克思主义科学价值思想也随着实践的发展而发展，随着时代的变化而变化，表现出时代性和发展性的特征。自从马克思、恩格斯创立马克思主义科学价值思想以来，它并没有停滞不前。在苏俄，列宁、斯大林继承了马克思主义科学价值思想，并结合苏俄的革命和建设实际，创造性地发展了马克思主义科学价值思想。在中国，毛泽东、邓小平、江泽民、胡锦涛等，在继承马克思主义科学价值思想的基础上，结合中国革命和建设的实际，为马克思主义科学价值思想增添了许多新内容，使马克思主义科学价值思想日臻成熟与完善。如十月革命胜利后，列宁根据当时俄国的具体国情，有效发挥了科学在社会主义建设中的价值，提出了著名的"共产主义＝苏维埃政权＋全国电气化"的公式，并亲自主持制定了全国电气化计划。20 世纪 50 年代，毛泽东也旗帜鲜明地提出，要打好科学技术这一仗，不打好这一仗，生产力无法提高。邓小平根据我国改革开放和现代化建设的具体实际，创造性地提出了"科学技术是第一生产力"的思想。这些都体现了马克思主义科学价值思想紧密联系实际、随着实践的发展而发展的特点。

总之，马克思主义科学价值思想以马克思主义世界观和方法论为理论基础，有着深厚的马克思主义哲学底蕴。马克思主义科学价值思想吸收了

---

① 《马克思恩格斯选集》第 1 卷，人民出版社 1995 年版，第 54 页。

人类以往关于科学价值的优秀理论成果，并对其进行了批判性的继承和创造性的改造。马克思主义科学价值思想还以实践为力量源泉和发展动力，在实践中不断得到改进和完善。因此，马克思主义科学价值思想是真理性、导向性和发展性的统一。

第三章

科学价值评价论

人类有各种各样的需要，当客体能满足主体需要时，客体对主体而言是有价值的；当客体不能满足主体需要时，客体对主体是无价值的；当客体损害了主体利益时，客体对于主体则具有负价值；当客体未能满足主体需要，却具有满足主体需要的可能性时，客体对主体则具有潜在价值。① 人们研究某物是否有用，以辨明其价值，这样的认识活动就是价值评价。科学到底具有哪些价值？科学的价值应如何界定？这就涉及科学价值的评价标准问题了。只有详尽分析科学价值的评价标准，才能对科学价值进行准确定位。

第一节　科学价值评价的相关理论概述

一　价值评价的内涵

所谓价值评价，是对价值客体与价值主体关系的分析和评定，是关于客体对主体有无价值及价值大小的判定，是评价主体根据一定的价值标准或评价标准对客体价值作出的判断。② 在现实中，人的认识活动包括两种取向，一是认识客观世界的本来面目；二是认识世界对人的意义。相应地，认识成果也包括两种基本形式，即知识性认识（揭示世界是什么）和评价性认识（揭示世界应如何）。从认识论角度看，价值评价是一种意识活动，但与一般的认知活动又有差别。在价值评价中，主体不是简单地反映客体本身，而是要揭示主体的需要与客体属性之间的价值关系，并对客体属性能否满足主体需要作出肯定或否定的评判。客体的属性对于一定主体是否有价值，能否满足主体需要，必须通过主体的实践来体验和把

---

① 费多益：《科学价值论》，云南人民出版社 2005 年版，第 18 页。
② 王玉樑：《价值哲学新探》，陕西人民出版社 1993 年版，第 296 页。

握。在价值评价中，主体不可能以一种绝对超然的态度对待客体，价值评价总包含有一定的主观因素。因此，价值评价总会以带有主观性的价值修饰词来表达，价值修饰词以生活需求、交往原则、道德情感等因素为其基本内容，价值修饰词表达了人作为主体的价值倾向。如"美、丑、好、坏"等价值修饰词，本身就代表了主体在生活中最一般的需求和愿望。由于价值修饰词的介入，价值评价在内容和形式上，比一般认知活动更能表现主体的目的、要求和创造性。

价值关系作为主客体关系的一种基本形式，既不同于主客体之间的认识关系，也不同于主客体之间的实践关系，它是由价值主体和价值客体组成的需要和满足之间的关系。评价不只是对已经产生效应的情形之反映，还包括运用思维的能动性、创造性去揭示现象背后深层的价值关系，并构建人的价值世界。价值主体的需要是生成价值的内在动因，在价值关系中处于支配地位，起主导作用；价值客体是主体需求的对象，是事物本身的属性、结构和功能，是生成价值的必要条件。价值主体和价值客体作为价值关系的两极，通过创造价值的活动联系起来，并生成一定的价值关系系统。价值评价，就是对这样一个动态系统的反映；价值创造，就是对此动态系统的重新建构。

在价值论的研究中，有人曾经把价值与评价等同起来，但实际上二者有着根本的区别。价值是客体对主体的意义，它是一种客观存在。而评价是人们对客观价值的评定，是主体的一种观念活动。客体对主体有无价值及价值大小，是主体通过价值观念对客体价值进行判定的结果。因此，价值是客观存在的，属于存在范畴；评价是主体的观念活动对客体价值的把握，属于观念范畴。价值与评价的关系，其实就是存在与意识的关系，即价值决定评价，评价反作用于价值。评价的功能是正确地揭示价值，使人们在观念上把握价值，为人们进一步从事价值的开发、创造和实现做好铺垫。当人们的评价揭示了某种待开发的重要潜在价值时，人们就会努力去开发它，使之由潜在价值变为现实价值。当人们通过评价了解到某一客体对主体有严重危害时，人们就会千方百计抵制和削弱这种危害。所以评价对价值活动具有重要意义，它关系到潜在价值能否转化为现实价值，以及内在价值能否转化为外在价值。

价值评价活动直接指向实践，直接为主体的选择和决策活动服务。这种直接的实践指向性，要求价值评价的标准必须是具体的、明确的、可操作的。但价值评价活动具有较强的感情色彩，价值评价的结果会因"自我相关效应"而变得不准确。评价主体在评价过程中，总会渗透着意志关系、情感关系，总会基于一定的心理定势来审视自己的评价对象。特别是在比较性评价中，评价者的偏好所起的作用会很大。因此，在价值评价过程中，确立明确、可行的评价标准非常重要。在确立了价值评价标准后，我们还要弄清一个理论问题，就是"价值评价标准是否具有客观性？"这个问题可以分为两个子问题进行考察。第一个子问题是关于"价值事实"的客观性问题，即"客体对主体需要的满足与否"是不是客观的？虽然人的需要具有主观性、多维性和时效性，但这种需要在特定情况下仍是客观的，不是主观意志可以随意改变的。即使人们在价值评价过程中会带有个人感觉、心理、情感等主观因素，但其某时某刻的某种需要仍具有客观性，故主客体之间的价值关系也是特定情况下的客观事实。第二个子问题是关于"评价标准"的客观性问题。一个价值行为或价值事实，与主体的需要必然存在一定联系，既然主体的需要和利益具有客观性，因而对价值的评价标准也具有客观性。事实上，主体不可能丝毫不了解自己的需要和利益，也不可能故意不理会自我需要而任意杜撰一个价值标准。因此，任何评价标准都不是纯主观的，都是以主体已知的那部分需要为客观内容的。当然，主体也不可能完全正确认识自己的全部需要和利益，更不可能将自己的需要同整个人类的整体利益结合起来。但随着认识的深化，他可以越来越接近这种正确认识。因此，价值评价标准的客观性也是相对的。对价值最高的、最终的评价标准只能是实践，只有社会实践才能最终确定某些价值事实与主体需要间的全部联系。通过以上分析，我们可以认可价值事实的客观性和评价标准的基本客观性，这为正确开展价值评价活动奠定了理论基础。

二　科学价值评价的内涵及主客体

科学价值评价，是一定主体对科学价值关系的评价和审视。这种评价和审视，是对科学价值关系诸要素和科学价值实现诸环节的判断。科学价值评价也是保证科学价值稳定实现的反馈回路，它告诉我们科学活动的运行是否偏离了既定目标，以及我们应如何调整科学活动的走向。科学价值评价还能预见未来，指导实践。如果科学价值评价只限于指出已有的科学活动结果之好坏及其原因，这种评价就无异于科学认识本身，而不是对

"科学价值"的评价。在很多西方国家，都非常重视科学价值评价对指导未来科学实践的作用。但在我国，大家更关心科学成果拿了什么奖（国家级、省部级）和几等奖，而不太关心科学成果的价值实现。这就需要变我国"回顾式"科学评价方式为"前瞻式"评价方式，使评价不仅仅是对科研工作的总结，还要通过评价发挥科学成果促进社会进步的价值，并保证科学发展的合理方向。

科学价值评价的主体是评价者，即发动和进行评价活动的人，也是把握、预测科学价值事实的人。科学价值评价的主体包括多个层次，可以是个人（如科学工作者、学者等），也可以是集体（如学术团体、科研组织等），甚至是民族、国家。每一层次的主体都是现实性和历史性的统一。任何主体都不能脱离历史的继承关系，因为这种继承关系为他提供了价值评价的社会背景和观念前提。价值观是在人类长期发展过程中，在历史的积淀和现实的影响下所形成的。相近的经济条件和生活环境，会塑造人们相近的价值观。马克思以阶级社会为例指出："一个阶级是社会上占统治地位的物质力量，同时也是社会上占统治地位的精神力量。支配着物质生产资料的阶级，同时也支配着精神生产的资料。"① 因此，科学价值评价主体所使用的许多评价标准，往往会带有一定阶级的烙印，会维护自身阶级的利益。任何主体也都是社会中的现实存在，其在社会实践中形成的需要、能力和观念具有多维性，并处于不断的发展变化中。科学价值评价的主体虽然具有多层次性和多样性，但不同主体之间也在相互交流，相互影响，这使他们的价值观呈现出一定程度的共同之处。

科学价值评价的客体是评价对象，即评价活动所指向的科学价值事实。李德顺先生指出："价值事实存在于价值关系运动的现实的或可能的结果之中，或者不如说，价值关系运动后果的事实就是价值事实。"② 但价值事实不仅是指价值关系运动的结果或后果，还包括价值关系运动本身。可以这样说，价值关系的运动及其所产生的后果就构成了价值事实。在具体的科学活动中，"科学价值主体"与"科学价值评价主体"可以相同，也可以不同。科学价值是价值主体与价值客体之间的关系，评价者要评价的不是价值客体，而是"价值客体与价值主体之间形成的价值事

---

① 《马克思恩格斯选集》第 1 卷，人民出版社 1995 年版，第 98 页。
② 李德顺：《价值论》，中国人民大学出版社 2007 年版，第 262 页。

实"。价值客体只是作为这种"价值事实"的一方面，因而只是价值评价客体的一部分。通俗地讲，评价者要评价的不是"某种科学理论的价值"，而是"某种科学理论对某主体的价值"。

连接科学价值评价主客体的是评价尺度，它是科学价值评价主体进行评价活动的中介，是价值评价的核心。评价尺度的主要功能，是衡量评价客体在多大程度上能满足评价主体需要、实现评价主体目的、符合评价主体观念的尺度。由于科学价值评价的主体和客体都具有多样性，故其评价尺度的实际内容也有很大差异。

三　科学价值评价的原则

在长期的科学实践中，人们逐渐形成了科学价值评价的一般性原则。这些原则对于我们正确评价科学理论的价值，以及确定科研规划、评估科学成果、制定科研政策都具有重要意义。这些原则包括：

第一，客观性原则。对科学价值的评价，必须尽可能排除主观因素的各种干扰，力图正确反映科学价值的客观实际。黑格尔指出："在评价一件艺术品时，大家总是说，这种批评应该力求客观，而不应该陷于主观。这就是说，我们对于艺术品的品评，不是出于一时偶然的特殊感觉或嗜好，而是基于艺术的普遍性或美的本质着眼的观点。在同样意义下，对于科学的研究，我们也可据以区别开客观兴趣和主观兴趣之不同的出发点。"[1] 由于科学价值是多方面的，人们的需要和感兴趣的东西也往往各不相同，因而不同评价主体会有不同的评价标准。这会导致"仁者见仁，智者见智"，对同样的科学成果作出不同评价。虽然每位科学家的评价标准会有所差异，但这背后存在着不以个体主观兴趣和感觉为转移的普遍标准，这就保证了科学价值评价的客观性。这种客观性的实现，往往需要科学共同体内部的交流和争论来完成，这也体现了科学价值评价的社会选择机制。科学共同体内部的交流和争论，往往能从众口不一的评价标准中选择出能逐渐被科学界公认的科学理论。虽然通过这种方式选择出的科学理论并不一定是完全可靠、无懈可击的，但相对于与之竞争的众多科学假说，它往往是较好、较完美的。例如，在科学史上，对于光的认识存在

---

① ［德］黑格尔：《小逻辑》，贺麟等译，商务印书馆1980年版，第120页。

"微粒说"和"波动说"两种学派。17、18 世纪的科学家大多选择"微粒说",19 世纪的科学家大多选择"波动说",20 世纪的科学家则逐渐认可了"波粒二象说"。科学价值评价的社会选择机制,使科学价值评价标准总能不断地向客观性方向发展,这种客观性又保证了评价活动的正确性。

第二,主体性原则。认识论意义上的主体,是指认识活动和实践活动的承担者,包括个体、社会集团和整个人类。主体性是人区别于其他动物的标志,它最能体现人的本质力量。人的主体性包括三层含义:一是把自然生存条件置于自己的控制之下,做自然的主人;二是把社会实践活动置于自己的控制之下,做社会的主人;三是把自己的言行置于自己理智的控制之下,作自己的主人。因此,主体性是人在认识和实践活动中所表现出来的自主性、能动性和创造性。马克思指出:"人,作为人类历史的经常前提,也是人类历史的经常的产物和结果,而人只有作为自己本身的产物和结果才成为前提。"① 马克思一方面从客体性角度,揭示了人不可避免地生存于他所依赖的各种自然、社会条件之中;一方面从主体性角度,揭示了人能按照自己的需要去超越各种被给定的对象关系,去打破那种预定的、宿命式的生存方式。在科学价值评价中,不管评价对象是科学的认识价值、审美价值,还是社会价值、功利价值,都要从人出发,立足于社会对科学的需要,坚持主体性原则。比如,对于某项科学成果的价值,有人从学术角度评价,有人从经济角度评价,但只要这种评价有利于人类主体性的实现,其评价行为就是合理的。

第三,整体性原则。在进行科学价值评价时,必须从整体上、从科学价值的不同方面、从人的不同需要的角度、从主客体之间的不同关系上综合考察,力求完整、准确地把握科学价值。从评价客体来看,科学理论是逻辑、真理、效用等多方面的统一体,其价值表现在各个领域。如果在评价过程中,只抓住其某方面的价值,就不能全面认识科学理论的价值,甚至会得出错误的观点。从评价主体来看,由于人们有着不同的社会需要,人们的立场、观点、水平、审美情趣都有所差异,故其评价标准也会有所不同。即使在科学共同体内部,由于接受的科学规范不同,对科学价值的

---

① 《马克思恩格斯全集》第 26 卷第三册,人民出版社 1974 年版,第 545 页。

评价标准也会不同。这种以个体的思想观念和知识背景进行的评价活动，就可能带有片面性。例如，在西方科学哲学中，演绎主义片面强调科学理论的逻辑价值，工具主义片面强调科学的功利价值，约定主义夸大了科学理论的审美价值，历史主义夸大了科学理论评价标准的可变性。为了正确进行科学价值评价，就必须采用社会评价和权威评价相结合的方法；权威评价也必须尽可能吸纳不同的科学流派，尽可能综合各方面的意见。只有这样，才能从整体上把握科学的价值，才能建立比较完整的科学价值评价体系。

第四，实践性原则。对科学价值的评价，必须在社会实践基础上进行，评价的结果也必须通过社会实践来检验。只有通过实践，评价主体才能了解科学理论所具有的客观价值，才能正确反映价值主体与价值客体间的关系。离开了现实的实践活动，不但科学价值无从实现，也无从了解科学的哪些属性对哪些群体（或个人）有价值。例如，要正确评价热力学和电磁理论的价值，只有在第一次、第二次工业革命中对其进行考察，才能得出正确的结论。实践还是检验科学价值评价正确与否的最终方式。列宁指出："实践不仅有普遍性的优点，并且有直接的现实性的优点。"[1] 任何一种科学价值评价，本质上都是一种主观性思维活动，但"人应该在实践中证明自己思维的真理性，即自己思维的现实性和力量，亦即自己思维的此岸性"[2]。科学价值评价的实践性原则要求，把人的主观评价尽可能回到实践中进行检验，以确定此评价是否具有真理性。例如，苏联科学家勒柏辛斯卡娅在《细胞起源于生活物质以及生活物质在有机体中的作用》一书中所提出的"新细胞学说"，曾被评价为"具有重大价值的科学创造"，并在 1950 年被授予"斯大林奖金"一等奖。但在 1955 年，当苏联科学家围绕这个理论进行反复实验后，否定了此理论的科学性。[3] 这说明，只有实践才是检验科学价值评价结果的绝对权威。

第五，动态性原则。科学价值评价是一个不断发展的过程，因而必须根据客观和主观实际情况的变化，不断调整对科学价值的评价。科学发展的过程，是人们对自然界认识逐步深化的过程，是从认识现象到认识本

---

[1]　《列宁全集》第38卷，人民出版社1971年版，第183页。

[2]　《列宁选集》第2卷，人民出版社1995年版，第78页。

[3]　李安平：《百年科技之光》，中国经济出版社2000年版，第153页。

质、从认识一级本质到认识二级本质的过程。科学价值也会随着科学的发展而不断变化。19 世纪以前，人们用各种"以太"来说明光和电磁波的运动，那时的"以太学说"就具有一定的科学价值。但随着科学的发展，人们对自然界时空特性有了更深的认识，否定了以太的存在，"以太学说"也就没有价值了。另外，对同一个科学理论来说，其价值也经历着从潜在价值向现实价值转化的过程。当科学理论的价值处于潜在形态时，人们往往容易贬低其价值。如魏格纳的"大陆漂移说"、伽罗华的"群论"等，在其刚提出时并没有得到人们的认可，后来才被科学界广泛接受并给予很高评价。在一个科学理论的起步阶段，可能连创建它的科学家本人也很难认识其巨大价值，从而对自己的理论作出错误的评价。比如，卢瑟福在提出"原子核结构理论"后，曾这样评价它："就释放能量来说，用原子核来做实验可以说是纯属浪费。所有那些谈论在工业上利用核能的人们都是在作荒唐的空谈。"[1] 但随着科学实践的发展，原子核能得到了广泛应用，原子核结构理论的潜在价值才得以充分实现，人们对它的价值评价也发生了根本性变化。

第六，以人为本原则。以人为本，就是要把人民的利益作为一切工作的出发点和落脚点，一切为了人民，一切依靠人民，不断满足人民群众多方面的需要和促进人的全面发展。具体地说，就是要在经济发展的基础上，不断提高人民群众物质文化生活水平和健康水平；就是要尊重和保障人权，包括公民的政治、经济、文化权利；就是要不断提高人们的思想道德素质、科学文化素质和健康素质；就是要创造人们平等发展、充分发挥聪明才智的社会环境。科学作为人类探寻客观真理、改造世界的中介和手段，实质上是一种社会活动。而人是社会的主体，人类社会中的一切活动都是属人的，也是为人的。科学应该成为展现人的存在本质的一种方式，也应该成为展现人类本质力量的重要途径。科学作为人类创造性变革自然和社会的活动，其最终目的是为了提高人的生存质量，并最终实现人的自由全面发展。对科学价值的评价，必须坚持以人为本，重视对人性的关怀。对科学的应用，也应实行严格的社会控制，避免科学应用中负价值的产生，并力求实现科学对人类社会整体的价值。科学进步所引发的知识革

---

[1]　吴增基等：《理性精神的呼唤》，上海人民出版社 2001 年版，第 65 页。

命，极大地提高了人的认识水平、理性力量和思想境界，从而为社会发展提供了最根本的源泉和动力。只有强调科学与人之间的相互促进，坚持以人为本的科学价值评价原则，以人文价值引导科学的发展和应用，使物的尺度与人的尺度达到和谐统一，才能实现科学的健康发展。我们在科学价值评价中，要将科学发展与人类的价值结合起来，严格控制科学的滥用和误用。科学的发展要以人的身心健康为出发点，从人的本质和人性出发，强调人的地位，肯定人的价值，维护人的尊严和权利，并最终实现解放全人类的终极目标。

总之，科学价值评价的上述原则是相互联系、相互作用的有机整体。其中客观性是价值评价的前提，主体性是价值评价的向度，整体性是价值评价的目标，实践性是价值评价的保证，动态性是价值评价的活力，以人为本是价值评价的归宿，只要遵循了这些原则，就能使科学价值评价沿着正确的方向进行。

四　科学价值评价的方法

由于科学价值评价的对象是价值这种特殊的客体，这种客体不是某种实体，而是科学成果与人之需要的关系，故评价的方法也有其特殊性。科学价值评价的方法，主要有以下几种：

第一，逻辑方法，即评价主体运用概念、判断、推理等一系列逻辑思维，对科学价值进行评判的方法。在科学价值评价中，除了常用的归纳法和演绎法外，还包括比较法、类比法和统计法等。比较法是分析对象之间差异点和共同点的逻辑方法。在科学价值评价中，往往会对不同科学成果的价值进行比较，或者将被评价的科学成果与一定的价值标准相比较，从而得出评价结论。比较的对象，既可以是时间上先后出现的不同科学成果（如牛顿力学与相对论等），也可以是空间上并存的科学成果（如西医与中医等）。运用比较法时，必须建立正确、统一的价值标准，如果没有标准或标准不统一，就无法进行比较。例如，有人用西医的标准来评价中医的价值，就会得出中医落后或没有价值的结论；但如果用系统整体的标准来比较中西医的价值，就会发现中医具有更强的整体性。由于任何比较都不会十全十美，因而在价值评价中，我们应尽可能对科学成果进行多方面的比较，以获得更全面、更正确的评价结果。类比法是根据不同对象之间某些方面相似而推出其他方面也可能相似的逻辑方法。在价值评价中，有些科学成果的价值是未知的，但这些成果可能在内容或形式上与已知的科学成果相似，运用类比法往往可以推测出其价值的大致情况。例如，电磁学与光学在内容上有相似性，因为电磁波与光在本质上相同，且它们都以光速在媒质中传播。根据电磁理论建立起来的电通信理论在实践中已创造了巨大价值，运用类比法便可以推断，以光学理论为基础的光通信理论也会有重大的应用价值。科学价值评价之所以要运用统计法，是因为科学与人们需要之间的关系很复杂，有时也会带有随机性质。这种情况下，科学价值现象的出现也遵循统计规律，只能运用统计法对科学价值进行评价。在运用统计法进行价值评价时，必须把大量的价值现象进行分类和概括，用概率统计对其进行描述和处理，从而对该科学成果的价值作出整体上的评估。在运用统计法进行价值评价时，价值样本的选择，以及抽样调查的价值现象的代表性和数量很重要。美国科学家普赖斯的"科学增长曲线"，就是运用统计法进行科学价值评价的重要理论成果。

第二，实践检验法，即人们在一定价值标准指导下，通过实践活动使科学理论的潜在价值对象化、物化，从而创造出一定的价值结果，再根据价值结果与人的需要之关系来进行价值评价。如果价值结果对人有益，即为肯定性价值；如果价值结果对人有害，即为否定性价值。对科学功利价值的评价，主要是考察生产实践所产生的价值结果，而这种结果是通过科学成果的转化和应用实现的。一般来说，如果生产实践的经济效益、生态效益好，就证明科学成果具有较好的功利价值。科学社会价值的另一个方面，是科学成果运用到政治、军事、教育、文化和社会管理等各个领域而产生的价值。对于这些价值现象，由于评价主体的立场、观点不同而呈现出很大差异。马克思主义价值观要求，要以是否符合最广大人民的根本利益、是否符合社会发展和人类进步的总体方向为标准，来评价科学价值。

第三，直觉评价法。对于"直觉"的含义，周义澄先生指出："直觉就是直接的觉察。广义地说，直觉是包括直接的认识、情感和意志活动在内的一种心理现象；狭义地说，直觉是人类的一种基本思维方式，它包括直觉的判别、想象和启发，是非逻辑或超逻辑的、借助于模式化'智力图像'的思维，是感性和理性、具体和抽象的辩证统一，是认识过程的飞跃和渐进性的中断。直觉是由于思维的高度活动而形成的对客观事物的一种比较迅速的直接的综合判断。"① 直觉评价法是一种非正式情况下运用的评价方法，它是指当一项科学成果摆在评价主体面前时，评价主体并不经过任何逻辑思维和实践检验，就能立即凭直觉对评价客体的整体价值作出大致的判断。直觉评价法具有直接性、整体性和瞬时性的特点，它依赖于评价主体长期科学实践的经验积累和高度的洞察力。这种直觉判断往往能使人们作出快速而果断的价值评价，并能促进科学的飞跃式发展。例如，汤姆逊发现了电子，并提出了原子的"布丁模型"。但卢瑟福直觉到这一模型的致命弱点，并通过"α粒子散射"等实验，运用创造性的想象和直觉，扬弃了"布丁模型"，建立了原子结构的"行星模型"，从而推动了物理学的发展。直觉判断对评价科学的审美价值尤为重要，因为科学美只能通过审美的心理体验才能感受到。开普勒之所以相信哥白尼的天文体系，正是由于哥白尼体系具有更大的和谐性与数学简单性的缘故。

第四，预测方法。由于科学价值随着人们需要的改变而不断发生变化，因此，根据社会实践的发展，对科学价值进行合理预测，也是科学价值评价中的一个重要方法。科学价值预测的理论基础，是科学发展的宏观规律，以及不同历史条件下科学发挥其价值的作用机制。科学的产生及应用，往往取决于工业、农业、军事以及社会各方面发展的需要；科学价值的实际发挥，也取决于社会建制的成熟程度。因此，在使用预测方法时，不仅要看到科学已经实现的价值，还要看到科学正在萌芽中的价值，即科学价值发展的潜在趋势。科学价值预测的内容有：揭示经济、社会和科学发展的大致趋势，弄清决定这些趋势发展的实际因素，探索科学价值实现的最优化途径，预测科学价值发挥对政策制定的指导意义等。科学价值预测必须从本国、本地的实际情况出发，探索适合自己情况的科学价值实现途径。例如，我们走的是建设有中国特色社会主义的道路，我国又是一个发展中的社会主义国家，因而我们进行的科学价值预测与美国、日本等国就有很大差别。

五　科学价值评价的程序

评价是一个连续的过程，这个过程又是由一些相互区别的步骤和阶段

① 周义澄：《科学创造与直觉》，人民出版社1986年版，第193页。

所构成，这些步骤和阶段形成了科学价值评价的程序。具体来说，包括以下三个阶段：

第一阶段，是评价目标和对象的确定。科学价值的评价总有一定的目的。例如，确定科研选题，预测已确定的研究方向成功的可能性，对各种科学理论的价值进行评估，对科学理论优劣的比较，预测科学理论转化为现实生产力的前景，制定科学发展的战略规划等。有了评价目的，就要确定评价对象，即适宜的价值评价客体。例如，对新科学革命的价值评价是一个大范围的整体性评价，它是对计算机科学、空间科学、生物科学、海洋科学、能源科学、材料科学等一系列学科的整体性评价。

第二阶段，是对科学价值评价标准的选择。在确定了评价目标和对象后，必须选择恰当的评价标准。科学分为不同的层次，故应根据科学的不同层次来确定具体的评价标准。例如，基础科学理论的评价、应用科学理论的评价、工程科学理论的评价就各不相同；单个科学领域的评价、数个科学领域的评价、整体科学领域的评价也不相同。对基础科学理论的价值评价，重点在于其真、善、美的价值，评价标准应以价值标准、审美标准和伦理标准为主。对应用科学理论的价值评价，重点在于它的实用性，评价标准应以功利标准、生态标准为主。对于整体科学领域的价值评价，重点在于它的社会意义，应综合考察其各方面的社会价值。但各种不同的价值评价标准也可能出现相互矛盾的情况，如具有较大审美价值的科学理论未必有很大的功利价值。因此，在确定评价标准时，应根据评价目的，采取综合平衡的方式进行处理。

第三阶段，是评价过程的实施。在选择了评价标准之后，就可以实施具体的评价过程了。对科学价值的评价，首先是由作为科研主体的科学家自己进行的，因为科学家总是会选取那些有较大价值的课题作为自己的研究方向，在研究过程中，也会通过价值再评价来调整自己的科研活动。一项科研成果取得之后，就主要是由同行和社会对其进行评价了。同行评价是价值评价过程中的关键一环，科学家的科研成果能否得到社会承认，很大程度上取决于同行评价的结果。同行评价一般侧重于科学的真、善、美之价值，社会评价则更看重科学的社会价值和功利价值。只有经过社会评价，科学成果的价值才能得到社会的普遍承认。评价结果的表现形式，一般有科学著作的发表、专利权的认可、科学奖金和科学荣誉的获得、科学成果的推广应用等。一般来说，取得了这些形式，就意味着科学成果的价值获得了社会的肯定性评价。

第四阶段，是对评价结果的实践检验。这里所说的实践，包括科学实验和生产实践。对评价结果的检验，保证了科学价值评价的客观性和正确性。实践是检验价值评价结果正确与否最根本的标准，一切科学价值评价的结果，特别是功利价值的评价结果，必须在实践中得到检验。由于科学的价值是多方面的，对科学评价结果的检验也应采取不同的途径和方法。这种检验也是一个历史的过程，特别是对那些一时难以被社会承认的科学成果，其价值往往容易被轻易否定。例如，阿贝尔关于"五次方程代数解法不可能存在"的证明、伽罗华的群论、爱因斯坦的统一场论等，在刚提出时都曾被科学共同体否定。但随着科学实践的发展，它们的价值终于被人们所认可，原来错误的评价结果也终于被纠正。

科学价值评价程序的各个环节，并不是截然分开的，它们往往以交叉的方式重叠在一起。这四个环节之间，既环环相扣，又密不可分，它们共同保证了科学价值评价的顺利进行。

六　大科学背景下科学价值评价的正确观念

要建立科学价值评价的合理标准，不能脱离当今时代环境孤立地考察科学价值。科学价值评价标准的形成与发展，受政治制度、经济制度、科技制度、文化传统和科学发展水平等因素的影响。科学价值评价的具体实施，也与这些因素息息相关。对科学价值评价标准的研究，也应放到当今"大科学"的时代背景中去考查才有意义。

所谓价值观念，就是观念化的价值，即某种价值取向在人们思想意识中较为固定的存在。它不是突然一闪念又转瞬即逝的意识，而是固定的、长久的价值意识。在很多情况下，价值观念往往作为规范性、评价性观念而存在，并发挥出巨大作用。人们习惯用自己的价值观念规范自己的行为，并将其作为标准和尺度衡量他人的行为。一般情况下，价值观念存在于特定群体（如科学共同体）中，其存在与发展会受制于该群体独有的生活方式和生存环境。通过该群体内众多成员的交流，价值观念得以流传开来。价值观念会在接受它的群体内形成一种强烈的氛围，这种氛围会产生一种"场"的力量，去主导人们的价值评价方式。

人类任何一种有目的的活动都包含着价值，科学研究活动也不例外。科学价值观念是同处于一个科学共同体中的科学家关于科学价值的共同看法，它深刻凝结在科学研究的目的和手段中，并形成一定的科学规范，进而影响科学家的价值取向和行为模式。正如斯托勒所说："如果科学体制上的目标给定了，那么这个目标就可以社会化。反映了为取得这一目标而必须采取的行为模式的科学准则也就可以产生。"① 在"小科学"和"大科学"背景下，人们对科学价值的评价观念是不同的。

　　人类科学建制经历了从"小科学"到"大科学"的发展历程。从近代科学产生到 19 世纪末属于"小科学"建制，从 19 世纪末至今属于"大科学"建制。1962 年，美国科学史学家 D. 普赖斯在《小科学，大科学》一书中指出："由于当今科学大大超过了以往的水平，我们显然已经进入了一个新的时代，那是清除了一切陈腐却保留着基本传统的时代。现代科学的大规模性，面貌一新且强而有力，使人们以'大科学'一词来美誉之。"② "大科学"就是指科学在按指数规律高速增长的基础上，成为全社会范围内的、以集体合作形式有计划进行研究的事业。"大科学"之"大"，集中体现在它的宏大规模和综合性、社会性上。其基本特征是科研规模大、科研成果数量多、科研成果影响力大和科研活动的有组织有计划性。当代科学对社会的影响是全方位的，它渗透到社会生活的各个领域和各个方面，既包括物质生活，也包括社会的政治、军事、管理和精神生活等领域。"大科学"时代的科学活动，已不再仅仅依靠科学家的个人爱好和兴趣，而是以集体合作形式有计划进行的研究事业。不同于"小科学"时代单纯追求知识、偏向基础研究的特征，"大科学"时代的科研既包括基础研究，也包括应用研究和开发研究，且三者之间的联系日益紧密。由于"大科学"时代科研项目大、学科交叉广、所需经费多的特点，科研工作不仅需要科学共同体内部成员有组织、有分工的协作，还需要政府和大财团的经费支持。所以，在"大科学"时代，科学社会化和社会科学化的趋势日益明显，这也源于科学体制的不断改革与发展。"小科学"与"大科学"时代的具体比较见表 3 - 1：

---

① ［美］斯托勒：《科学的社会学分析》，《科学与哲学》1983 年第 4 期。
② ［美］D. 普赖斯：《小科学，大科学》，宋剑耕等译，世界知识出版社 1982 年版，第 2 页。

表 3 - 1　　　　　　　　"小科学"时代与"大科学"时代之比较①

	"小科学"时代	"大科学"时代
价值导向	真理性价值	真理性价值和实用性价值
科研目标	一元化（扩展正确无误的知识）	多元化（知识目标、经济目标、社会目标、生态目标、军事和安全目标等）
科研主体	科学共同体（主要是科学家）	"科技—社会—经济"共同体（包括政府、大学、科研机构、中介组织、金融部门、企业等）
科研主体性质	自主性、独立性	合作性、创新性
科研主体组织方式	个体性、自组织	集体性、由社会来组织
科研涉及领域	基础科学领域	科学、技术、经济、政治、军事领域

　　在"小科学"时代，人们将"好奇心"和兴趣看作是推动科学发展的动力。亚里士多德说："人类对事物天然怀有好奇心。例如，我们喜欢我们的感觉，尤其是视觉，追求感知的纯粹乐趣，而不仅仅是为了满足日常的需要。我们的最大快乐之一就是凝视一个物体，不仅当我们当初以某种方式利用它时是这样，而且当我们脑子里不怀有实际目的而研究它时也是这样。"② 英国的 E. A. 约翰森也表达了同样的意思："人们成为科学家的原因是多种多样的，但是，我自己成为科学家的原因却十分平常。我们通过科学了解到世界上的许多东西都非常激动人心。有一种规律和美妙的东西深藏于世界之中。科学就是人类的认识和其他创造力合作揭示这种美的一种组织系统。当你成为科学家时，你也就加入了这个系统。"③ 爱因斯坦也说过："我没有特殊的天赋，我只有强烈的好奇心。"④ 爱因斯坦在普朗克 60 岁生日的庆祝会上也谈道："在科学的庙堂里有许多房舍，住在里面的人真是各式各样，而引导他们到那里去的动机实在也各不相同。他们大致分为三类：一类人爱好科学，因为科学给他们带来了超过平常人的、智力上的快感，科学是他们的特殊娱乐，他们在这种娱乐中寻求生动活泼的经验和雄心壮志的满足；第二类人之所以把他们的脑力产物奉献在

---

　　① 资料整理自刘戟锋《两弹一星工程与大科学》，山东教育出版社 2004 年版，第 182—186 页。

　　② ［古希腊］亚里士多德：《形而上学》，吴寿彭译，商务印书馆 1959 年版，第 15 页。

　　③ 汪信砚：《科学价值论》，广西师范大学出版社 1995 年版，第 327 页。

　　④ ［德］爱因斯坦：《爱因斯坦文集》（第 2 卷），许良英等译，商务印书馆 1976 年版，第 196 页。

科学的圣坛上，为的是纯粹的功利目的；还有一类象普朗克这样被天使所宠爱的人，他们工作时的精神状态是同有信仰宗教的人或恋爱中的人相似，达到了一种忘我的境界。"①

科学发展源于人们求真和求知的需要，人们的兴趣和好奇心便成为科学发展的驱动力之一。正如美国科学史学家乔治·萨顿所说："好奇心在过去如同在今天一样，也许是科学知识的主要动力……好奇心是科学之母。"② 在好奇心的推动下，科学家首先追求的是科学的真理性价值。康德认为，科学所探讨的是关于自然界的真理，宗教反映了人们追求"善"的愿望和努力，而艺术是人们追求"美"的结果。萨顿也认为，"科学求真，宗教求善，艺术求美"，他还指出真、善、美的统一是人类理想的最高境界。所谓求真，就是探索客观事物的普遍规律或"扩展确证无误的知识"。如果将寻求科学的真理性价值看作科学研究的唯一目的，就会形成"为科学而科学"的价值观念。正如彭加勒在《科学的价值》一书中指出的："对真理的探索应当是我们活动的目标，这才是科学活动的唯一价值。"③

诚然，科学作为系统化、理论化的知识体系，其真理性价值是不言而喻的。美国科学哲学家洛姆认为，科学的基本价值就是追求真理和诉诸证明。真理性价值只能用"增加多少独创性的学术成果"来衡量，而不能用增加多少经济效益的商业标准来衡量。但这种价值观也会遇到来自现实的种种阻力，如罗素和怀特海花费 10 年心血完成的《数学原理》一书，于 1910 年出版时，由于此书符号冗繁、内容艰涩，导致排版成本高昂和销路狭窄。为了出版这部巨著，罗素和怀特海不但未得稿费，还各自倒贴了 50 英镑。但数学界的同行对此书评价很高，认为此书的出版是 20 世纪数学界最伟大的事件之一，其真理性价值无法估量。

进入"大科学"时代，真理性价值与功利性价值之间的矛盾愈显激烈。为了解决这个矛盾，培根曾制定了正确评价科学价值的标准，它包括

---

① ［德］爱因斯坦：《爱因斯坦文集》第 3 卷，许良英等译，商务印书馆 1976 年版，第 248 页。

② ［比］乔治·萨顿：《科学史和新人文主义》，陈恒六等译，华夏出版社 1989 年版，第 214 页。

③ ［法］彭加勒：《科学的价值》，李醒民译，商务印书馆 2007 年版，第 13 页。

两个方面：科学价值的内部标准是基于偶然发现的归纳证明，科学价值的外部标准是稳定的、连续的、被预言了的发明。英国伦敦皇家学会试图遵从这两个标准，对科学发现和技术发明分别予以奖励，但由于当时科学与生产的脱节，并未真正执行。当今，科学已不再仅仅属于个人爱好，社会的需要、功利的目的常常是科学发展更强大的动力。马克思指出："科学绝不是自私自利的享受，有幸能够致力于科学研究的人，首先应该拿自己的学识为人类服务。"① 随着科学在推动社会现代化建设方面的作用越来越大，默顿范式的局限性也逐渐表现出来。默顿范式的科学研究路线，是以科学的真理性价值为出发点和归宿的。默顿将科学家在实践中致力于创造"物质上的财富"的行为，看作是对科学精神的"背离"。但在马克思主义看来，这是科学家履行其社会职责的应有之举。

在"大科学"时代，树立正确的科学价值评价观念显得尤为重要。价值是一个历史的范畴，它随着历史的发展而不断变化。我们不能因为今天承认科学的实用价值，就否定默顿范式中"为科学而科学"的价值观，也不能一成不变地固守"为科学而科学"的清高传统。齐曼指出："人最明显的需求一直是物质福利。无论何时何地，人们都在为获得食物、住房、运输工具、公共设施及其他物品而奋斗。满足这些需求一直是科学的基本目的之一。"② 因此，在科学共同体中，科学家们构成了一个正三角形结构。那些从事应用和开发研究的科学家占大多数，如同三角形的底部；而从事基础研究的科学家占少数，如同三角形的顶部。应用和开发研究直接为社会提供效益和财富，其价值导向是"任务取向"；基础研究是以增进科学知识为目的，其价值导向是"好奇取向"，二者对于社会发展都是必不可少的。如果在对科学价值的评价过程中，过分执着于默顿的"小科学"规范，就会在基础科学与应用科学之间划分高低贵贱，认为"为科学而科学的人，是清高的、超然的、高人一等的"。这样会导致科学工作者将自己封闭在象牙塔中，对科研成果的推广望而生畏，从而削弱了科学的生产力价值。因此，"大科学"时代的科学价值评价，不仅要看到科学成果的真理性和科学家的能力、水平，还要从科学成果的经济效

① 《马克思恩格斯全集》第32卷，人民出版社1998年版，第184页。

② ［英］约翰·齐曼：《知识的力量——科学的社会范畴》，许立达等译，上海科学技术出版社1985年版，第163页。

益、社会效益等多维度视角进行评估。

当然，即使进入"大科学"时代，默顿时代的很多科学精神仍需要坚持。这就要求人们对科学价值进行评价时，要有诚实的态度，尊重客观事实，通过实践来检验科学成果的真理性。在对一个科学家的科研能力作出评价时，应以他创造的知识成果为依据，而不应受国籍、种族、性别、社会地位、宗教信仰等因素的影响。在"大科学"时代，仍然要求科学家具备刻苦钻研、勇于创新、为科学而献身的精神。一名真正的科学工作者，仍然需要将科学精神和正确的科研动机内化为自己的良心，不为科学之外的利害关系所左右；并具有强烈的社会责任感，既要让科学成果取得良好的社会效益，也要防止其可能带来的不良后果。

第二节　科学价值评价的具体标准

在确立了科学价值评价的原则、方法、程序和大科学背景下的正确观念后，还必须恰当地选择评价标准。选取评价标准，就是选择衡量客体价值的尺度或准绳。评价标准选择的正确与否，直接决定了评价活动的效果和成败。如果评价标准的选择是错误的，则评价结果必然是不准确的；如果评价标准选择是片面的，则评价结果也是不全面的。要正确评价科学的价值，不能用单一的标准进行简单、直接的评价，而应采用多项指标对其进行全面、公正、合理的评价。基于科学本身的特性以及价值评价的基本理论，本书选取了三个评价标准，即内容之真标准、形式之美标准、功用之善标准。

一　内容之真标准

科学发展的过程，就是人类不断认识世界、判断各种事物之是非真伪的过程，即不断追求真理的过程。科学在其发展过程中，必须不断接受实践的检验，并不断吸收新的经验事实，以实现理论的正确性。因此，对科学知识的真理性要求，就成为评价科学成果价值的首要标准。

科学真理是多方面、多层次的，只有从多角度系统地理解科学真理的本质和内在规定性，才能准确把握科学真理的评价标准。很多西方科学哲学家在科学真理评价问题上表现出片面性，这与他们的研究视角和哲学传统有关，也与真理问题的复杂性有关。另外，对真理的探索还会受到种种社会政治因素的影响，正如本格所说："完全的真理很难达到，甚至很难部分地达到，因为它还很年轻，因为真理的探究威胁着各种僵化的制度，所以，全面的真理的推进不仅蕴含着探究、讨论和传授，也意味着战斗。"①

那么，到底什么才是"真理"？"真理"作为哲学认识论中的一个重要范畴，被哲学家们从各种不同角度来加以阐释，其中最典型的是融贯论、符合论和实用论真理观。融贯论认为，真理就是一致性，一个命题之所以为真，是因为它能明显地融贯到一个被普遍认可的理论系统中。符合论的代表是亚里士多德，他在给真理下定义时说："应当注意到，并不是因为我们说你的脸白，所以你的脸才白。而是正好相反，因为你的脸白，所以我们作出这样的断语才是真实的。"② 在符合论者看来，真理是对事实的反映，真理必然与事实相对应。20 世纪初，皮尔士和威廉·詹姆士提出了实用论真理观，并由此导致了杜威的工具主义和布里奇曼的操作主义真理观。在实用论者眼里，真理就是在实践中取得成功的理论，只要一个命题有用，它就为真。

在以上三种理论中，融贯论在数学中显得特别突出，也经常被用到。例如，欧式几何与非欧几何之所以被接受，主要是由于它们建立了一个前后和谐的一致性命题体系。对非欧几何而言，一致性或许是其得以存在并被人们接受的唯一理由。但如果把融贯性当作真理的唯一标准，就容易导致把人们不加疑问而接受的东西视作真理，这显然是不合理的。符合论者将真理看作是对实在的反映，而这里的实在又是外在于、独立于人们对它的认识的。因此，康德对符合论提出了质疑。他论证道："按照真理性在于知识与对象相一致这种字面上的解释，为了使我们的知识具有真理的意义，就必须使其与对象相一致，然而只有认识了对象，我们才能够把对象与知识相比较。但这并不足以获得真理性，因为对象外在于我，而知识则处于我之内，因此，我们所能够判断的只能是我关于对象的知识是否与我关于对象的知识相一致。"③ 皮尔士也分析了符合论的矛盾之处，他指出："(1) 真理必须符合实在；(2) 因此，为了确定真理，必须确定实在的本

---

① 陈昌曙：《自然科学的发展与认识论》，人民出版社 1993 年版，第 224 页。

② ［古希腊］亚里士多德：《形而上学》，吴寿彭译，商务印书馆 1959 年版，第 52 页。

③ ［德］康德：《纯粹理性批判》，蓝公武译，商务印书馆 1982 年版，第 92 页。

相；（3）离开被我们当作关于实在的真理，我们无法接近实在，从而无法认知实在。"① 从康德和皮尔士的论述中可以看出，真理符合论的矛盾之处是一目了然的。对于实用论真理观，由于它将科学真理与科学价值相混淆，故也有其不合理之处。夏皮尔总结道："科学所提出的一个信念的可接受性的三大要求——我概称为'成功'、'摆脱怀疑'和'相关性'——共同把握了三个传统类型的真理论的真知灼见，而且一起避免了这些理论的弱点。'成功'和'相关性'分别抓住了实用论和融贯论的吸引力的关键，它们包含这样的观点，即承认一个信念或命题为真，必须具有实证的理由。但'成功'和'相关性'不能定义'真理'，因为无论一个观念可能多么成功，无论它与其他成功的观念的联系已如何明确地建立起来了，在原则上总是有可能产生具体的怀疑理由。而且正是这种可能性打破了'理由'和'真理'之间的联系，因此抓住了符合论所认为必不可少的直观。但是在它打破这种联系的同时，又没有整个地破坏它；因为我们必须把最有理由相信而没有具体的理由怀疑的东西看作是真的。因此，'理由'和'真理'之间的联系性和非联系性都被保留了。三个传统真理论的真知灼见都保留了，而它们各自的缺点都避免了。"② 可见，以上三种真理观各有其真知灼见和吸引人之处，也各有其弱点和失之偏颇之处，只有合理实现它们之间的互补，才能形成正确的真理评价标准。我们认为，科学真理至少应符合四个标准，即内容的客观性、逻辑的自洽性、经验的符合性和良好的预见性。

（一）内容的客观性

科学真理的内容是认识主体对客观事物本质及其规律的正确反映，具有客观性。科学真理是一种认识，它不是客观事物及其规律本身，它通过语言和思维的形式表达出来，故其形式是主观的。任何真理都是客观内容和主观形式的统一。科学真理的客观性表现在：真理内容是不以人的意志为转移的客观存在，所研究的对象（客观事物）也是客观的，真理的检验标准是客观的科学实践。不仅科学真理反映客观世界，谬误也在反映客观世界，只不过谬误对客观世界的反映是歪曲的，而科学真理是对客观世界的正确反映。例如，"水往低处流"是人的感官对事物

---

① 张留华：《皮尔士哲学的逻辑面向》，上海人民出版社 2012 年版，第 195 页。

② ［美］夏皮尔：《理由与求知》，周文彰译，上海译文出版社 2001 年版，第 34—35 页。

表面现象的认识，经过深入分析后，我们会得出"万有引力定律"的本质规律。科学家们不断改进和完善数学方法和实验方法，减少主体的主观因素对客体的影响，就是对真实性和客观性的追求。命题的"真"要受制于实在，实在也受命题的渗透，这就形成了一个循环。这个循环是实践基础上的循环，而不是逻辑意义上的同义反复。如果说真理是认识与实在的符合，那么所谓实在就是我们生活中的实在，一切超越生活的、先验的实在，都是一种幻觉。当代发生认识论的创始人皮亚杰曾说："客体肯定是存在的，客体又是有结构的，而客体结构也是独立于我们之外的。但客体及其恒常性只是借助于运演结构才为我们所认识。人把这种结构应用到客体身上，并把运演结构作为使我们能达到客体的那种同化过程的构架。所以，客体只是由不断的接近而被达到，也就是说，客体代表着一个其本身永远不会被达到的极限。"[①] 可见，科学内容的客观性，决定了科学认识的过程是不断"逼近真理"的过程。人作为认识主体，既是科学活动中的导演，又是演员和观众。认识主体是在主体与客体的相互关系中把握客体的，这种关系表现为主客体之间的相互作用，即主体客体化和客体主体化。因此，科学真理在形式和内容上，都深深打上了认识主体的烙印。从客体角度看，事物本质规律的展现需要一个过程，人们囿于当时的生产力和社会实践水平，对事物本质的认识总是有限的。正因为如此，人们对客体的认识不可能一次完成，而是需要持续不断、步步深入，才能最终把握真理。

内容的客观性是科学真理的根本特性，这就要求个人的喜好、情感等主观因素在科学真理中找不到位置。无论一个人从事科学的动机是什么，无论他是出于对揭示自然奥秘的兴趣，还是出于自己职业的需要，也无论他处于什么样的情感状态，他的科学理论都不应该反映这些个人因素。科学真理之所以被认为是"客观的"，就是因为它只涉及自然本身，并尽量排除主观因素的干扰。正是因为绝大多数科学家都坚信"外在世界独立于我们"、"外在世界如同等待着我们去发现的新大陆"，才保证了科学真理的客观性。当然，在建构科学理论的过程中，科学家的个性会偶尔影响科学术语的选择或对某些现象的描述，但这对科学的真

---

① ［瑞士］让·皮亚杰：《发生认识论》，范祖珠译，商务印书馆1990年版，第63页。

理性一般不会产生太大影响。在各门科学理论中，物理学被认为最具客观性，因为它是以数学语言建构的，而数学语言是最精确的语言。科学真理这种对主观性的排除，与充满个性的艺术领域形成了鲜明对比。在艺术领域，我们不仅容许艺术家在其作品中渗入个人情感，甚至还鼓励他们这样做。但科学是对自然的描述，只有不容许人为因素的影响，才能保证科学真理的客观性。

科学真理内容的客观性还表现在科学理论的批判继承上。随着时代和实践的发展，科学理论所包含的客观性内容也在不断变化，对旧理论的批判和继承也是不可避免的。对科学理论的批判，是建立在继承基础上的，它不是完全驳倒，而是批判地吸收。这就要求科学理论的发展具有相容性和历史关联性，以实现继承和批判的统一。科学需要批判和创新，新的科学发现、科学思想、科学理论之所以"新"，就在于同原有理论相比，它包含了时代发展所带来的新客观内容。在科学发展史上，这种新旧理论的更替，很好地说明了科学理论是阶段性、突破性、批判性和连续性、继承性、相容性的统一体。

科学区别于伪科学的一个重要方面，就是科学理论必须能经受批判性检验。其中，否证性检验是批判性检验的一种重要形式。科学具有革命精神和批判精神，科学只有在不断被批判、被否定中才能取得进步，才能"不断逼近真理"。这充分体现了科学的本质是一个永无止境的探索和追求的过程。科学知识的批判继承性，具体表现为新的科学理论与已有的被公认科学理论之间的一种相容与不相容的逻辑关系。相容是指，从新理论中可以推出已有的公认理论，或者从新理论中推不出与已有公认理论相悖的论断，这体现了新旧理论之间的继承性。不相容是指，从新理论中推出了与已有公认理论相悖的论断，这反映了新理论对旧理论的批判性。相容性的典型例子是物理学中的"对应原理"：最初是玻尔提出了一个关于氢原子理论的原理，以说明量子理论与经典理论尽管不相同，但无论什么形式的量子理论都必定以"渐近线"的形式与经典理论已确认为适用于该领域的经典电磁学相一致。后来，这一原理被扩展为物理学中的一条普遍的方法论原理。这说明新理论可以与原有理论保持继承性关系，并且能对原有理论进行进一步的丰富和发展。再比如，从伽利略的落体定律、开普勒的行星三定律到牛顿力学的发展，从经典热力学到统计力学的发展，都体现了新理论对原有理论的相容性和继承性。新旧理论的不相容性或批判性，可以是程度上的区别，也可以是本质上的区别，甚至可以是表述方式上的差别。拉卡托斯的"科学研究纲领方法论"指出，一个理论由最基本的理论"硬核"和由许多辅助性假设构成的"保护带"组成。当这个理论遭到批判和反驳时，会尽量让作为"保护带"的辅助性假设来承担错误的责任，通过修改、调整这些辅助性假设来保护"硬核"，从而使整个理论不被彻底否定。但任何科学研究纲领都不是永恒的，不可能永远通过对辅助性假设的调整而保证研究纲领不被否定，这正体现了科学理论继承与批判的辩证统一关系。比如，亚里士多德关于"重物先落地"的见解统治人们思想长达一千九百余年之久，直到伽利略的比萨斜塔落体实验后，那种公认的传统见解才被否定。在科学发展的历程中，继承性和批判性不是孤立的、决然分开的，而是相互交融、互相蕴含的，只是二者的主次关系会经常发生变化。有些科学理论的演变主要表现为继承性，有些科学理论的演变则主要表现为批判性，甚至在一个科学理论的发展过程中，不同阶段也会表现出不同程度的继承性和批判性。库恩的思想有力地说明了这一点——科学理论正是通过常规科学阶段的积累、继承和科学革命阶段的批判、超越而发展的。

（二）逻辑的自洽性

科学理论的逻辑评价，主要是科学共同体对科学理论逻辑结构作出的评价，它属于理性考察的范围，有时也被称为理性检验。理性检验会发现理论中逻辑结构的欠合理和欠完备之处，从而为科学理论的改进指明方向。在逻辑评价中，最重要的是自洽性评价，即分析理论内部是否自相矛盾。对经不起自洽性评价的理论，则没有必要经受进一步的实验检验了。正如史蒂芬·霍金所说："在理论物理发展中，寻求自洽总是比实验结果更为重要。优雅而美丽的理论会因为不和观察相符而被否决，但是我从未看到任何仅仅基于实验而发展的主要理论。首先是需求优雅而协调的数学理论（即逻辑），然后对理论作出可被观察的预言。"[①]

自然科学是研究自然界物质及其运动规律的学问，科学理论是科学知识的升华和结晶，是科学真理的理论形态。在由概念、范畴、公式、定律、推论等组成的科学理论系统中，"从内容上看，概念、命题、推论等

————————

① ［英］史蒂芬·霍金：《霍金讲演录》，杜欣欣等译，湖南科学技术出版社2007年版，第51页。

之间的逻辑关系，实际上是自然现象的本质和规律之间的关系"①。因此，理论各组成要素之间的逻辑关系，从形式上反映着理论的内在完备程度，从内容上反映着自然界的客观现实关系。理论的内在自洽性反映着人类对自然界客观现实的认识程度，理论内在自洽性的提高，表明了人类对自然界认识的深化。

一个理论 T，如果不能从它逻辑地推出命题 A 和非 A，那么 T 就没有逻辑矛盾，就是自洽的，反之就是不自洽的。自洽性要求科学理论内部的每个命题之间有逻辑联系，且不能相互矛盾。评价一个理论是否自洽，仅仅是逻辑问题，可以不借助科学实验的检验。伽利略就是通过理想实验，揭示出亚里士多德物理学的自相矛盾之处，从而推翻了亚里士多德关于"物体下落速率与物体重量成正比"的理论。亚里士多德在《论天》一书中提出，物体下落的时间同物体的重量成反比，如果一物体的重量为另一物体的两倍，它走过一段距离所需的时间将是另一物体的一半。伽利略在其《关于两种新科学的对话》一书中，使用严密的逻辑推理，揭示了亚里士多德上述理论的不自洽性。他设想，取速率不同的两个物体，把它们连接在一起。那么，速率较大物体将会受速率较小物体的影响而使其速率减慢，而速率较小的物体将会受速率较大物体的影响而使速率加快。如果一块大石头的下落速率为 8，一块小石头的下落速率为 4，把这两块石头绑在一起，它们将以小于 8 的速率运动。但两块连在一起的石头，显然可以看作是一块比二者更大的石头，故其速率当然会超过 8。这样，按照亚里士多德落体理论的逻辑，这两块绑在一起的石头下落的速率就有两个，一个大于 8，另一个小于 8，这是自相矛盾的结论。② 通过这样的推理，伽利略就发现了亚里士多德落体理论的悖理之处，把亚里士多德学说的不自洽性揭示出来了。

处于退化阶段的科学理论，在新的关键性反例越来越多的时候，总是力图对理论的非自洽性进行修改，但这种修改只会使该理论进一步暴露其内在矛盾，加快其被新理论取代的进程。在化学发展史上，燃素说曾经解释了许多化学现象，取得了极大成功，在化学中长期占据着主导地位。该

---

① ［英］史蒂芬·霍金：《霍金讲演录》，杜欣欣等译，湖南科学技术出版社 2007 年版，第 14 页。

② 黄顺基等：《自然辩证法概论》，高等教育出版社 2004 年版，第 151 页。

理论认为，燃烧是物体放出一种特殊化学元素（即燃素）的过程。这个核心假定可以解释木头燃烧后得到的灰烬比木头轻的现象，但不能解释金属煅烧后得到的煅灰比金属重的现象。于是，燃素论者提出了一个新的辅助性假设，即燃素具有负重量，以此来解释金属煅烧后重量增加的事实。同一种燃素，在木头中具有正的重量，而在金属中具有负的重量，这种自相矛盾的观点，反映了燃素说的严重缺陷，也凸显了其理论的不自洽性。拉瓦锡提出的氧化说之所以能够取代燃素说，就是因为氧化说通盘考虑了化学反应中所有物质的重量，克服了燃素说不自洽的问题。反之，处于进化阶段的科学理论，会在科学理论发展过程中逐渐消解自身的不自洽之处。著名化学家门捷列夫提出"元素周期理论"的时候，认为元素的化学性质是其原子量的周期函数。他还据此纠正了一些新元素的发现者在实验结果上的错误，并成功预言了一些当时尚未发现的新元素的性质。但是，有些元素，如碘和碲，前者的原子量小于后者，而根据化学性质，碘在周期表上却排在碲之后。这种类型的例外，反映出门捷列夫元素周期理论的不自洽之处。但当人们弄清了原子核的结构和同位素的性质之后，把元素周期律的"核心假定"修改为"元素的化学性质是其原子序的周期函数"，这才消除了元素周期律的不自洽性。由此可以看出，当一个成功的理论在其更深的原因还没有被弄清之前，它所表现出的不自洽性，需要我们对其进行更深入的研究。因为随着科学认识的发展，有可能存在消解这种不自洽的机会。

（三）经验的符合性

在科学活动中，观察和实验既是研究的起点，也是理论真理性的检验依据。英国科学家丹皮尔在谈到文艺复兴时期的科学时说："自然科学在其探讨的中间阶段，可以使用演绎推理，归纳推理也是它的主要部分。但是，由于科学主要是经验性的，它归根到底不得不诉诸观察和经验：它不像中世纪的经院哲学那样凭借权威接受一种哲学体系，然后再依据这个体系来论证种种事实应该如何如何。"① 哈维·西格尔也指出，"对证据的承诺"始终是科学理论中最"基本的和必要的"，而科学的真理性是这种承诺的直接结果。实证主义的创始人孔德认为："从培根以来，一切优秀的

---

① ［英］丹皮尔：《科学史》，李珩译，商务印书馆1997年版，第92页。

思想家都一再地指出，除了以观察到的事实为依据的知识以外，没有任何真正的知识。"① 这说明，只有经过检验的东西才能成为科学真理，这是科学理论自我保护的一种措施和机制。因此，可检验性成为评价科学真理的最重要环节。正如石里克所说："没有一种理解意义的办法不需要最终涉及实指定义，这就是说，显然是全都要涉及'经验'或'证实的可能性'。……一个陈述的意义是由它能够被证实的方法所确定的，而它的被证实在于它被经验观察所检验。"② 亨普尔也提出了科学说明的两个基本要求：一是相关性要求，即所引证的说明性知识为我们相信被说明的现象真的出现或曾经出现提供了有力的证据；二是可检验性要求，即构成科学说明的那些陈述，必须能够接受经验检验。在亨普尔看来，可检验性是任何科学理论都不可缺少的。由于对科学理论的检验不可能涉及自然界的所有经验事实，因此科学真理的可检验性标准也具有相对性。卡尔纳普对此进行了阐释，并提出了他的"确证原则"："尽管我们不能够证实这个规律，但我们能通过检验它的单一例子检验它。如果这种检验性实验在连续事例中没有发现否定的例子，而肯定例子的数目却增加起来，那么我们对于这个规则的信心就将逐步地增强。这样，在这里，我们可以说这个规律的确证在逐步增长，而不说它的证实。"③ 后来，赖欣巴赫又提出了可检验性标准的"概率逻辑法"。在他看来，经验检验与真理之间只存在或然性概率的蕴含关系，任何科学理论只有在人们认为其有可能存在真理性概率的情况下，我们才称其有意义。他说："一切科学知识实质上都是概率知识，只能在假定的意义上被确认。自然中的事件与其说像运行着的星体，不如说是像滚动的骰子。"④

　　爱因斯坦将真理的可检验性标准往前推进了一大步，他将科学理论检验的证实标准分为两种情况。一是科学理论必须以具有普遍意义的、关于实在的感性经验材料作为依据，即"经验材料的实在性原则"。爱因斯坦认为，思维本身不会得到关于外界客体的知识，而外界客体作为

① ［法］奥古斯特·孔德：《论实证精神》，黄建华译，商务印书馆1996年版，第132页。

② ［德］石里克：《自然哲学》，陈维杭译，商务印书馆1997年版，第71页。

③ ［美］鲁道夫·卡尔纳普：《科学哲学导论》，张华夏等译，中国人民大学出版社2007年版，第126页。

④ ［德］汉斯·赖欣巴赫：《科学哲学的兴起》，伯尼译，商务印书馆2010年版，第56页。

科学理论的客观内容，它的实在性决定着科学理论的真理性。因此，要对某种科学理论进行检验，就必须对其所依据的感性经验材料的实在性进行确认。二是由描述客观实在的科学理论所推出的、关于客观实在的结论或预言，应当能够经受住科学实验的检验，即"实验检验原则"。总之，科学来自于经验事实，它是人们在概括众多事实的基础上得出的一般性结论。如果否认了经验检验的必要性，那么"常规科学的稳定对科学来说是危险的，它危及知识的增长，损害并最终导致了认知进步的不可能"①。因此，科学理论需要不断完善，这种完善必须建立在实践基础上，即不断接受经验事实的检验。否则，科学只能是一个封闭的理论框架，缺乏自我纠错的机制。正如波普尔所说："经验天生就是用来反驳理论的。"②

科学理论的实验检验，一般是通过观察和实验，对科学理论的推论结果进行经验性验证。由于科学理论是对事物的本质和规律的描述，具有抽象性和普遍性的特点，因此，需要由科学理论推演出若干可以直接检验的推论，然后将其与观察到的实验结果进行对照。在这个对照过程中，会出现三种情况：第一，推论结果与已知的经验相符合，这种证实是对已知经验的理论阐释，这是科学实验中最常见的现象。第二，推论结果与未知的现象相符合，这种证实是对未知事物的理论预见。一个好的科学理论，不仅要有解释力，还要有预见力。例如，哥白尼的太阳系学说有很多经验数据说明其可靠性，但它毕竟只是一种科学假说。勒维烈根据这个太阳系学说所提供的数据，不仅推算出必定存在一个尚未知道的行星，还推算出这个行星在太空中的具体位置。后来，加勒发现了这个行星，勒维烈的推论被加勒所证实，于是也印证了哥白尼学说的真理性。第三，推论结果与未知现象不相符合，这就意味着科学理论被否证了。在这种情形下，进一步深入研究的结果有两种可能：一是修改或补充原来的理论；二是推翻原来的理论，出现科学革命。

从具体操作层面看，就必须考察理论命题如何与经验命题（或事实

① ［美］托马斯·库恩：《科学革命的结构》，金吾伦等译，北京大学出版社2003年版，第103页。

② ［英］卡尔·波普尔：《科学知识进化论》，纪树立译，生活·读书·新知三联书店1987年版，第165页。

命题）进行比较。命题可分为单称命题和全称命题两类。单称命题是涉及特定的对象、事物或事件的命题，比如"太阳是由气体构成的"。全称命题是涉及普遍意义上的事物、对象或事件的命题，比如"如果一块冰受热，它将会融化"。科学理论都是全称命题。单称命题可以直接与经验事实相比较，如要验证"这只天鹅是白的"，只要我们看看这只天鹅的颜色就行了。但全称命题无法直接与某个经验事实进行比对，如"所有的天鹅都是白的"这个命题，就无法直接与任何具体事例进行比对。我们只能根据一定条件，从这个全称命题出发，在逻辑上必然地推出一个单称命题，再直接验证这个单称命题的正确性，从而对那个全称命题进行检验。由于推出的相应单称命题，是蕴涵在那个全称命题之中的，所以把这样的单称命题叫作检验蕴涵。如果检验蕴涵与经验事实一致，那么推出那个检验蕴涵的全称命题就得到了一次确证；如果二者不一致，就意味着那个全称命题被否证了。但是，也不能由此简单地得出结论，说某个理论被证实或者推翻了。

一般来说，确证意味着新观察到的证据对科学理论的支持。例如，门捷列夫提出化学元素周期律以后，曾经预言了类铝、类硼和类硅三种未知元素的存在及其性质。1874 年，人们发现了新元素镓，镓的原子量和物理化学性质正好对应于类铝。1879 年和 1885 年，人们又分别发现了钪和锗两种元素，这两种元素的原子量和性质分别对应于类镓和类硅。[①] 门捷列夫周期律的这三个检验蕴涵，得到了后来科学家的验证，这大大增加了元素周期律的确证程度。这也是门捷列夫周期律比迈耶尔的周期律更能被人们接受的重要原因之一。

证据种类的多样性对于理论的支持起着重要作用。一般来说，在没有不利证据的情况下，一个理论拥有有利证据的种类越多，该理论被确证的程度就越高。例如，1895 年发现的化学元素氩，以及后来发现的化学元素氦，在门捷列夫元素周期表中并没有位置。这两种元素的发现，似乎成为对元素周期律不利的证据。但英国化学家拉姆赛提出，周期表中应当有新的一族——零族，即惰性元素族，氩和氦应当属于这个族。新的一族的增加非但没有否定周期律，反而进一步为周期律提供了新的证据支持。根

---

① 张密生等：《科学技术史》，武汉大学出版社 2009 年版，第 83 页。

据新的周期表，人们预言了其他惰性元素的存在，随后人们发现了元素氩、氖、氙、氪等。① 惰性元素的发现，对周期律所提供的检验蕴涵提供了更有力的确证。

在科学发展史上，常常会出现这样一种情况，就是对同一问题，存在着两个相互竞争的理论，已有的证据不足以判定这两个理论孰是孰非。在这种情况下，就可以设计同样的条件，由两个竞争的理论分别推出两个相互排斥的检验蕴涵，再通过相应的观察或实验，看检验结果与哪一个检验蕴涵相符。虽然这种判决性检验往往不会最终决定两个竞争的理论孰是孰非，但可以支持其中一个理论而不利于另外一个理论。相互对立的理论的真正竞争，在于它们核心假定的相互矛盾。在光学史上，曾经出现过两个相互竞争的理论，即波动说和微粒说。前者认为光是在弹性介质中传播的横波，后者认为光是高速运动的微粒，二者都能解释光的直线传播、反射和折射等现象。但是，对于光在水中的传播速度问题上，两个理论却引出了相互矛盾的检验蕴涵。波动说的检验蕴涵是，光在水中传播比在空气中慢；微粒说的检验蕴涵则正好相反。后来，法国物理学家傅科的实验表明，光在水中传播的速度大于在空气中的传播速度，这对波动说给予了关键性支持，而对微粒说提供了不利的证据。但如果就此断定波动说为真、微粒说为假，则显得过于武断。因为，要推出上述两个检验蕴涵，还需要借助光的传播机制的其他相关假定。比如，波动说认为光在密度较大的介质中运动较慢，微粒说认为光在密度较大的介质中运动较快等。就在傅科的实验支持波动说的时候，德国物理学家勒纳德又进行了光的波动说和微粒说的另一个判决性检验。从波动说引出的检验蕴涵是"光能可以连续变化"，而从微粒说引出的检验蕴涵是"光能不能连续变化"。勒纳德的实验结果支持微粒说，而不利于波动说。于是，在傅科实验中被确证了的东西，在勒纳德实验中却遭到了否证。② 总之，我们不能通过判决性检验最终断定某个理论的真理性，但它至少可以支持两个相互竞争的理论中的一个。

（四）良好的预见性

科学理论不仅能解释已知事物的运动、变化、发展，还能预见未知事

① 张密生等：《科学技术史》，武汉大学出版社2009年版，第83页。

② 黄顺基等：《自然辩证法概论》，高等教育出版社2004年版，第161页。

物的存在。一个科学理论，若能根据背景知识预见未知事物及其规律，就会大大提高理论本身的可靠性和可接受性。科学家的工作并不仅仅是阐释现有的实验结果，或以科学理论为"工具"来解决问题，科学家还要从现有科学理论出发，去预见更深刻的、还未被发现的科学现象和科学规律。正如沃克迈斯特所说："科学的终极目的，是集成一切可能的经验，把经验统率在一个普遍的规律之下，这个规律因其概念简单性而使我们能够推导和预言一切未来事件。"① 阿列克谢耶夫则阐述道："科学的直接目的是描述、解释和预言实在世界的过程和现象，这些过程和现象是人们根据科学已发现的规律加以研究的对象。所以广义地说，科学的直接目的是对客观世界做理论的表达。"② 雷舍尔则指出，科学的理论目标是描述（回答关于自然的 what 和 how 问题）和说明（回答关于自然的 why 问题）；科学的实践目标是预言（我们对于自然的预期的成功组合）和控制（有效地干预自然）。③

在科学发展的历程中，几乎每个曾在科学领域里确立过优势地位的理论，都作出过成功的预言。如麦克斯韦的电磁理论预言了电磁波的存在，爱因斯坦的广义相对论预言了光线在太阳附近的弯曲，宇宙大爆炸理论预言了微波背景辐射等。我们有理由相信，一个成功的科学理论必须能作出创造性预言，而且这些预言将会得到经验的确证或实证。以爱因斯坦的广义相对论为例，它有三个著名的预言，即太阳引起的光线偏折、内行星轨道的近日点进动、光谱线的引力红移。20 世纪初，不仅广义相对论作出了光线引力场弯曲的预言，光的微粒说也作出了这个预言。1919 年 5 月 29 日，地球上的一些地区发生了日全食，A. S. 爱丁顿和 F. 戴森率领的两个探测小组分别赴西非的普林西北岛和巴西的索勃拉市，以拍摄日全食时太阳附近的星空照片，并将其与太阳不在这一位置的星空照片相比较。他们得出的光线偏折值与爱因斯坦的预言非常相符，这曾引起过全世界的轰动。此后，几乎每逢日全食，各国天文学家都要作此项观测。20 世纪 70 年代以后，射电天文学的进展使得这项观测的精度大为提高，而观测结果与爱因斯坦的理论预言更加符合了。

① ［美］沃克迈斯特：《科学的哲学》，李德荣等译，商务印书馆1996年版，第12页。

② 刘大椿：《科学哲学通论》，中国人民大学出版社1998年版，第134页。

③ 同上书，第221页。

上述四条标准之间并不是孤立的，而是相互影响、相互联系的，它们作为一个整体出现在对科学理论真理性的评价之中。在科学发展的不同时期，针对不同的具体理论，会突出这个整体标准中的不同方面。例如，与光的波动说和微粒说相比，光的波粒二象性理论与经验事实更加相符；量子力学的逻辑完备性胜过玻尔的旧量子理论；广义相对论比狭义相对论有更强的预见性等。但这并不意味着对这些理论的真理性评价可以使用单一标准。在实际评价中，不宜以偏概全，片面突出某一标准，而忽略其他标准，而应综合、全面地对科学理论的真理性进行衡量。

二　形式之美标准

审美评价是对一定客体的形式之美进行评估、判定和比较。从价值论角度看，美是审美客体的形态、色彩、节奏、韵律、线条、情节、意蕴等感性形式对人的审美需要之满足。所谓美感，就是由于这种满足而引起的一种心理上的愉悦感。审美评价往往具有超功利性的特点，也正因为如此，审美主体的心灵才能达到较高的自由状态，才能尽情享受和体验审美客体带给自己的愉悦感。反之，如果审美主体考虑各种功利因素和利害关系，是难以保持心灵之自由状态的。正如马克思所说："忧心忡忡的、贫穷的人对最美丽的景色都没有什么感觉；经营矿物的商人只看到矿物的商业价值，而看不到矿物的美和独特性；他没有矿物学的感觉。"[1] 作为一种超功利性的活动，审美评价往往以个人的审美趣味和审美情趣为转移。个人的审美趣味和审美情趣，是在长期社会实践过程中形成的，审美心理的产生，也离不开文化的积淀作用。

科学审美价值的根本来源，在于人们的审美需要。在人的所有需要中，审美需要是一种特殊的、高层次的需要。满足人们的审美需要，也成为科学活动的重要目的之一。在科学活动中，科学家会尽力追求既同人的理性又同自然界的内在规律相适应的美感。一旦科学家在科研活动中有了发现或创新，就会在情感上诱发一种由衷的愉悦，并油然而生一种美的满足。对科学美的渴望、追求及其满足，含蕴着科学家的全部生命意义。彭加勒言之凿凿："科学家研究自然，并非因为它有用处；他研究它，是因

---

① 《马克思恩格斯文集》第 1 卷，人民出版社 2009 年版，第 192 页。

为他喜欢它，他之所以喜欢它，是因为它是美的。如果自然不美，它就不值得了解；如果自然不值得了解，生活也就毫无意义。"①

在科学史上，对美的追求像一根红线一样，贯穿于古今中外科学家的探索活动中。美学家克罗齐说："人们在集中力量要了解科学家的思想，衡量它的真理时，也许很少注意到审美的那一方面。……艺术与科学既不同而又相互关联，它们在审美的方面交会，每个科学作品同时也是艺术作品。"② 爱因斯坦也指出："在科学的领域里，时代的创造性的冲动有力地迸发出来，在这里，对美的感觉和热爱找到了比门外汉所能想像的更多的表现机会。"③ 彭加勒也说过："一个名副其实的科学家，尤其是数学家，他在工作中体验到和艺术家相同的印象。他的乐趣和艺术家的乐趣具有相同的性质，是同样伟大的东西。"④ 杨振宁也曾说道："自然界是有序的，我们渴望去理解这种秩序，因为过去的经验已经告诉我们，越是研究下去，越能理解物理学广阔的新天地，它们是美的、有力量的。"⑤ 皮尔逊则更为明确地指出，科学能对人的审美需要给予永恒的满足。他这样写道："现象的科学解释，宇宙的科学说明，是永久满足我们审美判断的惟一东西，因为它是从来也不会与我们的观察和经验完全矛盾的惟一东西。……与前科学时代创造性的想象所产生的宇宙起源相比，科学告诉我们的遥远恒星的化学或原生动物的生命史是更为真实的美。所谓'更为真实的美'，我们必须理解为，审美判断在后者中比在前者中感觉到更满意、更持久的快乐。"⑥

审美评价，以及对美的享受和欣赏，虽然具有较强的主体性，但也有其客观性的一面。这一点，也适用于对科学之美的评价中。因为在科学理论中，美学标准与逻辑标准往往具有一致性。一个真的科学理论，往往在逻辑上也是严密而连贯的。逻辑上高度严密的科学理论体系，总能给人以崇高而庄严的美感，如欧氏几何、牛顿力学、相对论和量子力学等，都莫

①　[法] 彭加勒：《科学与方法》，李醒民译，商务印书馆 2006 年版，第 102 页。

②　[意] 克罗齐：《美学原理》，朱光潜译，上海人民出版社 2007 年版，第 46 页。

③　[德] 爱因斯坦：《爱因斯坦文集》第 1 卷，许良英等译，商务印书馆 1976 年版，第 143 页。

④　[法] 彭加勒：《科学与方法》，李醒民译，商务印书馆 2006 年版，第 95 页。

⑤　杨振宁：《杨振宁文录》，海南出版社 2002 年版，第 148 页。

⑥　[英] 卡尔·皮尔逊：《科学的规范》，李醒民译，华夏出版社 1999 年版，第 82 页。

不如此。爱因斯坦甚至认为，美学标准与逻辑标准不过是同一问题的两个方面，二者都属于"内在的完备"这一范畴。他指出："科学的目标在于获取真理，而实现这一目标的途径就是通过最少个数的原始概念和原始关系的使用，在科学理论所描绘的世界图景中尽可能地寻求逻辑的统一，即逻辑元素最少。"① 如果我们在某一科学理论中能找到最少量的基本概念和基本关系，并且从它们出发，可以用逻辑方法推导出这一科学理论中其他一切概念和一切关系，那么这一科学理论的概括程度就很高。一个简单的科学理论，如果涉及的事物种类很多，应用的范围很广，那么它给人们的印象也会很深，也具有良好的审美价值。彭加勒指出，科学美具有统一、和谐、对称、简单等内容。② 从本质上看，这四者具有一致性：和谐、统一，主要是就理论内容而言；对称，主要是就理论形式而言；简单，则是针对逻辑前提而言。因此，科学的"形式之美评价标准"应包括四个方面：统一性、和谐性、对称性和简单性。

（一）统一性标准

统一性是指部分与部分、部分与整体之间固有的协调性。在人类历史上，统一性不仅是各个时代哲学家所关注的重要内容，也是科学家一直追求的目标。普朗克指出，自然科学从一开始，就力求把各种各样的物理现象概括成一个统一的体系。爱因斯坦也说过："从那些看来同直接可见的真理十分不同的各种复杂的现象中认识到它们的统一性，那是一种壮丽的感觉。"③ 可见，对自然界中纷繁复杂的现象作出统一的解释，能使人们产生一种整齐划一、有规则性的美感。与简单性和对称性相比，统一性更能从整体上体现科学理论的和谐。

我们可以从四个方面理解统一性：一是物理内容的统一性，即某一自然科学理论的研究对象普遍服从于这一理论。这种物理内容的统一性，也使科学理论具有一种简单之美。但统一性与简单性并非总是齐头并进的，正如彭加勒所说："统一性有时能够通过增加相关事物的复杂性而达到，

① ［德］爱因斯坦：《爱因斯坦文集》第 1 卷，许良英等译，商务印书馆 1976 年版，第 238 页。

② ［法］彭加勒：《科学的价值》，李醒民译，商务印书馆 2007 年版，第 10 页。

③ ［德］爱因斯坦：《爱因斯坦文集》第 1 卷，许良英等译，商务印书馆 1976 年版，第 195 页。

因而统一性是根本的，简单性则不过是期望得到的。如果作为科学研究对象的自然现象毫无统一的规律可言，也就不可能有所谓的自然科学理论。"① 各门自然科学的发展，就是要不断提升其物理内容的统一性，探索能解释更多自然现象的、具有更高统一性的规律，从而建立尽可能统一的世界图景。二是数学形式的统一性。几乎所有科学理论都可以通过统一的数学形式加以表达，这是绝大多数科学家的共同信念。因此，科学理论提升其物理内容统一性的过程，往往也是寻求更完善、更统一的数学形式的过程。三是逻辑体系的统一性。科学理论逻辑体系的统一性，也体现了一种和谐之美。爱因斯坦认为："科学的目的在于尽可能完备地理解全部感觉经验之间的关系，而要达到这一目的，就必须在世界图像中尽可能地寻求逻辑的统一，即逻辑元素的最少。"② 虽然科学理论所概括的客观对象是对立统一的，但科学理论本身不应该包含形式逻辑的矛盾，科学理论应该很好地反映体现事物内在本质的辩证矛盾。从这个意义上说，科学理论逻辑体系的统一性，是一种辩证统一。四是新理论与旧理论的统一性。在科学发展史上，当新的、更普遍的理论出现时，旧理论很可能不会被当作错误的东西抛弃掉，而是作为新理论的局部情况保留下来，如牛顿力学与相对论、热力学与统计力学就是如此。这就使得新旧理论之间呈现出一种动态的统一美。但并不是任何新旧理论之间都具备这种统一性，在这种统一性关系中，旧理论必须在自己的领域内能有效地解释大量现象并被证明是正确的，而新理论除了能解释旧理论已解释的一切现象外，还能解释更为广泛的现象。

（二）和谐性标准

和谐是事物秩序性的一种体现，它代表了匀称、协调和得当。科学理论以一定的数学形式来表现客观事物的内部比例关系，因而和谐是科学美的重要内容之一。彭加勒说："世界的普遍和谐是众美之源"，"内部和谐是惟一的美"。③ 古希腊的毕达哥拉斯也指出："美是部分与整体的固有的

---

① ［法］彭加勒：《科学的价值》，李醒民译，商务印书馆 2007 年版，第 44 页。
② ［德］爱因斯坦：《爱因斯坦文集》第 1 卷，许良英等译，商务印书馆 1976 年版，第 274 页。
③ ［法］彭加勒：《科学的价值》，李醒民译，商务印书馆 2007 年版，第 71 页。

和谐"，"美是和谐与比例"。① 比例的协调，是和谐美的首要内涵。"美"的规定要求，科学理论的数学形式，必须与事物内部的本质属性相协调，相一致。毕达哥拉斯说："数是基本的本质，宇宙的组织在其规定中通常是数及其关系的和谐的体系。"② 开普勒之所以对他的行星三定律心醉神迷，是因为这个定律用数学的比例关系表达了像音乐的优美旋律一样有高低、强弱、轻重的协调之声。而海森堡则对"现代精密科学（即量子力学）"中的美做了独到的研究，他指出："部分是个别的音符，整体则是和谐的声音。数学关系因而能把两个原来是彼此独立的部分配合成一个整体。这样就产生了美。"③

科学之所以具有审美价值，是因为科学从其本性来说，就是对普遍存在于自然界的和谐秩序之揭示和反映。维纳曾说："科学家一直在致力于发现宇宙的秩序和组织，这也就是同其主要敌人——无组织——进行博弈。"④ 苏联化学家恩格哈特也指出，科学创造中贯穿着一种追求，就是尽力把"我们周围的那种混乱状态归入一个元素系统之中"，从而"提高我们对世界的表述和认识的条理性"。⑤ 正因为科学是对潜存于色彩缤纷、斑驳陆离的自然现象之中的秩序与和谐的反映，科学才具有重要的审美价值。人们对科学的审美过程，就是由于洞见了自然规律，而在主体情感上产生了愉悦感。

科学理论之所以能产生美，就是因为它能从事物的现象到本质、从一级本质到二级本质，找出事物不同级别的共同性和规律性，并使其系统化、精确化和条理化，达到一种和谐美的状态。例如，曾被美学家顶礼膜拜的黄金律 1∶1.618，不仅是构图的原则，也是自然生物和人体比例的最佳条件。甚至连植物叶脉的分布、动物身上的图案和色彩、舞蹈和体操专家选择人才的比例、生产过程的最佳配料方案等，都大体符合黄金律。像黄金律这种具有普遍性的规律，科学家可以通过从多样性事物中寻求规

① ［美］梯利：《西方哲学史》，葛力译，商务印书馆 2000 年版，第 24 页。

② 同上。

③ ［德］W. 海森堡：《物理学与哲学——现代科学中的革命》，范岱年译，科学出版社 1974 年版，第 27 页。

④ ［美］N. 维纳：《人有人的用处——控制论与社会》，陈步译，北京大学出版社 2010 年版，第 165 页。

⑤ 陈光：《科学技术哲学——理论与方法》，西南交通大学出版社 2003 年版，第 136 页。

律的方式找到它，并以完美、和谐的形式将其表达出来。当牛顿把天上、人间一切物体的机械运动统一起来的时候，当达尔文把一切生命的生长和发育过程统一起来的时候，当爱因斯坦把一切低速运动和高速运动统一起来的时候，他们不能不为这个"一"的和谐而感到极大的满足和快乐。

科学美的这种和谐性，往往体现在科学理论的数学形式中。古希腊很多学者都认为，万物最基本的元素是数，数的原则就是美的原则。中国古代的荀子也说过："万物同宇而异体，无宜而有用为人，数也。（意思是：万物并存于宇宙之中而形体各不相同，它们不能主动地迎合人们的需要却都对人有用，这是天地数理运行的自然法则。）"（《荀子·富国》）到了近代和现代以后，随着数学的自身逻辑越来越严密，体系结构越来越完善，数学的成果成为最引人入胜的杰出"艺术品"。数学具备最标准、最精密和最理想的美，如各种圆、椭圆、圆锥、圆柱等美妙图案的出现，揭示了宇宙万物之间简洁、绝妙的和谐关系。无怪乎汤姆逊把傅立叶著名的"热分析理论方程"称赞为"一首数学的诗"。希尔伯特也对数学称赞道："数学理论是最惊人的产品，它是人类活动在纯粹理性领域中最优美的表现之一。"① 因此，科学理论的和谐美，一般也要通过完美的数学形式表现出来。随着现代科学进入微观领域之后，出现了实验科学家与理论科学家的分野，而后者更注重科学理论的和谐美。海森堡曾说："前者以细心审慎的细节观察，首先为理解自然提供了先决条件。后者创造数学图像借以探索秩序和理解自然，这不仅由于数学图像正确地描述了经验，而且更主要地是由于数学图像的简单性与和谐美。"②

（三）对称性标准

所谓对称性，是指自然界一切物质和过程都表现为现象上的对等、形态上的对应、性质上的一致、结构上的重复和规律上的稳定。自然界的对称，就其表现形式来看是千差万别的，不同的对称会引起人们不同类型的美感。例如，鲜花、树叶的对称性会引起人们的喜悦和赞美，宏伟高大的城楼、建筑会引起人们的崇敬和豪迈。而科学理论的对称美，则表现出自然界在纷繁复杂的运动变化中，所保持的某种不变性和守恒性。这种对称

---

① ［德］希尔伯特：《几何基础》，江泽涵等译，北京大学出版社 2009 年版，第 3 页。

② ［德］W. 海森堡：《物理学与哲学——现代科学中的革命》，范岱年译，科学出版社 1974 年版，第 29 页。

性给人一种圆满、匀称的美感和心醉神迷的激动、喜悦。从毕达哥拉斯到伽利略、牛顿，都把对称性作为建立自己科学理论的指南。而自 19 世纪法国数学家伽罗华创立关于对称的数学理论——"群论"以后，对称性更是成为现代科学家探索自然奥秘的钥匙。海森堡称对称性思想反映了"当代自然科学的时代精神"，狄拉克把对称性方法誉为"理论物理学新方法的精华"，杨振宁认为对称性原理在量子力学中作用巨大。物理学家萨拉姆之所以要研究融合"弱相互作用"与"电磁力"的"统一场理论"，就是源于对宇宙对称性的惊愕和敬畏。萨拉姆迷恋于对称性原理，在谈到自己这种狂热时，他说："这可能是由于我的伊斯兰教的天性所致吧，因为造物主创造的宇宙正好体现了美、对称性与和谐，体现了规律性和秩序等观念。所以，对称性原理便是我们研究宇宙的方法。"[1]

科学中的对称美主要表现在两个方面：一是研究客体的几何对称性，它是指作为科研对象的自然物在几何结构上的对称。很多时候，科研对象中一部分似乎是另一部分的镜像反映，科研对象呈现出对称的分布形态，包括轴对称、中心对称、平面对称等多种形式。在自然界，从植物的叶子、花瓣到动物的身体，从雪花的六角形结晶到蜜蜂的六棱形蜂房，从贝壳的美丽花纹到行星的椭圆轨道，无不具有奇妙的对称结构。二是科学理论的对称性，如凯库勒的苯环分子式、华生和克里克的 DNA 双螺旋结构模型、盖尔曼和尼门的基本粒子周期表等，都有着美观的对称性。科学理论的对称性，更多地表现在其数学形式中，如空间的均匀性会表现为空间平移对称性、空间旋转对称性和空间反射对称性，时间的均匀性会表现为时间平移对称性和时间反演对称性等。借助于数学对称性，科学理论可以获得优美的表达形式。数学的对称性，在某种意义上也可以理解为科研对象的对称性借助几何图形或方程式的表达。正如海森堡所说："在无穷大和无穷小的尺度内，实验资料不一定产生直观图像，这时对称性需要用方程来解释。"[2]

（四）简单性标准

逻辑简单性是科学家的一种审美理想，也是科学追求的一种目标。科

---

① 汪信砚：《科学价值论》，广西师范大学出版社 1995 年版，第 246 页。

② ［德］W. 海森堡：《物理学与哲学——现代科学中的革命》，范岱年译，科学出版社 1974 年版，第 59 页。

学理论的简单性是指，把一切概念和一切相互关系，都归结为尽可能少的一些逻辑上独立的基本概念和公理。这是对科学理论之逻辑的基本要求，而不是指科学理论内容的简单性。逻辑简单性之所以对科学理论的评价意义重大，是因为逻辑更简单的理论所包含的信息量往往更大，所涉及的对象范围更广，因而具有更大的普遍性。爱因斯坦的质能关系式 $E = mc^2$、普朗克的能量关系式 $\varepsilon = h\nu$、牛顿的万有引力定律、库仑的电荷静电相互作用定律等，都是用简单的形式表达了内涵丰富的自然规律，因而人们无不赞叹这些公式和定律的优美。不仅如此，这种简单性是与可证伪性、可谬性相联系的简单性。逻辑更简单的理论往往具有更大的可否证性。波普尔认为，两个科学理论中较简单的那个含有更多的经验内容，因此更容易被证伪，而越容易被证伪但暂时未被证伪的科学理论越具有真理性。对科学理论的简单性评价，可以从以下两个方面入手：

一是考察科学理论的普遍性。普遍的理论与不太普遍的理论相比，其概括程度更高，适用范围更广。经验定律的一个重要作用就是概括现象，而科学理论的一个重要作用就是概括并解释定律。从某种意义上说，没有概括，科学理论就没有意义。科学家们追求普遍的理论，就是要用简单的原理把握复杂的世界。但形式结构的简单并不意味着思想内容的简单，简单的理论恰恰含有更多的经验内容。例如，自然界有四种基本的相互作用力，即万有引力、电磁力、强相互作用力和弱相互作用力。后来，物理学家为了寻求更具普遍性的理论，将电磁力和弱相互作用力统一起来，形成了"弱电统一理论"。经典物理学的辉煌，也是建立在三次大综合基础上的。第一次综合，是牛顿在伽利略、开普勒工作的基础上创立了经典力学；第二次综合，是能量守恒与转化定律的提出；第三次综合，是麦克斯韦电磁理论的提出，它揭示了电、磁、光的统一性。这三次综合，都是物理学理论向着更简单、更有解释力之方向的发展。

二是考察科学理论的前提或基本假设是否足够少。前提或者基本假设较少的理论，是更简单的理论。几乎所有科学家都相信，自然界受简单的基本自然规律支配。比如，牛顿力学体系的前提和基本假设很少，但它可以解释开普勒关于天体运动的规律，也可以解释伽利略关于落体、钟摆等地上物体运动的规律。所以，牛顿力学体系是比以前的有关理论更简单、更优化的理论。再比如，托勒密天文学理论把地球看作宇宙的中心，为了解释行星与地球之间的距离变化以及行星的顺、留、逆等现象，这个理论采用了均轮（围绕地球的偏心圆）和本轮（沿均轮运动的圆）的概念。但随着人们发现的行星逐渐增多，均轮和本轮的数量也不断增加，这个理论就显得非常复杂和累赘了。哥白尼的宇宙理论把太阳看作宇宙的中心，此理论本身很简单，但能很好地解释各种天体的运行。所以，哥白尼的理论最终能战胜托勒密的理论，获得科学界的认可。再比如，广义相对论比狭义相对论更简单，但它包含更大的普遍性和信息量。在广义相对论中，狭义相对论里的"不变的平直时空度规"失去了其独立逻辑元素的地位，而成为由物质分布的引力场所决定的相对论可变量；狭义相对论中的两个基本原理，也不再是独立的逻辑元素了，而成为引力场效应中可以忽略不计的"黎曼时空向欧几里得时空过渡的特殊结果"。正是由于广义相对论在逻辑上的简单性，才使爱因斯坦深信它的正确性。爱因斯坦甚至把逻辑的简单性看作理论物理学的目标之一，他说："理论物理学的目的，是要以数量上尽可能少的、逻辑上互不相关的假设为基础，来建立起概念体系，如果有了这种概念体系，就有可能确立整个物理过程总体的因果关系。"[1] 为了将简单性标准拓展到整个科学界，爱因斯坦进一步指出："科学的目的，一方面是尽可能完备地理解全部感觉经验之间的关系，另一方面是通过最少个数的原始概念和原始关系的使用来达到这个目的。"[2]

三　功用之善标准

科学作为人类活动和实践的一种方式，其最重要的价值就是追求功用。功用是科学成果的最终目的和归宿，科学的功用在于能成功地服务于一定目的并满足人们的需要。人们发展科学、应用科学的目的，是为了更有效地改造和利用自然，并通过协调人与自然的关系，最终为人类造福。但科学在应用的过程中，也可能破坏大自然，导致生态失衡，从而威胁人类的生存与发展。此外，超级大国的军备竞赛和化学武器的生产，一方面显示了科学的威力，一方面也给人类带来了很大的不安。一旦战争爆发，将会对人类文明和生产力造成巨大的打击，这就违背了科学发展的初衷。因此，我们在评价科学价值时，还要从其功用的"好"和"坏"、"善"

---

① ［德］爱因斯坦：《爱因斯坦文集》第 1 卷，许良英等译，商务印书馆 1976 年版，第 170 页。

② 同上书，第 344 页。

和"恶"等方面进行衡量。

我们所说的科学之善，并不是指科学理论本身有善恶之分，而是指科学成果的责任和伦理问题。从科学研究角度看，自由探索是科学家长期信奉并引以为豪的原则，"科学无禁区"代表了人们对科学研究的普遍态度。人们为该观点辩护的基本理由是，科学的目的是求真和求知，探索规律和认识世界是科学家的神圣职责。马克斯·韦伯主张，科学家"只能要求自己做到知识上的诚实，确定事实、确定逻辑和数学关系或文化价值的内在结构是一回事"，而不应该"对于文化价值问题、对于在文化共同体和政治社团中应该如何行动这些文化价值的个别内容问题做出回答"①。他甚至断言："一名科学工作者，在他表明自己的价值判断之时，也就是对事实充分理解的终结之时。"② 奥本海默曾说："深藏在科学中的事物并非由于它们有用而被发现，它们被发现是由于有可能发现它们。"③ 美国总统科技政策办公室在致美国国会的报告（1997 年）中写道："科学是无尽的前沿，是唯一没有限制的人类活动，对这一前沿的推进和对宇宙的探索哺育了我们冒险的意识和发现的激情。"④ 在学界和社会，存在着这样一种观念：科学本身只有对错之分，而无好坏之别，其"功用价值"的善恶是应用者的事情，与创造科学知识的人无关。他们认为，科学是一把双刃剑，行善或作恶取决于用剑的人，而与造剑者无关。在他们看来，科学家符合职业道德的做法，仅仅是保证资料来源的真实性和可靠性、实验的可重复性和可检验性、文字表达的准确性，以及充分尊重科学发现的优先权等。

随着科学体制化的推进，以上观点受到了挑战。在《科学家在社会中的角色》一书中，本·戴维对"体制化"的含义作了这样的界定："这里所说的体制化有如下含义：（1）社会中的特定活动，因其自身的价值而被承认具有重要的社会功能；（2）存在着调节特定活动领域中行为的规范，以实现该领域活动的目标和区别于其他活动的自主权；（3）调整

① ［德］马克斯·韦伯：《新教伦理与资本主义精神》，于晓等译，生活·读书·新知三联书店 1987 年版，第 153 页。

② 同上书，第 60 页。

③ ［美］伯德等：《奥本海默传》，李霄垅等译，译林出版社 2009 年版，第 31 页。

④ 李正风：《科学知识生产方式及其演变》，清华大学出版社 2006 年版，第 132 页。

其他活动领域中的社会规范，以与该活动领域的规范相互适应。"① 在当今"大科学"时代，科学体制化主要涉及四个方面内容：在价值观方面，确立了科学知识生产的独立价值，表明科学作为一种社会建制存在的意义；在制度安排方面，形成了与科学知识的产生、传播和应用相适应的社会秩序，包括科学家的行为规范、与科学活动相关联的激励措施等；在组织设计方面，建立了进行科学研究活动的组织体系，包括学会、研究院、工业实验室、国家实验室、大学等；在物质投入方面，形成了科学活动所必要的物质支撑体系，包括科学研究所需要的资金投入，以及仪器设备与基础设施等。弗朗西斯·培根是科学体制化的文化代言人，在他看来，需要倡导一种使科学服务于人类进步的、并在经验能力和理性能力之间永远建立起"真正合法的婚姻"的新观念。他认为，科学的真正合法目标，是"把新的发现和新的力量惠赠给人类生活"②。通过《学术的进展》、《新工具》等著作，培根试图使这种观念成为人们的共识。培根所倡导的科学之功利价值，主要是强调科学知识在"增加人类幸福和减轻人类痛苦"、"改变人类境况"等方面的价值。培根试图超越个人的立场，立足于人类的或社会群体的立场，来探讨科学"善的"功用价值。培根的思想前提是"科学是为了人类共同利益服务的"，这就将科学的"功利性"与"公有性"紧密结合起来了。科恩对科学史的研究也支持了这种观点，他认为："新科学的一个革命性的特点是增加了一个实用的目的……寻求科学真理的一个真正目的必然对人类的物质生活条件起作用。这种信念在16世纪和17世纪一直在发展，以后越来越强烈而广泛地传播，构成了新科学的本身及其特点。"③ 但当科学体制化以后，不仅政府、公众和企业家之间存在利益冲突，国家之间、公众之间、企业之间也存在着激烈的竞争。当人们认识到科学可以作为追逐利益的有效工具时，科学就不完全是增进人类福祉的"天使"了，科学变成了集团或个人之间相互竞争的"利剑"。对科学功用价值的追求，虽然在一定范围内改善了人们的生活，却在更大程度上导致了社会贫富分化和国家地位失衡。因此，培根所设想

---

① Joseph Ben - David, *The Scientist's Role in Society*: *A Comparative Study*, New Jersey: Prentice - Hall, Inc. 1971: 75, 73.

② ［英］弗兰西斯·培根:《新工具》，许宝骙译，商务印书馆1984年版，第58—59页。

③ ［美］I. B. 科恩:《牛顿革命》，颜峰等译，江西教育出版社1999年版，第5页。

的"功利性"与"公有性"的结合，就变成了"集团功用主义"或"个人功用主义"。

此外，"基础研究"与"应用研究"之间的关系，并不总是符合"线性模式"的。在科学体制化以后，以应用的目标引导基础研究，并通过科学上的突破来实现技术、产业上的迅速发展，是司空见惯的事情。"基础研究"与"应用研究"之间的"非线性发展模式"，一方面更快捷地实现了科学的功用价值，一方面也使科学家自主地进行基础研究而不关心成果的应用价值变得更困难。而科学一旦成为追逐利益的工具，当科学家（科学共同体）的价值追求与政治家、企业家的利益取向相冲突时，当科学自身发展的逻辑与政治集团对利益的追逐出现矛盾时，科学便可能成为强权政治限制或奴役的对象，科学发展的道路也会不可避免地被扭曲。即便是以维护公共利益为己任的政治家，也可能由于短视，对那些不能提供直接效益的基础性研究缺乏必要的重视。对于那些仅仅以维护集团利益为己任的政治家，科学的功用价值就更有可能被误用、滥用，如核威胁、环境问题、资源问题等，都是由此所导致。因此，在当今社会，大力提倡科学价值的功用之善，有着非常重大的现实意义。

功用评价的最大困难，是分清错综复杂的各种利害关系。对科学理论了解越清楚，对事物发展的规律把握越准确，对主体各种需要的体认越明白，对科学价值的功用评价就越合理。功用评价本质上是一种比较性评价，它是在分清和权衡各种利害关系基础上进行的。事物发展的进程，往往是利害相连，利中有害，害中有利；要得其利，就要受其害，不受其害无以得其利。人们对利害关系进行权衡和取舍时，只能采取"利大者取之，害大者弃之"的做法。功用评价的目的，就在于通过对科学各方面价值的利害关系进行比较，确定最有利于科学实现其价值的方案。这是一个将长远利益和眼前利益、局部利益和整体利益、个人利益和社会利益通盘考虑，寻求最恰当结合点的过程。科学真理本身包含了"善"和"利"的因素，我们在对科学理论进行评价时，也应当将其内在的"善"和"利"作为评价标准之一。总体来看，一个更先进、更好的科学理论，其包含的"善"和"利"，也应当更圆满、更完备。科学功用之善的评价标准，具体包括效益标准、仁爱标准和生态标准。

（一）效益标准

效益标准要求，科学发展的根本目的，在于促进整个人类最大、最长远的利益。罗斯说："科学被视为进步的力量，与提高人类的福利密切相关，从培根和皇家学会早期奠基者的著作可以清楚地看到这一点。"[①] 爱德华兹也说过："罗盘是有用的，因为它使我们得以走访'广袤的世界'，并无限地增进贸易和商业。火药与枪炮的发明是有用的、有效的和经济的，因此它们都是善的。因为用它们能更节省、更经济地杀死敌人，更快地结束战斗。"[②] 科学成果的生命力，取决于其对社会需求的满足程度，故应以科学的合目的性和客观效益作为对其功用价值的评价标准。

科学的效益目标大致可分为两类：一是经济层面的，即追求利润的最大化。随着科学研究领域的不断拓展，观察宇宙物理现象、探讨物质深层结构等科研活动的成本不断提高，甚至超出了政府预算所能给予的限度。因此，在对科学研究的投入与产出进行评估时，要遵循"以最小的费用获得最大成果"的效益原则。二是社会层面的，即让科学成果的价值惠及整个社会。科学成果的效益体现在社会中，就是要提升人们的生活水平和幸福感，让科学成果产出更多财富并实现财富的公平分配。"公正"自古以来都被看作社会关系恰当性的最高范畴，"公正"也是人们最起码的道德行为规范。只有以整个人类的利益为旨归来发展科学，才能实现全人类对科学成果的共同享有，才能真正实现科学价值的公正和公平。

在现代科学建制中，科学家的人数和科学文献的数量以指数方式增长，科学研究所耗用的经费也达到令人咋舌的程度。对庞大科研人员队伍的组织管理、经费资助、物资筹措等，都要耗费大量的人力和物力。这就需要社会和政府合理运用"效益标准"，对科学家的科研方向和选题进行有效的控制。当然，"效益标准"并不意味着仅仅根据眼前利益来决定科研方向。有些科学理论在最初被提出时，其应用价值往往很难看出。特别是随着现代科学的发展，许多科学理论的抽象程度大大提高，它们有时很难直接转化为应用技术。如果以短期眼光看待科研工作，那么造福人类的

① 李正风：《科学知识生产方式及其演变》，清华大学出版社 2006 年版，第 21 页。
② 同上书，第 139 页。

重大科学成果就很可能被扼杀于摇篮之中。

另外，我们也应正确对待效益标准与公正原则之间的关系。作为科学实践中的两个基本原则，功用和公正不可能截然分开，也不可能择此弃彼，而必须将二者有机结合起来。功用原则旨在引导人们合理追求科学活动中的实际功效，激发人们的积极性和创造性；公正原则旨在调节人们之间或集团之间的利益关系，使之达到公平合理的状态，最终实现社会整体的和谐与进步。公正原则的合理引导，是为了使人们的效益追求限于合法、合德的范围内，以更好地实现科学的社会效益。效益决非只是个人的一己之利，或眼前一时的功利，而是整个社会乃至整个人类的总体之利和长远之功。如果人们以狭隘的"自我中心论"和利己主义倾向去追求效益，将会损害整个人类的共同利益，最终自己的利益也得不到保障。道德意义上的效益原则，本身便包含着合理处理自我利益与社会利益、眼前之功与长远之功的要求。当然，完全忽略效益而去追求公正（如平均主义等），也是不可取的。

（二）仁爱标准

科学是人类共同的财富，科学成果只能用于为人类幸福和人类社会发展服务。任何国家或民族，在任何情况下，都不能利用科学成果来蹂躏和欺压其他国家或民族，也不能以破坏其他国家利益为代价使自己强盛、富裕起来。不仅如此，由于科学活动是崇高的事业，科学家也不能无所顾忌地对待被研究客体（如小动物等），不能违背最基本的道德和良知。这其中最重要的是，科学成果在发挥其价值时，应以仁爱原则实现其对整个人类的正价值。正如心理学家马斯洛所说："科学是人类的创造，而不是自主的、非人类的。科学产生于人类的动机，它的目标是人类的目标。科学是由人类更新和发展的，它的规律、结构以及表达，不仅取决于所发生的性质，而且取决于完成这些发现的人类本性的性质。因此，科学是人学。"①

对科学成果价值评价的仁爱标准，要求人们在运用科学成果的过程中，应积极防止科学异化的产生。这种异化主要体现在三个方面：一是人的数字化、符号化和抽象化。卢卡奇指出："一方面，劳动过程越来

① ［美］马斯洛：《科学心理学》，方士华等译，燕山出版社2013年版，第75页。

越被分解为一些抽象合理的局部操作，以致于工人同作为整体的产品的联系被切断，它的工作也被简化为一种机械性重复的专门职能。另一方面，在这种合理化中，而且也由于这种合理化，社会必要劳动时间，即合理计算的基础，最初是作为仅仅从经验上可把握的、平均的劳动时间，后来是由于劳动过程的机械化和合理化越来越加强而作为可以按客观计算的劳动定额（它以现成的和独立的客观性同工人相对立），都被提出来了。"① 这样一来，以可计算性和定量化为特征的现代工业生产，消解了人的感情、个性、多样性，导致人在机械体系中变成了抽象的符号。二是人的原子化，即人与人之间疏离，冷漠，产生隔膜，人与人的关系变得僵硬化、机械化，每个人都成为各自孤立的被动原子。卢卡奇认为，精确的理性计算，使"生产过程被机械地分成各个部分，也切断了那些在生产是'有机'时把劳动的各种个别主体结合成一个共同体的联系。在这一方面，生产的机械化也把他们变成一些孤立的原子，他们不再直接、有机地通过他们的劳动成果属于一个整体。相反，它们的联系越来越仅仅由他们所结合进去的机械过程的抽象规律作为中介。"② 三是主体的客体化，即人本来是交往中自由自觉的主体，却逐渐沦为被动的、消极的参与者或追随者，从而丧失了主体性和创造力。马克思在分析异化劳动的表现时指出，在资本主义条件下，科学的发展和机器的使用对劳动者来说，是异化的敌对力量；机器在生产过程中体现出主人的职能，它使资本和劳动的对立、异化发展为对抗性矛盾。卢卡奇也指出，在可计算的生产过程中，工人必须服从于机器的运行规律，"人无论在客观上还是在他对劳动过程的态度上都不表现为是这个过程的真正主人，而是作为机械化的一部分被结合到某一机械系统里去。他发现这一机械系统是现成的、完全不依赖于他而运行的。他不管愿意与否，必须服从于它的规律。随着劳动过程越来越合理化和机械化，工人的活动越来越多地失去自己的主动性，变成一种直观的态度，从而越来越失去意志。"③ 弗洛姆也深刻地指出，人对自然的高度主宰并没有导致个人

① ［匈］卢卡奇：《历史与阶级意识》，杜章智等译，商务印书馆1999年版，第155页。

② 同上书，第153—154页。

③ ［美］埃里希·弗罗姆：《逃避自由》，刘林海译，国际文化出版公司，2007年版，第82页。

自我力量的增加，"人建设了世界，建起了工厂和房屋，生产出了汽车和衣服，种植谷物与水果。但他同他的劳动果实疏离了，他不再是他所建造的世界的真正主人了。相反，这个人创造的世界成了他的主人，他必须对它卑躬屈膝，尽力奉承它，他自己亲手创造的劳动产品成了他的上帝。"① 因此，科学成果如果得不到正确运用，或其所处的社会制度不合理，就会使人变成物的奴隶，丧失人自身的主体性，人与人的关系也会相互疏远，不断恶化。要以仁爱标准实现科学成果的价值，就要变革不合理的社会制度，也要改变人们不合理地运用科学成果的方式，这样才能发挥科学成果对整个人类的正价值。

（三）生态标准

马克思曾说过："动物只生产自身，而人再生产整个自然界。"② 人类如何看待周围的自然界，涉及人类如何看待自身利益的问题，涉及人类如何看待部分利益与整体利益、片面利益与全面利益、眼前利益与长远利益之关系的问题。人是自然之子，源于自然又高于自然，驾驭自然又生活于自然之中。自然为人类提供了谋生、繁衍、发展的原材料，人类在自然的庇护下不断创造着物质文明和精神文明。科学发展敲开了工业的大门，但工业化以来，人类所创造的巨大物质财富很大程度上是以牺牲环境和浪费资源为代价的。在现代工业生产中，消耗了大量的煤、石油、天然气，并向大气中排放了大量二氧化碳和各种污染物。工业垃圾和生活垃圾的泛滥成灾，已成为世界各国都感到棘手的难题。

面对科学异化所造成的各种全球性问题，美国学者波特尔曾说："人类之对于自然界，不正是像癌症之对于人体一样吗？"这句话道出了人类与自然界之间在任何条件下，都具有休戚与共的利害关系。如果人类继续高踞于自然之上，把自然界当作任人肆虐、任人宰割的对象，确有可能像急剧分裂的癌细胞那样，最后与其借以生存的机体同归于尽。因此，人们必须端正对人与自然关系的认识，并保持自然资源的可持续发展。在自然界的生态系统中，人类就其生存权利来说，并没有超越其他物种的特殊优越性。那种视人类为自然界绝对主宰的观念是错误的，也是违背自然规律

---

① ［美］埃里希·弗罗姆：《逃避自由》，刘林海译，国际文化出版公司，2007年版，第83页。

② 《马克思恩格斯选集》第1卷，人民出版社1995年版，第46页。

的。早在 18 世纪，哲学家康德就曾嘲笑过持这种观念的人，说他们像生长在乞丐头上的虱子，"一直把自己的住所当作一个其大无比的球，而且把自己看作是造化的杰作，这实在是狂妄无知"。康德还说："无限的造化是包罗万象的，它所创造的无穷无尽的财富都同样是必要的。从能思维的生物中最高的一类，到最受轻视的昆虫，没有哪一个对造化是无关紧要的；而且哪一个也不可缺少，否则就会损害它们相互联系的整体的美。"①损害自然界"相互联系的整体的美"，亦即扰乱自然界的生态系统，这会毁坏人类自己生存的家园，危及人类长远的幸福。诚然，人类为了自身的生存与发展，必须同自然界作斗争，使自然界的"自在之物"转变成"为我之物"。但这种斗争不是两种完全敌对力量之间的战争，斗争的目的也不是一方战胜或消灭另一方，而是要促进人与自然的相互适应、共同繁荣和协调发展。因此，评价科学成果价值的"生态标准"要求，科学成果的应用必须以生态文明为出发点和落脚点，致力于保护环境、节约资源和保持生态平衡。

总之，对真、善、美的追求，是科学发展史上的永恒主题。科学的本质在于探求客观规律和追求真理，科学的目的在于为善和造福人类，科学理论本身也不断揭示和展现着自然界所隐含的各种美。可见，真、善、美内在地蕴含于科学价值之中，这三者也应成为对科学价值进行合理评价的基本标准。

第三节　对几种科学价值评价观点之评析

科学是人类认识世界和改造世界的产物，它对人类的价值是不言而喻的。但随着科学的发展，它在带给人类物质福利和精神源泉的同时，也给人类带来了很多麻烦和困扰。于是，在对科学价值的认识上，不同的人由于各自动机、目标、信念和知识背景不同，对科学价值的评价也存在很大差异。在科学发展的历程中，形成了以下几种有代表性的科学价值评价观点，在此分别对其进行评析。

---

① ［德］康德：《纯粹理性批判》，蓝公武译，商务印书馆 1982 年版，第 165 页。

一　科学价值功利说评析

功利性价值观念，是指人们在社会实践活动中，以物质需要的满足和实利性效率为目标，并以此为评价尺度来判断主体实践活动成败的思想意识。功利主义的起源，可以追溯到古希腊的快乐主义学派，其形成和发展则是在近代英国。17世纪英国资本主义的飞速发展，为科学价值功利论提供了良好的社会基础；经验主义哲学家培根、霍布斯等的功利主义思想，为科学价值功利论提供了理论基础。到了18世纪末19世纪初，在功利主义思想集大成者边沁和密尔的影响下，科学价值功利论在西方社会广泛流行起来。科学价值功利论倡导，科学应直面人类的苦难，并积极消除这些苦难。正如边沁所说："自然把人类置于两个至上的主人'苦'与'乐'的统治下，只有它们两个才能指出我们应该做什么，以及决定我们将要怎样做。"①　科学价值功利论之所以能得到西方社会的广泛认可，是因为在当时的社会条件下，它有其进步性与合理性的一面。在一定历史阶段，科学价值功利论也使科学获得了充分发展，对推动人类物质文明的进步功不可没。

科学价值功利论把解决现实问题和为公众谋福利作为自己的根本出发点，以能否给人带来幸福与快乐作为衡量科学成果是否有价值的标准。这种价值观，将主体的主观感受作为衡量科学成果是否有价值的唯一标准，而忽视了科学的真、善、美等内在价值。这就难免会以科学的外在价值代替科学的内在价值，从而抹杀了科学的本质属性。更为严重的是，如果将科学价值功利论发展到极端，就会变成一种唯利是图的价值观，将科学当作工具去任意地改造和掠夺自然界。科学价值功利论的不足之处，还在于片面强调科学的物质价值，而忽视和排斥科学的精神价值，甚至以奚落或虚无主义的态度对待科学的精神价值。

过于强调科学价值功利论，还会忽视科学发展的固有规律。科学价值功利论将外在价值的标准强加于科学活动本身，并以此主宰科学的发展方向，这会将科研活动导入歧途。这种做法，也违反了马克思主义关于内外因辩证关系的原理。科学发展的过程，具有一定的自主性和规律性，以外

---

① ［英］边沁：《道德与立法原理导论》，时殷弘译，商务印书馆2012年版，第62页。

在因素强加于科学活动是不合理的。20 世纪以来，由于过分强调科学价值的功利性，已使科学的发展步入了一个非常尴尬的境地。科学的实用化倾向、科学的巨大负效应、科学对人类命运的掌控等，都在一定程度上违背了科学的内在属性和科学发展的根本目的。科学发展的困境，是人类无止境的物质贪欲之必然结果，它彰显了人类自身的矛盾性和人类文明发展方式的局限性。要消除科学发展的困境，需要人们克服单纯的、急功近利的物质追求，并深刻地反思"在科学的发展和应用上，应追求什么和怎么追求"的问题。

二　科学价值中立说评析

　　1914 年，德国社会学家马克斯·韦伯在《"伦理的中立性"在社会科学和经济中的意义》一文中，首次提出了"价值中立性"的概念。他指出："价值中立就是在进行社会学研究的时候，只是力求反映研究对象的真实状况，而避免介入政治现实和作善与恶、好与坏的评价，就是力求摆脱价值判断，不进行价值判断或者暂停价值判断的意思。"[1] 韦伯认为，"价值判断"是对社会现实满意或者不满的一种评价，是一种从伦理、理想和哲学观点推理出来的实践判断，价值判断会或明或暗地受到我们主观感情的影响。韦伯还在经验科学与价值判断之间划出了一条泾渭分明的界限，他指出："一门经验科学，并不能教人应该做什么，而只能告诉人能够做什么。……至于人们表达的那些价值判断是否坚持其终极立场，那是他个人之事；这关乎到意志和良心，而与经验知识无关。"[2] 随后，以石里克、卡尔纳普等为代表的逻辑实证主义者，在事实与价值截然两分的前提下，进一步强化了"科学价值中立"的理念。他们认为，科学是关于客观世界的事实判断，与"主观"的价值无关。石里克指出："一个科学家在进行科学研究时，只应怀有追求真理的热忱。否则，他的思想就有被感情引入歧途的危险。他的意欲、希望和顾虑会把一切诚实的科学研究的首要前提——客观性给破坏了。"[3] 罗素也指出："价值问题完全是在知识

---

　　① ［美］刘易斯·科瑟：《社会学思想名家》，石人译，中国社会科学出版社 1990 年版，第 243 页。

　　② 同上书，第 245 页。

　　③ ［德］石里克：《自然哲学》，陈维杭译，商务印书馆 1997 年版，第 121 页。

的范围以外。那就是说，当我们断言这个或那个具有'价值'时，我们是在表达我们自己的感情，而不是在表达一个即使我们个人的感情各不相同但却仍然是可靠的事实。"① 科技统治论者丹尼尔·贝尔也认为："科学不应包含价值等因素，不应有价值的参与。作为人类文明的一个独特的体制，科学没有意识形态，因为它没有一套必要的正式信仰。而意识形态是与科学相对立的政治偏见，是一种类似宗教的信仰，是被歪曲的虚假意识。如果科学是独立的、自由的，那么它就强调科学成果的无党派性。"②

总之，在科学价值中性论者看来，科学价值是中立的，或科学与价值无涉。他们认为，科学是关乎事实的，价值是关乎目的的；科学是客观的，价值是主观的；科学是追求真理的，价值是追求功利的；科学可以进行逻辑分析，价值不能进行逻辑分析；科学家对科学成果的应用不负社会责任，科学家在考虑问题时，可以对伦理问题采取超然的态度。

要正确评价科学价值中立说，就必须对事实与价值、认识与选择作出区分。只有事实可以被认识，只有价值可以被选择。认识与选择是不同的活动，认识是理解或领悟，选择是允许或拒斥。完全承认科学价值中立是不对的，完全否定科学价值中立也是不对的。科学作为关于自然界的知识体系，它的基本定律、基本事实，具有不依赖于人的意识和人的价值观念为转移的客观内容，故科学规律本身是价值中立的。例如，$E = mc^2$ 这个公式，只是正确反映了"质能互换"的客观规律，它对广岛的原子弹爆炸不负任何道义责任。科学知识的这种客观性和价值无涉性，正是它区别于意识形态的本质特征之一。但这种"价值中立"，仅仅是针对科学中的纯粹自然法则而言的。如果将科学价值理解为广义的价值，它包括真、善、美、利等内容，则科学的价值就不是中立的了。以近代科学家的眼光来看，科学真理是主体对客体本质规律的正确反映，是主观与客观的相符合，真理与人类的需要和目的无关。这种理解，就造成了真理和信念、事实与价值、科学与道德的二元对立。时代发展到今天，随着相对论、量子力学、非线性科学、协同学、超循环理论、自组织理论的出现，科学家们越来越清楚地认识到，科学是以人为中心展开的，它只能是人的科学和为

① ［英］罗素：《宗教与科学》，徐奕春等译，商务印书馆 1982 年版，第 123 页。
② ［美］丹尼尔·贝尔：《后工业社会的来临》，高铦等译，新华出版社 1997 年版，第 415 页。

人存在的科学。科学历来以寻求真理为己任，但真理并不像以前认为的那样存在于远离人类的"客观"自然之中，科学真理就存在于包括主体和客体的系统之内，这样的真理必然体现着人的需要和利益。这样，科学真理的价值就不可能是中性的了。

从另一个角度看，近代科学家把科学概念固定化的做法是不对的。科学是一个历史的范畴，是人类社会一项不可缺少的事业。科学不是脱离社会和文化环境的知识体系，不是抽象孤立、与人间祸福不相干的理论和学说。人类之所以需要科学并发展科学，是由于科学对人类社会有益。科学家作为科学认识的主体，他们是有血有肉、富有想象力和创造力的人，他们无法在科研工作中排除他们共同的人性和评价本能，他们必然有偏爱，有选择。因此，在科学活动中，科学家会不可避免地显示出某些规范性的东西和某些价值判断。爱因斯坦说："科学作为一种现存的和完成的东西，是人们所知道的最客观的、同人无关的东西。但是，科学作为一种尚在制定中的东西，作为一种被追求的目的，却同人类其他事业一样，是主观的、受心理状态制约的。"[1] 随着科学对社会的影响越来越大，它不但可以造福人类，也可以毁灭人类。在这种情况下，科学家不仅对自己的工作和对科学共同体的其他成员负有伦理责任，也对社会负有道义上的责任。那种认为科学家的职责只是发现科学真理，而对它的应用不用负责的中性观点已经过时了，科学家对人类幸福和人类未来越来越表现出极大的关心。因此，从科学真理与人类生存发展的一般关系上看，科学的价值不是中立的。

三 科学价值负载说评析

在当今科学高度社会化和社会发展日益科学化的时代，随着核威胁和全球性问题的日益突现，科学文明与人类社会发展之间呈现出极为复杂的关系。人们开始对传统的科学价值思想进行深刻反思，对"科学价值中立说"提出质疑，于是便产生了"科学价值负载说"。"负载"一词，有"具有、承担、暗含"之意。所谓"科学价值负载说"，就是认为科学不是价值中立的，科学在其发展的每一环节，都承载着具体的价值。科学的

---

[1] ［德］爱因斯坦：《爱因斯坦文集》第 1 卷，许良英等译，商务印书馆 1976 年版，第 251 页。

价值负载表现为两个方面：一是科学知识体系中渗透着价值和价值判断；二是科学家和科学共同体在科学活动中离不开价值判断。"科学价值中立说"在某种意义上、某个特定范围内是成立的，但它常常会被用作拒绝考虑科学家社会伦理责任的挡箭牌。如果从整体上考察科学产生和发展的社会背景，以及科学对社会生活的巨大影响的话，就只能把"科学价值中立说"看作一种幻想或一种理想形态。当今，"科学与价值无涉"的观点面临来自各方面的批判和挑战，我们经常会听到"中性的神话"、"逻辑上的不连贯"、"自由意识形态的面具"等对其讨伐的话语。

西方科学哲学中的历史主义学派和科学实在论，也对"科学价值中立说"提出了批判。历史主义学派认为，价值不能与科学相分离，价值是科学发展中不可缺少的一部分。库恩指出："科学是以价值为基础的事业，不同创造性学科的特点，首先在于不同的共有价值的集合。"① 库恩科学哲学的核心概念"范式"，其根本含义就包括了科学共同体成员共有的价值观，范式"代表这一共同体成员所共有的信念、价值、科学手段等的总体"②。在科学价值问题上，劳丹与库恩的观点很相近。劳丹提出"研究传统"这一概念来代替库恩的"范式"，"研究传统"中也包含了许多经过主体价值选择的具体理论。科学实在论者普特南也认为，科学事实的陈述本身，以及人们据以决定"什么是事实和什么不是事实"的科学探究活动，都预设了价值。普特南指出："科学不是价值中立的，价值与事实是分不开的。每一个事实都有价值负载，而我们的每一个价值也都负载事实。"③ 以此为基点，普特南批判了传统实证主义从纯客观角度认识科学真理的做法。彭家勒也强调，科学研究是以追求真理为价值导向的，他说："追求真理应该是我们活动的目标，它是值得我们活动的唯一价值。"④

从科学活动本身看，同一客观事实被纳入不同的认识框架，就会变成不同的科学理论体系。以观察石块下落为例，亚里士多德认为石块是在趋

① ［美］托马斯·库恩：《科学革命的结构》，金吾伦等译，北京大学出版社2003年版，第24页。

② 同上书，第31页。

③ ［美］希拉里·普特南：《理性、真理与历史》，童世骏等译，上海译文出版社1997年版，第52页。

④ ［法］彭加勒：《科学与方法》，李醒民译，商务印书馆2006年版，第60页。

向它的自然位置；牛顿认为石块和天体一样，是在万有引力的作用下运动着；爱因斯坦则认为，石块是在引力场中沿"黎曼空间"走过最短的路程。这就说明，科学观察不仅仅是看见事物，还包括思维过程的价值判断。人类共同的本性、科学共同体的规范、个人的偏好与个性，都会投射到科学活动及科学理论之中。科学工作者作为社会中的成员，也有自己的政治立场和道德标准，在课题的选择、研究方法的甄别和成果的应用上，都会体现出自己的价值判断。因此，科学作为一种现有的和已完成的理论，是人们所知道的最客观的事物。但作为一种尚在制定中的东西，作为一种被追求的目的，它和人类其他事业一样，是受主观心理状态制约的。人是有限的存在物，虽然他以自由意志和自觉活动去追求无限，但终究不能摆脱有限，不能超越他所处的独特的眼光和视角。科学研究也会受人们认识能力和历史条件的局限。当人们试图在观念中描绘自然界的图景时，人的主体性就会渗透到自然图景中去。默顿认为："显然由于科学研究不是在社会真空中进行的，其影响也会渗透到其他价值和利益领域之中。只要这些影响被认为不是社会希望的，科学就要负责任。"①

相对于"科学价值中立说"而言，"科学价值负载说"具有更多合理性，因为它如实反映了科学与社会之间的复杂联系。但"科学价值负载说"并不是没有瑕疵，杜威指出："任何哲学，如果当它寻求确定性时忽视了自然进行过程中这种不确定状态的实在性，就否定了确定性之所以产生的条件。如果有人企图把一切疑难的东西都包括在理论上牢固掌握的确定范围之内，这种企图便犯了虚伪和脱漏的毛病，并将因此而具有内在矛盾的烙印。"②"科学价值负载说"在承认科学负载价值的同时，也容易把科学成果与认识主体之间的关系相对化，用价值因素的主观性削弱科学真理的客观性。如果将"科学价值负载说"推向极端，必然会导致对科学的客观性和普遍性的否定，从而滑向相对主义的边缘。因此，我们只有将"科学价值中立说"和"科学价值负载说"进行深入的比较和权衡，取其所长，避其所短，才能得出正确的结论。

---

① ［美］R. K. 默顿：《十七世纪英格兰的科学、技术与社会》，范岱年等译，商务印书馆2000年版，第184页。

② ［美］杜威：《经验与自然》，傅统先译，江苏教育出版社2005年版，第84页。

四　唯科学与反科学主义评析

近代自然科学诞生以后，科学作为人类理性之花，日益显现出其智慧的光辉。科学方法、科学精神和科学价值被社会大众广为推崇，并逐渐形成了一种代表特定价值取向的观念意识——唯科学主义。唯科学主义的最终形成，得益于 19 世纪法国社会学家孔德的努力。孔德指出，人类知识的发展经历了神学、形而上学（哲学）和科学（又名实证）三个阶段。[①]他认为，科学阶段（或实证阶段）是人类知识的最高阶段，故自然科学的方法应拓展到社会学研究领域。少数受过良好教育的知识分子对科学的推崇，还不足以形成"唯科学主义"思潮。但由于科学大大改变了世界的面貌，解放了人们的双手，改善了人们的生活，这使科学获得了广泛的大众认可，从而构建了"唯科学主义"思潮流行的社会心理基础。

唯科学主义者主张，用科学方法得出的科学知识绝对正确，它是一切其他知识的典范，且自然科学可以解决人类所面临的一切问题。因此，自然科学方法也应该用于包括哲学、人文科学和社会科学在内的一切研究领域，而科学精神是一切研究领域应遵循的准则。这样，科学就不再是一种有具体研究对象、在特定领域中生效的知识体系，而成为一种放诸四海而皆准的信条和规范性评价尺度。

唯科学主义强调，像文学、艺术、宗教这样的人文知识，因为不具备科学的特征，故应被排除在知识领域之外。他们还认为，只有科学和技术才是人类活动所追求的终极目标，而人生的意义，人的理想、精神、价值观等应被排除在人们精神世界之外。正如有学者指出的："唯科学主义者认为，人是毫无情感的理性动物，是堆积知识的仓库，应把人的情感、特殊性统统削掉，使人只成为一大堆概念、原则、公式的携带者。"[②] 因此，按照唯科学主义者的观点，科学已不是作为"人们的工具"而出现，科学对于人来说，已成为一种异己的力量而存在。这使科学高于人并统治着人，而人变成了一种抽象概念，人的主体性和能动性被抹杀了。唯科学主义还会导致人的意义世界和终极关怀的失落，并由此引发人与人之间认同感的丧失以及人们理想信念的消亡。

---

① ［法］奥古斯特·孔德：《论实证精神》，黄建华译，商务印书馆 1996 年版，第 5 页。
② 毛亚庆：《论两大教育思潮的矛盾冲突及其边际与限度》，《教育研究》1997 年第 3 期。

　　"反科学主义"思潮则是另一个极端，它将现代社会的一切问题和罪恶都归结于科学的发展，因而盲目地谴责科学。顾名思义，"反科学"即是反对科学，或对科学采取敌对态度，或与科学对立、对抗的意思。在反科学主义者看来，科学携带着自我毁灭的病毒，科学所提供的眼前物质福利，是以牺牲人类往昔美好文明为代价的。反科学主义者的口号是，追求非科学的价值与文化，从中探索出为人们的幸福所必需的原则。基于此，反科学主义者对科学进行了新浪漫主义的批判。但是，他们又提不出切实可行的建设性方案，只是劝导人们"向后看"，去憧憬"田园诗般的"农业社会，去恢复"好德乐善而无所求"的纯朴古风。但这种想法在现实社会中又难以实现，故他们对于科学的批判只能"半是挽歌，半是谤文；半是过去的回音，半是未来的恫吓"[①]。尽管他们有时也击中了"唯科学主义"的某些要害和现代社会的某些痼疾，但由于他们的思想不符合历史发展的潮流而显得片面和不完备。

　　反科学主义者对科学价值的认识是不全面、不准确的。反科学主义者低估了科学的功利价值和物质价值。自然科学从诞生之日起，就以其巨大的物质力量赢得了公众的认可，并取得了自己应有的社会地位。随着科学的发展，人们的生活更富裕，交往更便利。反科学主义者把科学所导致的副作用过分夸大，低估了科学对社会物质文明的巨大贡献，这显然是失之偏颇的。另外，反科学主义者忽视或误解了科学的精神价值。作为知识体系的科学，具有认知价值、审美价值、信念价值、解释价值、预见价值等精神价值；自然科学方法中的实证方法、理性方法、臻美方法，能培养人们求真务实、崇尚理性、追求美感的心理与习惯；自然科学的精神气质（普遍性、公有性、无私利性、有条理的怀疑主义）能培养人们严谨、无私的美德。因此，自然科学的发展，对精神文明建设和人的自我完善都有着不可估量的作用。反科学主义者却没有看到这一点，他们对科学负价值的解决办法是因噎废食的，也是根本行不通的。反科学主义由于其理论的错误和认识的偏差，因而对科学的误用或滥用所产生的负效应提不出有效解决方案。让人类回到过去简单、自然的生活是不可能的，科学所导致的负价值，只能靠科学的进一步发展和社会的进一步完善才能解决。

---

　　① 《马克思恩格斯选集》第 1 卷，人民出版社 1995 年版，第 295 页。

五　科学悲观论与乐观论评析

科学的迅速发展及其广泛应用，一方面使人类社会的生产力获得了巨大进步；另一方面也带来了一系列负效应，极大地破坏了人类生存与发展的环境，造成了全球性生态危机。面对科学的负效应，有些思想家对科学价值问题持消极观点，提出了"科学悲观论"。科学悲观论者认为，科学发展将直接主宰社会的命运，并给人类带来灾难性后果。早在18世纪中叶，法国启蒙思想家卢梭就敏锐地察觉到科学的负效应。卢梭认为："天文学诞生于迷信，论辩术产生于野心、仇恨、谄媚和谎言，几何学诞生于贪婪，物理学诞生于虚荣的好奇心。"① 而科学在诞生之后，又滋长了更大的罪恶，如贪图安逸、追求享受等。卢梭赞美"幸福的无知"，怀念"贫穷与蒙昧的时代"。他说："人们啊！你们也应该知道自然想要保护你们避免科学，正像一个母亲要从自己孩子的手里夺下来一种危险的武器一样。"②

罗马俱乐部是"科学悲观论"的典型代表，其报告《增长的极限》详尽阐述了世界人口、工业发展、环境污染、粮食生产和资源消耗之间的内在关系。报告指出："如果维持现有人口增长率和资源消耗率不变，那么，由于世界粮食短缺，或者由于资源枯竭，或者由于污染严重，世界人口和工业生产能力将会发生非常突然和无法控制的崩溃。而且事实上无论如何也不会把崩溃推迟到2100年以后。"③ 为了解决这些问题，就必须停止人口增长，缩小工业生产规模，实现物质生产的零增长，并实行"非物质的增长（即发展精神文明）"。由梅萨罗维克等人撰写的罗马俱乐部第二个报告《人类处于转折点》中，给出了以下解决方案——人类必须克制自我欲望，停止经济增长，停止科学进步。G.荣格也在《科学的完善》、《机器与财产》等著作中对现代科学进行了激烈批判，表现出浓厚的科学悲观主义色彩。他认为，与那种把科学看作能为人类提供财富和自由的乐观主义相反，科学非但不能创造财富，还是一种无所不及、无所不在的掠夺性开发力量，现代科学的这种本质正在毁灭着人类安身立命的家

---

① ［法］卢梭：《论科学与艺术》，何兆武译，上海人民出版社2007年版，第16页。

② 同上书，第14页。

③ ［美］德内拉·梅多斯等：《增长的极限》，李涛等译，机械工业出版社2008年版，第3页。

园，使整个世界一步一步地走向死寂。美国社会活动家杰里米·里夫金，从科学的自然属性出发，指出"科学乐观论"的错误性，并认为科学非但不产生财富，反而会浪费财富。他还说："熵定律不仅摧毁了历史进步观，也摧毁了通过科学给予人类一个更有秩序世界的美梦，科学的作用不过是加速自然界从有序走向无序的过程。一旦我们揭开了笼罩在科学之上的神秘面纱，我们会发现科学所起的只是一种转化作用。任何人类天才创造出的科学只不过是自然界所蕴藏的能量的转化器。在这个转化过程中，能量流过社会和生命系统，满足了处于非平衡状况的生命须臾间的需要。在能量流通的尽头，能量被最终耗尽，进入了无序状态。"①

科学乐观论者认为，科学的价值没有边界，不仅能发展生产、繁荣经济，还能解决西方资本主义社会面临的各种问题。其代表人物是一些未来学家和经济学家，如美国的阿尔温·托夫勒、丹尼尔·贝尔、约翰·奈斯比特、A. 西蒙等。丹尼尔·贝尔在其代表作《后工业社会的来临》中，提出了后工业社会理论。这个理论的核心思想是，在科学革命迅速发展的新形势下，科学知识成为一种独特的统治力量，它不但是社会发展的基础，也驾驭着社会本身。阿尔温·托夫勒在其著作《第三次浪潮》中，把科学看作社会的决定力量，认为科学可以解决社会的一切问题。他认为，人类正在从以信息革命为标志的"第三次浪潮"时代过渡到以人类进入太空居住为特点的"第四次浪潮"时代，"太空能够帮助我们解决很多在地球上无法解决的难题。甚至，它会从根本上改变我们对事物的认识。"② 约翰·奈斯比特在《大趋势——改变我们生活的十个新方向》中指出，人类社会已经从工业社会进入信息社会，在信息社会中，科学已成为创造财富最重要的生产力，整个社会的发展已完全建立在知识和科学的基础之上了。美国前国务卿布热津斯基在《两个世纪之间——美利坚在科学主宰时代的作用》一书中也断言，在"科学主宰的时代"，美国已成为进步的"世界实验室"，一切国家在看到美国的时候，就看到了自己的未来。美国科学家罗伯特·安德鲁·密立根也是科学乐观论的代表，他说："我自己的立场用一句话来陈述：一切进步都来自知识，我热情地赞

---

① ［美］杰里米·里夫金：《第三次工业革命——新经济模式如何改变世界》，张体伟等译，中信出版社2012年版，第23页。

② ［美］阿尔温·托夫勒：《第三次浪潮》，黄明坚译，中信出版社2006年版，第5页。

同一切知识的事情，不管领域是什么，是社会学还是物理学，并热情地赞同按当时发现的知识去行动。"① 德国的卡尔·斯泰因布赫也认为，如果未来是科学的未来，那么它就是美好的未来。正是科学为人提供了食物、原材料、能源、卫生和通信，使人从物质需求中解放出来，摆脱匮乏的生活，过上了有尊严的生活。

当然，除了科学悲观论者与科学乐观论者外，还有一些学者属于谨慎的悲观派或谨慎的乐观派。如英国哲学家伯特兰·罗素就属于谨慎的乐观派，他曾指出："科学的知识方面正逐渐被其控制自然的能力方面挤向幕后，使科学愈发以力的知识代替爱的知识，并不断丧失为了真、善、美行使科学权力的理智。因此，科学文明若要成为一种好的文明，在知识增加的同时，还应伴随着智慧的增加。只要人们明智地利用科学，在创造美好世界方面所能做的事情，几乎是没有止境的。"② 不管以上哪种观点，都有其合理之处，都从不同角度指出了科学的利和弊。就理论形态的科学而言，不存在悲观与乐观的争议；就实践形态的科学而言，科学是利与弊的共存物。人们对科学应用前景的看法不同，就产生了悲观论与乐观论之争。悲观论和乐观论都以某种方式走向了极端，它们都只抓住了科学的外在价值，没有看到科学的内在价值，也小觑了人类的主观能动性和人类理性对科学应用的调节作用。乐观论对科学作无害推定，认为科学在未被社会判定为有害之前，应将科学视为无害的；悲观论对科学作有害推定，在社会还没有充分证据证明科学是有害的时候，便认为科学是有害的。其实，不能简单地认定科学的社会价值是乐观的还是悲观的，而应看到人类在科学的研究、开发和应用过程中的调控力量。人类创造和使用科学的目的，是造福自己而不是毁灭自己。历史和现实也表明，人类正朝着这个目标迈进，并且已经取得了很多积极成果。相比之下，"谨慎乐观派"的观点较为合理。对于科学的未来发展，我们应采取辩证分析的方法，不能一概肯定或否定，而应正视现实，从多角度、多方面来调控科学的研究、开发和社会应用，走可持续发展道路。

总之，科学价值评价是一个不断发展的动态过程，没有静止不变的科

---

① R. A. Millikan, *Science and the New Civilization*, Freeport and New York: Books for Libraries Press, 1930, p. 64.

② [英] 罗素:《宗教与科学》，徐奕春等译，商务印书馆 1982 年版，第 61 页。

学价值评价标准。科学价值评价也是人类自觉的、理性的认识活动，它不仅对过去的和现实中的科学价值关系进行审视与把握，还对未来的科学价值关系作出合理预测。通过科学价值评价，能使人们知道"什么科学理论是有价值的"，"一个科学理论的价值到底体现在哪些方面"，从而决定自己该追求什么，该避免什么。主体作出的正确评价和选择，不仅能促进科学价值的合理实现，还能不断优化评价主体的自身素质，提高其科学评价能力。如果没有科学价值评价，人类很难有力地认识世界和改造世界，也很难有效推动科学的发展。因此，科学价值评价在科学价值实现的过程中，始终是一个能动因素，并起着积极的作用。

第四章

科学价值实现论

科学价值的实现问题，是研究科学价值的最终目的和归宿。科学价值的实现，不是一朝一夕、一蹴而就的事情，它需要科学工作者及社会上一切关心科学发展的人长期不懈的努力。当然，要想真正实现科学的价值，还必须找到切实可行的途径与方法。只有认真分析当前实现科学价值所面临的困境，并在此基础上积极探索科学价值实现的可行性方案，科学的价值才能真正发挥出来，起到应有的作用。

第一节　科学价值实现的相关理论概述

一　科学价值实现的意蕴

（一）实现的内涵

所谓实现，就是现实化，即人类追求理想目标的奋斗过程及其所希望完成的特定目标的现实化过程。王玉樑认为："所谓实现，是指未付诸现实的可能产生的价值客体，作用于主体转化为实际价值的过程。"[①] 实现是人们行动合目的性与合规律性的统一，它表现为一定主体的欲望、需要和利益得到满足，是人的本质力量的再现。没有实现社会价值和自我价值的人生，是不完美的。实现不仅是一个哲学问题和现实问题，也是价值主体生存与发展的必需。人生的意义不表现在笛卡儿"我思故我在"的命题中，也不表现在费尔巴哈"我欲故我在"[②] 的命题中，而是表现在"我实现故我在"的命题中。

在西方文化里，最早使用"实现"一词的是心理学家戈尔茨坦，他

---

① 王玉樑：《价值哲学新探》，陕西人民出版社 1993 年版，第 195 页。
② ［德］路德维希·费尔巴哈：《费尔巴哈哲学著作选集》（上），荣震华等译，商务印书馆 1984 年版，第 578 页。

提出了"自我实现"（Self – realization）的概念。他指出，每个有机体都有实现自己潜能的内在需求，这种生物体满足自己生物学天性的潜在冲动即是"自我实现"。对人而言，"自我实现"是人们自我发挥和自我完善的过程，是人们力图使自己潜力得以实现的心路历程。马斯洛把人的需要分为五类：生理需要、安全需要、归属感需要、被尊重的需要和自我实现的需要。其中，自我实现是最高层次的需要，它是在前四类需要被满足后才激发起来的。马斯洛将"自我实现"描述为："充分利用和开发天资、能力、潜力等等。这样的人似乎在竭尽所能，使自己趋于完美，这也就是尼采所劝诫的'要成为你自己'。"① 在马斯洛所讲的自我实现中，人只有充分地、活跃地、无我地体验生活，全身心地献身于某一事业而忘怀一切，才能达到自我实现；且人应该顺应并倾听自己的志趣和爱好，坚持开展实现自己潜能的训练，使自己的能力不断增长。

　　哲学家所讲的"自我实现"，则境界更加高远，往往指的是道德的实现。亚里士多德认为，人生在世可以达到一种尽善尽美的"完人"境界，"人达到至善"就是一种自我实现。德国古典哲学家费希特提倡"行动哲学"，将"创造自我和克服非我"的历程看作自我实现的过程。费希特将"自我"分为理论的自我和实践的自我，前者是指被非我规定的自我，后者则指规定非我的自我，并认为只有在实践的自我中才能做到自我实现和自我完善。

　　马克思认为，只有通过自由自觉的劳动，才能真正达到自我实现。他说："劳动尺度本身在这里是由外面提供的，是由必须达到的目的和为达到这个目的而必须由劳动来克服的那些障碍所提供的。但是克服这种障碍本身，就是自由的实现，而且进一步说，外在目的失掉了单纯外在自然必然性的外观，被看作个人自己提出的目的，因而被看作自我实现，主体的对象化，也就是实在的自由——而这种自由见之于活动恰恰就是劳动。……在这些条件下，劳动会成为吸引人的劳动，成为个人的自我实现。"② 马克思还指出了自我实现的三种形式，即前资本主义社会的自我牺牲形式、资本主义社会中利己主义的自我满足、个人自由发展与人类社

---

　　① ［美］马斯洛：《自我实现的人》，徐金声等译，生活·读书·新知三联书店 1987 年版，第 4 页。

　　② 《马克思恩格斯文集》第 8 卷，人民出版社 2009 年版，第 174 页。

会发展相一致的自我实现。第三种情况下的自我实现，抛弃了自我牺牲和利己主义，并充分发挥了个人的天赋潜能、本质力量和创造能力。因此，在马克思看来，实现即是主体目的的物化和主体本质力量的对象化。要达到这个目的，首先需要观念形态的理论能被人接受、认可，并用以指导人们的现实生活。马克思掷地有声："理论只要说服人，就能掌握群众；而理论只要彻底，就能说服人。所谓彻底，就是抓住事物的根本。"①

在现实生活中，实现意味着"兑现"的意思，它偏重于指主体为达到某种目的而采取的措施和手段。实际上，整个人类社会的发展史，就是人们不断实现自身价值的历史。人们在认识世界和改造世界的实践中，随时都面临着"实现什么、谁去实现、怎样实现"等问题。任何实现都包含实现的主体、实现的对象、实现的方式、实现的程度等内容，而实现的目标往往是人们所期待的真、善、美等良好结果。一种理念的实现，意味着它将成为人们认识世界和改造世界的一种指导性规范，也意味着将抽象思维转化为具体现实的过程。

（二）价值实现的内涵

关于价值实现，马克思曾从两个方面对其进行论述：一是从个人劳动社会化的角度来看，个人劳动一旦被社会承认，就实现了价值；二是从使用价值被消费的角度看，产品的使用价值一旦被消费或使用，其价值就得到实现了。马克思对价值实现问题的探讨，是从经济学意义上而言的。

我国学者在探讨价值实现问题时，将马克思政治经济学中有关价值实现的观点予以拓展，使其也适用于哲学领域。如王玉樑指出："所谓价值的实现，就是客体作用于主体，并对主体产生的实际效应，即对主体生存、发展、完善产生一定的施加效应，产生积极的或消极的作用和影响。"② 袁贵仁认为，价值实现是价值运动的重要阶段；实践的创造物是否有价值，人们对于实践结果的价值判断是否正确，都要在价值实现过程中去解决。他还从价值实现的内涵、价值实现的形式、价值实现的层次三个方面，详细论述了价值实现问题。③ 从价值客体角度看，价值实现是客体的"潜在价值"转化为"显性价值"的过程。只有在特定主体的消费

---

① 《马克思恩格斯选集》第 1 卷，人民出版社 1995 年版，第 9 页。
② 王玉樑：《价值哲学新探》，陕西人民出版社 1993 年版，第 361 页。
③ 袁贵仁：《价值学引论》，北京师范大学出版社 1991 年版，第 213 页。

过程中，客体的潜在价值才能得到实现，变成现实的价值。从价值主体角度看，价值实现是主体在生活中不断消费价值客体，使主体需求得到满足的过程。我们可以将价值实现分为物质价值实现、精神价值实现和人的价值实现三种。人的价值实现，是指人作为价值客体，他所创造的价值（其工作成果或对社会的贡献）被他人或社会所享用、占有和承认。

　　人类认识世界和改造世界的过程，也是价值实现的过程。价值实现是一个内涵丰富的概念，它包括价值理想目标、价值实现过程、价值实现条件、价值实现方式和价值实现结果等内容。价值实现的过程，是将观念的或潜在的价值转化为对人们需求的实际满足。列宁指出："作为主观东西的概念（＝人）又以自在的异在（＝不以人为转移的自然界）为前提。这个概念（＝人）是想实现自己的趋向，是想在客观世界中通过自己给自己提供客观性和实现自己的趋向。"① 价值的规定性和本质就在于，它需要否定自己的主观性，实现自己的客观性，经历从主观向客观的转化过程。价值的实现，实际上是价值自身具有的使自己实在化、现实化和对象化的趋势到达其终点。价值成功实现的标志，是否定了原有的那种观念形态的价值，并将其转化为一种实在化、对象化了的客观结果。这种结果，要么是人们物质生活和精神生活需要的满足，要么是成功改变了自然或社会环境，使其更适合人类的生存与发展。

　　本书所讲的价值实现，即是实现价值的过程，是由内在价值、潜在价值转化为外在价值、现实价值的过程。人的潜在价值是人的本质力量所具有的能动性和创造性，它是人的价值实现的客观基础。潜在价值只有在人的实践活动中才能被激发和唤醒，人们潜能的无限丰富和人类实践活动的无限发展，决定了人的价值实现是无止境的。人的价值实现并非是一种预定的、一成不变的终极模式或指标体系，它是随着人们主体性的不断提升而不断变化的。

　　价值实现是需要条件的，它不仅受主体状况的限制，也受客体条件和社会环境的制约。主客体条件的不同，决定了价值实现的方式和程度也会不同。而且，不同民族和不同文化背景的人，所需要实现的价值也不一样，如西方人更强调个人价值的实现，将自我价值置于社会价值之上，东

---

① 《列宁全集》第55卷，人民出版社1990年版，第182页。

方人则更重视社会价值和集体价值的实现。同一社会中的不同阶层，其对价值实现的追求也会不同，如政治家追逐权力，理论家期待自己的思想能影响社会，企业家希望赢得客户等。

（三）科学价值实现的内涵

人们在不断进行社会物质生产的同时，也进行着社会关系的再生产，也在维持、改变和创造着新的社会关系和生活方式。不仅如此，人们还进行着精神生活的再生产，特别是生产科学知识的科研活动。

科学价值的实现包括科学价值的选择、创造和转化三个阶段。首先，科学价值的选择体现了人的自主性，是人根据自己的尺度对科研对象、科研目标、科研方法的选择。马克思说："人懂得处处把自己的尺度运用到任何一个事物上去，因此，人也按照美的规律来建造、创造、生产。"①科学创新是在选择基础上实现的，因而科学价值选择是科研活动的重要环节。"选择"这个概念的指称很广泛，不仅一切动物会选择，很多系统也具备自动选择功能。动物的活动沿着种的轨道运行，种的尺度、种的活动规律就是每个个体的活动规律。因而，动物的行为是模式化的、本能的。但人的选择是有意识的选择，是基于一定价值评价基础上的选择。有的时候，即使人们认识到某些事阻力很大、很难成功，但为了自己的原则和信仰会勉力去做。这是因为人的选择本质上是价值选择，是基于对价值的理性评价而作出的选择。有些科研方向，从长远来看有重大价值，科学家在理性和信念的驱动下，也会去积极从事这类研究。科研选择是从众多可能性中寻找科学成果产出的现实性的过程，是积极搭建可能性通向现实性之"桥梁"的过程。科学价值选择是科研活动的前提，人们除了要对科研目标的价值进行评估外，还要判断科研成功的可能性，并选择条件允许的科研环境。

科学价值的创造是科学价值实现的核心环节。科学不仅是静态的、累积性的知识体系，也是动态的、创造性的研究活动。科学研究的目的，是创造知识产品或追求科学真理。科学真理具有一种超乎人类的客观性，其正确性是不以人的意志为转移的。科学真理值得人们坚持不懈地追求，因为在这种追求中，研究者不仅为人类创造出受用不尽的精神

财富，也培养了自己勇于探索的进取精神。为了发现科学真理，人们必须不徇私情，不带偏见，必须绝对忠诚于科学本身。只有借助科学方法，人们才能做到这一点，从而达到发现科学真理的目的。科学方法不仅是科学统一性的基础和科学合法性的保障，也是科学价值创造中必不可少的中介和工具。

科学价值的转化是科学价值实现的最终完成。科学作为认识世界的研究活动，其任务是发现事实，解释说明事实，以揭示客观事物的规律。科学活动是生产精神产品的劳动，其最终成果表现为科学知识。科学知识是各种概念、范畴、定律、定理等构成的理论体系，它的价值很难用具体的量化方法来衡量。科学价值体现在社会的各个方面，科学价值要顺利实现，必须将科学知识渗透到实践活动的主体和客体中去。罗素曾指出："科学，正如它的名称所指，首先是知识，通常是指要寻找联结许多具体事实的普遍法则的知识。然而，逐渐地，科学作为知识的这一个方面，被作为驾驭自然的力量的那一个方面，推到了背景的地位了。"①因此，科学要成为改造世界的强大力量，必须转化为劳动者的世界观和技能，必须渗透到各种生产资料中去，使生产资料得到优化升级。今天的科学活动，是理论研究与应用研究的高度统一。前者是在实验基础上，将积累的感性材料和发现的科学事实进行加工处理，去粗取精，去伪存真，由表及里，从而发现科学真理；后者则侧重于推广科学成果，寻找科学成果转化为现实生产力的方法和途径。只有将理论研究与应用研究有机、紧密地结合起来，才能最终实现科学价值。

当然，科学价值并不仅仅包括生产力价值，但不管要实现哪一种价值，科学的这种渗透和转化过程都是必不可少的。科学通过"科学—技术—生产"这一动态往复过程，转化为对经济价值；科学通过"理论—认识—应用"这一途径改变生产力结构，从而发挥其开发利用自然资源的价值；通过"科学理论—管理模式—管理效益"这一途经，不断改进社会管理方式，提高生产过程和管理过程的有序程度；科学通过改变人们的价值观念，影响着社会、团体和个人的价值取向，构建着政治、文学和艺术等领域的价值舆论。

---

①　［英］罗素：《宗教与科学》，徐奕春等译，商务印书馆1982年版，第86页。

二　科学价值实现的现实依据

科学要顺利实现自身价值，其现实依据就是当今的时代背景和社会环境。在当代，由于科学的快速发展及其向社会生活各个领域的大力渗透，使科学对人类的影响越来越大。这种影响主要体现在以下三个方面：

第一，科学发展改变了人类生活的文化环境。科学作为人类的理智之光，提升了人们的思维，拓展了人们的视野。人们研究的领域，已从宏观领域扩展到了微观和宇观领域，并呈现出不断深化的趋势。即使是同一研究对象，人们也会从不同角度对其进行全方位考察，从而揭示出新的科学规律。这导致了新的学说、学派、学科的涌现，以及人类知识增长速度的空前加快。在当代，科学理论已成为整个人类知识体系中不可缺少的组成部分之一，科学对人类文化环境和观念系统产生了巨大影响。

第二，科学发展改变了人类生活的自然环境。第一次工业革命（即蒸汽革命）后，生产和技术的发展一直走在科学的前面。但第二次工业革命（即电力革命）以来，特别是 20 世纪以后，科学的发展已走在了生产和技术的前面，科学向技术和生产转化的周期也不断缩短。在当今"大科学"时代，已呈现出"科学—技术—生产"一体化的趋势。这意味着人类在解释自然的同时，也在改造和控制着自然。用科学武装起来的人类，正不断通过技术改变着自然环境，使天然自然日益打上人类的烙印而转化为人化自然和人工自然。今天，人们实际上已经面临着这样的抉择：或者是合理地应用科学成果，使天然自然向着适宜人类生存的生态化方向发展；或者是滥用科学成果，使天然自然向不适宜人类生存的方向前进。

第三，科学发展改变了人类生活的社会环境。科学作为一种活动和成果，深刻影响着社会生活的各个领域。当今，科学已成为人类社会进步不可缺少的要素之一，但科学也成为不同政治集团进行军事对抗的工具。在社会生活中，科学也表现出其双刃剑的作用，科学所带来的积极和消极后果都鲜明地摆在人们面前。

上述三点，成为科学价值实现的现实依据。既然科学对社会的影响是不可避免的，我们只能合理引导科学价值的实现，让科学发挥其正面价值，而避免科学负价值的产生。科学价值的合理实现，意味着科学应普遍造福于整个人类，实现科学的整体价值和长远价值。科学价值的合理实现，还意味着科学各种价值之间相互协调，从各个角度全面、立体地实现科学价值。

三　科学价值实现的方式

科学所实现的具体价值不同，所采用的方式也会不同，这些方式包括直接方式、间接方式和综合方式三种。

科学精神价值的实现，往往更多采取直接方式。比如，科学成果一旦得到科学共同体认可，其精神价值就已部分实现了。再比如，人们将已获得的低层次科学事实和科学定律提升为科学理论，或将若干科学理论综合成更高层次的科学理论，也是对那些科学事实、科学定律和低层次科学理论价值的直接实现。如果用高层次的科学理论来预见新的科学事实和科学定律，或将已获得的科学理论提升为哲学思想，也是对该科学理论价值的直接实现。将科学活动中的精神气质或科学规范引入伦理道德领域，从而产生新的伦理思想和道德规范；或者传播科学知识，以影响大众的思维方式和价值观，都是对科学价值的直接实现。那些以获得社会实践成就为标志的科学价值，也常以这种直接方式来实现。比如，人们通过技术途径，将科学物化为生产工具或劳动对象，从而促进生产力的发展；或将科学知识运用于生产管理和社会管理中，以提高人们在生产生活中的效率；或通过对科学知识的学习，以提升人的审美情趣等，都能使科学的各种价值得以直接实现。概括来说，科学价值直接实现的基本特征是，科学各种价值的实现无需经历过渡阶段，表现为"科学—哲学、科学—物质、科学—伦理、科学—社会生活"等的直接关联。

尽管众多科学价值的实现途径表现为直接方式，但在那些比较复杂的人类活动领域中，科学价值往往要经过许多过渡形式，才能最终实现。以科学在社会制度变革中的价值实现为例，只有经历了"科学—哲学—政治思想—社会制度变革"，或"科学—生产力—经济基础—政治制度变革"等漫长的过程，才能间接实现科学的价值。科学价值间接实现的基本特征是，科学理论与所实现的最终价值之间，往往存在很多中间环节。如果这些中间环节断裂，科学价值实现的过程就无法顺利进行。

在现实中，科学的各种价值往往不是彼此孤立的，因而各种价值往往会同时或相伴实现。相应地，科学价值的综合实现方式就会更多见了。比如，人们应用建筑学知识，设计并建造了一座精美绝伦的大厦，这座大厦成为人们生活、工作的场所。也有人直接以审美的眼光去学习建筑学知识。于是，建筑学知识的应用价值和审美价值都得以实现了。但前者是间接实现，要经历"建筑学知识—建筑设计技术—大厦完工"的过程；后者是直接实现，只需经历"建筑学知识—审美价值"的过程即可。这里，建筑学知识的价值实现过程，就属于综合实现方式。

四　科学价值实现的程序

科学价值实现的程序，一般包括以下几个环节：

第一，科学成果的产出与传播。科学价值的实现过程，是由潜在价值向现实价值的转化过程，这一转化过程的起点是科学成果的产出。当一个科学成果产出后，其创立者会将它传递到科学共同体中，以获得科学共同体的认可，从而将其纳入人类知识体系的大厦里面。然后，被认可的科学成果会由科学共同体传递到各类应用者那里，成为这些应用者满足其实践需要的知识装备。如果没有科学成果由科学共同体向应用者的传递，科学成果就只能滞留在书本中，难以全面实现其各种价值。

第二，对科学成果的价值判断。科学价值的实现，是运用科学成果改善人类的生产生活环境，以服务于人类精神解放、物质解放和社会解放伟大目标的过程。为了使价值实现过程达到预期效果，就要对科学成果的价值进行判断，从而预测这一过程的前景。越是重大科学成果的价值实现过程，这个环节就越要慎重。

第三，对科学价值实现方案的设计。这个过程是将社会需求与既成的科学成果结合起来，将科学价值的预期实现目标转化为具体行动方案。它包括以下两个步骤：了解和把握既成的科学成果，将其与人们的迫切需求相对照，找到科学成果能满足人们需要的切入点；设计科学价值实现的具体途径、方法、步骤和行动准则。对科学价值实现方案的设计，是一个充满创造性的环节，它为后面的具体实施打下了基础。

第四，科学价值实现方案的具体实施。有了科学价值实现的方案、计划和准则，还必须将其实施，才能最终实现科学的价值。具体来说，它包括下列内容：寻求或创造科学价值合理实现的一系列现实条件；在这些条件具备的情况下，去具体实施方案，从而产生科学价值实现过程中的各种主、客观效应，并生产出一系列物质和精神产品。

第五，科学价值实现过程的信息反馈。在科学价值实现方案的具体实施过程中，能够完全顺利、丝毫不走样地实现的情况并不多见。科学价值的预期结果往往只能基本上实现或部分实现。即使在基本实现预定目标的过程中，也可能会产生一些事先没有预想到的新情况。为了能随时调整原先的设想，以使科学价值能在最大程度上得以实现，必须有一个关于价值实现状态的信息反馈机制。有了这个反馈机制，人们才能随时知道客观效应与价值预测的结果之间是否相符，从而有利于进行反思和调整。需要注意的是，由于科学价值本身的复杂性，以及科学价值实现条件的千差万别，各种科学价值甚至同一科学价值在不同条件下的具体效应是不同的。因此，我们对科学价值实现效果的反馈性评价，不能使用统一的标准，而应具体情况具体对待。

第二节　科学价值合理实现的观念基础

科学价值的实现依赖于一定观念基础，这是由科学与社会的密切关系所决定的。社会上各种价值观念和人们对科学、生态的认识，会进入科学领域并影响科学价值实现的进程。要合理实现科学的价值，必须具备以下观念：

一　工具理性与价值理性的统一

"理性"是现代哲学体系中出现频率很高的概念之一，《现代汉语词典》这样解释"理性"：是指与感性认识相对的理性认识；是人从理智上控制行为的能力。这两种解释，分别是指人类的理性认识和理性能力。《西方哲学英汉对照辞典》对"理性"的解释是："理性是一种从一些信念的真达到另一些信念的真的能力。"我们这里讲的"理性"，是主体认识客体运动变化规律的一种抽象思维形式和思维能力，是主体把握世界的一种方式。从本体论维度看，这种把握具有超越性，即超越现象而获得本质，超越具体事物而获得抽象理论。康德说："理性是从全称命题或先验知识推导特称命题的能力。人类依赖理性而认识世界——自然、人造物、社会，以及我们的心灵。"① 对人类理性的宣扬，起初是为了摆脱神学的束缚，并为自然科学的发展开辟道路。理性的对立面是情绪、激情和欲

---

① ［德］康德：《纯粹理性批判》，蓝公武译，商务印书馆1982年版，第132页。

望，即非理性因素。正如柏拉图所说："理性是智慧，它关注整个灵魂，所以应占统治地位，而激情是它的臣民和同盟军。"① 理性主义者认为，每个人都倾向于理性行动，每个人生来就具有智识和善能，都能理性地去认知世界。理性的目的有两方面：一是向自然界索取更多财富，以消灭物质匮乏和辛苦的劳作；二是认识自身和他人，追求理想的社会组织形式，以减少战争并获取更多幸福。

对于工具理性和价值理性的内涵，德国社会学家马克斯·韦伯和法兰克福学派的代表人物霍克海默都做过深入研究。工具理性长期以来一直在理性的母体中孕育、萌芽和成长。自启蒙运动以来，理性被看作社会一切进步的动力和源泉，备受人们推崇。工具理性也正是在理性给人类社会发展带来巨大推动力量之后，才被学者们加以重视和研究的。马克斯·韦伯在考察人的行为时，提出了工具理性的概念。韦伯认为，工具理性即"通过对外界事物的情况和其他人的举止的期待，并利用这种期待作为'条件'或者作为'手段'，以期实现自己合乎理性所争取和考虑的作为成果的目的"②。也就是说，人们为了达到精心选择的目的，会考虑各种可能的手段及其所带来的后果，以选择最有效的行动方式。在韦伯看来，工具理性关注的是目的、手段和后果的综合。后来，霍克海默将理性分为主观理性与客观理性。主观理性（或叫工具理性）是指，以工具的、主观的意识来理解的理性，它只关心所用手段是否能达到目的，而不关心目的本身是否合理。在霍克海默看来，主观理性"最终被当作一种合作协调的智慧能力，当作可以通过方法的使用和对任何非智力因素的消除来增加效率"③。可见，工具理性就意味着以最有效的手段达到预想的目的，工具理性在实践中表现为效率优先性和物质需求优先性，工具理性主义者常常把他人或外在事物看作实现自己目的的工具或障碍。具体来说，工具理性的特点表现为以下几个方面：一是逻辑性，工具理性比较注重严密的逻辑关系，因而数学的精确性和严谨性是工具理性者所推崇的。工具理

① ［古希腊］柏拉图：《柏拉图全集》第 2 卷，王晓朝等译，人民出版社 2002 年版，第43 页。

② ［德］马克斯·韦伯：《新教伦理与资本主义精神》，于晓等译，生活·读书·新知三联书店 1987 年版，第 151 页。

③ ［德］霍克海默：《批判理论》，重庆出版社 1989 年版，第 62 页。

者会以数学为工具，对外在的人和事进行准确定位，对其作出确切的结论，而不是仅仅对事物进行模糊不清的、浮于表面的认识。二是现实性，工具理性者会从客观实际出发，把握事物的规律性，做到具体问题具体分析。三是功利性，工具理性者受功利主义价值观影响，往往不会考虑人的情感价值和精神需要，只是一味追求所要达到的目的。在现实生活中，工具理性者会全面地权衡各种利弊关系，根据目的来制订一系列具体行动计划，并选择最优方案和最佳手段，以期实现低投入和高产出。四是进取性，工具理性者为了实现个人的最大利益，主张采取一切可以利用的手段，他们往往带有一定的冒险精神和进取精神。

关于价值理性，马克斯·韦伯对其的阐释是："通过有意识地对一个特定的行为——伦理的、美学的、宗教的或作任何其他阐释的——无条件的固有价值的纯粹信仰，不管是否取得成就。"① 可见，价值理性只赋予选定的行为以"绝对价值"，而不管它们是为了伦理的、美学的、宗教的，或者出于责任感、荣誉、忠诚等方面的目的。价值理性只注重行为本身所蕴含的价值，而不考虑行为可能产生的功利性结果。价值理性重视实现社会的精神文化需要，强调社会的公平、正义，它的关注焦点在于人们的行为是否合理，而对物质利益看得并不重要。在价值理性者看来，人们应当逐渐用精神追求和价值意义取代对物质利益的追求。因此，价值理性者会积极地去关怀人，让整个社会变成具有"精神意义"和人文情怀的世界，而不是只讲求物质利益关系的冰冷世界。价值理性具有以下特征：一是批判性。社会处于不断的运动、变化和发展中，人的自由全面发展也是永无止境的过程，这个过程既有建构也有批判。人们在应对复杂多变的外部环境时，保持一定的批判思维是必不可少的。价值理性会促使人们永远保持批判精神，让人们善于提出质疑并发现问题，并通过严谨的推理和认真的研究最终解决问题。这种批判精神不是极端的怀疑，而是在尊重书本、尊重理论基础上的不断创新，以求不断超越自己，不断实现自己的价值。二是主体性。价值理性主张以主体（人类）为中心和以人为本，反对主客二分或主体对客体的胡作非为。价值理性强调主体与客体的和谐统一，如北宋理学家张载"民吾同胞，物吾与也"的精神等。三是目的性。

---

① ［德］马克斯·韦伯：《经济与社会》（上），王迪译，商务印书馆1998年版，第56页。

价值理性也重视人们行为的合目的性，价值理性也有功利性和现实性的要求，但它并不把功利作为最高目标。价值理性不反对人们追求个人利益，但它更强调个人利益与集体利益的双赢，主张个人利益的实现不能以牺牲集体利益为代价。价值理性也不排除对当代人需求的满足，但它更注重后代人的发展，兼顾了眼前利益和长远利益。四是建构性。价值理性并不是"没有目标而造反，没有纲领而拒绝，没有未来应当如何的理想而又不接受现状"①。价值理性既包括对现实世界的批判与反思，又有对未来世界的向往与憧憬。有了理想，人们就会不安于现状，力求有所突破，并通过实践活动去认识世界和改造世界。正如列宁所说："世界不会满足人，人决心以自己的行动来改变世界。"②

要合理实现科学的价值，必须要有工具理性与价值理性的统一。一方面，工具理性为科学价值实现提供了物质支撑。价值理性依赖于工具理性而存在，没有工具理性就没有价值理性。工具理性体现为主体思维对客体规律的认识和把握，这发展出了基础科学和应用技术，并为人类的文明进步提供了理论基础和知识积淀。在社会实践中，工具理性促使人们改造世界，实现了人的本质力量的对象化。工具理性奠定了物质文明，人们在物质文明发展的基础上，会进一步体悟人生价值，并自觉去实现人的自由全面发展（即价值理性）。因此，工具理性是价值理性的基础，它为价值理性的实现提供了物质保障和现实支撑。

另一方面，价值理性为工具理性的实现提供了精神保障。如果任凭工具理性的无限扩张，就会把物质财富当作衡量社会进步的唯一尺度，从而导致人的"物化"和人文精神的萎缩。例如，近代西方知识分子高举理性旗帜，相信科学无所不能，这使得工具理性逐渐侵占了理性的全部地盘并以异化形式呈现出来，造成了价值理性的失位，进而引发了人与自然、人与人、人与社会的全面危机。可见，由于受自身认知能力的局限，人们在改造世界的过程中会遇到难以估量的困难和挫折。因此，在把握规律和克服挫折时，应充分发挥价值理性的引领作用，保持坚定的信念和高尚的情操，为科学工具理性的实现提供精神保障。正如 M. 谢勒所说："每次

---

① ［美］L. J. 宾克莱：《理想的冲突——西方社会中变化着的价值观念》，马元德等译，商务印书馆 1983 年版，第 47 页。

② 《列宁全集》第 55 卷，人民出版社 1990 年版，第 183 页。

理性认识活动之前，都有一个评价的情感活动。因为只有注意到对象的价值，对象才表现为值得研究和有意义的东西。"① 工具理性解决的是"如何做"的问题，价值理性解决的是"为何做"的问题。"如何做"和"为何做"是社会实践活动的重要组成部分，它们共同决定着实践活动的成败。如果不懂得"如何做"，人们的愿望和需求便只能停留在理想阶段，永远实现不了；如果不懂得"为何做"，那就有可能出现"为了做而做"，使自己成为别人奴役的工具。因此，科学价值的顺利实现，必须依赖于工具理性和价值理性的统一。

二　科学精神与人文精神的结合

科学精神不同于具体的科学知识、科学方法和科学思想，它属于更高层次的方法论范畴或探求真理的精神世界。科学精神可以激励人们驱除愚昧，求实创新，并不断推动社会进步。有学者认为："科学精神是人类认识自然、适应自然以及变更自然活动的理想追求、价值准则和行为规范的集中表征，是人类认识自然活动及其成果的升华。"② 也有学者认为，科学精神是从科学这门学科的精华中凝结和提升出来的文化精髓和价值观念体系，"是人们在科学活动中所具备的意识和态度，是科学工作者所具有的信心、意志、气质、品质、责任感和使命感的总和"③。金吾伦先生也深刻指出："科学精神是从科学成就和科学探索中概括出来的关于人在处世行事中所具有的精神气质，是一种追求对世界和人生的深刻认识和理论执着的探索精神。"④ 在本书中，科学精神的内涵具体包括以下三方面：

第一，追求真理的理性精神。科学活动的目的，是要获取自然界的客观规律，这就要求科学工作者应避免主观性、片面性和思想僵化，要以揭示真理为天职。在现实生活中，科学研究已不再是一片净土，追求真理的道路可能充满艰难险阻。因此，在科学实践中，科学工作者应提高自身修养，排除各种不利因素的干扰，努力向着真理进发。崇尚理性是科学精神的内在要求，也是追求真理的必备条件，正如巴伯所说："科学家对于理

---

① ［德］M. 谢勒：《技术哲学导论》，辽宁科学技术出版社 1986 年版，第 8 页。

② 彭纪南：《科学精神与人文精神的融汇》，《自然辩证法研究》1998 年第 3 期。

③ 巨乃岐：《试论科学精神》，《自然辩证法研究》1998 年第 1 期。

④ 金吾伦：《科学实在论研究现状概述》，《自然科学哲学问题》1989 年第 3 期。

性的依赖特别强烈，也必须特别强烈，因为只有这样，当他们在科研工作中遇到巨大困难和一次又一次的失败时，才能把这一信仰坚持下去。"①理性精神是科研活动的前提，它要求我们保持清醒的头脑，尊重客观规律，不盲从，不迷信，不随波逐流。如果丧失理性，就会导致我们的思想、行为失去正确的引导而呈现盲目性和自发性。

第二，批判和怀疑精神。从科学发展史可以看出，科学不是永恒不变的知识体系，任何科学真理都是相对的，都有其适用条件和范围。在科学理论面前，不存在终极真理，也不存在绝对权威。因此，"在科学探索的道路上，没有不可怀疑的对象，因为世界乃至宇宙从来没有任何享有怀疑豁免权的绝对权威，合理的怀疑是科学理性的天性"②。当然，这种怀疑不是绝对地怀疑一切，而是一个不断发现问题和解决问题的过程。如果缺乏这种怀疑精神，会导致盲目的相信或无条件的信仰。怀疑精神是批判精神的先导，批判精神是怀疑精神的衍生。正如波普尔说的"批判是科学的生命"，没有合理的怀疑就没有科学的批判，没有科学的批判也就没有科学的进步。因此，新科学理论正是在对旧科学理论的怀疑和批判中诞生的，这种批判是一种辩证的扬弃。

第三，创新精神。科学活动本质上是创造性的，没有创新就没有科学进步。如果说求真精神反映了人们对客观规律的尊重，创新精神则体现了人类特有的主观能动性。科学的创新精神要求人们用理性的批判思维对待现有理论，否定一切所谓永恒或绝对的"真理"，并积极推动科学理论的不断发展。有了创新思维和创新精神，就可以让人们不墨守成规或停滞不前。在创新精神的驱使下，科学家会以好奇心和新鲜感对待各种自然现象，在独立思考的基础上发现并提出问题，并积极大胆地提出新假说、新理论。当然，除了上述所讲的三点外，科学精神还包括勇于献身、互助合作、谦虚宽容、自由竞争、敬业奉献等具体的美德。

同科学精神一样，人文精神也是人类历史精华的积淀，是整个人类文化发展及其成果的精神升华。尤其在当今工业文明高度发达、人类面临的危机日益增多的情况下，对人文精神进行疏理和挖掘显得尤为重要。关于

---

① ［美］伯纳德·巴伯：《科学与社会秩序》，顾昕等译，生活·读书·新知三联书店1991年版，第102页。

② 黄顺基：《什么是真正的科学精神》，《中国青年报》1999年8月9日。

人文精神的内涵，有学者指出："人文精神作为人类对人世探求和处理人世活动的理想价值追求和行为规范的集中表征，作为人类对人世探求活动及其成果在精神上的沉积和升华，有其独立的丰富内涵，其核心是主张以人为本，强调人的价值和尊严，重视对人类处境的关怀。"① 也有学者认为，人文精神是从各门"人文科学"中抽取出来的"人文领域"的共同问题或核心方面，是对人生意义的追求和探索。② 还有学者把人文精神看作是整个人类文化所体现出的一种基本精神，并试图在最高意义上把握人文精神，赋予人文精神以"终极关怀"的意义。人文精神的内涵，大致包括以下几个方面：

第一，人本精神。人文精神首先要求以人的方式看待人，把属人的东西还给人本身，使人成为自己的主人而不是神灵的附属物。人文精神强调"人之为人"的尊严，并认为人只能是目的而非手段，人是衡量其他事物有没有价值的最高尺度。任何一项社会活动，如果不能给人类带来好处，不能促进人的自由全面发展，就不符合人文精神的基本要求。古希腊学者普罗泰戈拉提出的"人是万物的尺度"，就代表了一种基本的人文精神。

第二，平等精神。人文精神是面向大众文化生活，而又渗透于其中的价值理想。在现实的文化实践中，人文精神要求把视野投向全体社会成员，因而它本身就具备了"平等"的含义。在现代社会中，人文精神主要体现为人格上的平等和竞争上的自由。人文精神要求，在现代社会的复杂关系中，我们应充分尊重他人并保持良好的自尊，以一种自信、谦虚、不卑不亢的态度参与社会竞争。人文精神要求社会中每一成员都应该遵循同样的生活规则，蔑视和否认一切特权的存在。

第三，自由精神。自由是人类实践的最终目的和最高目标。随着社会文明的进步，人类将不断摆脱物质和精神的束缚，变得越来越自由。自由是在人类改造世界的创造性活动中不断得到发展的；是在人类不断改进和完善社会关系的过程中逐渐实现的。自由作为人文精神的核心内容，为个人的生存与发展提供了广阔的平台。自由精神要求人们以积极的心态投入社会实践，从而创造出良好的个人发展空间。

---

① 李英姿：《两种精神的融汇：一个被关注的领域——对科学精神与人文精神融汇的透视》，《中共山西省委党校学报》1999 年第 3 期。

② 同上。

科学精神与人文精神的融合，是二者自身发展的内在要求。马克思指出："自然科学往后将包括关于人的科学，正像关于人的科学包括自然科学一样。"① 可见，科学精神与人文精神是人类认识和改造世界的两种基本价值观和精神维度，两者既相互区别又相互补充。

一方面，科学精神与人文精神相互独立，彼此有别。在理论内涵上，科学精神主要以物为尺度，追求真理，强调创新，推崇理性至上，解决人们对客观世界及其规律的认识问题；人文精神以人为中心，注重人的尊严，追求自由、民主、幸福，体现对人的终极关怀，解决对人自身价值的认识问题。在方法论原则上，科学精神是逻辑的、实证的、一元的，人文精神则往往是非逻辑的、非实证的、多元的。科学方法是主客二分的，要求主体站在客体之外，尽可能摒弃主体的主观情感、信仰，保持价值中立以获取关于对象的客观知识；人文方法要求尽可能挖掘主体的情感、意志和信仰，并将其投射于客观世界。科学精神注重求真务实，强调合规律性；人文精神注重以人为本，强调合目的性。二者在理论内涵、方法论原则、价值取向、思维模式等方面，都存在较大差异。

另一方面，科学精神与人文精神又相辅相成，统一互补。二者都源于人类实践活动，科学精神源于人类认识、探索世界的活动；人文精神源于人类认识自我、审美创作的活动。人类探索世界的科学活动，常常与人类认识自我的人文活动紧密联系在一起，并互相促进。通过对世界的深入认识，人们能提高在自然界面前的主体性地位，并实现人的价值；人类对自我的人生价值有了明确的认识后，能够以坚定的信念、顽强的毅力全身心投入科学探索活动中去。另外，科学精神与人文精神都是人类精神文明的重要组成部分。科学精神是人类在科学探索中形成的一种以探求真理、追求创新为核心的精神状态；人文精神是人类在探索人和社会发展过程中形成的尊重人、关爱人、求善臻美、以人为本的精神状态。二者都是人类宝贵的精神财富，只有二者统一，才能促进人的自由发展和社会全面进步。不仅如此，科学精神与人文精神的统一，也体现了真理尺度与价值尺度的统一。科学精神要求我们如实地揭示客观事物的本质和规律，以严谨的、合乎逻辑的思维从事科研活动，以实事求是的态度去认识世界和改造世

---

① 《马克思恩格斯文集》第 1 卷，人民出版社 2009 年版，第 194 页。

界。人文精神要求我们把人的利益和促进人的全面发展看作一切认识和实践活动的出发点，坚持人的价值高于一切，以人的利益和发展作为审视一切思想和行为的价值标准。可见，科学精神以人文精神为导向，人文精神以科学精神为基础，二者互为前提，密不可分。实现二者的融合，就是要在科学发展中同时体现这两种精神，使它们融合共生，互补统一，使二者都成为社会进步的精神动力。

三　科学文化与人文文化的融合

科学文化以一种独特视角来衡量科学，它是一种思维方式、一种文化理念。科学文化不同于哲学、宗教、艺术、文学等文化形态，它是对科学社会功能进行文化整合的结果。科学文化把科学提升到文化层面，提高了文化的科学含量与科学性，从而缔造出一种全新的文化范式。科学是研究客观事物规律的知识体系，科学文化则是以科学精神所体现的原则和标准为基础而形成的价值形态。科学是命题体系，不属于意识形态范畴；而科学文化是价值观体系，属于意识形态范畴。

我们可以从器物、制度和观念三个层面来具体理解科学文化的内涵。器物层面的科学文化表现为科学的物化成果，即由科技进步所创造的"人工自然"等物质成就。这些物质成就与人类的生产生活密切相关，如汽车、飞机、电灯、电话、电脑、人工合成物等。制度层面的科学文化表现为科学的社会建制，如在宏观上保持社会科技有效运行的科技体制等。"863 计划"、"973 计划"、"曼哈顿工程"、"人类基因组工程"等，都是科学文化在社会建制中的具体体现，即科技与政治、经济、教育、军事等各种社会建制的结合。观念层面的科学文化，体现在近代以来由科技发展所导致的人类价值观和意识形态领域的深刻变革。科学活动中所固有的批判、创新、理性、规范、公平、效率、协作等精神，一旦上升到文化层面后，对人们精神境界的提升有着巨大作用。这些价值观也成为人类精神文明发展中最重要的结晶和衡量人类文明进步的基本尺度。

人文文化是指对人生观、价值观、理想信念的追求，对善良、诚信和道德的颂扬，它体现在哲学、文学、艺术等诸多领域。人文文化要求人类在实践活动和文化创造过程中，关注人的存在、生活意义、终极目标与历史使命等人生问题。人文文化的侧重点在于关注人的自身世界，更多表现为人类的价值理性而非工具理性。

人文文化具备三个特点：第一，人文文化主要以人为研究对象，且主要体现为人文社会科学知识，它涉及宗教、哲学、艺术、历史等诸多领域。虽然其具体研究对象也来源于自然界，但其主客体都被人化了。由于人具有强烈的情感和主观能动性，因而人文文化也具有较强的主观性和随意性。第二，人文文化突出人的主体性作用，体现人的主体性价值，关注人的生存意义，强调对人的关怀和尊重，注重人的道德情操和理想信念，追求人的自由全面发展。虽然人文文化以感性思维作基础，并更多地反映感性的存在，但它也不排除一定程度的理性思维。正因为如此，人文文化也形成了一套价值观和行为规范，即人文精神。人文精神是人文文化的核心，是人文文化的精华所在。第三，人文文化具有包容性的思维方式。人文文化具有明显的广泛性、丰富性和包容性。从理想信念、伦理规范、道德责任到终极关怀，从人生观、价值观到文明诚信、品德修养，都包括在人文文化的内涵中，这体现了人文文化的广泛性和丰富性。由于人文文化涉及人们的价值观层面，而不同的人价值观也有很大差异，故人文文化对不同思想、不同学说有很大的包容性。

随着自然科学在近代突飞猛进地发展，科学文化与人文文化的分流渐趋明显，甚至出现了激烈的冲突。哥白尼"日心说"的提出，标志着近代自然科学逐渐摆脱了对神学的依附地位，走上了独立发展之路。科学文化也由此从其他文化中分离出来，这为科学文化与人文文化的矛盾和冲突埋下了伏笔。17世纪，弗兰西斯·培根在其著作《新工具》中，创立了经验主义方法论，为科学文化的弘扬起到了开创性作用。培根大力强调人的力量和科学知识的作用，并着力突出科学文化相对于人文文化之独立性，以促进科学的蓬勃发展。这种做法，进一步导致了科学文化与人文文化的分离。提出"我思故我在"命题的著名哲学家笛卡儿，其二元论哲学不仅在本体论上造成了主体与客体的分裂，也在知识论和方法论上造成了科学文化与人文文化的对立。因此，17世纪的法国数学家帕斯卡尔，指责笛卡儿哲学对科学太偏心，而忽视了对人的关怀。卢梭在其著作《论科学与艺术》中提出，理性不能用来认识人生，科学不适用于描述人的道德经验。1758年，卢梭宣布与法国"百科全书派"决裂，这标志着启蒙运动高潮时科学主义与人文主义的裂痕。从此以后，科学文化与人文文化沿着不同的方向越走越远。到了19世纪，随着自然科学三大发现（即能量守恒与转化定律、细胞学说、生物进化论）的到来，自然科学得到了飞速发展，科学文化与人文文化也进一步分离。到了 20 世纪，由于相对论和量子力学的提出，自然科学获得了革命性进展，这使科学文化在社会上获得了强势的统治地位，也进一步导致了二者的分离。

要合理实现科学的价值，必须首先实现科学文化与人文文化的充分融合。其实，作为人类整体文化形态的两个侧面，科学文化与人文文化不仅在本质上并无矛盾，还具有很强的互补性，这种互补性为它们的融合奠定了理论基础。

从观念层面看，二者的思维方式可以相互启发，相互借鉴和相互渗透。比如，达尔文在阅读马尔萨斯的《人口论》时，受到"生存竞争"观点的启发，从而采用了"自然选择"、"适者生存"等观点，以说明"生物进化论"的动力机制问题。再比如，人文社会科学中也借鉴了大量自然科学概念，如系统、信息、反馈、结构、功能等，这促使人文社会科学变得更加科学化、系统化、精确化。正如普朗克所说："并不存在着同人文学科截然对立的自然学科，科学和学术的每一门类都是既同自然有关，又同人道有关的。"① 人文社会科学领域历来以主观性很强为其特征，在适度加入一些自然科学概念和理论后，会增加其准确性和确定性。比如，解释学的运用，会在一定程度上增加人文社会科学的说服力和可信度，从而可以"反对浪漫主义的任意性和怀疑主义主观性的不断骚扰，从理论上建立解释的普遍有效性"②。此外，很多新兴的边缘学科、横断学科、交叉学科等，也促进了科学文化与人文文化的交流和渗透，为二者的融合创造了有利条件。

从方法论层面看，科学文化与人文文化在研究方法上的互相借鉴，也能促进二者的融合。李凯尔特认为，科学文化与人文文化在研究方法上是互相融通的——"历史方法往往侵占自然科学领域，而自然科学的方法也往往侵占文化科学的领域"③。人文研究在注重观察、定性、直觉、感悟等方法的基础上，常常需要借鉴自然科学中的数据归纳、逻辑演绎等方

---

① ［英］J. D. 贝尔纳：《科学的社会功能》，陈体芳译，广西师范大学出版社 2003 年版，第 39 页。

② ［法］保罗·利科尔：《解释学与人文科学》，陶远华等译，河北人民出版社 1987 年版，第 50 页。

③ ［德］李凯尔特：《文化科学和自然科学》，涂纪亮等译，商务印书馆 2000 年版，第 9 页。

法，以增加其论著的可靠性和说服力。比如，数量方法在管理学、经济学、社会学、历史学和心理学等人文社会科学中的广泛应用，就是人文社会科学借用自然科学方法的集中体现。另外，自然科学研究也经常借助一些大胆的想象、偶然的灵感或感性的直观来取得突破。尤其当科学研究迈入复杂的微观世界后，就会涉及人与被观察物的相互作用问题。可见，自然科学研究不能完全做到主体与客体的分离，这与人文社会科学中主体对客体的参与、体验和感悟有异曲同工之妙。普朗克指出："实际存在着从物理到化学、通过生物学和人类学到社会的连续的链条，这是一个任何一处都不能被打断的链条。因此，科学知识和人文知识体系之间是相互联系和相互补充的。"[1] 研究方法上的互相借鉴，奠定了两种文化统一的可能性，也构成了两种文化交融的重要方式。

四　科学主义与人本主义的交融

科学主义的发展，是建立在自然科学高度发达基础上的。牛顿经典力学、19世纪自然科学三大发现、20世纪的相对论和量子力学，以及科学在实际应用中对整个社会面貌的根本变革，都为科学主义的兴起提供了现实土壤。《西方哲学英汉对照词典》对"科学主义"的解释是："一种认为科学是唯一的知识，科学方法是获取知识唯一正确的方法的观点。"[2] 具体来说，"科学主义"包括以下四层含义：

第一，重视科学知识的价值和作用。17世纪以来，一些科学家十分重视科学知识的价值。笛卡儿认为，真正确定有效的知识仅限于对具有广延性事物的认识，自然科学知识（数学和物理等）就属于这种有效的知识，因而它是唯一的科学。19世纪后，很多欧洲国家出现了将科学知识推崇备至的科学主义思潮，这种思潮将近代自然科学（特别是物理学）看作是知识、智慧和真理的唯一合理形式，认为只有科学知识才是最有价值、最有用的。斯宾塞曾说："什么知识最有价值？一致的答案就是科学，这是从所有各方面得来的结论。为了直接保全自己或是维护生命的健康，最重要的知识是科学。为了那个叫做谋生的间接保全自己，有最大价

---

① 杨爱华：《科学文化与人文文化交融的可能性——科技文化与社会现代化研究》，武汉理工大学出版社2006年版，第90页。

② 余纪元主编：《西方哲学英汉对照词典》，人民出版社2001年版，第903页。

值的是科学。为了正当地完成父母的职责，正确指导的是科学。为了解释过去和现在的国家生活，使每个公民都合理地调节他的行为所必需的不可或缺的是科学。同样，为了各种艺术的完美创作和最高欣赏所需要准备的也是科学。而为了智慧、道德、宗教训练的目的，最有效的学习还是科学。"①

第二，注重实证研究方法。科学主义者大都坚持"经验—逻辑"原则，主张把实证主义的经验原则与科学语言的逻辑分析结合起来。他们还认为，科学是理性的、合乎逻辑的，因而事实和逻辑就成为科学与非科学划界的标准，也成为评价、检验理论和假设真理性的工具。他们主张，凡是得不到经验、观察支持的概念和原理，一律属于思辨的形而上学，必须抛弃。比如，孔德就提出了科学研究的实证方法（观察、实验、比较等），并指出它们是人们认识事物不可或缺的手段。他认为，科学必须以实验为起点，以实验为归宿，以实验的权威代替神的权威。

第三，将科学方法拓展到一切领域。科学方法是科学的核心，实证的观念、数学和逻辑的方法，常常被科学主义者普遍地用于各个学科领域（包括人文社会科学）。以此为背景，不仅自然，而且人生也成为科学方法的作用对象。奥斯特瓦尔德就曾以"能量"理论对伦理学意义上的"快乐"作了"科学"的解释。科学方法往往也被用于哲学中，当实证论以证实原则作为意义标准时，哲学就成为对语言进行逻辑分析的工具，此时的哲学就表现出了明显的科学主义性质。

第四，强调科学一元论。科学主义认为，科学是其他一切文化形式的基础，必须通过"科学化"来同化或消解其他文化的独立性。他们强调，要把科学本身的有限原则直接运用于一切文化领域，使科学成为文化领域的公理和一切文化形式的基础；要从科学中概括出一般方法，然后用这些方法对其他文化形式进行重新建构，使其获得"科学"的形态，如逻辑经验主义和某些结构主义者就是如此。此外，科学主义者还坚持其狭隘的科学划界标准，认为科学与非科学之间存在一条截然分明的界限，文学、艺术、宗教等人文知识因为不具备"科学"的特征而被排除在科学之外了。

---

① ［英］斯宾塞：《教育论》，胡毅译，人民教育出版社1962年版，第31页。

人本主义（Humanism）（中文又可译为人文主义、人道主义等）是与科学主义（Scientism）相对应的一种西方哲学思潮。人本主义（Humanism）曾用来指欧洲文艺复兴时期一种重要的思想运动，其基本内涵是：反对鄙视现实生活的正统的天主教观念，提倡肯定现实生活的世俗文化，将自然存在的、活生生的人而不是超自然、超现实的神作为思想文化的核心。英国《简明不列颠百科全书》解释道："Humanism 指一种思想态度，它认为人本身以及人的价值具有重要意义。凡重视人与上帝的关系、人的自由意志和人对自然界的优越性的态度，都是人文主义。"美国《哲学百科全书》解释道："人本主义是指任何承认人的价值或尊严，以人作为万物的尺度，或以某种方式把人性及其范围、利益作为课题的哲学。"德国大百科全书《拉鲁斯辞典》认为："把人和同人有关的事物看作核心、尺度和最高目的的人生哲学，都是真正的人本主义。……人本主义是以人为中心及准则的哲学。"

人本主义思潮与自然科学成果的结合，既成为启蒙思想家以理性反对信仰、以科学反对宗教的工具，也成为资产阶级反对封建专制和特权、提倡自由民主思想的武器。人本主义后来被赋予了更多含义，它与人的本质、价值、使命、地位、作用和人文主义运动等都息息相关。由于人本主义代表了对人的关怀以及尊重人的人格、自由、尊严，故人本主义也具有了一定的伦理道德性质。如果从政治和社会角度看人本主义，那么它与资产阶级的"天赋人权说"和相应的民主政治制度密切相关。当人格主义者、实证主义者和存在主义者用人本主义指称其哲学时，就不仅是将人本主义看作维护人的自由、尊严和价值等"天赋权利"的工具，而是进一步肯定了人在宇宙中的核心地位，认为宇宙因人的存在而被赋予了新的意义。在他们看来，一切思想应以人为出发点和归宿，一切价值标准应以人为尺度。他们眼里的人本主义，不仅具有伦理和道德意义，还具有世界观和人生观的意义。

当代西方人本主义思潮的核心内容包括三个方面：一是将人本主义看作一种哲学范式、一种"元价值"，认为它是人们生存与发展的基础。在人本主义者看来，人是哲学永恒的主题，哲学就是要肯定人存在的价值，强调人的意志自由和个性解放。他们还将人本主义看作继自然哲学、自然本体论、意识哲学、本质主义、经院哲学、解释学、逻辑实证主义、批判哲学等之后的哲学新范式。二是将人本主义看作一种人类行动的价值观，这种价值观以人本身的存在为终极目的，它与以往将幸福、真理、善良、美丽、知识等作为价值目标的价值观相比更具优越性。三是将人本主义看作一种调整和规范人类实践行为的行动准则，认为人的社会实践活动要以人的生存与发展为前提。人本主义者认为，在实践活动中，应一切从人出发，一切活动为了人；人要创造物质财富和精神财富，但人不能成为物质的奴隶，也不能让思想教条成为禁锢人的枷锁。

科学与人文之间的关系，在历史上经历了"由合到分"的过程，在当代又表现出"由分到合"的趋势。无论是古中国还是古希腊，科学与人文都是相辅相成、互相融通的，二者之间没有人为的鸿沟。但从古希腊至欧洲的中世纪，科学与人文都包含于哲学之中，呈现出一种浑然未分的状态。随着人类实践的发展，人们逐渐揭示了自然的奥秘，开启了人类智慧，也对人性有了更深的认识。随着文艺复兴和人文主义运动的开展，人文精神得到了很大发展。正如有学者指出的："我们看到，近代的人文精神不是孤立地在人文范畴内成长和发展起来的，而是随着科学的发展和传播被一步一步提升的。希腊的自然哲学最初是对外在的自然感兴趣，只是逐渐地转向内部，转向人类本身而带有人文主义的性质。"① 文艺复兴和人文主义运动进一步解放了人的理性，使人摆脱了神的束缚，并进一步推动了近代自然科学的发展。至此，自然科学开始了自己独立的发展历程，可以说，"近代自然科学是人文主义的女儿"②。近代自然科学的蓬勃发展，又从更深层次上启迪了人类理性，促进了人类社会的进步。

到了 19 世纪下半叶，科学几乎渗透到一切知识领域，人们也相信科学可以解决一切问题。随着科学社会效应的逐渐凸显，人们便在一定程度上把自然科学绝对化了，由此而产生了以实证主义为代表的科学主义思潮。实证主义强调，只有经验的知识才是确实可靠的，只有实证的方法才是确实可行的。于是，科学成了万物的标准，人们倾向于用自然科学方法来看待世界上的一切（包括人类自身）。例如，法国哲学家拉美特利认为，人好比一架巨大的、极其精细、极其巧妙的钟表。与此相对应，人文主义者会批判科学的"工具理性"，倡导人文精神，主张人的精神追求。

---

① 张纯成：《科学与人文关系的历史演变及其融通走向》，《科学技术与辩证法》2007 年第12 期。

② ［德］文德尔班：《哲学史教程》（上），罗达仁译，商务印书馆 1987 年版，第 9 页。

如 20 世纪后，以法兰克福学派为代表的学者们认为，科学主义遮蔽了真实的生活世界，忽视了人的存在，抑制和扼杀了人的创造活力，使人的价值理性迷失。科学主义者强调科学的无所不能，人文主义者批判科学的异化，于是二者越走越远，并极力用自己的思想来影响对方，改造对方。但也有部分科学家和人文主义者看到了自身的局限性和对方的优点，并开始反思科学与人文分离的弊端，这又促使了科学主义与人文主义的逐渐结合与融通。

不难发现，人以具体的、系统的方式而存在，人文与科学是从不同角度来展示人的存在方式。人文与科学的分离，导致了人的存在方式的分离。而二者的整合，必将实现人的存在方式的再度统一。人文与科学在经历了漫长的疏离与对峙以后，如何扬弃分离、重新整合，已成为当今时代无法回避的课题。人文与科学从分离走向统一的过程，既意味着广义的"文化"整合，也意味着广义的"科学"整合，这是对人类存在之多重向度的回归，也是对人类自由全面发展的具体实现。在《1844 年经济学哲学手稿》中，马克思明确反对了科学与生活世界（或人文文化）的分离："至于说生活有它的一种基础，科学有它的另一种基础，这根本就是谎言。"① 马克思还认为："自然科学往后将包括人的科学，正像关于人的科学包括自然科学一样——这将是一门'科学'。"② 马克思这种将"科学"从通常认为的"自然科学"扩展到"社会科学"乃至其他科学如哲学、美学，甚至人文等"人的科学"的论述，给予我们深刻的启示。

总之，科学主义与人文主义的结合，既有其自身的理论依据，也是历史的必然走向。人本主义的理论宗旨是正确的，因为人与社会的问题是我们需要面对的永恒主题。科学主义强调理性思维的能动性，而通过理性思维建立起来的自然科学体系，本身就是以人为本、为人服务的。我们应当反对将二者分离的形而上学思想，应将二者中的合理因素结合起来，从整体角度和崭新视角来看待二者的关系。需要指出的是，科学主义与人文主义的结合，不是回到古代的混沌状态，也不是一方"吃掉"或代替另一方，而是保持各自的独立性，是在发展、前进中的相互影响和相互借鉴。科学主义与人文主义的结合，是在更高的科学发展水平上消解科学与人文

---

① 《马克思恩格斯文集》第 1 卷，人民出版社 2009 年版，第 193 页。

② 同上书，第 194 页。

的分离、对立，并最终实现二者"和而不同"的良好境界。

五 人类中心主义与生态中心主义的协调

人类中心主义作为人类文化的深层价值理念，已成为人们处理人与自然关系的基本规范。这一基本规范涉及的是自然的价值与人类需要之关系问题。法国哲学家马塞尔指出，人类占有自然的方式构成了人类自身的存在方式。这里，自然的价值与人类的需要是统一的，人类以自己的需要为标准来判断自然界的价值。这种人与自然间的"需要—价值"关系，就代表了人类中心主义的本质内涵。具体来说，人类中心主义包括三个层面的含义：一是功利层面的人类中心主义，这种观念促使人们为了某种浅显的功利目的，去毫无节制地开发自然，从而破坏了生态平衡并导致人与自然之间关系的恶化；二是生态层面的人类中心主义，这种观念促使人们在人与自然的关系中居于主导地位，以人类的力量处理好对自然界的利用、改造和保护；三是哲学层面的人类中心主义，这种观念认为人类是唯一具有理性的物种，甚至将人类的地位提高到"宇宙的中心"的位置。

生态中心主义是作为人类中心主义的对立面而出现的。人类在征服自然和创造出高度物质文明的同时，也带来了严重的生态环境问题。正是出于对生态环境问题的反思，生态中心主义才应运而生。所谓生态中心主义，就是以"整体生态系统"为中心来理解和处理人与自然关系的一种哲学观点。其提倡者认为，人类中心主义夸大了人的地位和对自然的作用，在本质上违背了人与自然的关系，并为人类对自然界的肆意掠夺提供了思想基础。生态中心主义者将地球看作一个不可分割的有机整体，认为人作为其物种之一，没有掠夺和毁灭其他物种的权利，也没有控制整个生态系统的资格。他们主张，各个物种都是生态系统中平等的一员，它们对生态系统整体的和谐与发展都有着不可替代的价值；而人类虽然拥有强大的技术能力，但在整个生态系统中必须克制自身的扩张，并为其他物种的生存与发展留下必要的空间。他们认为，自然界拥有自身的内在价值和权利，应该把道德关怀的对象从人类扩展到整个自然界，人类应拓展自己的心量，并承担起对自然界的义务和责任。

生态中心主义者认识到了自然界具有独立于人的价值和权利，但又过分强调自然界的先在性，否定了人类的主体性及人对自然界的能动性。生态中心主义将道德关怀的对象扩展到整个生态系统，过分强调整体的价值和意义，这有可能出现为了生态系统的整体利益而牺牲人类利益的状况。生态中心主义还过分夸大了人与自然的和谐与统一，低估了人与自然的矛盾与冲突。生态中心主义者根据"人是自然存在物"这一事实，把人与自然的关系看作自然界内部两个自然物之间的物质、能量和信息交换关系，这就抹杀了人与自然主客体性质上的对立。虽然大部分情况下人与自然处于和谐统一状态，但大自然还是会不时地给人类带来种种挑战和灾难，如地震、飓风、旱涝、海啸等。如果人类不积极发挥主观能动性去征服自然的话，人类将会被自然界淘汰。因此，人类为了自身的生存与发展，在改造和利用自然的同时，也应该对自然界进行一定程度上的积极干涉。

辩证唯物主义认为，实践是人将主体的内在尺度运用于自然，以改变自然的自在性，从而实现自然界从"自在之物"向"为我之物"转变的过程。所以，实践必然会改变自然界物质结构的原初形式，"破坏"自然界的自在状态。由于没有看到实践对人的独特意义，生态中心主义者无法认识到过分的"尊重自然、保护自然、顺应自然"就意味着要人们停止实践。而实践一旦停止，就等于取消了人类生存与发展的基础。马克思说："像野蛮人为了满足自己的需要，为了维持和再生产自己的生命，必须与自然搏斗一样，文明人也必须这样做；而且在一切社会形式中，在一切可能的生产方式中，他都必须这样做。"[1] 所以，生态中心主义自诞生以来，就被一些学者称为"反人道主义"、"环境法西斯主义"。例如，美国前副总统阿尔·戈尔在《濒临失衡的地球》一书中这样抨击"深层生态学（生态中心主义的一种思潮）"："有个名叫'深层生态主义者'的团体现在名声日隆，它用一种灾病来比喻人与自然的关系。按照这一说法，人类的作用有如病原体，是一种使地球出疹发烧的细菌，威胁着地球基本的生命机能。……深层生态学的另一种说法是，地球是个大型生物，人类文明是地球这个行星上的艾滋病毒，反复危害其健康和平衡，使地球不能保持免疫能力。"[2]

---

① 《马克思恩格斯文集》第 7 卷，人民出版社 2009 年版，第 928 页。

② ［美］阿尔·戈尔：《濒临失衡的地球》，陈嘉映译，中央编译出版社 1997 年版，第 186 页。

　　人具有两重属性，即自然属性和社会属性。在自然属性方面，"人直接是自然存在物"，自然界是人存在的前提，人是自然界的一部分。人必须依赖自然才能生存和发展，"生产的原始条件表现为自然的前提，即生产者生存的自然条件，正如是由他本身创造的，而是他本身的前提"①。而社会性是人的本质特征，社会性将人与其他物种区别开来。人的这两重属性是内在统一的，二者统一于人类改造自然的实践活动中。这种实践活动是人所特有的，它连接了人与人之间的关系，也连接了人与自然之间的关系。在实践活动中，自然界对人类来说不仅有消费价值，也有环境价值。而生态中心主义者过分强调生态价值，这就暗含了把人看作自然界整体中的一种普通存在物之意，这与"环境价值"和"消费价值"中把人作为"主体"来看待是不同的。在辩证唯物主义看来，我们既不能无限制地改造和掠夺自然界，也不能完全否定人类消费物质资料、创造美好环境的必要性。要做到保护环境和满足人类需求的统一，关键在于找到它们的最佳结合点。自然生态系统是一个自组织的有机系统，它具有一定的自我生长、自我组织、自我修复能力。因此，只要人类对自然界的消费和改造保持在自然界的自我修复能力限度以内，就不会对自然环境造成太严重的破坏。人类还可以利用各种科技手段，积极引导自然环境的健康发展，以保持自然生态系统的可持续性。可见，我们既需要改造自然，也必须对人类改造自然的活动进行评估、反思、约束和规范，以便把人类实践限制在不破坏自然生态系统的范围以内。

第三节　科学价值合理实现的现实条件

　　科学作为一种社会活动和社会建制，必然会受到一定社会条件的影响。当代人类实践的发展，对科学价值的合理实现既提出了紧迫要求，也奠定了现实基础。党的十八大报告指出："要深化科技体制改革，推动科技和经济紧密结合，加快建设国家创新体系，着力构建以企业为主体、市场为导向、产学研相结合的技术创新体系。"要合理实现科学的价值，社会制度和环境氛围的保障是必不可少的。

---

　　①　《马克思恩格斯全集》第46卷上，人民出版社1979年版，第488页。

一 科学价值合理实现的制度保障

所谓制度，是指有一定目标性、约束性和规范性的社会法则。《辞海》对"制度"的解释为：制度的第一个含义是指"要求成员共同遵守的、按一定程序办事的规程"；第二个含义为"在一定历史条件下形成的政治、经济、文化等方面的体系"；第三个含义为"政治上的规模法度"。制度作为一种规范体系，具有以下特征：首先是公认性，制度必须得到其适用范围内人们的公认，并得到大家的共同遵守；其次是强制性，制度作为制约人们社会关系、社会行为的一种规范体系，对社会成员的作用具有强制性；再次是相对稳定性，制度一旦形成，便具有一定生命周期，保持相对稳定的面貌，不能朝令夕改；最后是系统性，制度各要素之间应形成一个有内在联系的系统。

任何社会机构或组织，都有其建制目标。杰里·加斯顿说："无论群体是有正式和公开的规章，还是有非正式的和不明确的规章，所有的群体都有规章。"① 要保证建制目标的顺利实现，就必须建立一套规章制度，以规约组织成员的行为。只有不断完善科研管理体制，制定合理的科学活动规范，才能保持较高的科研产出和投入比率，才能良好地实现科学价值。具体来说，科学价值合理实现的制度保障包括以下四个方面：

（一）完善公益性国家科学研究基金

基础科学研究是以获取认识自然的基本知识为主要目的而进行的实验和理论研究，该研究不是为了明确的应用目标而进行的。我国基础科学研究主要包括：以认识自然现象、揭示客观规律为主要目的的探索性基础研究；以解决国民经济和社会发展以及科学自身发展所提出的重大科学问题为目的的定向性基础研究；对基本科学数据、资料和相关信息系统地进行考察、采集、鉴定，并进行分析、综合，以探求基本规律的基础性工作。② 基础科学研究是一项影响深远的课题，它从根本上决定着国家科技创新的高度和可持续性。江泽民同志指出："中国的发展将在很大程度上

---

① ［美］杰里·加斯顿：《科学的社会运行——英美科学界的奖励系统》，顾昕等译，光明日报出版社1988年版，第207页。

② 国家科技部、国家自然科学基金委员会：《中国基础研究发展报告（2001—2010年）》，知识产权出版社2011年版，第3页。

依赖今天的基础研究和高技术研究的创新成就，依赖于这些研究所必然孕育的优秀人才。"① 有学者也谈道："基础研究对国家科技、经济、社会发展有很重要的意义，它是高技术、新发明和开拓新生产力的先导。一个国家的科学技术缺乏基础研究的支撑，要自立于世界民族之林，将会遇到很大的困难。科学发展源于基础研究创新。"② 但基础科学成果的价值往往具有公共产品的性质，有时候不容易被纳入市场自主调节的系统之内。根据 CSM 创新理论的阐述，基础科学的价值体现往往需要很长的时间，这种时间跨度对于人的寿命往往显得很漫长。但基础科学的价值对于国家的发展和人类的进步，则是需要被考虑的。目前，我国对基础科学虽然比较重视，但由于一些现实因素的影响，国家在基金项目等方面对基础科学研究的资助略显不足。中国的科研实力和人才在经济发展的过程中提高很快，涌现出了很多极具能力的专家学者，但我国目前仍与诺贝尔科学奖无缘，主要问题在于整个科研环境对基础科学研究的发展较为不利。

　　基础科学研究是科技发展的源头和上游，基础科学创新即是源头上的创新。基础研究是一项国际范围的竞争，在这一竞争中，谁有更多创新，谁就处于领先和主动的地位。对于从事基础研究的科学工作者而言，最主要的职责就是探索新规律、创造新思想、构建新理论、开辟新领域。基础研究只能在高水平上创新，不能搞低水平的重复。国家自然科学基金以支持基础科学研究为己任，鼓励基础科学创新是基金工作的灵魂。因此，在基础研究项目的选择上，就要大力支持那些具有创新性、前瞻性、战略性的项目。在基金项目的资助和管理方面，科学基金应把是否体现源头创新、是否能推进科技跨越式发展作为最重要的衡量标准，使科学基金真正成为创新性成果的孵化器。实践证明，自 1982 年开始实行的科学基金制，是符合基础研究发展规律、适应社会主义市场经济要求、能良好地与国际接轨的成功体制。作为国家自然科学基金的管理机构，国家自然科学基金委员会（以下简称"基金委员会"）坚持"科学民主，公平竞争，鼓励创新"的原则，运用科学基金来规划和指导我国自然科学研究，在推动源头创新，发现、培养和凝聚高水平科技人才方面发挥了重要作用。基金委员会还与广大科技工作者建立了广泛联盟，吸纳了很多科学家参与基金的

①　《江泽民文选》第 1 卷，人民出版社 2006 年版，第 248 页。

②　赵立雨：《基础研究绩效评估的国际比较及启示》，《科技进步与对策》2011 年第 24 期。

评审与监督工作，努力使基金资助的决策建立在科学民主的基础之上。基金委员会通过基金资助工作，营造了有利于创新的良好环境，使科技工作者能将个人兴趣与国家需求结合起来，实现科学成果的突破性进展。但必须承认的是，我国基础研究总体上没有摆脱以跟踪为主的局面，自然科学方面的原创性成果仍不够多；高质量论文少，论文引用率仍低于世界平均水平；科研基础设施与国际水平存在明显差距；基础研究队伍整体素质有待提高，具有国际影响力的杰出科学家很少；基础研究人才队伍的结构和区域分布不尽合理，优秀人才的流失现象很严重；对基础科学成果的评价和管理体系还不够完善，科学基金运行体制还不健全。进入 21 世纪，政府和科技界都意识到，我国科学研究正处于从跟踪模仿向自主创新转化、从量的扩张向质的提高转变的关键时期。为此，2006 年颁布的《国家中长期科学和技术发展规划纲要》对今后十五年的科技工作进行了总体部署，确立了"自主创新，重点跨越，支撑发展，引领未来"的工作方针。未来一段时期的中国科技政策，将以推进自主创新为核心，通过重大关键技术的突破，为经济社会协调、可持续发展提供源泉和动力。所有这些的实现，都有赖于国家科学基金制度的进一步完善。具体来说，应做好以下四个方面的工作：

第一，继续加大国家对基础科学研究的投入。基础科学研究作为人类认识自然的系统性、创造性活动，其重大突破往往需要经历长期的探索和积累。投资基础科学是对未来的投资，是需要经历较长时间才能取得回报的战略性投资。随着基础科学研究规模的不断扩大，所需经费也会逐渐增加，这使得依靠科学家个人努力和社会捐助的传统方式难以支撑基础科学的发展。于是，政府必然要成为基础科学研究的投资主体。当然，基础科学研究在促进科学进步的同时，必然也会服务于国家的经济社会发展。政府要建立多元化、多渠道的基础科学投入体系，通过财政直接投入、税收优惠等多种方式资助基础科学研究。政府的财政投入应主要用于资助市场机制不能有效解决的基础研究、社会公益研究、重大关键性技术研究等项目。在加大公共财政投入的同时，还要发挥政府政策的引领、示范作用，鼓励有条件的企业和社会力量投入基础研究。通过整合各方面的资金，就能有效克服"资金小而分散"的问题。有了充足的资金，就可以建立基础科学研究的国家重点实验室，或实现企业与高校、科研院所的合作科研、协同创新。

第二，加强科学基金分布的地区均衡性。国家自然科学基金有三个战略导向，即侧重基础、侧重前沿、侧重人才。在此战略指导下，由于杰出科学家在东部地区更密集，故国家科技资源的配置越来越向东部地区集中。这导致西部地区的科学研究和人才队伍建设面临很大困难，即使有个别大的项目落户西部，也难以惠及众多的普通科研人员。而地区科学基金的设立，培养和扶持了西部不发达地区的基础科学人才，这在一定程度上促进了科学研究在地理布局上的均衡性，缓解了西部地区基础科学研究困难的状况。因此，要稳定科研队伍，实现学科均衡分布，全面提升西部地区科学研究的水平，就必须大力发展地区科学研究基金。地区科学基金要始终保持一定的规模和适当的增长速度，并保证资助政策的连续性。据统计，2006年至2013年，地区科学基金在国家自然科学基金中的经费比例基本维持在2%左右，平均每个省份每年得到50项左右的资助。鉴于地区科学基金具有明显的"雪中送炭"意义，适当增加其在国家自然科学基金中的比例显得尤为必要。或者可以适度提高地区科学基金的资助率，使其略高于面上项目的资助率，这样可以让获得地区基金支持的学者安心从事科研，也能让更多科技人才稳定地留在西部地区工作。值得欣喜的是，云南省于2008年成为继广东省之后第二个与国家自然科学基金委员会设立"联合基金"的省份。根据协议，联合基金总额为每年3000万元，由国家自然科学基金委员会与云南省人民政府在协议期内每年分别出资1500万元。联合基金将根据云南省及周边地区经济与社会发展的需要，结合国家战略发展布局，重点选择生物多样性保护、矿物资源综合利用、新材料、资源与环境、人口与健康等领域，吸引和集聚全国范围内的科学家，与云南省科技人员共同开展基础研究。该项联合基金的设立，不仅为云南吸引、培养和集聚了一批全国一流科技人才，也为推进相关学科领域的突破，促进区域乃至国家自主创新能力的提升作出了贡献。

第三，加强对不同学科资助的均衡性。各门具体学科是科学研究的基本单元，也是支撑人才培养的重要依托。科学知识体系中各门学科的均衡、协调与可持续发展，是推动以科学为基础的技术创新和经济增长的重要保障，也是科学价值实现的重要条件。为此，要认真分析我国各学科发展状况，高度重视基础学科和传统优势学科，切实扶持薄弱学科和濒危学科。还要积极关注国际学科发展的前沿和最新进展，统筹运用项目研究、人才培养、环境建设等手段，促进新兴学科的发展和学科交叉融合。为了解决我国基础医学研究较薄弱的状况，国家自然科学基金委医学科学部经过 10 年筹划，于 2009 年正式成立。于是，国家自然科学基金委就由原来 7 个科学部变为 8 个科学部①，部门设置更趋合理。成立医学科学部，有利于我国基础医学自主创新能力的提升，也有利于提高人民群众的健康保障水平。从 2010 年起，医学科学部正式受理医学类相关项目的申报，此举也解决了以前生命科学部因受理的项目过多而带来的管理难题。组建医学科学部，是一项加强科学基金组织建设、优化科学基金资助结构的战略性举措，对充分发挥科学基金制的优势、推进医学科研资源的优化配置起到了重要作用。改革后的科学基金制度，组织结构更合理，学科布局更完善，这为科学基金事业在新的起点上实现更大发展奠定了基础。但改革的步伐不会停止，我们要进一步探索学科发展的规律性，既要研究各学科的现状和发展动态、发展趋势，也要分析各学科的发展规律和专业人才培养规律，为科学基金制的进一步完善奠定理论基础。只有掌握了各学科领域的发展布局和优先领域，以及与之相关的交叉学科的重点发展方向，才能在科学基金的学科设置上更科学、更合理。

第四，建立基础科学的自由探索基金。针对我国高校和科研院所基础研究效率不高的状况，国家应引导高校和科研院所关注科技创新活动的投入产出比，并逐步建立基于效率的科研基金新机制。在科学发展史上，很多自然科学的重大突破都是自由探索的结果，从长远来看，其产出投入之比非常高。在我国高校和科研院所的科研管理工作中，不能以看待技术开发的眼光来对待基础科学研究，而应该在强调科技项目计划的同时，鼓励基础科学的自由探索。国家应设立自由科学探索和研究的专项基金，加强探索性、前瞻性和基础性理论研究工作，以激励标志性原创成果的产出。自由探索基金可以采取"成果购买"制，即高校和科研院所自己筹款进行科学研究，待成果产出后再向自由探索基金的管理机构申报自己的成果。投资方可以是企业、财团、公众，或高校和科研院所本身。为了让投资者获得大于前期投入的回报，可以在申报"自由探索基金"时按成果的市场价申报，以保障投资方的利益。这种制度的设计，能有效防止科研资金的浪费，也有利于打破"论资排辈"的课题经费分配方式，具有很

---

① 即数学物理科学、化学科学、生命科学、地球科学、工程与材料科学、信息科学、管理科学、医学科学。

强的实用价值。

（二）构建能激励创新的科学奖励制度

科学奖励制度这个概念，是 R. K. 默顿于 1957 年提出的："像其他制度一样，科学制度也发展了一种经过精心设计的系统，以给那些以各种方式实现了其规范要求的人颁发奖励。"① 默顿所谓的"经过精心设计的系统"，就是指科学奖励制度。此后，不同学者各抒己见，从不同角度对科学奖励制度进行了阐释。我国学者刘珺珺认为，科学奖励制度是指科学共同体对于科学家所作贡献的肯定和承认的体系，这种肯定和承认的体系包括各种名目的奖励和报酬制度。② 庞景安认为，科学奖励制度的本质，就是科学共同体对科学家研究能力、水平和贡献能力的承认和评价，科学奖励的主要功能在于提高科学活动的价值和增进知识。③ 刘泽芬认为，科学奖励制度是对科学成果的承认，是对科学工作者创造能力的承认，同时也可作为衡量科学工作者贡献大小的一种标志。④ 通过对有关学说的比较分析可以得出，所谓科学奖励制度，就是社会或科学共同体，为确保科学知识的增长和科学社会价值的实现而确立的，用以规范科学奖励工作，使之保持有秩序的良性运转状态的系统性规范。科学奖励制度既是科学奖励工作制度化的结果，也是科学奖励工作的效率保障。

科学奖励的目的是调动科研人员的积极性和创造性，这就要求在科学奖励中应充分运用激励手段，而激励手段的效果如何又取决于它是否符合科研人员的心理活动的客观规律。激励的本质，就是一定组织通过设计适当的奖酬机制，以一定行为规范和奖惩措施，借助信息沟通，来激发、引导、保持和归化组织成员的行为，以有效实现组织目标的系统性活动。激励的三个重要要素是行为、组织目标和需要。激励的心理过程即：需要引起动机，动机支配行为，行为又指向一定组织目标。也就是说，人的行为都是在某种动机策动下为了达到某个目标的目的性活动。人永远处在不断出现的、未获满足的需要推动之下，去从事新的追求、探索和创造活动。需要得不到满足时，会引起心理紧张，成为追求目标以满足需要的驱动力

① ［美］R. K. 默顿：《科学发现的优先权》，《科学与哲学》1981 年第 4 期。

② 刘珺珺：《科学社会学》，上海人民出版社 1990 年版，第 203—204 页。

③ 庞景安：《科学计量研究方法论》，科技文献出版社 2002 年版，第 438—443 页。

④ 刘泽芬：《国外科技奖励制度》，冶金工业出版社 1989 年版，第 45—47 页。

（即动机）。而需要一经满足，便失去作为动机源泉的功能，没有动机，行为也就终止了。激励的心理过程就是一个不断满足需要的过程。运用激励手段催生科学成果、调动科研人员自主创新的积极性，必将取得良好效果。

科研人员的需求大体包括三个方面：获得经济利益，如科研经费、劳务费和其他补贴等；获得学术利益，如进入前沿领域、积累科研经验和提高业务水平等；提高知名度，如发表论文、出版著作、获得科学奖励等。尽管科研人员的需求具有多样性，但由于教育、职业等原因，其需求层次较高，对精神方面需要比物质方面需要更看重。这种精神需要，突出表现为他们在科学上所取得的成果，希望通过某种形式的肯定和认同，以获得共同体和社会对其工作的承认。正如杰里·加斯顿指出的："如果在奖励系统中金钱对科学家并不重要，那么重要的是什么呢？这就是科学共同体对科学家在增进科学知识方面所做出的贡献给予的承认和荣誉。"[①] 科学奖励可以使他们获得社会对自己的尊重，并使他们满足自我价值实现的需要。科研成果获得奖励，意味着该成果已被社会承认和接受。一项成果获奖，其内涵不仅是奖状、奖章、奖金等外在形式，还包含了对获奖者的尊重、肯定等内在内容，同时也是评价科研人员或科研组织在学术界影响力和知名度的重要指标。[②]

当科研人员处于社会分层结构较低位置时，物质上的需求占主导地位。优厚的物质待遇有利于他们专心从事科学研究，为他们作出更大贡献创造了良好条件。特别是随着科学的真理价值与实用价值的联系越来越紧密，科学研究已成为一种"职业"和"谋生手段"，科学家获取物质资料的唯一来源便是其工作本身。科研人员事业发展也需要一定物质条件，科学研究需要大量信息，需要不断更新知识，科学家要不断买书，购资料，参加学术会议、培训、进修，进行社会调查及同行交流等。当科研人员处于社会分层结构中上层时，其物质需求大多已满足，精神需求便成为主导需求。人们对物质的需求是有限的，但对"尊重需要"和"自我实现需要"的追求永无止境。因此，通过满足人的高级需要去调动人的积极性，

① ［美］杰里·加斯顿：《科学的社会运行——英美科学界的奖励系统》，顾昕等译，光明日报出版社 1988 年版，第 134 页。

② 刘启玲、耿安松：《论科技奖励的激励和导向作用》，《科技管理研究》1998 年第 3 期。

具有稳定而持久的力量。在进行科学奖励工作时，应认清科研人员的主导需要，并对此需要进行针对性激励，往往会取得良好效果。由于科研人员之间的差别是不容忽视的事实，故各种科学奖励形式之间应加强互补和交流，形成一个形式多样又密切联系的立体化科学奖励网络系统，才能充分激励不同层次科研人员的积极性和创造性。

从对科研人员的激励效果来看，由于科学奖励体现了社会对科学家工作的承认和鼓励。得到社会肯定后，科学家会对自己所从事的工作充满信心，不畏险阻，坚定不移地继续奋斗下去。反之，如果科学工作者的新创见得不到承认（特别是对那些崭露头角的年轻科研人员），就很可能影响他以后的科研生涯，甚至会让他失去继续从事科研的动力。科研人员从产生获奖期望到期望被满足，其内在科研动力就会转变为现实的工作积极性，科学奖励的激励效果就得到了充分发挥。但在现实社会中，过小的获奖概率使绝大多数科研人员一生都与科学奖励无缘，高获奖期望与低获奖概率之间的矛盾必然会影响科学奖励作用的发挥。据有关调查显示，82.5%的科研人员表示"希望获得科学奖励"，17.5%的人认为"不希望或无所谓"；所有科研人员中，只有15%左右获得过科学奖励，85%左右从未获得过科学奖励。[①] 低获奖率是由科学奖励稀缺性决定的，而稀缺性原则是科学奖励维持其强度和声望的必然要求。科学奖励的稀缺性原则与科研人员普遍的获奖愿望之间看似相互矛盾、难以协调，但实际上是可以解决的。稀缺性原则是针对某些高级别奖项的，但并不表示要维持整个社会所有科学奖项的稀缺性。随着我国市场经济体制的不断完善，科学奖励不能完全依赖政府，而应多采取市场化奖励方式，逐渐实现全社会办奖的局面。政府、企业、大学、研究机构、社团和个人都应成为科学奖励的主体。各奖项设置应注意采取不同的侧重点，在不重复设奖的前提下，增加全社会科学奖励的奖种和数量，扩大整个社会的设奖面。如果所有学科领域都设有不同层次的科学奖励，科研人员的获奖概率就会很大，科学奖励对于每个科研人员就会有很强的吸引力。因此，社会应设置多种科学奖励的层次和形式，以最大限度挖掘和调动各层次、各领域科研人员的潜力。最高层次科学奖数量应较少，以下每一层次获奖人数应高于上一层次。不

---

① 黄小珍、陈金华等：《影响科技奖励作用的相关因素分析》，《中华医学科研管理杂志》2005年第5期。

同水平的科学成果应获得相应的不同层次的奖励，使成果水平与获奖级别相统一，从而对不同社会分层的科研人员产生最佳的整体激励效果。

另外，市场经济使得人们的价值观趋向于把理想与现实、奉献与索取结合起来，既讲精神追求，也重功利实惠；既讲奉献社会，也重个人回报。科研人员不仅希望其研究成果得到科学共同体承认，更希望将其成果转化为实际产品，以推动社会生产力的发展。获奖仅仅达到了被承认的目的，如停留在这一步，即使提升物质奖励强度，激励效果也不会相应提高。只有对其科研成果给予知识产权保护，并推向市场，实现更大经济效益，才能起到进一步的激励作用。

总之，科学工作是开拓性工作，鼓励自主创新是科学奖励工作的重心。我国科学奖励制度应根据科研人员不同时期的心理变化，及时进行改革与调整，使之对科研人员产生良好的激励作用，鞭策科研人员在建设创新型国家中实现自己的理想。

（三）加大对知识产权的保障力度

知识产权制度是国家以法定程序授予智力成果完成人在一定时期内拥有一定的独占权，并以法律手段保障这一权利不受侵犯的法律制度。知识产权制度通过对智力成果创造者民事权利的保护，体现了国家发展科技、鼓励创新、促进产业发展、保持国家竞争力的战略目标。随着当今科学技术的日新月异和高科技产业的迅猛发展，世界范围的竞争日益呈现出信息化、知识化和全球化趋势。而知识产权制度作为保护智力劳动成果的一项重要法律制度，在经济社会发展中的战略地位也越来越重要，它成为国家科技创新体系的重要组成部分，发挥着激励创新、规范竞争、调整利益的作用。

改革开放以来，我国知识产权制度得到了较大发展。在科技成果知识产权立法方面，我国先后制定并实施了《商标法》、《专利法》、《著作权法》、《反不正当竞争法》、《科学技术进步法》、《促进科技成果转让法》、《计算机软件保护条例》等法律法规，并根据国际规则和实际需要多次进行了修订和补充。同时，我国还相继参加了《保护工业产权巴黎公约》、《保护文学和艺术作品伯尔尼公约》、《商标国际注册马德里协定》、《世界版权公约》、《专利合作条约》等知识产权保护的国际公约、条约和协定。目前，我国已建立起一个既符合国际惯例又适合中国国情的，以专利、商标、版权为三大支柱的较为完备的知识产权法律体系。随着我国知识产权立法和执法工作的不断加强，基本形成了保护知识产权的法治环境，为推动我国科学进步和技术创新起到了积极作用。但由于我国建立知识产权制度的时间不够长，与发达国家相比，我国在知识产权（尤其是与科技相关的知识产权）保护方面还存在不少问题。这些问题主要体现在：全社会的知识产权意识还比较淡薄，尤其是许多科研机构和高新技术企业，对知识产权的重要性缺乏足够认识，也不善于运用知识产权手段进行自我保护；在科技计划制定、科技成果评估等科技管理工作中，缺少对知识产权问题的考虑；在科技成果向现实生产力转化过程中，各种知识产权纠纷还时有发生等。这些问题的存在，严重影响了科学价值的实现进程。在当前形势下，加强与科技有关的知识产权保护和管理，以提高我国知识产权的总量和质量，既是增强我国科技持续创新能力的迫切要求，也是科研机构和高新技术企业提高国际竞争力的必然选择。为此，需要做到以下几点：

第一，健全科技成果知识产权保护的法律体系。当今时代，加强与知识产权相关的立法工作，协调知识产权法律体系与其他法律之间的关系，显得十分重要。从 20 世纪 90 年代至今，互联网、基因制药业、纳米技术先后登上了生产力舞台的中心。这些高科技的发展，不仅提高了生产力，也改变了经济活动中的社会分工和利益分配关系。这就需要知识产权法律体系也作出相应调整，以适应新科技环境下的物质生产状况。在我国，传统的知识产权保护往往局限于著作权、专利权、商标权等方面，对经济发展中出现的一些高科技成果（如生物工程等）关注度不够，这样会使高科技成果创造者的利益得不到保障。因此，知识产权立法应将以下内容纳入其中：在信息技术领域，要囊括软件、数据库、计算机辅助创作的作品等；在生物技术领域，要囊括生物工程中有关基因表达的技术等。在科技成果知识产权的保护期限方面，相关法律也应作出适当调整。我国现行知识产权法律规定，发明专利的保护期限为 20 年，实用新型、外观设计专利的保护期限为 10 年。这种规定将发明创造所属的不同行业和发明创造的不同表现形式一视同仁，致使一些重大的关键性科技成果缺乏合理保护。在规定知识产权保护期限时，应考虑两个因素：一是考虑知识产权的类型和发明人的行业，对一些需要长时间进行观察、试验才能得出创新性成果的行业（如医药行业等），应规定较长的保护期限；二是由于关键性高新技术成果往往其研究开发的周期较长，投入也较大，故其知识产权的保护期限应适当长于一般发明专利。

　　第二，增强知识产权保护意识，打击各种侵权行为。政府部门应在掌握和了解国内外相关专业技术领域的知识产权状况后，制定相关政策，采取积极措施，有效应对知识产权保护中出现的种种问题。政府部门要面向科研机构、高新技术企业和科技人员，大力宣传和普及知识产权知识。要针对不同的对象，分别采取普及教育、专业培养、业务交流等多种形式，深入、持久、扎实地开展知识产权普及工作。政府要指导和帮助科研机构和高新技术企业建立一支业务能力强、专业素质好的知识产权专业骨干队伍，使其成为本单位知识产权保护的重要力量。中国加入 WTO 后，我国知识产权保护的司法工作也面临新的压力和挑战，我国知识产权保护水平和相关执法能力都要向世界标准看齐。近年来，我国公安机关侦办的侵犯知识产权案件中，涉外案件占有一定比例，受害单位多为国际知名大企业。在这种情况下，外国政府和国际大企业会更加关注中国的知识产权保护状况。因此，我们要从思想上深刻认识"入世"的重大意义和挑战，真正认识到对知识产权进行司法保护的重要价值，从而主动尊重他人的知识产权，也积极保护自己的知识产权。正如李岚清同志所说："要加强法制建设和保护知识产权工作，保护从事高新技术研究开发、成果转化以及产业化和国际化各阶段过程中个人、单位和企业的合法权益，坚决打击侵犯知识产权的行为。"① 科技管理部门、司法机关和知识产权行政执法机关应协调统一，发挥合力作用，对知识产权侵权案件进行严厉查处和依法审理，使各类知识产权案件得到公正、及时的处理。科研机构和高新技术企业在科技研发和成果转化的过程中，也要自觉尊重他人的知识产权，在不侵犯他人知识产权的前提下，善于运用法律武器维护自身权益，依法保持自己的技术竞争优势。

　　第三，提高专利在职称评定和业绩考核中的分量。在对科技人员进行考核、晋升、加薪和授予荣誉头衔中，应把科技成果获得专利及其应用情况列入评审条件，并适当加大其所占比重。科技行政管理部门也要将拥有知识产权的数量、质量及其保护与管理制度完善与否，作为高新技术企业认定、高技术产品评审、中小企业技术创新基金申请等的重要指标。要改变科技人员职称评审和职务评定中重视论文发表数量、轻视知识产权的传

---

① 《十一届三中全会以来重要文献选读》（上），人民出版社 1987 年版，第 362 页。

统观念和模式，将拥有知识产权的数量和质量作为评价科技人员科研贡献的重要指标之一。政府部门应重视知识产权的保护和管理工作，并将知识产权保护制度完备与否和知识产权管理水平的高低作为党政领导考核、晋升的重要内容。

第四，提高政府部门对科技成果知识产权的管理水平。政府部门应加强对与科技有关的知识产权的保护和管理工作，并把这一工作纳入科技计划制定、科技成果产业化和科技体制改革的各个环节中去。要通过知识产权的宏观战略研究，准确定位"有所为"的科技发展领域，并适当倾斜，增加其研究开发的经费投入，以形成具有原创性的自主知识产权群。政府部门可以结合科技规划、重大专项、专题、课题的立项和进展，制定相应的知识产权战略，并对承担者的知识产权进展情况定期进行必要的评估。通过这一系列知识产权管理手段，政府部门可以评估科技计划的立项质量和所制定科研目标的准确程度。对于科技计划立项项目，应以独立的知识产权中介服务机构提供该项目的评估报告，并在项目的研究与开发过程中，对其进行及时的知识产权信息分析。根据科技计划项目的具体实施情况，政府可以单列资金，用于补助承担单位取得相关知识产权的申请费和维持费；对于有国际市场前景的项目，政府可以补助承担单位用于取得外国相关知识产权的申请费和维持费。企业和科研机构也要充分运用知识产权信息资源，立足高起点开展科研，选择最优的技术开发和产业化路线，避免低水平的重复研究。企业和科研机构也要结合研究与开发的具体情况，采取适当方式，使科技成果及时形成知识产权。

第五，加强与科技知识产权有关的中介服务组织建设。政府应大力支持知识产权中介服务机构的建设，使其能为科研机构和高新技术企业提供优质高效的知识产权服务。专利、商标、版权、植物新品种等知识产权代理服务机构，律师事务所，资产评估机构，技术交易中介，以及科技成果评估和鉴定机构等中介服务机构，是我国科技创新体系中重要的社会服务组织。政府应进一步支持这些机构的发展，使之按市场需求进行运作，实现自身和社会利益的双赢。政府可以委托知识产权中介服务机构进行相关的知识产权鉴定和评估，使这些机构帮助企业全面理解与科技知识产权相关的管理制度和专业知识，成为政府部门开展知识产权工作的得力助手。

（四）加强国际科学合作中的自主性

科学合作是指，科学工作者为了达到创造新的科学知识这一共同目的，或为了实现各自的科研目标，所开展的协同互助性的科学活动。科学劳动作为特殊的、以脑力劳动为主的知识生产活动，是一项复杂的、大难度、高水平的社会劳动。在这一复杂劳动过程中，需要科学工作者智力上相互切磋，思想上彼此交流，形成最佳的科学合作方式，以共同推动科学的发展。科学学研究表明，一个相互合作的科学家群体可以扬长避短，并产生一种相互促进的效果，做到人尽其才，物尽其用，从而提高科学成果的产出能力。对整个世界来说，科学合作极大地推动了科学的发展，使人类科学知识储备呈指数上升。在当今大科学时代，科学合作的效果主要有：使不同学科领域的科学家聚集在一起，实现合作者之间知识与技能的共享，形成知识、能力等方面的优势互补，从而取得科学研究的重大进展；使仪器设备、信息系统、科研经费得到充分利用，从而有利于科学人才的涌现和科研队伍质量的提高；通过基础研究、应用研究和开发研究等领域科学家的通力合作，能大力促进科学、技术、生产的一体化进程，使科学更好地服务于社会。

随着经济全球化进程的加快和科学研究国际化程度的提高，国际科学合作对一个国家综合实力的增强越来越重要。对科学较发达的国家来说，科学合作能带来多种利益，如分担成本、加速科研进展、推动科研成果应用，以及获取国外科学数据和信息资源等。对发展中国家来说，参与国际科学合作能全面了解世界科学发展前沿，分享国际科学界的研究经验和成果，缩短与发达国家的差距，最终实现本国科学水平的跨越式发展。因此，发达国家和发展中国家都认识到科学合作的重要性，都在积极开展国际科学合作，并争取在新形势下占据主动地位，赢得更大利益。

我国政府一向重视国际科学合作，国际科学合作与交流是我国对外开放政策的重要组成部分，是促进科学和经济发展的重要手段。我国国际科学合作的方针，是以国家外交政策为指导，以科技和经济发展的需要为立足点，依照平等互利、成果共享、保护知识产权、尊重国际惯例的原则，积极开展双边、多边、官方、民间等多层次、全方位的国际科学合作。改革开放以来，我国国际科学合作获得了迅速发展，并呈现出以下特点：一是合作规模大。目前，我国几乎已与所有西方发达国家、大部分亚洲国家、部分拉美及非洲国家，以及独联体、东欧国家建立了科学合作关系。在政府间科学合作协定的框架下，各专业学会和协会也与国外相应机构开展了广泛的科学合作。仅以中科院为例，目前已与约 60 个国家和地区建立了科学合作关系，签署院级科学合作协议近 90 个，研究所级别的合作协议 800 多个，约 240 名外籍杰出科学家担任我国 60 多个研究所的不同职务，30 多名外籍科学家成为我国科学院院士。[①] 同时，我国也有许多科学家在国际科学组织中担任领导职务，他们积极创造条件参与国际科学合作研究计划，为我国在国际科学界争得一席之地作出了贡献。其他如农业部、卫生部、国家环保局、国家质量技术监督局、核工业集团公司，以及许多高校、科研机构、企业等，均以不同方式开展了广泛的国际科学合作与交流。当今，跨国开办研发机构是国际科学合作的重要方式。20 世纪 90 年代以来，外国企业和科研机构纷纷到我国合资或独资开办研发机构，这些研发机构主要分布在北京、上海、天津、厦门、武汉、重庆、成都、昆明、珠海、桂林、哈尔滨、长春、大连等地。到目前为止，我国已同 150 多个国家和地区建立了科学合作关系，并在联合国系统的 30 多个科学机构占有一席之地，我国参与的国际科学组织已达 927 个。我国合作参与的大型科技项目有正负离子对撞机、重离子加速器、同步辐射加速器、重水推冷中子源、托卡马克 HT-7 装置以及遥感卫星地面站等。[②]

虽然我国在国际科学合作上取得了一定成就，但与发达国家的国际科学合作状况相比，也存在一些问题。一是国际科学合作经费短缺，无法满足大型项目的需求，也阻碍了更深层次国际科学合作的开展。二是国际科学合作的质量有待提高，我国很多合作停留在一般性的考察访问上，真正与国外进行合作研究的项目所占比例不大。三是国际科学合作自主性较差，在一些重大国际科学合作项目中，我国往往处于配角地位。从很多项目的研发过程来看，是发达国家在利用我国的智力资源和自然资源开展研究，我国付出了很大代价却不拥有科技成果的知识产权。四是我国国际科学合作重点不突出，合作项目往往不是我国国民经济发展中的急需。

针对我国国际科学合作中存在的一些问题，应采取有效对策和措施来加以解决。一是要提高政府对国际科学合作的经费投入，设立用于前沿领域和高科技研发的国际科学合作专项基金。二是要重视国际科学合作质量的提高。在国际科学合作中，引进项目应结合我国的国情来进行，将重点

① 侯剑华：《国际科学合作领域主流学术团体与代表人物分析》，《现代情报》2012 年第 1 期。

② 同上。

放在关系国计民生的重大项目上，并加强对国外新技术的引进、消化和吸收。三是要提高国际科学合作的自主性，利用我国自身的科学优势和独特的自然资源，以争取更多的外资外贷，并吸引外国科技人员到中国创业。还要不断提高我国科学研究与技术开发的能力，在国际科学合作中提高我国的地位和科研自主性。

二 科学价值合理实现的环境保障

科学价值系统并不是孤立存在的，它总是存在于一定的环境之中，同周围的环境发生着物质、能量和信息的交换。科学价值实现的环境，是指存在于科学价值系统之外的所有其他事物或外部因素。科学价值的实现依赖于一定的环境因素，受环境因素的影响和制约。这其中，公众对科学成果研发和应用的态度成为左右科学价值实现的一股不可忽视的力量。例如，对原子能的和平利用问题，虽然在科学上早已有了充分证明，在技术上也有了一系列安全措施以保障其顺利实施，但由于公众对和平利用原子能之安全性的怀疑，在西方社会掀起了一次次的"反核运动"。这就延缓了大规模和平利用原子能的进程，也使原子物理的价值实现过程受到阻碍。科学价值要合理实现，就要不断拓展环境中的积极因素，并不断消除环境中的消极因素。社会发展到今天，如果没有普遍的公众舆论支持，科学价值就难以得到真正实现。因此，"热心公众"对科学价值的实现意义重大。美国学者丹尼尔·扬可洛维奇指出，"热心公众"应具备三方面特点：对科学的高水平的兴趣；高水平地了解科学；采用某种信息形式获得科学。只有努力增加热心于科学的公众的数量，并提高社会大众的科学文化素养，才能真正构建科学价值合理实现的环境因素。具体来说，应做到以下几点：

（一）加强科学传播的专业化建设

所谓科学传播，是指科学家群体或科学传播的专职人员，利用各种手段（如大众传媒等）向公众普及科学知识、倡导科学方法、传播科学思想、弘扬科学精神的过程。通过科学传播，能实现科学知识的普及和公民科学素养的提高。

与发达国家相比，我国科学传播事业还存在很多问题，这些问题主要有：一是科学传播者知识结构不完善，我国从事科学传播的人员大多是文科出身，科学技术知识比较薄弱，这阻碍了科学传播的有效进行；二是科学传播中的功利价值取向很严重，科学传播者往往优先选择那些能给自身带来经济、社会或商业效益的科学成果，而许多有学术价值的科学内容难以得到有效传播；三是传播受众的科学素养不高，这使公众在理解科学概念与事实、科学过程与方法、科学与社会的关系上有一定困难；四是科学传播媒介较欠缺，特别是在一些老、少、边、穷地区，受物质条件和基本设施的制约，大众主要通过学校教育或电视获取科学信息，而科学图书、科技杂志、网络、科学成果展示等传播途径难以发挥作用。总之，我国目前的科学传播体系还存在功能不健全、结构不合理、机制不完善等问题。为改进我国科学传播体系，需要做到以下几点：

第一，加强对科学传播内容的甄别。著名科技史专家李约瑟曾说："对人类文化史来说，我想象不出能有比造纸术和印刷术的发展更重要的题目。借助于造纸术与印刷术，古希腊文明的火种得以流传和保存，整个人类文明因此才得以摆脱中世纪的宗教束缚而大踏步地推进。"[①] 比尔·盖茨也感叹道："信息高速公路对我们文化的转变将像谷登堡的印刷术极大地影响中世纪文化一样，极大地影响了我们当代的文化。"[②] 在当代，广播、电视、电影、网络等媒体极大地拓展了人类文明传播的工具和渠道，将人类文明推进到一个知识和信息爆炸的新时代。但与此同时，在很多地方，尤其是一些落后地区，往往迷信盛行，人们缺乏甄别科学与伪科学的能力。因此，科学传播不仅要有效地把科学知识和技术信息传递给社会公众，还要解决科学传播中的信息甄别和检索问题。20世纪以来，科学传播的复杂度和信息量急剧增加，这增加了科学传播过程中的不确定因素，因而信息的甄别和检索对科学传播意义重大。有学者指出："在当今社会，选择相关信息，忽略不相关的信息，识别信息的形式，理解和解读信息以及学习新的、忘掉旧的技艺，所有这些能力日益显得重要。"[③] 只有认真研究科学传播渠道和传播工具的新变化以及由此产生的实践性问题，才能为当代科学传播提供健康的内容。

第二，提高科学传播者的综合素质。科学传播从业人员科学素养的提高，有助于激发国民对科学的兴趣，也有助于公众对科学传播事业的理

---

① ［英］李约瑟：《中国古代科学》，李彦译，上海书店出版社2001年版，第51页。
② ［美］比尔·盖茨：《未来之路》，雷嬿恒译，北京大学出版社1996年版，第115页。
③ 甘凯：《多媒体与信息高速公路》，《成都师专学报》1994年第2期。

解。现代科学由于其体系庞大、学科分支精细，使得很多科学知识对于公众来说很陌生。在科学传播中，应将专业知识用通俗易懂的方式表达出来，变专家话语为百姓语言，把高深的学术转变为大众能理解的内容。科学传播人员的业务素养、理性思维能力和表达能力的提高，是保证科学知识准确传播的前提条件。一个高素质的科学传播人员，除了要具备科普知识外，还要能用科学理性思维处理好科学与新闻报道之间的关系。许多在媒体人看来具有新闻价值的科学发现，未必能引起普通公众的兴趣和热情，这就要求我们在科学传播的方式上下一定功夫，让科学传播更生动、更活泼。

第三，加强科学传播的专业性。如果缺乏专业性，就无法给科学传播事业的发展提供持久的动力。有学者指出："社会的任何行业都有其特殊的行业属性和特殊的运作规则，需要社会为之制定特殊的发展政策，采取特殊的措施加以管理和约束。"[1] 科学传播也如此，国家和政府也应为其制定相应的行业政策和法律法规，建立适合其特点的管理模式和运作制度，以加强科学传播工作的专业化进程。国家应制定相应的管理制度与激励措施，以吸引更多优秀人才成为科学传播的从业者，使科学传播的专业队伍不断壮大。近年来，随着科学传播事业向纵深发展，完善科学传播的"评估制度"势在必行。科学传播的"评估制度"发挥着"指挥棒"一样的导向作用，它能使科学界和传媒界提高责任心和工作积极性。在科学传播领域实行评估制，就要打破以往"自上而下"的评估方式，采取"自下而上"的评估措施，使科学传播受众参与到评估过程中来，这样有利于评估结果的有效反馈。评估参与者范围的扩大，可以降低评估中的不公平因素，还能增强科学传播受众对整个科学传播活动的切身体验。

第四，建立完善的国家科学传播体系。国家科学传播体系的建设，必须立足于提高科学传播的实效性。在促进科学传播事业发展的过程中，国家和政府应负担起领导、组织和协调的任务，把各种科学研发机构、各类科技人员，以及科学教育组织、科技出版传媒机构、科技团体、科技中介服务机构整合起来，以共同完成科学传播的工作。政府应调动各方面力量参与科学传播活动，并使其相互配合、合理分工，这是国家科学传播体系

---

① 曹天予：《社会建构论意味着什么》，《自然辩证法通讯》1994 年第 4 期。

建设的一项基础性工作。近年来，我国政府实施的"知识创新工程"、"863 计划"、"211 工程"、"973 计划"等，都有效推动了科学传播事业的发展。

第五，积极借鉴国外科学传播的经验。在很多西方国家，科学传播已成为一种专门的独立化职业，如美国将科学传播从业者看作"架桥者"或"边界跨越者"，认为他们是连接公众与专家的"桥梁"，是实现商业发展和整个社会进步的推动者。西方国家对科学传播事业的尊重主要体现在：一是主流媒体尊重科学和科学家，主流媒体在区分科学与伪科学时，会充分尊重科学共同体的意见；二是重视对各年龄段和各文化水平人群的科学普及和科学教育活动，很多国家的电视电影、科学传播的书刊是面向成年人的，甚至有面向较高文化水平人群的"高级"读本；三是科学家亲自参与到科学知识普及和科学传播工作中，科学家十分乐意与民众进行沟通和交流；四是社会和政府高度重视科学传播事业，国外许多机构、团体都设立了相关奖项，以奖励那些为科学传播事业作出杰出贡献的科学家、工程师和新闻工作者等。

（二）加大科普工作的力度

我国《科普法》将"科普"的内涵界定为："国家和社会普及科学技术知识、倡导科学方法、传播科学思想、弘扬科学精神的活动。"科普就是把人类已经掌握的科学技术知识和生产劳动技能以及从科学实践中提炼出来的科学方法、科学思想、科学精神，通过各种公众易于理解、接受和参与的方式传播到社会各个阶层。通过科学普及，能不断提高公众的科学文化素养，增强人们认识自然和改造自然的能力，帮助人们树立正确的世界观、人生观、价值观。在我国科普工作的开展过程中，存在一系列问题，如科普理念和科普内容过于陈旧、科普工作人员总体素质不高、科普媒介相对落后、科普资源较缺乏、科普管理体制和运行机制不完善、科普经费投入不足等。要解决这些问题，必须做到以下几点：

第一，加强科普队伍建设。科普队伍是科普工作的主体，科普人员的素质高低，直接决定着科普工作的质量和水平。科普队伍不仅包括科普工作的组织领导者，还包括从事科普理论研究、科普作品创作、科普音像制作、科普场馆管理的人员。这些人员组成了层次多、分布广、功能全、分工合理的网络结构。我们应借鉴西方发达国家的做法，把科普人员培训当作一项经常性的工作来抓，切实提高科普人员的业务素质和创新能力，保证科普工作的质量。由于科普事业具有公益性质，在加强科普队伍建设的过程中，各级政府应起到主导作用。政府部门一方面要采取相应措施，逐步提高科普工作者的待遇，改善科普工作者的工作和生活条件；另一方面要建立对科普人员的常规培训制度，在组织和经费方面给予相应支持。对于科普教师的培养，可以委托一些理工科院校来开展。理工科院校的毕业生经过一定的专业学习和教育学、心理学方面的培训，也可以担任公众科普教育的教师。对科普教师，要从专业知识、专业能力、专业品质三方面严格要求。在专业知识方面，科普教师应精通科学知识、科学方法、科学文化，具有科学精神和正确的科学观。在专业能力方面，科普教师应具有从事科学课程教学和科学仪器操作的能力。在专业品质方面，科普教师应从内心重视科学课程的教学工作，并立志为提高公众的科学素养服务。另外，科学家和技术专家处于科技发展的最前沿，他们能及时、准确、全面地了解科技发展的最新成果，政府应努力吸收他们进入科普队伍里面。

第二，增强科普工作的针对性。要进一步推动科普事业的发展，必须根据不同受众的特点，有针对性地开展科普工作。科普工作的对象是全体民众，包括领导干部、企业管理者、企业职工、青少年、老年人、城市居民、农民、军人以及科技人员等。他们既有共同的需求（如弘扬科学精神，普及一般性的科技知识等），也有各自对科普内容的不同要求。针对具体对象的特定需求，科普工作的内容、手段、方法也应该体现出多样化特点，不能简而化之地采用一套模式。例如，针对老年人，要加强卫生健康的知识普及；针对领导干部，要提高他们决策科学化和领导现代化的能力；针对易被邪教、迷信迷惑的群体，要提高他们的科学鉴别能力；针对下岗职工，要偏重于技能培训，以提高他们适应就业市场的能力；针对农民，要把科普同发展生产、增加农产品收入、促进农村经济发展结合起来。

第三，加强对科普理论的研究。科普研究不仅仅是探索科学传播方法，还要加强对科学技术知识、科学方法、科学精神、科学哲学等的研究。科普理论研究是对科普活动规律的不断探索和深化认识的过程，也是对科普经验的反思、总结和提炼。科普工作要做到与时俱进，不断创新，满足公众日益增长的科技和文化需要，必须重视科普理论研究。目前，我国科普理论研究已涉及科普发展史、科普发展战略、科普政策制定、科普效果评价等方面。另外，也有很多学者探讨了科普的功能、性质、任务、对象、内容、形式、渠道、机制，以及科普统计、各种传媒对科普的影响、科普基础设施建设、中外科普比较等问题。但与国外相比，我国目前的科普理论研究还存在很多不足的地方，主要体现在研究方法比较单一、研究内容偏重于现象描述而缺乏理论深度、对科普理论体系的构建还不完善等。要解决这些问题，就必须从以资料研究、定性研究为主发展到注重定性与定量相结合、个案研究与系统的社会调查相结合、数理统计与整体评估相结合的研究。为此，各科研机构、大专院校的科技人员、教师和科普志愿者，应立足于自身工作特点，对科普理论进行前瞻性、咨询性、指导性研究。只有大力提高科普理论研究的水平，才能为我国科普实践提供有针对性的、长远的指导，使我国科普工作取得更大实效性。

　　第四，加大科普工作的资金投入。应建立从政府到民间的各类科普基金，以有效吸纳个人、团体、企业以及海外各种团体对我国科普事业的支持，形成我国科普工作多层次、全方位的资金投入机制。我国学者朱效民指出："人类科普事业发展到今天，科学普及已不仅仅是服务于科技事业的发展本身，同时也要服务于现代文明社会的协调、可持续发展，以及服务于当代社会公众个人生活质量的提高。"① 因此，科学普及在今天已不再是某些个人或团体的自发、业余性行为，而是全社会的事业。我国应建立政府积极主导、社会广泛参与、市场有效推动的科普运行机制，以保障科普事业充裕的资金支持。对于纯公益性科普，如面向青少年的科普、城市社区科普、农村科普等，各级政府必须加大科普经费投入。但现代科普是全社会的共同任务，靠政府的单一投资不能满足全社会对科普的需求。随着市场经济的不断发展，现代科普出现了新特征，即科普活动社会化、科普方式市场化、科普手段现代化的特点。为此，除继续要求政府每年提高科普经费投入外，还要积极实行"费用分担"原则，鼓励科普项目执行机构从企业、私人、民间基金会等其他渠道募集资金。也可以通过推进科普产业化的方式，推动科普活动的顺利开展。所谓科普产业化，就是国家和社会将科普事业的运作当作一项新兴产业来对待。具体来说，它包括科普投资渠道多元化、科普管理体制企业化、科普企业所有制多层次化、科普经费来源市场化，以形成以市场为导向、以科普设施建设为龙头、以

---

① 朱效民：《当前我国科普工作应关注的几个问题》，《中国科技论坛》2003 年第 6 期。

科普产品开发及传播为手段的产业化格局。对于面向全体公众的部分科普活动，如科普读物、科普音像制品、科技馆、科技旅游等，可以采取适当的方式推向市场。对于有市场前景的科普项目，可以吸引企业进行投资，以商业化方式运作，以解决资金投入不足和运行不畅等问题。

第五，健全科普工作的激励机制。应制定面向科普理论研究、科普创作、科普宣传人员的专项激励政策，加强科普成果的知识产权保护工作。鼓励各类科技人员或离退休科学家加入到科普创作和研究的队伍中来，多写高质量的科普作品，多开发高质量的科普产品。建议把科普成果和科普工作业绩作为对专业技术人员进行考核的一项重要指标，使之成为职称评定和科技奖励的参考依据。改善科普工作者的工作条件和生活待遇，稳定科普队伍，吸引更多的人才投身科普事业。也应建立民间科普奖励机制，运用民间资金奖励作出杰出贡献的科普工作者。还可设立科普作品奖和科普创新奖，以提高我国科普创新能力，促进我国科普工作水平上一个新台阶。

（三）提高科学教育的实效性

科学教育是以传授科学知识、训练科学方法、培养科学精神为内容，以提高受教育者科学素养为目标的社会性活动。随着经济全球化和科技的迅猛发展，我国当代科学教育的功利化倾向愈益突出，并暴露出许多深层次问题。越来越多的学者意识到，中国科学教育以知识为本位，忽略了科学方法和科学精神的培养，更未注重通过科学教育来提高学生的人文素养和促进学生的自由全面发展。从教学内容看，教学计划、教学大纲及教材、教法等，都是围绕如何将知识"交给"学生而制定的，教师和学生之间的关系成了单纯的知识交接或传递。从教学过程看，提倡死记硬背，实行题海战术，使用标准答案，压制学生的个性发展，缺少对学生创新品质的培养。从教学管理模式看，学校对教师的管理是大一统的模式，这极大限制了科学教育内容、方法与目标的更新；学校对学生的管理是重管教而不重启发，学生几乎失去了人身自由，学生的任务就是"两耳不闻天下事，一心只读教科书"。面对这些现象，我们需要重新呼唤科学教育对人性和人的自由全面发展的关注。为此，必须做到以下几点：

第一，注重对学生好奇心的培养。科学始于好奇，好奇心被称为"科学家的美德"，它是推动科学创新不可缺少的心理品质。法国作家法郎士曾说过，好奇心造就科学家和诗人。牛顿对苹果落地的好奇，导致了万有引力定律的诞生；瓦特对壶水沸腾的好奇，导致了蒸汽机的发明。古希腊的科学之所以发达，是因为古希腊人对千变万化、绚丽多彩的世界充满了新鲜感和浓厚兴趣。人们只有在好奇心的驱使下，才会去探索世界的奥秘。世界的无限性和复杂性，决定了科学探索是一个长期、曲折、复杂的过程。这就要求人们的好奇心永无止境，有一种为求真理坚持不懈、锲而不舍的坚强意志，以及面对困难和挫折敢于挑战、勇于创新、坚守志业、忘我献身的精神。虽然好奇心人皆有之，但好奇心的强弱又存在很大差别，永无止境的好奇心是一种难能可贵的品质。在现实生活中，学生的好奇心与科学家的好奇心毕竟不一样，学生往往只是对事物的表面现象做出好奇的反应，具有瞬时性和自发性的特点。但我们要有意识地保护和激发学生对各种现象的兴趣感，引导他们积极、理智地思考问题，让他们在探索世界奥秘的过程中磨炼坚强的意志和毅力。一旦这种好奇心成为执著的、废寝忘食的、不达目的决不罢休的动力，它就成为科研中的优良品质了。这种品质的获得，并不是一蹴而就的，它需要从小培养和长期磨炼。为此，科学教育必须将学生这些非智力因素的培养考虑在内，并将其作为重要的教学内容融入教学过程中。

第二，推动学生科学道德观念的形成。科学精神在科学共同体的框架内，体现为一种制度化的价值观和规范，它引导科学家"积极去做什么"和"有效避免什么"。对科学家来说，科学精神是一种外在的约束力，是一种他律。能不能将这种他律转化为科学家的自律，这与科学家的道德素养有着密切关系。在市场经济条件下，部分科学家经不住各种利益的诱惑，为了金钱，为了地位，不惜弄虚作假，违反学术规范，走上了与科学精神完全背离的道路。而要培养良好的科学道德素养，必须转变教育观念，将科学知识教育与科学精神教育统一起来。科学教育不仅在于使人获得知识，更重要的是开启学生智慧、培养学生的科学精神。关于科学教育的任务，科学史学家萨顿指出："单纯为了传授知识和提供专业训练而教授科学知识，那么学习科学，就失去了一切教育价值了。"① 贝尔纳也认为，社会各界都应把传播科学思想当作自己的工作，他说："科学通过它所促成的技术改革，不自觉地和间接地对社会产生作用，它还通过它的思

---

① ［比］乔治·萨顿：《科学史和新人文主义》，陈恒六等译，华夏出版社 1989 年版，第215 页。

想的力量，直接地和自觉地对社会产生作用。人们接受了科学思想就等于
是对人类现状的一种含蓄的批判，而且还会开辟无止境地改善现状的可能
性。科学家一定要把发展和传播这些思想当作自己的工作，不过把这些科
学思想化为行动却要依靠科学界以外的社会力量。"① 可见，科学精神和
科学方法的培养，是科学教育的主要任务。但由于长期以来，我国科学教
育在评价标准上坚持以应试为导向，过分重视机械的智育而轻视对学生素
质的全面提高，科学教育就被缩减成简单的科学知识教育了。正如有学者
所说："学校中的科学教育只是贩卖知识，教师对于学生只负转运知识的
责任，科学的精神丝毫不曾得着。而所贩卖的只是科学的结论，'所以得
此结论的方法'学生并不曾了解，学生在年轻的时候听惯了这些结论，
都以为是推诸万世而皆准的话，结果只是养成了独断的精神。这真是科学
教育所得的最'不科学的'结果，决不合乎科学的精神。"② 这种教育模
式下培养的学生，只知道机械地学习书本知识而缺乏怀疑、求实和创新精
神。为此，在科学教育过程中，必须淡化应试教育观念，把科学精神融入
科学教育的内容之中，注重学生科学素质的全面提高。

第三，改革科学教育的教学模式。传统教育的"满堂灌"、"填鸭式"
教学方法，严重束缚了学生的积极性、主动性和创造性。在此情况下，老
师的强制灌输成为学生学习的唯一"动力"。因此，在科学教育中，要真
正贯彻"教为主导、学为主体"的现代教育原则，克服传统教育中严重
制约学生探索与创新精神的"教师中心主义"。要突出学生的主体地位，
从学生的实际需要出发，尊重、理解和关心学生，以充分激发学生的潜
能；要树立个性化教育理念，根据学生的不同个性、不同水平、不同知识
背景而因材施教；要给学生创造民主、平等的学习氛围，允许学生对老师
和书本提出质疑，鼓励学生敢于与众不同、标新立异，敢于大胆提出与别
人不同的观点。只有这样，才能培养学生相信科学、尊重科学、学习科
学、运用科学的素质和能力，才能让学生在学习、生活中主动求知，大胆
探索，不断创新，不断增强科学精神。

---

① ［英］J. D. 贝尔纳：《科学的社会功能》，陈体芳译，广西师范大学出版社 2003 年版，
第 314 页。

② 李正银：《科学教育应凸现科学精神和思想方法的培养》，《曲阜师范大学学报》2002 年
第 1 期。

第四，改进科学教育方法，让科学教育方法体现科学教育内容的基本要求。科学发展的历史证明，热爱科学的品质是在科学实践中培养的，离开了实践，科学就成了无源之水、无本之木。要把学生放到真实的社会实践情景中去，让学生用科学方法探索实际问题。科学的目的是为人类谋福利，故科学教育应引导学生关注社会现实，关心社会发展。只有让学生多参与实践活动，用所学的科学知识解决实际问题，才能培养学生发现问题、解决问题的能力，才能加强学生对科学的功能、价值、地位之认识。通过科学实践的锻炼，还能让学生在实践中享受科学探索的乐趣，激发科学创新的灵感，学会科学研究的方法，培养求真务实的品质，树立为科学献身的伟大理想。在教学过程中，教师应创造形式多样的具体情景，以启迪学生的思维，调动学生思考的积极性，进而培养其不计名利、忠于真理的科学精神。比如，科学教材中有许多关于科学家个人的介绍，这为我们提供了对学生进行科学精神教育的良好素材，如哥白尼对"日心说"的坚定信念、布鲁诺为传播这一新学说被教会监禁7年又被活活烧死的事迹等。

除上述四点外，还要将科学本身所蕴含的真、善、美与学生心智培养中的知、情、意结合起来，对学生进行全面的科学道德、科学态度和科学精神教育，从而丰富其思想情感，磨炼其人格意志，培养其严谨的学习态度和良好的道德品质。科学精神是学生良好认知能力、健全人格个性和良好社会适应能力的重要组成部分，学生只有具备了科学精神，才会有对真理的热烈追求，才会有关心人类、造福人类的宽广胸怀，才会有人格的完善与升华。而科学教育是传播人类文明的重要渠道之一，如果科学教育中缺乏科学精神和科学方法，就会显得苍白无力，也会在一定程度上影响我国社会主义现代化进程。因此，科学教育应提供给社会有追求、有理想、有怀疑精神、有创新能力、有道德责任感的社会成员，而不仅仅是对人类文明漠不关心的"科学知识拥有者"。

（四）提倡绿色消费和循环经济

"绿色"原指青草和树叶的颜色，它象征着蓬勃的生命、无穷的活力和优美的环境，是"无污染"、"无公害"、"环境良好"的代名词，是一种关爱自然、善待自然的生活方式。所谓"绿色消费"，包括以下几种含义：一是消费者在消费时要选择未被污染或有助于公众健康的绿色产品；二是在消费过程中要注意对垃圾的处置，不造成环境污染；三是要引导消费者转变消费观念，崇尚自然、追求健康，在享受舒适生活的同时，注重保护环境、节约资源和能源，以实现消费领域的可持续发展。"绿色消费"是人类面临生存危机，针对传统消费观进行全面反思而提出来的，是环境意识日益深入人心、人们生活方式逐渐变革的产物。它是可持续发展在消费领域的本质体现，它要求人们在满足自己生产、生活需要的同时，具有强烈的环境保护意识。它要求人们购买和消费符合环境标准的商品，不应以大量消耗资源和严重破坏环境来求得生活的舒适，而应立足于节约资源和能源，将消费心理和消费行为向热爱自然、追求健康、降低消耗、杜绝浪费的方向转变。绿色消费所蕴含的消费观和生产观，在对待人与自然关系问题上，不仅承认人的价值和目的，也承认自然界具有相对独立的价值和目的。因此，它要求对其他存在物抱有敬畏心理，将包括人在内的整个自然界看作一个统一的整体，这就从根本上区别于传统消费观那种片面的人类中心主义立场和对待自然的极端功利主义态度。"绿色消费"不仅肯定了人的生理需要，还强调人具有多方面的需求，包括心理健康、环境友好、发展的可持续性等。这就把人从片面的物质欲望满足中解放出来，克服了传统消费观对人的本质的单一化理解，强调了人们消费需求的多样性和人性的丰富性。

绿色消费涵盖了人们衣、食、住、行、用等各个方面。在食的方面，主张消费绿色食品。绿色食品是无污染、安全、优质、营养齐全的食品。它要求避免或最大程度限制化合物（如化肥、农药、植物生长调节剂、动物饲料添加剂等）的使用，尽量使用农家肥等天然物质。在衣的方面，主张使用生态服装。生态服装是无毒、安全，又能给人以舒适感的纺织品，它要求服装面料尽量使用天然动植物材料（如棉、麻、丝等），而避免使用化学合成材料；服装最好保持天然原色，如需漂白，则应采用氧漂方式；服装加工最好使用可进行生物降解的物质或天然物质，如需着色，颜色应以绿、蓝、红、黄等自然色泽为主；服装的图案、花纹最好以江河湖海、花鸟鱼虫、飞禽走兽、山川丛林等自然景观为主。在住的方面，倡导使用绿色住宅。绿色住宅强调人与自然的和谐，追求对资源利用的高效和可持续，并力求实现节水、节能、改善环境、减少污染和延长建筑寿命等目标。在建筑设计上，绿色住宅要求更多使用木料或其他生态建筑材料，并通过室内绿化、屋顶绿化和绿色装修等方式，将生态学和建筑学理念有机结合起来。在行的方面，倡导使用新一代由电力、太阳能、天然气、液化石油气、氢气、乙醇等能源驱动的汽车。还要求人们尽量减少私家车数量，多乘公共汽车，多骑自行车。在用的方面，主张使用绿色用品，包括绿色电脑、环保电视机、无氟利昂的家电、绿色家具、生态化妆品、无磷洗衣粉、节能电灯等，并少用或不用一次性制品或野生动植物制品等。

要使绿色消费成为现代人的主导生活方式，需要全社会的共同努力。而发展循环经济是实现绿色消费的重要途径，它是指在资源投入、企业生产、产品消费及废弃物处理的全过程中，把传统依赖资源消耗的线形增长经济，转变为依靠资源循环来发展的经济。要做到自然资源的可持续发展，就要用循环经济理念来指导各类自然资源的使用规划，建立科学的自然资源发展战略。在发展循环经济过程中，科技支撑体系显得尤为重要，这种科技支撑体系的核心是绿色科技。

绿色科技是20世纪中叶技术领域产生的一个新概念，是人类的一种新的技术形态，也是新科技革命所带来的创新性成果。绿色技术是既有利于保护生态环境，又能促进经济发展的技术。狭义来讲，它主要包括绿色产品开发和绿色工艺设计；广义上说，它还包括支持绿色环保的环境政策和绿色消费方式等。1994年，美国环保局将绿色技术分为"深绿色技术"和"浅绿色技术"两种。深绿色技术是指污染治理技术或"末端技术"，主要用来对垃圾进行无害化处理，或对工厂"三废"进行有效治理。浅绿色技术则是以预防为主的清洁生产技术，如病虫害预防技术、防风治沙技术、电动汽车开发技术、聚乙烯生产新工艺、高效节能技术、生物技术、逆向物流技术等。绿色技术的特点有：一是绿色技术是节约型技术，对物质、能量和信息的利用率高；二是绿色技术强调对环境的无害无毒化，能有效防止资源枯竭、环境污染和生态恶化；三是绿色技术群的使用，能有效实现资源的循环利用。

为了大力发展绿色科技，科学工作者应继续发扬科学精神，全身心地投入科学研发工作中，争取从理论上突破绿色科技的难关。技术人员则要深切领会相应的基础理论成果，将理论与实践密切结合起来，及时向基础科学研究者反馈实践中遇到的种种问题，以尽早实现绿色技术的攻关。当前，我国需要重点突破的绿色技术主要有三方面：

第一，环保技术。实现对环境的有效保护，是循环经济发展的一个主要目标。要实现生产过程中的环保，一是要从源头上开发少产生或不产生污染物的技术，即清洁技术；二是要在产生污染物的情况下，实现对有毒有害废弃物的净化处理，即环境工程技术。1985年，欧共体委员会曾对"清洁技术"作出定义："旨在减少甚至消除产生污染或浪费的根源，并有助于节省原材料、自然资源和能源的任何技术措施。"为了在全世界推行清洁生产，联合国环境规划署于1989年制定了《清洁生产计划》。目前，世界各国在清洁技术方面都已达到一定水平。有学者指出："清洁技术现在主要的努力集中在材料替代与能源替代两个方面，即用干净能源替代肮脏能源、用无害材料替代有害材料（如对损害臭氧层的氟利昂的替代等）。"① 因此，企业应大力实施以清洁技术为基础的清洁生产，而不是仅仅考虑成本问题。在循环经济模式下，既要求成本低，又要求不对环境造成污染和破坏，这一目标的实现，只能靠环保技术的发展。环境工程技术与清洁技术不同的是，它无须改变任何一道工业程序，只是在生产过程的末端添加有效的净化装置，使最终遗留下来的废弃物无毒无害，以有效防止环境污染。对企业而言，从短期利益来看，添加净化设备和废物处理装置似乎增加了成本，但从长期利益和人类整体利益来看，却能实现双赢。大自然就好比企业生存必不可少的一个"生产车间"，它能源源不断地向企业输送原材料。一旦人类对自然的破坏导致这一"生产车间"的"减产"甚至"停产"，造成资源或能源的"停止供应"，其后果将不堪设想。因此，我们要大力发展大气污染防治技术、水污染防治技术、环境污染综合治理技术等环境工程技术。

第二，废弃物循环技术。环保技术主要是解决环境污染问题，废弃物循环技术则主要解决自然资源短缺问题。循环经济的特点之一，就是要在经济活动中实现"资源—产品—再生资源"的不断循环，不断将废弃物"变废为宝"。要实现废弃物循环，可以从两方面着手：一是通过相应技术提取废弃物中的有用成分，将其处理后重新投入再生产中；二是将这一生产过程的废弃物转化为另一生产过程所需的资源。目前，我国亟待开发的废弃物循环技术，有填埋场沼气回收利用技术、信息产业废弃物循环技术、废电池回收利用技术、有机废物堆肥化技术、废弃建筑材料再利用技术等。

---

① 肖洋：《替代能源战略与中国可持续崛起》，《当代世界》2012年第8期。

第三，新能源技术。能源问题是一个全球性问题，它日益受到世界各国的密切关注。发展新能源技术，就意味着要开发出比现有能源利用效率更高、污染更小的新兴技术。人类开发和使用能源的历史大致经历了三个阶段，即分别以柴薪为主、煤炭为主和石油为主的时代。柴薪是一种低能能源，它所释放的能量只能满足人类基本的生活需要。煤炭和石油虽然具有高能量，但它们属于不可再生资源，这就意味着它们总会有枯竭的一天。而新能源技术以开发新的、可再生能源为目的，致力于开发高能量且取之不尽、用之不竭的新能源。目前人类正在大力发展的新能源技术，有核能技术、太阳能技术、风能技术、地热能技术、生物质能技术、海洋能技术等。另外，石油和煤等传统能源，在其燃烧过程中会产生大量硫化物、氮化物和碳氢化合物等有害气体，会对大气产生巨大污染。而新能源技术致力于开发无污染的清洁能源，以减少对环境的污染。

上述三项技术，都与保护环境、发展循环经济的目标相一致。保护环境与防止资源短缺是一体的两面，二者都可以在同一生产过程中得以实现，而发展绿色科技和循环经济就是对这一过程的技术支撑。对此，有学者深刻地指出："循环经济就是把清洁生产和废弃物的综合利用融为一体的经济。"[①] 当然，除了上述三项技术外，循环经济的发展还需要一个更完善的科技体系予以支撑。例如，我们还可以开发和推广能源节约和替代技术、能量梯级利用技术、延长产业链技术、"零排放"技术、有毒有害原材料替代技术、回收处理技术、绿色再制造技术等，以努力实现节能减排和自然资源的循环利用。但循环经济的发展不仅仅是一个科技问题，政府还必须强化管理和宣传，并开展形式多样的教育培训活动，以提高全社会对发展循环经济重要性和紧迫性的认识。通过这些方式，可以引导社会大众树立正确的消费观，进而自觉使用绿色产品，抵制自然资源浪费。

第四节　科学价值合理实现的实践进程

在新的时代条件下合理推动科学价值的实现，是中华民族 21 世纪的历史使命。只有坚持马克思主义的指导地位，立足当代人类实践，融会古

---

① 奈民夫·那顺、梁基业、邢恩德：《新形态的循环经济与循环经济学的研究》，《内蒙古农业大学学报》2002 年第 1 期。

今，致力创新，才能合理推动科学价值的实现进程。具体来说，应做到以下几点：

一　促进科学知识的合理生产

（一）高校要培养有创新精神的科学人才

要实现科学知识的合理生产，需要大量创新型人才。而高校是培养创新型人才的主力军，但我国绝大多数高校的现行体制不适合创新型人才的培养。

首先，很多高校缺乏创新型师资队伍。虽然近几年我国高校师资力量在学历层次上有所提升，但部分教师的科研能力不强，没有参与产品的研发和设计，缺乏自主创新意识，难以为学生提供创新型教育。创新型教师的缺乏，源于我国高校的师资考核体制过分强调集中性和统一性。在教学计划、考试管理、教学评价、工作量统计等方面，都显得过于机械，指标过于单一，缺乏对创新型教师的激励机制。这种激励机制只有通过与市场接轨，以及产学研结合，才能真正实现。

其次，从我国高校内部来看，学科与学科之间、专业与专业之间、科研与教学之间、各组织机构之间有着明显的界限，不能相互支撑、相互渗透，难以做到资源共享。以课程设置为例，目前我国高校的课程体系基本上按学科的内在逻辑来组织，侧重于对学科基础知识的传承，且不同课程之间壁垒严重。很多新兴学科、前沿学科课程数量偏少，边缘学科和交叉学科课程严重不足。这导致学生对各学科的新方向、新问题和前沿动态缺乏了解，也很难运用跨学科综合知识来分析和研究重大问题。从整个社会来看，大学教育与社会实践严重脱节。学生除了应接受良好的课堂教学外，还应广泛参与科学研究、社会实践，这样才能逐渐历练成长、发掘创造潜能。现实的复杂性决定了实践的综合性与多元性，学生在实践中接触到的，往往是多学科的知识。因此，积极参与实践是跨越学科壁垒、实现综合创新的重要途径。但由于目前我国高校的基础设施还比较薄弱，与科研机构、企业、政府的合作交流还不够，导致教学的社会实践环节严重缺失，这就进一步导致了创新型人才培养的困难。

再次，现行教学模式一般是老师在课堂上讲，学生在下面听。但创新需要不同思想的互动，只有在不同思想的激烈碰撞中才会闪现智慧的火花。而且，在以知识传授为主的教学方式下，教师更多注重自身知识的丰富和积累，较少关注通过好的教学方法启发学生的创造性思维。这样也不利于形成民主、平等、宽松、和谐的课堂氛围，不利于引导学生自主思考问题。

最后，我国大部分高校对学生综合素质测评的标准，仍以考试分数作为最主要的指标，这与创新教育的目的背道而驰。创新是一个从学习到思考再到产生智慧火花的过程，而应试是一个从背诵到默写的过程。单纯的应试极大地限制了学生的创新思维，只有在考核方式中引入更多的创造性、应用性问题，才能激发学生的创造力。

因此，高校要培养有创新精神的科学人才，就必须在制订培养方案时充分考虑学生在教学中的主体地位，制定能培养学生创新能力、创新精神的课程体系和教学内容。在教学方式上，应以学生为中心、注重学生创新能力和实践能力的提高。这种教学方式要求学生综合运用所学知识，利用各种操作技能，去解决问题、达成目标。在以学生为中心的课堂教学模式下，教师仅仅起到指导者、帮助者和促进者的作用，这使得学生的主动性、积极性和创造性得以充分发挥。在课程设置上，高校应将一定的创新性课程设为必修课，并在老师引导下让学生进行作品创作或科技攻关，这样有利于培养学生的创造力。

高校学科建设是学科发展的龙头，在学科建设过程中产生的创新成果，必须及时转化为教学内容。另外，高校可以通过体制机制创新，搭建形式多样的跨学科教学和科研平台，组建跨学科科研小组，开设跨学科课程，鼓励学生跨专业选课，从而使学生拥有广阔的学科视野和综合性知识结构。在实践教学方面，高校可以大力开展校企合作，通过共建实验室、科技创新基地，与企业建立战略联盟关系，开展大型项目合作。在此基础上，高校和企业还可以建立产学研结合的社会实践基地，把课堂教学与课外活动、校内教学与校外实践有机整合起来，增加学生的实践机会，为创新型人才的培养奠定坚实基础。高校应鼓励在编的老师、科研人员以"特派员"方式扎根企业，深化对企业的全方位技术服务，在企业建立大学生实习基地；积极吸纳企业科技人员来校讲授实践课程，以提高学生的动手能力和创造性思维，有效促进创新型人才的培养。

总之，对高校而言，只有在深入思考自身办学方向、办学类型、办学层次、办学特色等因素的基础上，联合相关部门，共同推动创新型人才培养，才能在创新型国家建设中作出自己的贡献。

（二）科学共同体要确立正确的科学规范

科学规范是指科学共同体在进行科学研究和科学奖励过程中自发形成的，用以约束和引导科研人员活动的传统、价值和规则的综合体。科学规范是科学家在科学活动中必须遵守的行为准则，是调整科学家行为的强有力方式。"小科学"背景下的默顿规范，包括普遍性、公有性、无私利性和有条理的怀疑主义。

普遍性规范要求，真理面前人人平等，即科学真理标准的一致性。在对科学成果进行检验和评价时，只能根据其内在价值来衡量，只能服从于这样一种客观的、非人为的标准——科学成果与观察和已被证实的知识相一致，而不应受科学家的威望、地位或种族、国籍、宗教、阶级、年龄等其他条件影响，更不应掺杂评价者的喜好或偏见。

公有性规范要求，科学家应公开科研成果，科学家只拥有科研成果的发现权，而不享有占有权，即"要求一项新的科学成果公开之后，其创造者或开创者个人不宣称占有这一新思想、新信息或新理论"[①]。默顿认为："科学上的重大发现都是社会协作的产物，因此它们属于社会所有。它构成了共同的遗产，科学家个人对这类遗产的权利是极其有限的。"[②]公有性代表了科学家的一种责任，同时也代表了科学家的权利——公有性强调科学成果的公有，每一个科学家都有权利去享用科学的公共财富，并通过交流来获得科学共同体的评价与认同。当然，公有主义也承认科学发现的优先权，发现有先后之分，科学界一般通过人名命名、引证、荣誉奖励等方式来承认新知识的发现者。

无私利性规范要求，科学家为"科学的目的"从事研究工作，而科学活动的目的在于追求真理和拓展知识，任何私利、偏见和欺骗都违背这条规范。科学家不应把科学研究活动作为谋取私利的敲门砖，科研成果不是少数人的私利，而是全人类的福利。科学家从事科学活动的真正动力主要来自于内在兴趣，科学家在科学行为上应当诚实、不欺诈、不弄虚作假。

有条理的怀疑主义规范要求，科学家要有怀疑精神，对所有知识，无

---

① ［美］R. K. 默顿：《科学社会学——理论与经验研究》，鲁旭东、林聚任译，高务印书馆2003年版，第251页。

② 同上书，第370页。

论其来源如何，在被逻辑和经验标准确证无误之前，必须经过科学共同体的仔细分析与考察。科学家应不受权威或外界其他因素的影响，一以贯之地对所有知识保持高度审慎的怀疑态度。默顿指出："科学研究事实上受到严格的控制，个人的诚实由科学的公共特征和可检验性支持着。"①

默顿所提出的四条规范，在客观上使科学界行为规范由模糊的自发状态上升为明确的自觉状态，其意义不可估量。但默顿规范是一种理想主义科学观的体现，适应了"小科学"时代的科学发展状况。默顿规范的前提是：科学是完全自主的个体在排除外界影响下进行的、追求关于客观世界真知的事业；扩充哪些"正确无误的知识"、用什么标准衡量"独创性"的大小，都属于科学共同体的内部事务，和外部因素没有关系；而科学家就是为纯科学奋斗终生、不计较个人利益的一群人。在"小科学"建制下，纯科学在科研中比重较大，且纯科学研究所需经费较少，所用仪器也很简单，这使得研究者有可能纯粹从自己兴趣出发从事科学工作。这种情况下，研究成果本身的独创性将成为最高价值标准，其社会效益、经济价值往往不被科学家们看重。"小科学"时代，科学的真理性价值表现明显，实用性价值并不突出；且科学研究中的目标选择、行为准则和成果评价，都在科学共同体内部形成，较少受社会的影响。默顿规范的制度性目标正是在这种"小科学"背景下提出的。

对"大科学"时代默顿规范的局限性，可以从三个方面认识。首先，默顿规范探讨的主要问题是科学的自主性问题，即科学如何尽可能摆脱社会因素干扰，自主解决科学问题。到了"大科学"时代，随着科学与技术融合的加深，随着市场经济的不断发展，科学的技术化、经济化、政治化特征越来越明显，默顿规范的这种想法受到了挑战和冲击。由于默顿规范过于理想化以及其科学目标过于单一化，就难免只强调科学的认识价值，却忽视了其经济价值。"大科学"时代，科学成为一种高强度的投资活动，研究所需经费已远远超出个人的承受能力，需要企业、社会机构甚至国家的资助。对于科学家来说，寻求资金支持，从而使研究能顺利进行，已成为关键甚至首要的问题。在这种情况下，研究什么、谁来研究、资源如何分配，这一切都不再是仅根据科学家兴趣来安排，而更多是由资

① Robert K. Merton, *The Sociology of Science——Theoretical and Empirical Investigation*, Chicago: The University of Chicago Press, 1973. 311.

助方决定，科学研究的自主性大大降低了。

其次，默顿规范非常强调原创性贡献，这只适用于科学精英，不适用于一般科研人员。"大科学"时代，从事科学研究的不仅仅是少数精英阶层，普通科研人员才是科研工作的柱石。但普通科研人员处于科学界社会分层的底端，他们往往很难有机会做出重大发现。且现实中的科研工作并不总是原创性的，还包括大量事务性工作。一项原创性贡献往往需要大量事务性工作来支撑，这需要大量普通基层科研人员的努力，就像普赖斯所描述的那样——"围绕着一台大型加速器，可能有成百的具有博士后水平的人像奴隶一样地工作着，但最后的原创性成果只能记在少数几个领头科学家名下"①。

再次，公有性规范要求科学家将其成果公开，无偿地奉献给科学共同体。但在"大科学"背景下，科学家保守科研秘密已成为一种常规，如核科学、信息科学，由于其巨大的政治和经济价值，对其进行保密似乎已经成为一种惯例。但这种保密并非是对科研成果的完全密封，新科研成果仍需要科学共同体的检验，仍需要被传播、评价和接受，只不过这种检验或评价仅仅局限在一定范围之内。

在科学发展史上，默顿规范曾作为指导性纲领，被科学家广泛认可和遵循，它是科学家们必须遵守的内在规范。"大科学"时代出现的一些与默顿规范相违背的现象，并不能说明默顿规范已没有价值，默顿规范的内在精神永远是科学家追求真知过程中的最高准则。科学规范不是僵死的、一成不变的，它应随着科学实践的发展而发展。因此，默顿规范也应具有开放精神，在新的时代环境下做出相应的调整和补充。为充分、合理地实现科学价值，可以将默顿规范的基本内核作为科研活动的内在精神气质，并补充以下几条新时代背景下科学研究的外部规范。

第一，社会公益性规范。随着科学社会价值的大大增强，科学活动与个人或公众利益的关系越来越紧密，科学应用产生的物质力量已大到可以轻易摧毁地球和控制人类进化的程度。例如，生育性克隆、人类胚胎干细胞研究、转基因科学等，都给人类带来了一些新的伦理问题。因此，科学家在推动科学发展的同时，不应仅仅局限于探求真理，还应考虑尽量减少

---

① ［美］伯纳德·巴伯：《科学与社会秩序》，顾昕等译，生活·读书·新知三联书店1991年版，第116页。

人类痛苦、为人类造福等科学的社会价值。科学家要更多关注其科研的社会和道德后果，而不仅仅是追求独创性发现。对于某项科研成果的应用，科学家有责任向公众讲清楚其应用的规则和滥用的危害，并站在公众利益立场上，影响政府相关决策。在选择研究领域时，科学家应排除万难，重点研究那些对公众生活有积极价值的项目，应以造福全人类为目的，而不仅仅为某些利益集团服务。像中国的马寅初先生，他不顾"万炮齐轰"的大批判，发表了《新人口论》，极力主张节制生育、提高人口素质，这是科学家社会责任的集中体现。中科院最近出台的《院士科学道德自律准则》，就是肯定科学家社会公益性规范的一个很好例证。

第二，诚信规范。"大科学"时代，随着科学与社会的联系日益紧密，科学研究主体已从科学家个人转变为科学共同体、企业、政府相结合的立体结构。诚信规范正是调节科学家与企业家、政治家之间关系的规范，它不仅要求科学家在运用其所学服务于企业和政府的过程中讲诚信，也要求科学家之间本着诚实守信的原则，公开、公平、公正地进行竞争，而不能通过故意隐瞒事实或歪曲事实真相的手段进行恶性竞争。诚信规范不仅包括在科研选题、立项、研究实施和成果报告等方面的学术诚实，还包括在研究项目申请、奖励推荐及成果公开时对自己贡献的准确性表述等。当今，科学与经济、政治和文化的联系日益紧密，科学已成为创造社会财富的关键性因素，若在科学研究中不诚实，不负责，生产的假科学知识对人类危害之大不可想象。

第三，合作性规范。"大科学"时代，由于科学研究领域跨度很广，科研工作往往不是一个或几个科学家可以完成的，由此便催生出一个集不同企业、不同院校、不同领域科学家构成的研究共同体。广泛的合作性成为现代科学研究的一个鲜明特征。当今时代需要的不是性格孤僻、单打独斗的孤胆英雄，而是富于组织能力、善于处理和协调各方面关系、合作性强的科学家。这种合作不仅仅是科学家之间的合作，还包括企业、政府、高校、科研机构之间的合作。合作性规范可以使各科研机构进行优势互补，降低科研成本，提高工作效率。从更大范围来看，科学、经济与社会合作性的增强，使产、学、研更加紧密结合起来，科学的产业化进程更加迅速。

第四，适度保密性规范。大部分科学知识是公开的，重大的基础科学知识往往具有公有性。但公开与保密之间存在一个张力问题，有时为了经济利益或国家安全，对科研成果适度保密是必须的。也就是说，既要保证公众享有信息自由的权利，又要避免由于信息公开造成对国家安全、公众利益、商业机密以及知识产权的侵害。信息公开是为了促进政治民主、经济发展和社会进步，保密是为了维护国家安全和利益，二者都是国家利益所在，不可偏废。在处理二者关系问题时，必须强调"适度原则"，保持二者的平衡。

上述四个规范都是为实现"大科学"时代科学研究的多元化目标（知识目标、经济目标、社会目标、生态目标和安全目标等）服务的。它们作为科研工作的外部规范，与科学的内部规范毫不矛盾，是科学家精神气质在新时期的外部表现和扩展，也是对默顿规范的继承和发展。诚信规范是对普遍主义原则的扩展，适度保密性规范是对怀疑主义精神的外化，合作性规范是对公有主义原则的延伸，社会公益性规范是对无私利性的拓展。

与其他社会实体相比，科学共同体对科学家行为的控制力较弱，控制机制也并不完善。这种控制，更多的是以一种无形的方式进行，其控制力仅存在于每个有素养的科研人员的思想和习惯中。当然，科学共同体还会对其成员的行为进行指导、约束或制裁，其成员之间也会相互影响、相互监督、相互批评。社会控制可以采取物质奖励和精神鼓励等积极措施，也可以采取警戒、惩罚等消极措施。对那些严格按照科学的价值观念和行为规范行事的人，科学共同体会给予其积极的评价和相应的科学荣誉。对那些有意违反科学规范的人，科学共同体的惩罚往往非常严厉，甚至会终结其科学生涯。因此，科学规范具有社会调节、社会整合、社会控制的功能。科学共同体也会积极运用科学规范来调节科学家的行为，以保证科学成果的真理性和科学家之间的良好关系。只有以科学规范严格要求每个科学共同体的成员，才能顺利实现科学的价值。

（三）科研人员要以科学内在精神推动科学创新

科学创新作为人类特有的实践活动，必然遵循着科学内在精神的规定性。科学的内在精神是真善美的统一，它要求科学创新以求"真"为根本，以求"善"为目的，以求"美"为精髓。科学创新的主体通过对"真"的追求，促进了人类物质文明的发展；通过对"善"和"美"的追求，促进了人类精神文明的发展。求真、求善和求美，是人类实践活动的永恒追求，也是科学的根本任务和宗旨。真正意义上的科学，既合事物、对象之"理"——条理、准则、规律，又合主体之"理"——需要、价值、目的，是合规律性、合目的性与合规范性的统一，也是真理性与价值性的统一。[①] 只有用真、善、美的统一来指导科学创新活动，才能最终实现人类社会的富强、民主、文明，才能促进人类从必然王国向自由王国的转变。

柏拉图说："良好的开端是成功的一半。"[②] 科学创新要取得预期成果，需要有良好的动机支持。内部动机包括兴趣、理想、意志、信念等几大要素。真善美融会于各要素之中，通过其内在的综合作用，共同推动科学创新动机的形成。人类对客观规律的掌握越彻底，自身的生存状态就越良好、越自由。科学创新是人类实践活动中的特殊形式，通过在实践基础上对客观必然性的把握，人类获得了关于客观世界真理性的认识，实现了对"真"的价值诉求。无论是严谨的治学态度，还是不懈追求真理的奉献精神，都是求"真"动机的体现。人类的认识在求"真"动机的驱使下不断得到深化，并向着真理的目标逐渐迈进。而科学发展的根本目的，在于运用创新性成果满足人类实践活动的需要，以实现"善"的价值诉求。"善"的动机要求科学创新主体具备高度的社会责任感和历史使命感，以维护社会正义为出发点和落脚点。在"善"的动机驱使下，绝大多数科研人员都怀有造福人类的目的，具备高尚的道德情操，并积极投身于科学创新的活动中去。科学活动揭示了自然界的"美"，科学创新主体的动机也必然包含着"美"的因素。科学创新主体通过对自然美和科学美的感受，衍生出对"美"的向往和追求，从而在自然现象中发掘出"美"的规律。正如孔子所说的"好之者，不如乐之者"，在对"美"的渴望和追求过程中，科学家也获得了愉悦和美感，这保证了他们探索自然规律的主动性和持续性。

真、善、美统一于人类探索世界的具体实践过程中。"真"是对世界的合规律性认识，"善"是对世界的合目的性追求，"美"是对世界的合美感性体验。求"真"的科学创新活动由于受社会环境的影响，不可避免地带有满足社会发展需求的特性。通常是社会有什么样的需求，科学创

---

① 夏建国：《科学是真利善美圣的统一》，《光明日报》2003 年 12 月 2 日。

② ［古希腊］柏拉图：《柏拉图全集》第 1 卷，王晓朝等译，人民出版社 2002 年版，第281 页。

新主体就会根据社会需求修正或改进个人的创新动机。因此，"善"作为一种外在诱因，不断影响着科技人员的创新动机。当"真"与"善"的动机发生矛盾时，就需要用"美"的标准对其进行调节。"美"作为联结"真"与"善"的纽带，也是重要的价值参照物。例如，基因科学的发展，在生物医学史上具有里程碑意义。科学家求"真"的动机要求我们对这一领域加深研究，直至掌握生命的全部奥秘。但基因技术的发展必然会对社会伦理道德造成冲击，如果人们滥用基因技术，按照自己意愿设计基因，将会破坏基因的稳定性。因此，可以通过"美"的调节作用，将科学家求"真"的动机控制在"善"所允许的范围之内，如规定对基因科学的研究只允许在医疗领域开展等。

在科学研究过程中，真、善、美也在思维方式上促进着科学的发展。科研活动是人脑对知识、信息进行加工、处理的活动，是人们在感性认识基础上进一步探讨事物内在规律的活动。科学工作者面对各种繁杂的信息和数据，首先必须去伪存真，辨别信息和知识的真伪。在"真"的基础上，科学工作者还要以"善"为标准，考察科学研究的目的和手段是否符合"善"的原则。在这里，"善"的标准要求信息和数据的获取过程必须正当、合法，且科学成果的应用要以为人类谋福利为宗旨，不能违背社会的公序良俗。而"美"作为对知识进行筛选的一个重要指标，通过对称美、比例美、简洁美、统一美、和谐美等，将那些无用的数据排除在科学研究之外。

求"真"的过程，是充满怀疑精神的过程。在科学活动中，怀疑"表现为对传统的概念、学说、理论在新的条件下失去信任，对其重新进行审查、检查、探索的一种理论思维活动"①。例如，费马大定理的证明过程，就是很多科学家不断怀疑、批判和求证的过程。如果没有求"真"的信念，就没有怀疑精神，也就无法激发科学家的创新灵感。而人类求"善"和造福社会的心理，也在一定程度上启发着人们的怀疑精神和创新灵感。当某一科学成果明显不能满足人类需要时，人们就会怀疑它，并重新审视它，以期待新成果的问世。在技术科学和应用科学领域，这种表现尤为明显。以交通工具为例，随着人们对速度的要求越来越高，火车从最初的蒸汽驱动到电力驱动进而发展到磁悬浮。求"美"也是推动怀疑精

---

① 田运：《思维辞典》，浙江教育出版社1996年版，第275页。

神的重要力量。例如，从门内克默斯发现抛物线，到欧几里得、阿基米德、阿波罗纽斯对抛物线的深入研究，再到开普勒发表《天文学的光学部分》一书，对抛物线进行全面阐述，就是科学家们有感于几何图形的形式美，因而不断深入探索的过程。一些学者甚至这样评价道："抛物线的发现是建立在希腊数学喜欢钻研漂亮、有趣对象的抽象性物质的基础上的。"①

科研人员在提出了大胆的猜想和假说后，还要验证其是否正确，这就需要在实践中小心求证。有学者指出："灵感所获得的观念，必须经过审美、逻辑、实践等方面的检验。"② 人类通过对"真"的追求，将猜想和假说在逻辑思维中进行自洽性检验，以探讨其逻辑是否严密。通过逻辑思维的检验，能够准确梳理出创新主体观点的论证过程。然后，通过实践的检验，以确定观察、实验的方式是否正确以及所获取的实验数据是否精确。在科学假说的求证阶段，科研人员还需要从科学伦理学角度对其进行审视，以考察科学成果究竟能不能在实践中解决问题，以及其社会作用究竟是正效应还是负效应。最后，由于"美"的原则渗透于主观世界和客观世界中，科学奥秘也往往通过"美"的形式展现出来，因而科研人员总会自觉运用审美方法验证科学假说的正确与否。例如，麦克斯韦在研究法拉第的"电磁方程组"时，发现第二个方程与第一个方程并不对称，于是对其进行修改并列出了正确的方程。如果不是麦克斯韦具有深厚的美学功底，就很难获得这样的伟大发现了。再如，普朗克基于对经典辐射公式"瑞利—金斯"公式和"维恩公式"之不完善性的研究，提出了其量子力学理论。可见，真善美通过对科学工作者思维方式的影响，促使他们在科学活动中积累知识，大胆怀疑，提出假设，激发灵感，从而实现了科学的创新。

总之，在新的时代环境下，科学价值的实现问题是每一个科学工作者必须认真审视和思考的课题。积极探索科学价值实现的途径和方法，使科学摆脱困境，并最大限度地发挥作用和效能，是每个科学工作者义不容辞的责任。真善美是科学价值实现的内在价值取向，也是解决科技异化现象的根本途径。那些不合理的科学实践活动，其根源都在于没有正确理解

---

① 许康：《美感——科技活动中的激励因素》，科学出版社 2000 年版，第 33 页。

② 刘仲林：《科学臻美方法》，科学出版社 2002 年版，第 152 页。

"真、善、美"的科学内涵，或在科学的应用过程中人为割裂了三者的关系。"真、善、美"通过互补与相济，有机地统一于科学价值实现的每个环节中，并有效地指导着科学实践的发展。科学实践要实现求真、臻善、达美的价值目标，不仅需要科学创新主体自身的不懈追求和努力，也需要外部社会环境的大力支持。只有通过内外两种因素的共同作用，才能实现科学实践向真、善、美价值目标的靠近。反之，如果只强调科学创新主体的作用，缺乏外部社会环境的支持，就会严重影响科研人员的工作效率和积极性，使科学创新显得举步维艰。反之，如果片面强调外部社会因素的推动力，而忽视了科学创新主体的内在价值观，也会导致科学价值无法顺利实现。

（四）政府要推进科学研究的协同创新

当今世界正处于大变革大调整时期，世界多极化、经济全球化深入发展，综合国力竞争和各种力量较量日趋激烈。在这种背景下，科学创新模式已突破传统的线性和链式模式，呈现出非线性、多角色、网络化、开放性的特征，协同创新已成为提高自主创新能力、建设创新型国家的全新管理模式。2011 年 4 月，胡锦涛总书记在清华大学百年校庆的讲话中指出："政、产、学、研、用"各主体都要瞄准世界一流，创新体制机制，促进资源共享，开展协同创新。[①] 在科学研究中，只有充分调动企业、大学、科研机构等创新主体的积极性和创造性，跨学科、跨部门、跨行业地实施协同创新，才能真正融入当今世界发展潮流。

"协同创新"由美国麻省理工学院斯隆中心的研究员彼得·葛洛最早给出定义，即"由自我激励的人员所组成的网络小组形成集体愿景，借助网络交流思路、信息及工作状况，合作实现共同的目标"[②]。我们这里所讲的"协同创新"，是企业、政府、知识生产机构（大学和科研院所等）、中介机构和用户等，为了实现重大科学创新而开展的大跨度整合的创新组织模式。它通过社会体制的引导和安排，促进企业、大学、研究机构发挥各自能力，整合资源，实现各方的优势互补，从而协作开展科学创

---

① 杜占元：《在全面提高高等教育质量工作会议上关于"2011 计划"有关情况的说明》，《中国教育报》2012 年 5 月 22 日。

② 李祖超、梁春晓：《协同创新运行机制探析——基于高校创新主体的视角》，《中国高教研究》2012 年第 7 期。

新，并加速科技推广和产业化。

只有以政府为主导，推动高校、企业、科研院所的密切合作，才能在全社会构建协同创新的机制体制，从而形成互助互补、类型多样、充满活力的创新体系。这种体系有利于解决国家重大需求和大型科技攻关课题，是提升国家创新能力的有效途径，这一点也为国内外诸多协同创新实践所证明。19 世纪，以柏林大学为代表的一大批协同创新的研究型大学推动了德国经济迅速发展；在当代，以"产学研"协同方式服务于美国先进制造业的麻省理工学院和服务于美国信息产业的斯坦福大学，在美国科学发展中功不可没；资本、市场和斯坦福大学等一流高校科技的良好对接，导致了美国硅谷的成功。[①] 但与发达国家相比，我国社会各方面的科研力量自成体系、分散重复，整体效率不高。刘延东同志在 2011 年 6 月视察北京交通大学时也指出，我国当前科学研究中的最大问题，一是分散，大家都在搞；二是封闭，互相之间没有形成合力；三是低效，国家投入很多，但投入和产出不匹配。[②] 因此，"2011 计划"要求，在协同创新的具体实施中要实现三个转变：即科学研究、人才培养等工作要超越学科导向，逐步向需求导向为主转变；组织管理从个体、封闭、分割的方式向流动、开放、协同的方式转变；创新要素与资源从孤立、分散的状态向汇聚、融合的方向转变。具体来说，应从平台的搭建、利益的协调、模式的创新三方面入手。

第一，平台的搭建，是实现协同创新的基本条件。协同创新要求不同主体进行全方位交流、多样化协作，这需要利用现代信息科技构建产、学、研、用的协同创新平台。只有建立多学科融合、多团队协作的协同创新平台，才能提升协同创新水平，产出高水平的科学成果。政府部门也应利用管理职能，恰当整合高校、企业和科研院所的资源，建立若干能面向所有机构的资源共享和交流平台。当今时代，信息高速公路日益成为联系不同单位和个人之间的纽带，这种沟通方式灵活方便、成本低、效率高。利用信息高速公路逐渐打破不同组织机构的地域限制，是实现协同创新的良好方式。比如，在学校层面建立跨学科交流平台、大型科研平台，实现

---

① 宁滨：《高校在协同创新中的地位和作用》，《人民日报》2012 年 4 月 19 日。

② 杜占元：《在全面提高高等教育质量工作会议上关于"2011 计划"有关情况的说明》，《中国教育报》2012 年 5 月 22 日。

实验材料、实验数据等的共享。再比如，高校、科研机构、企业之间，可以共建实验室和大型研发基地，以实现实验资源和信息情报的共享。①

第二，利益的协调，是实现协同创新的根本保证。在协同创新中，应建立良好的风险分担机制、利益分配机制和风险投资机制，政府和产、学、研、用各方都应有明确的利益范围与责任边界。在协同创新中，大学首先要有开放的心态和服务社会的热情，耐心说服企业和政府，向其展示成功带来的收益，使其愿意投资并承担风险。不同主体间应定期沟通，及时解决协同创新中出现的问题。对知识产权、中试成果、最终产品等的利益归属问题，不同主体应有长远眼光和宽广胸怀，勇于放弃一些眼前利益，使协同创新组织保持可持续发展。只要协同创新的目标实现了，各方将都是赢家，都能实现利润。政府和企业应积极承认科学家研究成果的经济价值，实现科学家个人贡献与收益的挂钩。对于基础性、公益性或者以论文、获奖等知识产权形式呈现的科研成果，应建立合理的利益分配机制。在论文发表、奖励申报的时候，应充分考虑群体成员在成果产出过程中的贡献，依据贡献大小排名。

第三，模式的创新，是实现协同创新的现实途径。在协同创新中，协同是手段，创新是目的。协同创新的有效模式，要求各协作方拥有共同目标、具备内在动力、便于直接沟通。在人员配置上，协同创新需要以"大师"为领袖或核心，这种领军人物必须在本研究领域取得过卓越成就，懂得科研规律，深谙行业需求，且深孚众望。在其领导下，各合作方的科学家、企业家、投资家还必须形成合理、互补的人才梯队结构，才能构建跨领域、跨行业、跨地域乃至跨国界的协同创新体系。在科研模式上，应建立从科学到技术到产业的完整转化链条，以实现从实验室到孵化基地再到产业园区有序运转。这样既符合科学发展的自身规律，又能有效分担科学创新和技术转化的资金风险和市场风险。

二 促进科学知识的合理应用

（一）以道德责任感规范科学成果的应用

从社会分工来看，科学家的主要职责是从事研究，但科学是社会的

---

① 王迎军：《构建协同创新机制，培养拔尖创新人才》，《中国教育报》2011 年 4 月 23 日。

一部分，科学研究必须要能推动社会前进。在"大科学"时代，科学家再也无法把他们的工作及其成果从政治、经济和社会中剥离出来，像古代科学家那样默默地为科学献身。当今，科学研究已不再是"供一位英国绅士消遣的适当工作"了，它已成为一项社会职业，成为社会生产和生活不可缺少的组成部分。苏联科学家谢苗诺夫于1963年曾说："一个科学家不可能是一个'纯粹的'数学家、'纯粹的'生物学家或'纯粹的'物理学家，因为他不能对他工作的成果究竟对人类有用还是有害漠不关心，也不能对科学应用的后果究竟使人民境况变好还是变坏采取漠不关心的态度。不然，他要么是在犯罪，要么就是玩世不恭。"① 齐曼也指出："现代科学研究已更多地和社会其它过程紧密结合起来。科学家不再是社会的局外人，不再被允许沉溺于他自己的个人嗜好、随心所欲地随他自己的意志行事。在广泛的社会活动中，科学家作为一个专家、顾问、发明家甚至决策者，已经成为一个中心人物了。"② 因此，科学家必须把自己的劳动视为一种社会行为，不但要遵守一定的社会行为规范，还要以自己的科研成果促进社会的良性运转。在从事科学研究时，科学家有责任确保自己的劳动成果能真正造福人类，有责任关心整个社会政治、经济和文化的走向，有责任促进科学的"善用"而防止科学的"恶用"和"滥用"。德国物理学家玻恩曾说："虽然我自己并未把科学知识用于研制像原子弹或氢弹那样一些毁灭性的武器，但是我感受到我对这些东西负有一定的责任。"③ 这充分体现了一位伟大科学家的社会责任感。未来科学发展的大趋势，要求科学家不仅要有扎实的专业知识，还要有高度的社会责任心。在科学价值实现过程中，科学家要善于把科学精神与人文精神结合起来，不仅要关心科学的工具理性，还要关心科学的价值理性，关注科学成果对人类命运的影响。具体来说，科学家应做到以下几点：

第一，注重科研选题的人类公益性。科学活动是造福人类的事业，马

① 刘克明、金辉：《苏联政治经济体制七十年》，中国社会科学出版社1990年版，第135页。

② ［英］约翰·齐曼：《元科学导论》，曾国屏等译，湖南人民出版社1988年版，第154页。

③ 陈光：《科学技术哲学——理论与方法》，西南交通大学出版社2003年版，第57页。

克思主义道德观的一个基本原则就是"为世界上大多数人谋福利"。江泽民同志指出:"在21世纪,科技伦理问题越来越突出,核心的问题是,科技进步应服务于全人类,而不能危害人类自身。"① 科学家由于掌握了专门知识,因此他们比社会大众更能准确地预见科学成果的社会效应和政治后果。例如,维纳创立了"控制论",他就认识到,"控制论"的应用将导致机器在一定程度上代替人的劳动,从而会造成产业工人大量失业。他还将这一可能的影响公布出来,告知美国劳工组织,这是一种对社会负责任的表现。因此,科学家要尽可能利用有限的资源,选择有利于人类福祉和公众身心健康的研究方向。美国物理学家哈罗德·克莱顿·尤里指出:"我们的目的不是为了谋生和赚钱。这仅仅是我们达到目的的手段,仅仅是附带产生的。我希望消除人们生活中单调乏味的工作、痛苦和贫困,带给他们欢乐、舒适和美。"② 卡瓦列里也指出:"科学家应该为公众的利益趋利避害,不要参与具有可疑技术困境的研究项目。"③ 对于具有某种潜在危险性的研究,科学家应对其暂缓进行、临时中止或者果断放弃。如果有必要,可以由科学共同体通过充分交流和讨论,制定一些临时条款或时效不一的准则,对这类研究进行禁止性管制。事实上,很多科学家在了解了某一研究的后果后,经过仔细评估和慎重考虑,会主动设限,禁止此类研究。例如,1970年,生物学家保罗·伯格在斯坦福大学以新的研究路线研究高级动物蛋白质的合成机制。但后来课题组成员发现,这项研究中"引起猴子肿瘤的病毒SV40"如果逸出实验室会损害公众健康,便决定放弃这项研究。当然,要保证科学研究的正确方向,既依赖于科学家自身的道德,也有赖于科学共同体整体的自觉和社会对科学家群体的正确引导。

第二,推动科学成果的合理应用。爱因斯坦曾说:"如果想使你们一生的工作有益于人类,那么,你们只懂得应用科学本身是不够的。关心人的本身,应当始终成为一切技术上奋斗的主要目标;关心怎样组织人的劳动和产品分配这样一些尚未解决的重大问题,用以保证我们科学思想的成

---

① 《江泽民文选》第3卷,人民出版社2006年版,第104页。

② 黄顺基、刘大椿:《科学技术哲学的前沿与进展》,人民出版社1991年版,第146页。

③ L. F. Cavalieri, *The Double - Edged Helix*, *Science in the Real World*, New York: Columbia University Press, 1981, pp. 98 - 99、p. 147.

果会造福人类，而不致成为祸害。"① 因此，科学家要关心科学成果的技术应用，并竭力制止科学的异化。梅尔茨说："科学思想惟有按照严格的和谨慎的方式应用才能导致宝贵的结果，而一旦它们从'按这样方式应用它们的人'手中跑出来，就容易造成恶果。因为这种工具是那样锋利，所以应用它来加工物件似乎那么容易。科学思想的正确应用只有通过坚毅的训练才能学会，并且这种应用应当由不易养成的自我约束习惯来支配。"② 卡瓦列里也指出："科学家应该感到在道德上受到约束，务必注意他的好奇心的理智方向；他应该不再简单地把他的商品提供给技术专家。他应该选择没有不可逆转的损害潜力的进路。"③ 布罗诺乌斯基则从科学家的人格操守角度谈道："科学家对出资人绝不能卑躬屈膝，要保持自己的独立性，必须作为公众希望的保护人和模范而行动。"④ 以生物科学为例，随着基因技术的发展，使得人类胚胎克隆、人畜细胞融合已成为可能。如果人类基因组被其他动物的基因侵入，或能表达人类性状的基因被重组进入其他物种，就会破坏物种的稳定性，对自然界造成很大威胁。因此，当今世界各国的科学家都纷纷反对克隆人以及克隆技术的滥用。他们认为，科学家应在增进人类整体利益、不危及物种发展的前提下应用生殖技术、克隆技术和基因技术。当这种应用可能危及人类尊严、破坏生态平衡、造成人类和平危机的时候，科学家就有责任停止其应用，并向社会公开这一应用可能存在的危害。

第三，积极参与和影响政府的决策。当代科学家不仅要对科学知识及其应用承担责任，还应主动参与科学决策过程，影响政府的决策行为。由于科学家的社会地位相对一般公众来说更具特殊性，因而他们能在一定程度上参与政治家们的决策。从政府制定科技政策、建立相应的科学管理机构到制定国家中长期科学发展规划，科学家都应当积极参与其中。面对政

① ［德］爱因斯坦：《爱因斯坦文集》第 3 卷，许良英等译，商务印书馆 1976 年版，第 312 页。

② ［英］梅尔茨：《十九世纪欧洲思想史》第 1 卷，周昌忠译，商务印书馆 1999 年版，第 124 页。

③ L. F. Cavalieri, *The Double – Edged Helix*, *Science in the Real World*, New York：Columbia University Press, 1981, p. 137.

④ J. Bronowski, The Disestablishment of Science. W. Fuller ed. , *The Social Impact of Modern Biology*, London：Routledge & Kegan Paul, 1971, pp. 233 – 246.

府咨询时，科学家应毫不避讳地指出新课题的研究和应用可能带给人类的各种正面和负面影响，以供政府决策时作参考。这就要求科学家有良好的专业素养和社会责任感，能准确预见并及时说明新课题研究可能产生的各种后果。要实现科学家对政府决策的合理参与，必须设立相应的咨询机构，以保持科学家和政府公务员的定期沟通。在此过程中，要求科学家自觉、主动地关心公共政策，也要求政治家尊重科学家的意见。为此，皮特·莫尔提出了科学决策的"两步走"模式："科学家的责任是保证，仅考虑真正的知识，在构造可供选择的模型时服从科学的伦理准则。另外，政治家对在不同模式之间做出决定负责。"① 在莫尔看来，科学家的事实判断与政治家的价值判断之间往往存在分歧。因此，科学家只要做到了"为事实陈述的真理负责"，就算履行了自己的应有职责；而政治家会基于这种真理性认识去实现一定的价值，这种价值的指向可能是私利也可能是公利，因而政治家要为自己的抉择负责。科学家在给政府提供科学咨询和发表专业看法时，应尽可能坚持科学的客观性。对此，雷斯尼克指出："科学家必须维护他们对客观性的承诺，以避免沿着斜坡下滑到偏见和意识形态。虽然道德的、社会的和政治的价值能够对科学产生影响，但是当科学家进行研究或被请求给出专家意见时，他们应该继续力求是诚实的、开放的和客观的。"②

第四，主动向公众宣传科学知识。科学家应该用通俗易懂的语言，不定期地向纳税人和公众说明自己的研究方向、工作意义、预期结果和成果应用前景，以便让公众明白相关研究的来龙去脉，并对这些研究及其应用进行有效的监督。沃尔珀特深刻地阐明了科学家这一责任："他们必须把他们工作的可能含义告诉公众，尤其是在敏感的社会争端出现的地方，他们必须清楚他们研究的可靠性；必须审查在什么程度上，对于科学本性的无知和它与技术的结合会误入歧途。"③ 1973 年在英国成立的"科学与社会责任委员会"也把这种责任明文记录在案："科学家要试图在尚未完全

---

① ［美］皮特·莫尔：《科学伦理学》，黄文译，《科学与哲学》1980 年第 4 期。

② D. B. Resnik, *The Ethics of Science*, London and New York: Routledge, 1998, pp. 149 - 150.

③ L. Wolpert, *The Unnatural Nature of Science*, London, Boston: Faber and Faber, 1992, p. 152.

开发的科学与技术研究领域里，识别出那些将产生什么样的重大社会后果；客观地研究它们；努力预测其后果是什么；它们是否可以控制和怎样控制；发表忠实可靠的报告，以便引起公众的广泛思考。"① 西博格也告诫道："你们（指科学家，下同）将更好地准备完成你们的公民责任：帮助向公众阐明科学和技术发展的更广泛的含义。你们做这件事的能力不仅将使你们成为更有价值的公民，它也将使你们提升科学和科学家在我们社会中的地位。"② "大科学"时代也是"公众科学时代"，社会各界无论在思想上还是行为上，都要为适应这一变化而做好准备。科学成果向公众的开放，不仅能提高科学家的公众形象，也能使公众对科学形成正确的舆论。以克隆研究为例，"克隆羊"诞生后，全世界各地的新闻媒体进行了大量的报道和评述，其中也不乏失实和夸张的成分。这使公众的注意力没有放在克隆技术本身上，而是更多地关注所谓"克隆人"的问题，这对克隆技术的进一步发展很不利。"多莉风暴"给我们的启示是，科学家们对新科技成果应加强宣传，使大家知道基因、克隆是怎么回事，让大家真正理解克隆和基因技术对自然界和人类的正面意义，这样才能让公众更好地支持相关技术的发展。再比如，科学家在向公众宣传核能的作用时，必须讲明和平利用核能的适用范围和条件，如果语义含糊地说它是安全或危险的，就容易误导公众舆论。除此之外，当科学家在某一领域取得公认的科学成就后，也有责任将其纳入人类科学知识体系之中。科学家可以通过将新科学成果进行课堂讲授或编入教科书等方式，把自己的创新性成果传授给受教育者。这既是科学传播和普及的需要，也是培养科学人才，确保科学研究后继有人的需要。许多著名科学家，不仅自己作出了杰出的贡献，还培养了大批后继者。据统计，汤姆逊和费米的学生各有 6 人获得诺贝尔奖，玻尔的学生有 7 人获得诺贝尔奖，有 11 位诺贝尔奖得主曾受教于卢瑟福。一些科学家编写的教科书和通俗读物，也为科学人才培养起到了重要作用，如欧几里得的《几何原本》、卡文迪许和 P. G. 泰特合著的《自然哲学基础》、马赫的《发展中的力学》、爱因斯坦和英费尔德合著的

---

① ［美］莫里斯·戈兰：《科学与反科学》，王德禄译，中国国际广播出版社 1988 年版，第101 页。

② G. T. Seaborg, *A Scientific Speaks Out*, *A Personal Perspective on Science*, *Society and Change*, World Scientific Publishing Co. Pte. Ltd. , 1996, p. 238.

《物理学的进化》等。

值得注意的是，科学家群体应形成整体的力量，以便更好地承担对社会的道德责任。今天，虽然科学与社会已紧密联系在一起，但科学研究毕竟是一项专业性很强的事业。在现实中可以看到，不同领域的科学家之间、科学家与工程师之间、自然科学家与社会科学家之间的联系并不多，科学家与非科研人员的联系就更少了。但科学家群体要实现对社会的影响，必须紧密联合起来，这样力量会更大。

（二）以可持续发展防范科学负价值的产生

"可持续发展"理念是 20 世纪 80 年代提出的。1989 年 5 月，联合国环境署发布了《环境署第 15 届理事会关于"可持续发展"的声明》，指出"可持续发展"的含义是："经济、社会的发展必须同资源开发利用和环境保护相协调，在满足当代人需要的同时，不危及后代人满足需要的能力。"可持续发展思想符合经济、社会、环境和生态协调发展的内在要求，是人类在发展观上的重大进步。我国于 1992 年发布了《中国 21 世纪议程》（以下简称《议程》），《议程》立足于我国国情，提出了促进经济、社会、资源、环境、人口、教育相互协调的、可持续发展的总体战略。可持续发展战略，是从根本上消除科学异化、有效防止科学负价值的根本途径。立足于可持续发展战略来消除科学的负价值，应做到以下几点：

第一，在科学的应用中贯彻人道主义精神。乔治·萨顿曾说："不论科学变得多么抽象，它的起源和发展过程本质上都是同人道有关的。每一项科学成果都是博爱的成果，都是人类的德性的证据。……科学和学术的每一门类都是既同自然有关，又同人道有关的。"① 不过，科学本身的人道性质，并不能保证科学以人道的方式得到应用。科学应用过程中的诸种科学异化现象，恰恰是反人道主义的表现，它们不仅使人类的外部生存环境受到破坏，也使人类在心灵和精神上付出了惨重代价。要克服这些科学异化现象，必须在科学应用中贯彻人道主义精神，"必须把科学的物质奇迹与人性的精神需要平衡起来"。科学应用的最终目的，是满足人类长远的物质需求和精神需求，人们不应该仅仅关注科学的直接功利价值而忽视

---

① ［比］乔治·萨顿：《科学史和新人文主义》，陈恒六等译，华夏出版社 1989 年版，第 215—216 页。

其长远价值，也不应该在满足物质需要的同时付出心理失衡和人性扭曲的代价。在科学应用中贯彻人道主义精神，还要求人们努力超越自身的特殊利益，自觉维护人类的共同利益。贝尔纳指出："在国与国的关系中，就像在人与人的关系中一样，为了保持和睦，就得把自己的自由稍微牺牲一点。如果要使世界维持和平并且让文明存在下去，就得放弃对于国家主权的普遍偏爱。地质学家们告诉我们：他们能够从进化史中查出某些已经灭绝的物种的痕迹。这些物种正是由于拥有充足的和有效的防身器官和攻击器官才遭到灭亡的。这里包含着一个应该在日内瓦加以考虑的教训。"①在现代社会中，科学的应用往往被打上政治和军事的烙印，因而强调对人类共同利益的维护显得尤为重要。

第二，加强对科学应用结果的评估和监控。对科学成果应用可能产生的种种利弊进行预先评估并对科学的应用过程进行全程监控，能有效克服科学异化，防止科学负价值的产生。在对各种新科学成果进行鉴定和评价时，人们应有更广阔的视野，确立更科学的标准，不仅要着眼于其潜在的经济效益，更要着眼于其可能的社会效应；不仅要估计到其应用给人类带来的利益，还要估计到可能对生态和社会造成的危害。在对科学成果进行评估和监控的过程中，科研人员要有发言权，因为他们往往是最了解科学潜在价值的人。科研人员不应该仅仅是掌握一定专业知识、拥有创造和设计能力的人，还必须是集科学、生态、人文等多种知识于一身的人，是具有高度正义感和责任心的人。对那些可能导致严重后果的科学成果，在将其交付使用和推广之前，科研人员有义务要求社会采取必要的保障和防范措施。如果没有这些保障和防范措施，宁愿禁用这些科学成果。为了对科学的应用过程实施有效监控，国家还必须加强有关法制建设（如环境立法、资源立法、自然保护区立法等），使那些滥用科学的人受到应有的法律制裁。

第三，消除科学异化产生的社会制度根源。不合理的经济制度和政治制度，是科学异化产生的社会根源。恩格斯在谈到如何克服科学异化时指出："要实行这种调节，仅仅有认识还是不够的。为此需要对我们的直到目前为止的生产方式，以及同这种生产方式一起对我们的现今的整个社会

① ［英］J. D. 贝尔纳：《科学的社会功能》，陈体芳译，广西师范大学出版社 2003 年版，第 368 页。

制度实行完全的变革。"① 可见，要彻底扬弃科学异化，必须变革资本主义私有制。控制论创始人维纳指出："科学的发展，对善和恶都带来无限的可能性……不能从市场的观点，从节省了多少钱的观点来看待这种新的可能性……出路只有一条：建立一个以不同于买卖关系的人的价值为基础的社会。"② 显然，这样的社会只能是社会主义和共产主义社会。正如贝尔纳所说："在社会主义经济中……随着科学为利润服务的弊病的消除，为了造福人类而最大限度地发展生产就变成头等必要的大事了。"③ 事实上，科学价值的实现与科学异化的扬弃，是一种具体的、历史的统一，它既受制于科学本身的发展程度，也受制于人们之间的社会关系（主要是生产关系）。在资本主义私有制条件下，不仅科学的价值发生了严重异化，人与人之间的关系也被严重扭曲，科学的发展及其应用不但不能给人带来自由，反而使完整的人格愈来愈被机器所肢解，使人愈来愈成为不完全的、支离破碎的人。只有彻底消除科学异化产生的根源，特别是从根本上消灭资本主义制度，建立"一个更高的、以每个人的全面而自由的发展为基本原则的社会形式"，才能使科学的正面价值得以真正实现，才能使科学的发展真正成为人的全面发展的巨大推动力量。

第四，要防范科学负价值的产生，在具体做法上还得借助于新的科学成果。1975 年，美国化学家格伦·西博格在第 11 届诺贝尔年会上指出："科学的进步和发展，对于解决人口过剩、能源危机、环境污染等全球性问题将起主要作用。" 近年来，一系列新科学成果所展示的价值，有力地证实了西博格的预言。例如，20 世纪 80 年代兴起的生态工业和生态农业，在解决生态环境问题方面已显示出巨大的价值，为实现自然环境的可持续发展提供了光明的前景。人类只有正确认识自身的干涉行为对自然界的影响作用，并自觉运用科学的力量去控制这种影响，才能使科学沿着促进人类社会与自然界双赢的方向发展。

（三）以生态科学观指导科学社会效益的发挥

科学观是关于科学及其发展，以及科学与社会关系的总看法、总观

---

① 《马克思恩格斯选集》第 4 卷，人民出版社 1995 年版，第 385 页。

② ［美］N. 维纳：《人有人的用处——控制论与社会》，陈步译，北京大学出版社 2010 年版，第 162—164 页。

③ ［英］J. D. 贝尔纳：《科学的社会功能》，陈体芳译，广西师范大学出版社 2003 年版，第 323 页。

点。科学观包括两方面内容：一是关于科学本来面目的根本观点，它回答"科学是什么"的问题，属于真理论范畴；二是关于科学价值的根本观点，主要回答"人们应当怎样对待科学"的问题，属于价值论范畴。生态科学观是对传统科学观的扬弃和发展，它以社会、生态和人的和谐发展为目标，在内涵、目标和原则上，均与生态文明的内在要求相一致。要以生态科学观指导科学社会效益的发挥，必须做到以下几点：

第一，以生态科学观为指导，实现人与自然的协调发展。生态科学观以生态文明为导向，其核心目标之一是力求实现自然生态的平衡。生态科学观克服了以往只看到自然界"消费价值"的观点，将人与自然的利益和命运紧密联系起来。生态科学观要求人类自觉形成生态化思想，正视自然资源的有限性和紧迫性，在实践中着眼于降低消耗、节约资源，主动提高能源利用率，促进清洁型生产。只有这样，人类才能走出污染严重的粗放型发展模式，走向高效率、低消耗、低污染、循环再生、整体协调的可持续发展模式，并让整个社会走上生产发展、生活富裕、生态良好的文明发展道路。另外，在处理人与自然关系时，生态科学观要求尊重和关心生物群体，保护地球资源的可持续性和地球生物的多样性，实现整个自然生态的良性循环。在具体做法上，我们要实现社会物质生产从传统方式向"生态化"方式转变，让一切有害环境的生产流程销声匿迹，把对非再生资源的消耗降到最低。同时，要大力发展生态工业、生态农业和环保产业，大力应用绿色科技、循环技术、环境协调技术，实施清洁生产，推广绿色消费，最终解决困扰人类的环境和资源问题。

第二，以生态科学观为指导，实现经济发展方式的转变。粗放型经济发展方式是一条不可持续的发展道路。要建设生态文明，必须以科学为先导，充分利用信息资源，以最少的资源消耗和环境代价实现经济的稳步增长。生态科学观遵循生态原则、整体原则和人本原则，倡导绿色生态化技术，这就决定了它既能带来经济的稳定增长，又能促进经济发展质量的提高。生态科学观倡导绿色生态化技术创新，这不仅没有削弱科学技术创造财富的功能，还通过拓展绿色生态消费市场，使绿色技术获得了市场竞争优势。随着人类文明的转型，人们的消费观念会逐渐向绿色化变革，企业只有通过绿色生态化技术创新，才能满足新的社会需求。21世纪是绿色生态消费占主导的时代，企业开拓新的消费市场的过程，也是不断创造社会财富和建设生态文明的过程。另外，绿色生态化技术创新的开展，必然会带动各种技术创新活动，从而推动多部门、多行业产业结构的优化升级，这会反过来拉动全社会的经济增长。因此，企业应积极转变生产经营模式，把"绿色生产"和"节能减排"作为基本的价值理念，走低能耗、可持续的发展道路。这既体现了企业的社会责任感，也是企业完成自身跨跃式发展和生产转型的一种契机。从利益取向看，企业要获取利润，它会按自身利益最大化的原则从事生产经营活动。企业自身利益的最大化原则，不同于纯粹的利己主义，而是将企业生产、社会利益、生态文明建设紧密结合的价值取向。从长远来看，企业要实现自身利益的最大化，必须按可持续发展原则确定自身的生产方向。追求节能环保不仅能降低企业生产成本，还能为企业规避很多风险，如政府部门对企业的整改、各种不必要的官司等。从具体措施来看，企业应将资源可持续性利用纳入高层决策，并把这种决策落实到生产过程中，利用物质循环和能源流动原理，促使能源的节约和再利用，使整个生产过程保持高能源效率，并减少废弃物排放。企业还应以研制和开发"绿色产品"为生产导向，勇于承担节约能源与保护环境的责任。同时，采用新工艺、新技术以节约能源或对能源进行循环利用，也是提高能源利用率、减少对地球资源消耗的有效办法。

第三，以生态科学观为指导，实现产业结构的优化升级。当前我国的产业结构调整面临两大任务，一是将能够推动循环经济发展的产业升级为主导产业，实现经济可持续发展，为全面建设小康社会奠定坚实的物质基础；二是扩大服务业比重，重视战略性产业（如高新技术产业、信息产业、文化产业等）的发展，以信息化带动工业化。[①] 而绿色生态化技术创新是调整产业结构的有力杠杆。绿色生态化技术创新在农业领域的实施，会极大提高农业生产率，不断解放农村劳动力，为第二、三产业的发展提供丰富的人力资源。在工业生产中，绿色生态化技术创新符合循环经济的发展要求，还能借助发展循环经济的机遇，开辟新的产业领域，扩大新兴产业的规模。绿色生态化技术创新的开展，还能推动第三产业的发展，而第三产业在整个经济结构中所占比重越高，越符合现代化发展标志。绿色生态化技术创新是一项系统工程，它需要企业、政府、大学、科研院所、

---

① 叶俊东：《中国经济现代化三大瓶颈》，《瞭望》2005年第10期。

中介机构的共同参与。大学和科研院所要为绿色生态化技术创新培养创新型人才，并提供知识创新成果。政府要完善相关法律法规，并调整科学发展战略，为绿色生态化技术创新的顺利开展创造良好环境。中介机构要为绿色生态化技术创新提供信息、管理、法律、金融等方面的咨询服务。在这一系列互相联系、协同开展的创新活动中，不断会有新的市场需求涌现，有新的产业尤其是知识型服务业的出现，而绿色生态化技术创新也能为这些新兴产业的发展提供契机。除此之外，绿色生态化技术创新也有利于我国产业结构中循环经济比例的提升。当前，我国消费需求呈现出绿色生态化趋势。随着人们绿色环保意识的增强，绿色消费成为个人修养、文化素质、身份和品位的重要标志。任何产业都是一种资源转换器，都是通过投入生产要素，以生产出符合市场需求的产品。因此，消费市场的变动也会造成企业生产方向的转变，并最终导致产业结构的改变。当今，循环经济已成为不可逆转的时代趋势，一些不符合循环经济要求的产业将逐渐被淘汰，我国产业结构的调整也应顺应这一历史趋势，以绿色生态化理念大力发展循环经济。

第四，以生态科学观为指导，实现人的自由全面发展。生态科学观强调人在发展中的主体地位，关心人性，关注人的需要的满足，重视人的素质的提高和能力的发挥，提倡为人的自由全面发展创造和谐的外部环境。科学进步、经济增长是实现人的生存与发展的手段，其最终目的都是为了实现人的自由和解放。世界只能是人的生活世界，科学的终极关怀只能是人类生活质量的提高，如果科学背离了这一目标，其发展就会成为人类的灾难。生态科学观的人本原则要求，科学发展必须与优化人的生存环境联系起来，在从事科学活动时，既要考虑经济效益和技术上的可行性，也要考虑对人的身心健康是否有利。生态科学观致力于科学统治下的人的解放，它从人的本质和人性出发，强调人的主体地位，肯定人的价值，维护人的尊严和权利。科学是人创造出来的成果，体现了人类的智慧和能力，它从本质上说是以人为目的、为人类服务的。作为"宇宙精华、万物灵长"的人，是科学的价值承担者，而不是科学的奴隶。科学本身并无善恶、好坏之分，它既可以造福于人类，也可以给人类带来灾难。科学是善用还是误用、滥用、恶用，都取决于人自身，因为人是科学的创造者和运用者。爱因斯坦说："科学是一种强有力的手段，怎样用它，究竟是给人类带来幸福还是带来灾难，完全取决于人自己而不是取决于工具。"① 居里夫人也指出："科学是不会有罪过的，有罪过的只是那些滥用科学成就的人。"② 梅塞勒也说过："科学为人类的选择与行动创造了新的可能性，但也使得对这些可能性的处置处于一种不确定的状态。科学产生什么影响、服务于什么目的，这些都不是科学本身所固有的，而取决于人用科学来做什么。"③ 生态科学观遵循人本原则、生态原则和协调原则，就是要使科学在这些原则的指导下能有效地成为协调人与自然关系的工具，并能为协调人与人以及人与社会之间的关系提供良好的物质条件。在人与自然关系上，生态科学观认为人与自然之间是相互联系、相互依存、相互制约的辩证关系，人的发展是建立在二者和谐统一基础之上的。生态科学观主张通过健康、文明、合理的生产方式，消除人与自然的紧张关系，达到人与自然的和谐，为人的发展提供良好的生态环境。在人与社会的关系上，生态科学观认为人的发展不是少数人或少数国家的发展，而是所有人都应得到公平的发展；人的发展也不仅是当代人的发展，也包括后代人的发展。生态科学观倡导合理适度消费，认为应通过能动的实践活动，协调人与人之间的紧张关系，维护社会成员间的平等以及不同区域和国家的平等，从而在根本上消除人类社会的贫困现象，避免社会的无序竞争。生态科学观的这些价值取向，体现了以人为本理念。以生态科学观为指导实现这些价值目标的过程，也就是人的自由全面发展的过程。

（四）加快科学成果转化为现实生产力的步伐

加快科学成果转化为现实生产力，是实现科学与经济紧密结合的关键环节。党的十八大报告指出："要完善知识创新体系，强化基础研究、前沿技术研究、社会公益技术研究，提高科学研究水平和成果转化能力，抢占科技发展战略制高点。"目前，我国已进入坚持创新驱动、建设创新型国家的关键时期，科学创新已成为推动结构调整、转变发展方式的核心和关键。发挥科学创新对加快转变经济发展方式的支撑作用，必须使科学创新成为产业发展的核心竞争要素，并大力促进先进科学成果与产业发展的

---

① ［德］爱因斯坦：《爱因斯坦文集》第3卷，许良英等译，商务印书馆1976年版，第56页。

② ［法］居里夫人：《居里夫人自传》，陈筱卿译，浙江文艺出版社2009年版，第124页。

③ 江涛：《科学的价值合理性》，复旦大学出版社1998年版，第76页。

深度融合。

目前，随着改革的不断深化，我国面向市场的经济体制和科学体制基本形成，为加速科学成果转化奠定了基础。但我国阻碍科学成果转移、流动的体制和政策障碍还很多，高校、科研院所的科学成果与企业技术进步的需求还不能有效对接，支撑科学成果转化的投资非常薄弱，能够吸纳科学成果的新兴产业发展缓慢。这些问题严重影响了我国现有科学成果的应用和转化，也不利于国家科学事业的长远发展。科学成果向现实生产力的转化，需要政府部门、科学界和经济界的共同努力。具体来说，应做到以下几点：

第一，政府应建立有利于科学成果转化的保障机制。在经济社会发展过程中，政府部门有着不可替代的资源动员能力。科学成果从规划、研发到市场化、产业化的整个过程，政府与市场、市场因素与非市场因素都对其进行着综合的调控作用。政府对科学成果转化的推动，应以宏观调控、创造条件、提供服务为主要方式，并积极做好示范、引导工作。具体来说，一是要提供优质的公共服务。政府以及由政府支持的科学中介机构，应当对进入市场的重大科学成果的研发状态、技术水平、市场预测、投资估算、风险系数等给予正确评价，并建立必要的科学成果转化项目认定制度，积极引导信贷资金和风险投资加入科学成果转化过程。二是要鼓励和扶持原始创新。对原创特征明显、人员素质出色、有望取得自主知识产权的创新性科研项目，政府要通过严密、科学、规范的立项评估，在合理测算科研成本和加强过程管理的基础上予以重点扶持和全程服务，并及时将其创新成果推向社会。三是积极引导企业参与研发和转化。对企业与高校、科研机构联合申报的各类科研项目，在符合国家科学政策、产业政策和环保政策的前提下，采取宽进严出的方法，变前置审批为后期评审。

第二，让企业成为科学成果转化的主体。科学成果能否真正转化为现实生产力，最终取决于企业和整个社会需求的拉动。政府的职责，一是要通过产业政策导向，激发企业对科学成果应用的内在需求，积极引导企业把经济增长转移到依靠科学进步和提高劳动者素质的轨道上来；二是要督促企业以产权制度创新来推进科学成果转化，使产权关系由模糊走向明晰，使产权结构由一元走向多元，使产权流转的市场化机制更加完善；三是要激励企业不断增强自主创新能力，引导企业健全技术开发机构，鼓励企业与高等院校、科研院所联合开展协同创新。而作为市场经济微观主体的企业，则要强化自主创新意识，加快自主创新步伐。企业既是创新投入和创新活动实施的主体，也是创新成果应用的主体。为了让科学成果能成功转化和应用，企业应按照产业发展和市场运行的规律，用好财政、税收、金融、政府采购等政策，研究新的商业模式，打通制约新科技成果应用的种种障碍。企业要实现可持续科技创新，就不能仅仅成为科技成果的吸纳方，而应该敢于挑战风险，主动联合高校和科研院所共同开展科研。为了顺利开展科技成果研发和转化工作，企业还应避免经营的短期行为，建立健全科学人才的吸引、培养和使用机制。

　　第三，进一步推进产学研合作，加快产学研的一体化进程。科学活动的主要载体包括科研机构、高等院校和高新技术企业三方面。一般来说，科研机构和高等院校在科学活动中处于研制和开发的实验阶段，而高科技企业则处于科研成果的商品化阶段。科学活动的重点在于，如何将研制出的科技成果转化为现实生产力，解决生产生活中的实际问题。科研机构和高等院校应进一步面向市场，使科研活动更加密切地与市场需求对接，更加重视降低技术工艺的成本、提高稳定性，为产业化创造条件。除此之外，应建立以企业为市场导向，以高校、科研机构为科技依托的"产学研三位一体"机制。这样既可以帮助企业解决关键性技术，实现产品的升级换代，又可以将技术依托单位相对成熟的科研成果进行二次开发，将其转化为企业的生产力，降低企业的科技创新风险。① 通过科研与生产实践的紧密结合，可以加速科学价值实现的进程。对每个科学发展载体来说，"三位一体"的创新机制拓展了科研与市场的沟通渠道，有利于将市场需求及时反馈到科研中，为科研人员及时调整课题攻关方向提供依据。针对目前产学研合作中存在的散、乱、分割的情况，应致力于形成以政府为主导的，企业、高校、科研院所相结合的，按自愿互利、共同发展原则组织起来的科学研发与转化体系。具体应做到：通过改革现行科学管理体制，及时把有关"产学研一体化"的工作纳入科学管理中；完善现有科学成果管理和鉴定制度，提高科学成果转化的专利鉴定和法律保障；鼓励高校、科研院所按照企业的"订单"来确定科研课题；从机构、人才、信息、中介等方面，为产学研合作提供一条龙服务；加强高新技术产业开

---

　　① 边伟军、罗公利：《我国科技企业孵化器创新机制建设的对策研究》，《中国科技论坛》2007 年第 12 期。

发区、科技示范园区、留学生创业园区等基础设施和技术服务支撑体系的建设，发挥其在科学成果转化中的孵化、示范和推广功能；引导高校、科研院所和企业以资产为纽带，组建共同参股或相互持股的经济实体，或鼓励它们联合建立各种中试基地等。

第四，加快科学成果转化的中介机构和市场机制的建设。中介服务机构是科技转移和扩散的桥梁，是推进科学成果产业化不可或缺的纽带。要健全科学成果转化机制，就必须建立多种形式的科学服务中介组织，为国家科学计划的实施和重大科学成果的推广提供全方位服务。要通过建立健全法律法规的方式，完善科技成果转让市场、生产力促进中心、科学评估和咨询机构等中介组织，以充分发挥其合理配置科技资源的功能。要让科技、人才、资本、产权有机结合起来，形成网络化的立体结构，共同推动经济社会发展。在科技市场建设方面，一是要加强科技成果转化的网络平台建设，拓宽成果转化的信息渠道；二是要加强科技市场的实体建设，建立若干独立的具有工程枢纽性质的大型科技市场，为科技成果的转移提供信息咨询、交易场所、定价评估、仲裁、网络中心、牵线搭桥、人力资源培训等一切便利条件。

第五，拓展科学成果研发与转化的资金投入渠道。针对目前科学成果转化投入总量不足、产业回报率低等问题，应加快建立国家、企业和民间共同参与的多元化投融资体系，大力拓展科学成果研发和转化的资金渠道。具体来说，一是政府应根据经济发展的实际，在不断增大科研投入总量的基础上，选择一批含金量高的科技成果作为推广重点，抓典型、搞示范，以点带面，逐步突破成果转化的资金瓶颈。二是要建立完善的风险投资机制和高科技企业的信誉保障体系。风险投资和担保机构，是科学成果转化的重要资金来源，是解决中小企业孵化过程中资金短缺的有效途径。政府应利用市场机制，拓宽科学成果转化的资金投入渠道，同时加强监管，将相应担保或保险机构的行为纳入法律法规允许的范围之内。在条件允许的情况下，政府还应提供相应的金融支持，为有发展潜力的高科技企业提供银行贷款的政府担保。三是要进一步研究制定转移和分散风险的政策。对于可以商业化的科学成果，一般主要通过市场来实现技术转移和风险分担；对于关系国计民生的重大基础科学成果，应利用行政手段实现其技术转移，并由国家分担其部分风险。

结 束 语

科学价值论是马克思主义科学论、价值论和实践论的重要研究内容，科学所蕴含的价值也是党和国家尊重知识、尊重人才方针的理论依据。当今，随着国际科技与经济竞争日趋激烈，人们对科学价值的关注越来越多。中国要实现科教兴国，要推进国家创新体系建设，就必须充分而全面地认识科学价值，并不断改进与完善科学价值的实现机制。这种改进并不意味着全盘西化，而应结合中国自己的经济状况、政治制度和文化背景，合理创新，与时俱进，建立适合我国国情的科学价值实现方式。

本书研究的难点，首先在于资料的搜集和处理上。研究科学价值的资料浩如烟海，呈现出分散、隐蔽、庞杂的特点。虽然直接以《科学价值论》命名的著作仅有两本，但与科学功能、科学伦理、科学政策、科学精神、科学文化等相关的资料数不胜数，与"科学价值"直接相关的内容片断性地散见于各种文献中。加之很多资料是外文文献，这更增加了资料处理的难度。在研究的过程中，只能从卷帙浩瀚的文献中梳理资料、厘清线索，然后开始写作。

其次，以往学者对科学价值问题的来龙去脉、结构内容有着较深入的研究。希望找到前人研究的盲点，作一些突破性贡献，为科学价值的理论体系增加新的闪光点，并不容易。本书主要是运用综合创新方法，从马克思主义的理论高度对科学价值问题进行探讨和分析，希望取得一些新的结论与研究成果。

最后，从知识储备的要求来看，本书从思想史高度透视科学价值理论的演变过程，这需要透彻理解各个历史阶段的社会文化背景，并对科学思想史、社会思想史、哲学发展史有相当程度的熟悉。加之本书涉及哲学的核心概念——价值，这也需要对价值哲学的不同流派及其主要观点有深入的认识，才能顺利进行写作。

本书研究的创新点有以下几方面：

第一，研究方法较新。本研究运用理论与实践相结合等方法，既阐明了科学价值的理论问题，又探讨了科学价值在当代中国的实现问题；既从宏观社会层面研究科学价值，又从微观心理层面分析科学价值，实现了研究对象与研究方法的良好结合。

第二，研究思路较新。本研究首先对科学价值的内涵及特征进行阐述，然后梳理出国内外对本课题的研究现状，并找到其中不足。在此基础上，本书全面考察了人类历史上关于科学价值的思想和学说，并将其与马克思主义科学价值思想进行对比研究。然后，本书总结出科学价值评价的正确标准，并以此为依据，探讨科学价值实现的具体途径。

第三，研究观点较新。首先，本书评析了包括功利主义在内的很多科学价值评价理论，对其进行了合理定位，并提出了一些独到的见解。以"科学价值功利说"为例，本书认为，虽然功利主义对近代科学发展起到了重要的推动作用，但对科学研究的全面性和科学发展的可持续性有严重的制约作用。科学研究必须遵循自由性、兴趣性、全面性和非功利性等原则，以求全面系统地实现科学的价值（包括科学的精神价值），并做到人与自然和谐发展。其次，本书提出了科学价值评价的基本标准——内容之真标准、形式之美标准和功用之善标准。最后，本书广泛运用了多学科的理论和方法，通过对科学发展史和科学社会效应史的考察，系统梳理了不同时代人们对科学价值问题的认识，并指出了当今社会合理实现科学价值的道路与途径。

对于"科学价值论"这样一个意义深远、内容庞大的研究课题，在本书三十余万字的篇幅内是难以透彻阐明的。本书研究的不足之处有以下几个方面：一是主要从社会和制度层面对科学价值的实现进行研究，没有从技术层面对其进行深入探讨。二是要顺利开展本课题的研究，需要占有更多文献资料，并以更大的体系、架构来支撑研究内容。但以本书现有的框架结构和内容体系，只能算是对该课题的一个初步性研究，文中的分析和论证也欠深刻、周全。三是对中国古代的科学价值思想和当代西方流行的科学价值思想挖掘力度还不够，故在研究过程中难免以偏概全。四是科学价值的实现涉及很多政策性内容，但由于时间和经费有限，无法到有关部门进行实地调研，也未能组织相关人员进行问卷调查。这种完全依靠文献资料、缺乏实地考察的研究方式，也成为本书的缺憾之一。

在本书基础上开展后续研究的方向，除了实地调研、从技术方面深入研究科学价值的实现方式外，在广度上应对中国古代科学价值思想和当代西方国家科学价值思想进行对比研究。在研究方法上，应加强学科的综合性，结合哲学、社会学、经济学、管理学、心理学、历史学等学科，对科学价值论进行更细致的分析，力求实现学术性和理论性在更高层面上的结合。在研究对象上，可更加细化和量化，并尝试探讨当代马克思主义科学论和价值论中的一些前沿问题，如科学的意识形态问题、科学的人文价值问题、科学活动中的价值渗透问题、科学建制的运行规范问题、科学理性与人文精神的交融问题等。结合新的研究方法，在广度和深度上拓展对科学价值论的研究，必将使科学价值能得到更好的实现，让科学在解决当今中国的现实问题中发挥更大作用。

参 考 文 献

中文部分

一 著作

1. 《马克思恩格斯选集》第 1—4 卷，人民出版社 1995 年版。

2. 《马克思恩格斯文集》第 1—10 卷，人民出版社 2009 年版。

3. 《列宁选集》第 1—4 卷，人民出版社 1995 年版。

4. 《斯大林选集》上、下卷，人民出版社 1979 年版。

5. 《毛泽东选集》第 1—4 卷，人民出版社 1991 年版。

6. 《邓小平文选》第 1—3 卷，人民出版社 1993—1994 年版。

7. 《江泽民文选》第 1—3 卷，人民出版社 2006 年版。

8. 胡锦涛：《坚持走中国特色自主创新道路　为建设创新型国家而努力奋斗——在全国科学技术大会上的讲话》，人民出版社 2006 年版。

9. 胡锦涛：《在中国科学院第十二次院士大会、中国工程院第七次院士大会上的讲话》，人民出版社 2004 年版。

10. 胡锦涛：《在中国科学院第十五次院士大会、中国工程院第十次院士大会上的讲话》，人民出版社 2010 年版。

11. 《十二大以来重要文献选编》（下），人民出版社 1988 年版。

12. 《十四大以来重要文献选编》（上），人民出版社 1996 年版。

13. 《十四大以来重要文献选编》（下），人民出版社 1999 年版。

14. 《十五大以来重要文献选编》（上），人民出版社 2000 年版。

15. 《十六大以来重要文献选编》（上），中央文献出版社 2005 年版。

16. 《十六大以来重要文献选编》（中），中央文献出版社 2006 年版。

17. 《十六大以来重要文献选编》（下），中央文献出版社 2008 年版。

18. 《十七大以来重要文献选编》（上），中央文献出版社 2009 年版。

19. ［德］M. 谢勒：《技术哲学导论》，辽宁科学技术出版社 1986 年版。

20. ［德］W. 海森堡：《物理学与哲学——现代科学中的革命》，范岱年译，科学出版社 1974 年版。

21. ［德］埃德蒙德·胡塞尔：《现象学的方法》，倪梁康译，上海译文出版社 2005 年版。

22. ［德］爱因斯坦：《爱因斯坦文集》第 1—3 卷，许良英等译，商务印书馆 1976 年版。

23. ［德］恩斯特·卡西尔：《人论》，甘阳译，上海译文出版社 2004 年版。

24. ［德］哈贝马斯：《作为意识形态的技术与科学》，李黎等译，学林出版社 1999 年版。

25. ［德］汉斯·赖欣巴赫：《科学哲学的兴起》，伯尼译，商务印书馆 2010 年版。

26. ［德］黑格尔：《小逻辑》，贺麟等译，商务印书馆 1980 年版。

27. ［德］黑格尔：《哲学史讲演录》第 1 卷，贺麟等译，商务印书馆 1996 年版。

28. ［德］开普勒：《世界的和谐》，张卜天译，北京大学出版社 2011 年版。

29. ［德］康德：《纯粹理性批判》，蓝公武译，商务印书馆 1982 年版。

30. ［德］李凯尔特：《文化科学和自然科学》，涂纪亮译，商务印书馆 2000 年版。

31. ［德］路德维希·费尔巴哈：《费尔巴哈哲学著作选集》（上），荣震华等译，商务印书馆 1984 年版。

32. ［德］马克斯·韦伯：《经济与社会》（上），王迪译，商务印书馆 1998 年版。

33. ［德］马克斯·韦伯：《新教伦理与资本主义精神》，于晓等译，生活·读书·新知三联书店 1987 年版。

34. ［德］泡利：《泡利物理学讲义》，洪铭熙等译，人民教育出版社 1982 年版。

35. ［德］石里克：《自然哲学》，陈维杭译，商务印书馆 1997 年版。

36. ［德］文德尔班：《哲学史教程》（上），罗达仁译，商务印书馆 1987 年版。

37. ［德］希尔伯特：《几何基础》，江泽涵等译，北京大学出版社 2009 年版。

38. ［法］奥古斯特·孔德：《论实证精神》，黄建华译，商务印书馆 1996 年版。

39. ［法］保罗·利科尔：《解释学与人文科学》，陶远华等译，河北人民出版社 1987 年版。

40. ［法］居里夫人：《居里夫人自传》，陈筱卿译，浙江文艺出版社 2009 年版。

41. ［法］卢梭：《论科学与艺术》，何兆武译，商务印书馆 1965 年版。

42. ［法］彭加勒：《科学的价值》，李醒民译，商务印书馆 2007 年版。

43. ［法］彭加勒：《科学与方法》，李醒民译，商务印书馆 2006 年版。

44. ［法］雅克·马利坦：《科学与智慧》，尹今黎等译，上海社会科学院出版社 1992 年版。

45. ［古希腊］柏拉图：《柏拉图全集》第 1—3 卷，王晓朝等译，人民出版社 2002 年版。

46. ［古希腊］亚里士多德：《形而上学》，吴寿彭译，商务印书馆 1959 年版。

47. ［美］D. 普赖斯：《小科学，大科学》，宋剑耕等译，世界知识出版社 1982 年版。

48. ［美］I. B. 科恩：《科学中的革命》，鲁旭东等译，商务印书馆 1998 年版。

49. ［美］I. B. 科恩：《牛顿革命》，颜峰等译，江西教育出版社 1999 年版。

50. ［美］L. J. 宾克莱：《理想的冲突——西方社会中变化着的价值观念》，马元德等译，商务印书馆 1994 年版。

51. ［美］M. N. 小李克特：《科学概论——科学的自主性、历史和比较的分析》，李黎等译，中国科学院政策研究室编印（内部资料），1982 年。

52. ［美］N. 维纳：《人有人的用处——控制论与社会》，陈步译，北京大学出版社 2010 年版。

53.〔美〕R. K. 默顿：《科学社会学——理论与经验研究》，鲁旭东、林聚任译，商务印书馆 2003 年版。

54.〔美〕R. K. 默顿：《十七世纪英格兰的科学、技术与社会》，范岱年等译，商务印书馆 2000 年版。

55.〔美〕阿尔·戈尔：《濒临失衡的地球》，陈嘉映译，中央编译出版社 1997 年版。

56.〔美〕阿尔温·托夫勒：《第三次浪潮》，黄明坚译，中信出版社 2006 年版。

57.〔美〕埃里希·弗罗姆：《逃避自由》，刘林海译，国际文化出版公司 2007 年版。

58.〔美〕安德鲁·芬伯格：《可选择的现代性》，陆俊等译，中国社会科学出版社 2003 年版。

59.〔美〕比尔·盖茨：《未来之路》，雷嬿恒译，北京大学出版社 1996 年版。

60.〔美〕彼得·德鲁克：《成果管理》，朱雁斌译，机械工业出版社 2009 年版。

61.〔美〕伯德等：《奥本海默传》，李霄垅等译，译林出版社 2009 年版。

62.〔美〕伯纳德·巴伯：《科学与社会秩序》，顾昕等译，生活·读书·新知三联书店 1991 年版。

63.〔美〕丹尼尔·贝尔：《后工业社会的来临》，高铦等译，新华出版社 1997 年版。

64.〔美〕德内拉·梅多斯等：《增长的极限》，李涛等译，机械工业出版社 2008 年版。

65.〔美〕杜威：《经验与自然》，傅统先译，江苏教育出版社 2005 年版。

66.〔美〕费耶阿本德：《自由社会中的科学》，兰征译，上海译文出版社 1990 年版。

67.〔美〕汉金斯：《科学与启蒙运动》，任定成等译，复旦大学出版社 2000 年版。

68.〔美〕亨普尔：《自然科学的哲学》，张华夏译，中国人民大学出版社 2006 年版。

　　69. ［美］霍尔姆斯·罗尔斯顿:《哲学走向荒野》,刘耳等译,吉林人民出版社 2001 年版。

　　70. ［美］杰里·加斯顿:《科学的社会运行——英美科学界的奖励系统》,顾昕等译,光明日报出版社 1988 年版。

　　71. ［美］杰里米·里夫金:《第三次工业革命——新经济模式如何改变世界》,张体伟等译,中信出版社 2012 年版。

　　72. ［美］科尼利斯·瓦尔:《皮尔士》,郝长墀译,中华书局 2003 年版。

　　73. ［美］拉瑞·劳丹:《进步及其问题》,刘新民译,华夏出版社 1999 年版。

　　74. ［美］李克特:《科学是一种文化过程》,顾昕等译,生活·读书·新知三联书店 1989 年版。

　　75. ［美］理查德·罗蒂:《真理与进步》,杨玉成译,华夏出版社 2003 年版。

　　76. ［美］刘易斯·科瑟:《社会学思想名家》,石人译,中国社会科学出版社 1990 年版。

　　77. ［美］鲁道夫·卡尔纳普:《科学哲学导论》,张华夏等译,中国人民大学出版社 2007 年版。

　　78. ［美］马尔库塞:《单向度的人》,刘继译,上海译文出版社 1989 年版。

　　79. ［美］马尔库塞:《反革命和造反》,任立译,商务印书馆 1982 年版。

　　80. ［美］马尔库塞:《苏联的马克思主义———一种批判的分析》,张翼星等译,中国人民大学出版社 2012 年版。

　　81. ［美］马尔库塞:《现代文明与人的困境——马尔库塞文集》,李小兵译,生活·读书·新知三联书店 1989 年版。

　　82. ［美］马斯洛:《科学心理学》,方士华等译,燕山出版社 2013 年版。

　　83. ［美］马斯洛:《自我实现的人》,徐金声等译,生活·读书·新知三联书店 1987 年版。

　　84. ［美］莫里斯·戈兰:《科学与反科学》,王德禄译,中国国际广播出版社 1988 年版。

85. ［美］乔治·萨顿：《科学的生命》，刘珺珺译，商务印书馆 1975 年版。

86. ［美］乔治·萨顿：《科学史和新人文主义》，陈恒六等译，华夏出版社 1989 年版。

87. ［美］梯利：《西方哲学史》，葛力译，商务印书馆 2000 年版。

88. ［美］托马斯·库恩：《必要的张力》，纪树生等译，福建人民出版社 1981 年版。

89. ［美］托马斯·库恩：《科学革命的结构》，金吾伦等译，北京大学出版社 2003 年版。

90. ［美］瓦托夫斯基：《科学思想的概念基础》，范岱年等译，求实出版社 1982 年版。

91. ［美］威尔·杜兰：《世界文明史》第 2 卷，东方出版社 1998 年版。

92. ［美］沃克迈斯特：《科学的哲学》，李德荣等译，商务印书馆 1996 年版。

93. ［美］希拉里·普特南：《理性、真理与历史》，童世骏等译，上海译文出版社 1997 年版。

94. ［美］夏皮尔：《理由与求知》，周文彰译，上海译文出版社 2001 年版。

95. ［美］约瑟夫·劳斯：《知识与权力——走向科学的政治哲学》，盛晓明等译，北京大学出版社 2004 年版。

96. ［日］樱井哲夫：《福柯——知识与权力》，姜忠莲译，河北教育出版社 2001 年版。

97. ［瑞士］让·皮亚杰：《发生认识论》，范祖珠译，商务印书馆 1990 年版。

98. ［苏］M. M. 基里扬：《军事技术进步与苏联武装力量》，军事科学院外国军事研究部译，中国对外翻译出版公司 1984 年版。

99. ［苏］罗森塔尔、尤金：《简明哲学辞典》，中央编译局译，生活·读书·新知三联书店 1973 年版。

100. ［匈］卢卡奇：《历史与阶级意识》，杜章智等译，商务印书馆 1999 年版。

101. ［意］克罗齐：《美学原理》，朱光潜译，上海人民出版社 2007 年版。

102. ［英］J. D. 贝尔纳：《科学的社会功能》，陈体芳译，广西师范大学出版社 2003 年版。

103. ［英］J. D. 贝尔纳：《历史上的科学》，伍况甫等译，科学出版社 1959 年版。

104. ［英］边沁：《道德与立法原理导论》，时殷弘译，商务印书馆 2012 年版。

105. ［英］丹皮尔：《科学史》，李珩译，商务印书馆 1997 年版。

106. ［英］狄更斯：《双城记》，宋兆霖译，中国对外翻译出版公司 2012 年版。

107. ［英］狄拉克：《物理学的方向》，张宜宗等译，科学出版社 1981 年版。

108. ［英］弗兰西斯·培根：《新工具》，许宝骙译，商务印书馆 1984 年版。

109. ［英］弗兰西斯·培根：《学术的进展》，刘运同译，上海人民出版社 2007 年版。

110. ［英］格雷厄姆：《俄罗斯和苏联科学简史》，叶式辉等译，复旦大学出版社 2000 年版。

111. ［英］怀特海：《科学与近代世界》，何钦译，商务印书馆 1997 年版。

112. ［英］卡尔·波普尔：《科学知识进化论》，纪树立译，生活·读书·新知三联书店 1987 年版。

113. ［英］卡尔·皮尔逊：《科学的规范》，李醒民译，华夏出版社 1999 年版。

114. ［英］拉卡托斯：《科学研究纲领方法论》，兰征译，上海译文出版社 1986 年版。

115. ［英］李约瑟：《中国古代科学》，李彦译，上海书店出版社 2001 年版。

116. ［英］罗素：《我的信仰》，靳建国译，知识出版社 1982 年版。

117. ［英］罗素：《西方的智慧》，翟铁鹏等译，上海人民出版社 1992 年版。

118. ［英］罗素：《宗教与科学》，徐奕春等译，商务印书馆 1982年版。

119. ［英］迈克尔·马尔凯：《科学社会学理论与方法》，林聚任等译，商务印书馆 2006 年版。

120. ［英］牛顿·史密斯：《科学哲学指南》，成素梅等译，上海科技教育出版社 2006 年版。

121. ［英］史蒂芬·霍金：《霍金讲演录》，杜欣欣等译，湖南科学技术出版社 2007 年版。

122. ［英］斯图亚特·里查德：《科学哲学与科学社会学》，姚尔强等译，中国人民大学出版社 1989 年版。

123. ［英］威·伊·比·贝弗里奇：《科学研究的艺术》，陈捷译，科学出版社 1979 年版。

124. ［英］约翰·齐曼：《元科学导论》，曾国屏等译，湖南人民出版社 1988 年版。

125. ［英］约翰·齐曼：《知识的力量——科学的社会范畴》，许立达等译，上海科学技术出版社 1985 年版。

126. 奥古斯丁：《论基督教教义》，石敏敏译，中国社会科学出版社 2004 年版。

127. 蔡元培：《蔡元培自述》，人民日报出版社 2011 年版。

128. 陈昌曙：《哲学视野中的可持续发展》，中国社会科学出版社 2000 年版。

129. 陈昌曙：《自然科学的发展与认识论》，人民出版社 1993 年版。

130. 陈光：《科学技术哲学——理论与方法》，西南交通大学出版社 2003 年版。

131. 陈钧良等：《科技革命与当代社会》，人民出版社 2001 年版。

132. 陈绮泉、殷登祥：《科技革命与当代社会》，人民出版社 2001年版。

133. 仇德辉：《统一价值论》，中国科学技术出版社 1998 年版。

134. 费多益：《科学价值论》，云南人民出版社 2005 年版。

135. 冯俊：《法国近代哲学》，同济大学出版社 2004 年版。

136. 国家科技部、国家自然科学基金委员会：《中国基础研究发展报告（2001—2010 年）》，知识产权出版社 2011 年版。

137. 何如璋等：《甲午以前日本游记五种》，钟叔河主编，岳麓书社1985年版。

138. 黄顺基、刘大椿：《科学技术哲学的前沿与进展》，人民出版社1991年版。

139. 黄遵宪：《日本杂事诗》，钟叔河主编，岳麓书社1985年版。

140. 江涛：《科学的价值合理性》，复旦大学出版社1998年版。

141. 乐爱国：《管子的科技思想》，科学出版社2004年版。

142. 李安平：《百年科技之光》，中国经济出版社2000年版。

143. 李德顺：《价值论——一种主体性的研究》，中国人民大学出版社1988年版。

144. 李京文、郑友敬：《技术进步与产业结构概论》，经济科学出版社1998年版。

145. 李连科：《哲学价值论》，中国人民大学出版社1991年版。

146. 李书源：《筹办夷务始末》第2卷，中华书局2008年版。

147. 李正风：《科学知识生产方式及其演变》，清华大学出版社2006年版。

148. 林德宏：《科学思想史》，江苏科学技术出版社1985年版。

149. 刘大椿：《科学哲学通论》，中国人民大学出版社1998年版。

150. 刘大椿等：《新学苦旅——科学·社会·文化的大撞击》，江西高校出版社1995年版。

151. 刘放桐等：《现代西方哲学》（上），人民出版社1990年版。

152. 刘戟锋：《两弹一星工程与大科学》，山东教育出版社2004年版。

153. 刘杰：《科学的形上学基础及其现象学的超越》，山东大学出版社1999年版。

154. 刘珺珺：《科学社会学》，上海人民出版社1990年版。

155. 刘克明、金辉：《苏联政治经济体制七十年》，中国社会科学出版社1990年版。

156. 刘泽芬：《国外科技奖励制度》，冶金工业出版社1989年版。

157. 刘仲林：《科学臻美方法》，科学出版社2002年版。

158. 路甬祥：《科学与中国》，北京大学出版社2005年版。

159. 欧力同：《孔德及其实证主义》，上海社会科学院出版社1987

年版。

160. 庞景安：《科学计量研究方法论》，科技文献出版社 2002 年版。

161. 乔瑞金：《技术哲学教程》，科学出版社 2006 年版。

162. 上海师范大学历史系中国近代史组：《林则徐诗文选注》，上海古籍出版社 1978 年版。

163. 沈铭贤：《新科学观》，江苏科学技术出版社 1988 年版。

164. 世界环境与发展委员会：《我们共同的未来》，王之佳等译，吉林人民出版社 1997 年版。

165. 孙正聿：《哲学通论》，辽宁人民出版社 1998 年版。

166. 唐钺：《唐钺文集》，北京大学出版社 2001 年版。

167. 田运：《思维辞典》，浙江教育出版社 1996 年版。

168. 汪信砚：《科学价值论》，广西师范大学出版社 1995 年版。

169. 王坤庆：《现代教育哲学》，华中师范大学出版社 1996 年版。

170. 王栻主编：《严复集》，中华书局 1986 年版。

171. 王玉樑：《价值哲学》，陕西人民出版社 1989 年版。

172. 王玉樑：《价值哲学新探》，陕西人民出版社 1993 年版。

173. 魏源：《海国图志》（上、中、下），岳麓书社 1998 年版。

174. 吴增基等：《理性精神的呼唤》，上海人民出版社 2001 年版。

175. 夏建国：《和谐社会的实践基础研究》，武汉大学出版社 2013 年版。

176. 夏建国：《实践规范论》，中国社会科学出版社 2006 年版。

177. 肖峰：《科学精神与人文精神》，中国人民大学出版社 1994 年版。

178. 肖前：《马克思主义哲学原理》（下），中国人民大学出版社 1994 年版。

179. 许康：《美感——科技活动中的激励因素》，科学出版社 2000 年版。

180. 薛福成：《出使英法义比四国日记》，岳麓书社 1985 年版。

181. 杨爱华：《科学文化与人文文化交融的可能性——科技文化与社会现代化研究》，武汉理工大学出版社 2006 年版。

182. 杨振宁：《杨振宁文录》，海南出版社 2002 年版。

183. 袁贵仁：《价值学引论》，北京师范大学出版社 1991 年版。

184. 袁运开、周翰光：《中国科学思想史》（上），安徽科学技术出版社 1998 年版。

185. 曾欢：《西方科学主义思潮的历史轨迹》，世界知识出版社 2009 年版。

186. 张功耀：《文艺复兴时期的科学革命》，湖南人民出版社 2005 年版。

187. 张九庆：《自牛顿以来的科学家——近现代科学家群体透视》，安徽教育出版社 2002 年版。

188. 张留华：《皮尔士哲学的逻辑面向》，上海人民出版社 2012 年版。

189. 张彦：《科学价值系统论》，社会科学文献出版社 1994 年版。

190. 郑观应：《郑观应集》（上），上海人民出版社 1982 年版。

191. 周昌忠：《西方科学的文化精神》，上海人民出版社 1995 年版。

192. 周义澄：《科学创造与直觉》，人民出版社 1986 年版。

193. 周毅：《繁荣背后的阴影——消费畸增与生物圈失衡》，内蒙古人民出版社 2000 年版。

194. 朱亚宗：《中国科技批评史》，国防科技大学出版社 1995 年版。

二　学术论文

1. 边伟军、罗公利：《我国科技企业孵化器创新机制建设的对策研究》，《中国科技论坛》2007 年第 12 期。

2. 曹天予：《社会建构论意味着什么》，《自然辩证法通讯》1994 年第 4 期。

3. 韩美兰：《论科学价值的基本蕴涵》，《科学技术与辩证法》2004 年第 3 期。

4. 侯剑华：《国际科学合作领域主流学术团体与代表人物分析》，《现代情报》2012 年第 1 期。

5. 黄小珍、陈金华等：《影响科技奖励作用的相关因素分析》，《中华医学科研管理杂志》2005 年第 5 期。

6. 巨乃岐：《试论科学精神》，《自然辩证法研究》1998 年第 1 期。

7. 赖金良：《哲学价值论研究的人学基础》，《自然辩证法研究》2004 年第 5 期。

8. 李火林、徐海晋：《科学技术与人的存在》，《浙江社会科学》

2000 年第 5 期。

9. 李英姿：《两种精神的融汇：一个被关注的领域——对科学精神与人文精神融汇的透视》，《中共山西省委党校学报》1999 年第 3 期。

10. 李正银：《科学教育应凸现科学精神和思想方法的培养》，《曲阜师范大学学报》2002 年第 1 期。

11. 李祖超、梁春晓：《协同创新运行机制探析——基于高校创新主体的视角》，《中国高教研究》2012 年第 7 期。

12. 刘奔：《从历史观的高度研究哲学价值论》，《求是学刊》2000 年第 6 期。

13. 刘启玲、耿安松：《论科技奖励的激励和导向作用》，《科技管理研究》1998 年第 3 期。

14. 刘晓力：《"科学技术的价值审视"适时而必要——"当代科学技术的价值审视暨科学技术中的哲学问题研讨会"述评》，《哲学研究》2003 年第 12 期。

15. 娄成武等：《论科学的价值及其评价标准》，《辽宁工程技术大学学报》2002 年第 3 期。

16. 鲁献慧：《科学技术多重价值的实现应以科学发展观为指导》，《郑州大学学报》2009 年第 6 期。

17. 马莉等：《科学的价值渗透与价值评价》，《聊城师范学院学报》2000 年第 6 期。

18. 毛亚庆：《论两大教育思潮的矛盾冲突及其边际与限度》，《教育研究》1997 年第 3 期。

19. 奈民夫·那顺、梁基业、邢恩德：《新形态的循环经济与循环经济学的研究》，《内蒙古农业大学学报》2002 年第 1 期。

20. 彭纪南：《科学精神与人文精神的融汇》，《自然辩证法研究》1998 年第 3 期。

21. 任广成：《科学的价值特点》，《成都信息工程学院学报》1990 年第 1 期。

22. 孙广华：《从系统观看科学价值评价》，《系统辩证学学报》2000 年第 2 期。

23. 孙伟平：《科学的价值新论》，《自然辩证法研究》1995 年第 7 期。

24. 孙显元：《以和谐看待科学发展》，《理论建设》2007 年第 4 期。

25. 孙显元：《自然科学的价值和评价》，《哲学研究》1991 年第 12 期。

26. 王国弘等：《科学价值评价的困境及出路》，《齐鲁学刊》2006 年第 2 期。

27. 王文兵：《科技时代的人性自觉》，《自然辩证法研究》2005 年第 11 期。

28. 王志田：《科学界的社会分层效应》，《科学技术与辩证法》1991 年第 2 期。

29. 吴岳军：《论价值多元环境下高校德育的多维性特征》，《思想理论教育导刊》2010 年第 5 期。

30. 肖洋：《替代能源战略与中国可持续崛起》，《当代世界》2012 年第 8 期。

31. 杨耀坤：《"科学人文化"质疑——关于科学的价值实现途径问题》，《武汉理工大学学报》2004 年第 3 期。

32. 叶俊东：《中国经济现代化三大瓶颈》，《瞭望》2005 年第 10 期。

33. 张纯成：《科学与人文关系的历史演变及其融通走向》，《科学技术与辩证法》2007 年第 12 期。

34. 张贤根：《科学的价值关涉及其系统评价》，《科学学与科学技术管理》2002 年第 1 期。

35. 赵立雨：《基础研究绩效评估的国际比较及启示》，《科技进步与对策》2011 年第 24 期。

36. 朱先军：《科学的价值与科学价值的社会选择》，《科学学与科学技术管理》1990 年第 6 期。

37. 朱效民：《当前我国科普工作应关注的几个问题》，《中国科技论坛》2003 年第 6 期。

38. 邹谨：《胡锦涛科技思想述要》，《青岛行政学院学报》2008 年第 10 期。

英文部分

1. Agar N., *Life's Intrinsic Value*: *Science*, *Ethics*, *and Nature*, Published by Columbia University Press, 2001.

2. Alan R. Drengson, *Four Philosophies of Technology*, *Technology as a Human Affair*, Edited and with introduction by Lary A. Hickman, New York: McGraw – Hill, 1990, p. 28.

3. Carl Mitcham, *Notes towards A Philosophy of Meta – Scientific*, Society for Philosophy & Scientific Volume 1, No. 1 – 2, Fall 1995.

4. D. B. Resnik, *The Ethics of Science*, London and New York: Routledge, 1998, pp. 149 – 150.

5. G. T. Seaborg, *A Scientific Speaks Out*, *A Personal Perspective on Science*, *Society and Change*, World Scientific Publishing Co. Pte. Ltd., 1996, p. 238.

6. G. H. R. Parkinsoned, *The Renaissance and Seventeenth – century Rationalism.* London: Rontledge, 1993. pp. 202 – 203.

7. H. Mohr, *Structure & Significance of Science*, New York: Springe – Verlay, 1977, Lecture 14.

8. J. Bronowski, *The Disestablishment of Science.* W. Fuller ed. , *The Social Impact of Modern Biology*, London: Routledge & Kegan Paul, 1971, pp. 233 – 246.

9. J. R. Ravetz, *The Merger of Knowledge with Power*, *Essays in Critical Science*, Lodon and New York: Mansell Publishing Limited, 1990, pp. 301 – 302.

10. Joseph Ben – David. *The Scientist's Role in Society*: *A Comparative Study*, New Jersey: Prentice – Hall, Inc. 1971: 75, 73.

11. L. F. Cavalieri, *The Double – Edged Helix*, *Science in the Real World*, New York: Columbia University Press, 1981.

12. L. Wolpert, *The Unnatural Nature of Science*, London, Boston: Faber and Faber, 1992, p. 152.

13. R. A. Millikan, *Science and the New Civilization*, Freeport and New York: Books for Libraries Press, 1930, p. 64.

14. R. B. Perry, *Realms of Value*: *A Critique of Human Civilization*, Cambridge, Mass: Harvard University Press. 1954.

15. Robert K. Merton, *The Sociology of Science——Theoretical and Empirical Investigation*, Chicago: the University of Chicago Press, 1973. 311.

16. S. Rose and H. Rose, *The Myth of the Neutrality of Science*. R. Arditti et. ed. , *Science and Liberation*, Montreal: Black Rose Books, 1986.

17. Schwartz, Benjamin, *Chinese communism and the rise of Mao Cambridge*, Harvard University Press, 1951, pp. 9 – 10.

武汉大学马克思主义理论系列学术丛书

第一批

《知识经济与马克思主义劳动价值论》 / 曹亚雄著

《列宁的马克思主义理论教育思想研究》 / 孙来斌著

《中国共产党的价值观研究》 / 李斌雄著

《思想政治教育价值论》 / 项久雨著

《现代德育课程论》 / 佘双好著

《建国后中国共产党政党外交理论研究》 / 许月梅著

第二批

《马克思主义经济理论中国化基本问题》 / 孙居涛著

《新中国成立以来中国共产党思想理论教育历史研究》 / 石云霞著

《马克思主义中国化史》 / 梅荣政主编

《中国古代德育思想史论》 / 黄钊著

第三批

《马克思主义与中国实际"第二次结合"的开篇
  （1949—1966 年）研究》 / 张乾元著

《从十六大到十七大：马克思主义基本原理在当代
  中国的运用和发展》 / 袁银传著

《邓小平社会主义观再探》 / 杨军著

《"三个代表"思想源流和理论创新》 / 丁俊萍著

《当代中国共产党人的发展观研究》 / 金伟著

《中国共产党的历史方位与党的先进性建设研究》 / 吴向伟著

《思想政治教育发生论》 / 杨威著

《思想政治教育内容结构论》 / 熊建生著

《青少年思想道德现状及健全措施研究》 / 佘双好著

《走向信仰间的和谐》 / 杨乐强著

第四批

《马克思主义理论教育思想发展史研究》 / 石云霞主编

《中国社会正义论》 / 周志刚著

《先秦平民阶层的道德理想——墨家伦理研究》 / 杨建兵著

《中共高校党建作用研究（1921—1949年)》 / 李向勇著

《〈共产党宣言〉国际战略思想研究》 / 向德忠著

《和谐思维论》 / 左亚文著

《党的重要人物与早期马克思主义中国化》 / 宋镜明 吴向伟著

第五批

《科学发展观视野下的当代中国经济追赶战略》 / 孙来斌主编

《高校思想政治理论课程的国际视野》 / 倪愫襄主编

《自由职业者群体与新时期统一战线工作研究》 / 卢勇著

《共产国际与广州国民政府关系史》 / 罗重一主编

《哈贝马斯的话语民主理论研究——以公共领域为视点》 / 杨礼银著

《马克思主义与社会科学方法论集》 / 黄瑞祺著

第六批

《理论是非辨——用社会主义核心价值体系引领多样化社会
    思潮》 / 梅荣政 杨军主编

《增强党执政的理论基础》 / 梅荣政主编

《牢牢掌握领导权、管理权、话语权》 / 梅荣政主编

《当代资本主义的发展与危机》 / 刘俊奇著

《从科学社会主义到中国特色社会主义——中国共产党对
    社会主义的认识历程和理论成果》 / 丁俊萍著

《农民工的身份转换与我党阶级基础的增强》 / 曹亚雄著

《思想政治教育元问题研究》 / 倪愫襄主编

《思想政治教育的社会学研究》 / 杨威著

第七批

《约瑟夫·奈软实力思想研究》 / 金筱萍著

《共产国际与南京国民政府关系史》 / 罗重一主编

《心理健康教育辩证法》 / 黄代翠著

《科学价值论》 / 吴恺著

《中国近代土地所有权思想研究（1905—1949）》 / 李学桃著

《新中国政治发展的战略探索——以〈关于正确处理人民内部矛盾的问题〉为中心的考察》 / 付克新著